BILDATLAS DES WELTRAUMS

Text und Illustrationen
von Antonín Rükl

Bechtermünz Verlag

Sonderausgabe für Bechtermünz Verlag
im Weltbild Verlag GmbH, Augsburg 1997
Text und Illustrationen von Antonín Rükl
Ins Deutsche übertragen von Walter Kraus

Erste Auflage bei Artia, Praha

Bearbeitete deutsche Ausgabe 1997
ISBN 3-86047-570-3
3/99/59/52-05

Inhalt

Vortwort

Dieser Bildatlas soll den Leser vor allem mit einer repräsentativen Auswahl von typischen, wichtigen, besonders interessanten und schönen Objekten im Sonnensystem und im Weltraum bekanntmachen. Ein und dasselbe Objekt kann sein Aussehen bis zur Unkenntlichkeit verändern, wenn man es in verschiedenen Bereichen der elektromagnetischen Strahlung beobachtet. Wir wollen hier die behandelten Objekte bis auf wenige Ausnahmen in ihrem uns gewohnten Aussehen vorstellen, das sie im Bereich der sichtbaren Strahlung haben.

Alle Illustrationen sind gezeichnet; sie sind oft die Synthese mehrerer Photographien desselben Objekts, die z. B. mit verschiedenen Apparaturen und unterschiedlichen Belichtungszeiten aufgenommen wurden. Als Vorlagen dienten einerseits Aufnahmen, die mit großen Fernrohren der bekanntesten Observatorien der Erde angefertigt wurden, andererseits Aufnahmen von Raumflugkörpern aus. Es ist wohl die erste Publikation dieser Art, in der konsequent präzise Zeichnungen anstelle der sonst üblichen Photographien verwendet wurden. Die Abbildungen wurden dadurch in vielen Fällen übersichtlicher und verständlicher, feine Details konnten für Zwecke des Drucks hervorgehoben werden. Für wissenschaftliche Zwecke ist natürlich daneben die ursprüngliche Photographie unumgänglich und nicht zu ersetzen.

Der Schwerpunkt dieses Buches liegt in den von kurzen Texten begleiteten Abbildungen. Die Publikation ist für einen breiten Leserkreis und für beginnende Amateurastronomen bestimmt. Lesern ohne grundlegende astronomische Kenntnisse soll der kurze Textteil sowie ein Verzeichnis der Fachausdrücke das Verständnis erleichtern. Wer sich für darüber hinausreichende Zusammenhänge auf dem Gebiet der Astronomie interessiert, findet ein Verzeichnis der weiterführenden Literatur.

Einen wesentlichen Teil des Buches bilden Karten der Oberflächen der Planeten und ihrer Monde, Karten des Sternenhimmels und kleine Karten der einzelnen Sternbilder mit Angaben der Positionen der abgebildeten Objekte. Der Leser wird auf diese Weise genauer mit der astronomischen Topographie und Terminologie vertraut gemacht und wird sich dann besser und leichter in der Fachliteratur zurechtfinden. Weiter findet er eine Reihe von Themen und Anregungen für eigene astronomische Beobachtungen. Die persönliche Erfahrung, die mit einem wenn auch kleinen Fernrohr gemacht wurde, ist nach wie vor die wertvollste.

Zwischen einer Abbildung eines kosmischen Objekts, die mit einem modernen Großfernrohr gewonnen wurde, und seinem Aussehen in einem Amateurfernrohr besteht natürlich ein gewaltiger Unterschied. Das Interessante an einem beobachteten Objekt ergibt sich jedoch nicht nur daraus, was wir auf ihm sehen, sondern hängt in großem Maße auch davon ab, was wir darüber wissen. Durch unser Wissen und unsere Erkenntnis werden aus schwach leuchtenden Punkten und kaum sichtbaren Nebelwölkchen faszinierende kosmische Objekte von einzig dastehender Schönheit und Größe, Gebilde mit einer dramatischen Entwicklung, die uns provozierende Fragen stellen. Das große Abenteuer dieses Erkenntnisprozesses ist endlos.

Der Autor wäre ohne die Unterstützung durch eine Reihe von Experten, Astronomen und auch Illustratoren, die ihm wertvolle Ratschläge erteilten und Bildmaterial zur Verfügung stellten, nicht in der Lage gewesen, dieses Buch zu verfassen. Dank ihrer freundschaftlichen Hilfe konnte er die Probleme der air-brush-Methode (Spritztechnik) meistern, die für eine genaue und realistische Darstellung der gezeigten Objekte unerläßlich ist. Für vielfältige Hilfe ist der Autor Herrn Dr. Merton E. Davies aus Santa Monica, USA, dem führenden Fachmann auf dem Gebiet der Kartierung der Körper des Sonnensystems, zu tiefstem Dank verbunden, ferner Herrn Dr. Robert McMillan und Frau Gloria McMillan aus Tucson, USA, Herrn Hugh D. Moore aus Del Mar, USA, Herrn Prof. Hermann Mucke, Direktor des Wiener Planetariums, Österreich, und Herrn Dr. Thomas W. Rackham aus Jodrell Bank, England.

Objekte des Sonnensystems

Was ist uns im Weltall benachbart und was ist weit von uns entfernt? Wie ist der Kosmos aufgebaut und was für eine Position nimmt die Erde darin ein? Bereits in vorwissenschaftlicher Zeit war es möglich, drei Arten von Himmelsobjekten zu unterscheiden, nämlich Sonne, Mond und Sterne. Systematische Beobachtungen des Sternenhimmels führten dann zur Entdeckung einer weiteren Art, nämlich von fünf hellen Sternen, die sich, unter den übrigen Sternen auf individuelle Weise, gleichsam herumirrend, bewegten. Es waren Merkur, Venus, Mars, Jupiter und Saturn. Später stellte sich heraus, daß in der Dechiffrierung der komplizierten Bewegungen dieser fünf Wandelsterne, der Planeten, der Schlüssel zum Verständnis des wirklichen Status unserer Erde liegt: auch sie ist ein Planet, der die Sonne umkreist. Und — historisch gesehen — erst vor kurzem konnte das Bild, das wir uns vom Sonnensystem machen, vervollständigt werden. Es besteht aus einem Zentralstern (der Sonne), neun Planeten und einer Menge kleiner Körper und Körperchen. Nur die Sonne strahlt eigenes Licht aus. Alle übrigen Körper sind kalt und reflektieren lediglich das Licht, das sie von der Sonne empfangen.

Der Großteil der Masse des Systems ist in der Sonne konzentriert. Sie ist eine fast unerschöpfliche Quelle von Strahlungsenergie und versorgt damit die Erde mit der unentbehrlichen Wärme und mit Licht. Man kann sich nur schwer vorstellen, daß die Sonne ein gewöhnlicher Stern ist, einer aus der Vielzahl der am Firmament sichtbaren Sternchen. Das eigentliche Wesen der Sterne ist uns durch ihre großen Entfernungen verborgen. Um sie zu überwinden, braucht das Licht, das sich mit einer Geschwindigkeit von 300 000 km/s fortpflanzt, Jahre, Jahrhunderte oder viele Jahrtausende. Das Sonnenlicht erreicht dagegen die Erde in nur 8,5 Minuten, den entferntesten Planeten Pluto in 5,5 Stunden und den nächsten Nachbarstern Alpha Centauri in 4,3 Jahren. Wenn wir zu einem der uns am nächsten liegenden Sterne fliegen könnten und von dort zur Sonne blicken würden, wäre die Situation umgekehrt. Die Sonne würde von dort aus als winziger Stern erscheinen, und wir würden uns vergebens bemühen, die Erde und die übrigen Planeten zu finden. Ebenso erfolglos sind bis heute die Astronomen bemüht, die Existenz von Planeten bei anderen Sternen-Sonnen nachzuweisen. Obwohl wir davon überzeugt sind, daß Planeten um andere Sonnen kreisen — Beweise dafür werden nicht lange auf sich warten lassen — kennen wir verläßlich nur ein einziges Planetensystem: unsere eigene Heimat im Weltall.

Die Planeten umrunden die Sonne in ungefähr derselben Ebene, wobei ihre Bahnen Ellipsen sind, die sich nur wenig von Kreisen unterscheiden. Man teilt die Planeten in zwei grundlegende Gruppen ein: *erdähnliche Planeten*, von Merkur bis Mars, und *jupiterähnliche Planeten*, auch große Planeten, von Jupiter bis Neptun. Der letzte Planet Pluto steht außerhalb dieser Einteilung, er ähnelt eher den großen Monden der jupiterähnlichen Planeten. Grundlegende Angaben über die Planeten enthält die Tabelle auf Seite 221.

Die erdähnlichen Planeten haben eine große Dichte. Sie bestehen vorwiegend aus Gestein, Metallen und einem unerheblichen Quantum an Gas in der dünnen Schicht der atmosphärischen Hülle. Trotz dieser grundlegenden Verwandtschaft unterscheiden sich die physikalischen Bedingungen auf den Oberflächen der erdähnlichen Planeten außerordentlich stark voneinander; und dies ist offensichtlich nicht nur auf die unterschiedliche Entfernung von der Energiequelle, der Sonne, zurückzuführen. Der derzeitige Zustand auf jedem der Planeten ist das Ergebnis eines langen Zusammenspiels innerer und äußerer Einflüsse. Je genauer wir die Planeten kennenlernen, desto klarer kommt uns zu Bewußtsein, wie zerbrechlich und empfindlich unsere Umwelt auf dem Planeten Erde ist, und welch ein kostbares Juwel im ungastlichen Kosmos das Leben darstellt.

Die jupiterähnlichen Planeten sind viel massereicher und größer als die erdähnlichen. Ihre mittlere Dichte liegt nahe bei der des Wassers, und in ihrer chemischen Zusammensetzung ähneln sie eher der Sonne als der Erde. Sie sind im wesentlichen gasförmige Riesen, bestehend aus Wasserstoff und Helium, mit Beimengungen von Methan und weiteren Verbindungen in ihren mächtigen atmosphärischen Hüllen. Ihr fester, aus Gestein bestehender Kern ist relativ klein. Die großen Planeten haben zahlreiche Satelliten und komplizierte Ringsysteme.

In der Tabelle auf Seite 222 sind die grundlegenden Eigenschaften der Monde der verschie-

denen Planeten zusammengestellt. Sechs dieser Monde haben einen Durchmesser von mehr als 3000 km. Man findet unter ihnen sehr exotische Welten wie den Jupitermond Io mit seiner unglaublich stürmischen vulkanischen Aktivität, oder den größten Saturnmond Titan mit einer aus Stickstoff und Methan zusammengesetzten Atmosphäre, vermutlich auch mit Methanozeanen auf seiner Oberfläche. Die niedrige mittlere Dichte der meisten Monde zeugt von ihrem hohen Wasser- oder Eisgehalt. Ebenso wie beim Erdmond ist die Rotation der Monde an ihre Umlaufbewegung gebunden. Das bedeutet, daß ein solcher Mond seinem Planeten immer dieselbe Seite zuwendet und die entgegengesetzte Seite immer abgewandt bleibt.
Die masseärmsten Bewohner des Sonnensystems sind die Kometen, Asteroiden und die meteorischen Körper. Auf Seite 92 werden sie näher vorgestellt. Unter ihnen erfreuten sich seit jeher die Kometen einer besonderen Aufmerksamkeit, insbesondere die mit größter Helligkeit und mit langem Schweif. Das Interesse der Wissenschaftler konzentriert sich jedoch auf die weniger auffallenden Kometenkerne, die Reste der ursprünglichen unveränderten Materie aus der Zeit der Entstehung des Sonnensystems enthalten können.
Wann und wie ist das Sonnensystem entstanden? Seine Wiege war eine große interstellare Staub- und Gaswolke, die durch die Einwirkung ihrer eigenen Gravitation und als Folge eines äußeren Anstoßes zusammenbrach. Allmählich bildete sich aus ihr eine rotierende Scheibe, in deren Mitte der überwiegende Teil ihrer Masse konzentriert war. Aus der zentralen Verdichtung entwickelte sich schließlich durch weitere Kontraktion der Sonne genannte Stern. Voll erstrahlte die Sonne jedoch erst dann, als die Temperatur und der Druck in ihrem Inneren Werte erreicht hatten, die zur Zündung einer thermischen Kernreaktion notwendig sind, um nämlich das Brennmaterial Wasserstoff in Helium zu verwandeln. Aus dem verbleibenden Teil der protoplanetaren Scheibe entstanden durch allmähliche Zusammenballung des Staub- und Gasmaterials die Planeten, ihre Monde und die übrigen Körper des Sonnensystems. Dies geschah vor rund 4,6 Milliarden Jahren. Die darauffolgende Entwicklungsphase stand im Zeichen unzähliger Zusammenstöße und Aufschläge des restlichen, bis dahin nicht verbrauchten Materials auf die sich bildende Oberfläche der Planeten und der kleineren Körper. Dieser Zeitabschnitt eines intensiven Bombardements wurde geprägt durch das Entstehen von Aufschlagskratern, die bis heute z. B. auf dem Merkur, dem Mond und vielen weiteren Objekten erhalten geblieben sind.

Kosmische Objekte

Die Elektromagnetische Strahlung, vor allem ihr sichtbarer Teil — das Licht — ist unsere einzige Informationsquelle über die Objekte des Weltraums. Das Licht setzt sich aus einer Reihe von Spektralfarben zusammen, die durch die Wellenlänge λ (Lambda) charakterisiert sind. Sie wird in Nanometern angegeben: 1 nm $= 10^{-9}$m = 1 Milliardstel Meter. Das kontinuierliche Spektrum der sichtbaren Strahlung (Abb. 1) reicht von Violett ($\lambda = 300$ nm) über Blau, Gelb, Orange bis zu Dunkelrot ($\lambda = 700$ nm). Manche Objekte senden kein kontinuierliches Spektrum aus, sondern strahlen nur in ganz bestimmten, sehr eng begrenzten Farbbereichen (Spektrallinien).

Unser Sehvermögen ist kein besonders sensitiver Detektor für Farbnuancen. Von Ausnahmen abgesehen, nehmen wir den entfernten Weltraum mehr oder weniger nur schwarz-weiß wahr. Ein objektiveres und genaueres Bild bieten uns in Verbindung mit großen Fernrohren die Photographie oder moderne Methoden elektronischer Bildaufzeichnung und -verarbeitung. Für wissenschaftliche Zwecke wird das untersuchte Objekt in der Regel getrennt in verschiedenen Spektralfarben dargestellt (siehe z. B. die Bilder eines Ringnebels auf Seite 179). Die wunderschönen Darstellungen von Nebeln, Galaxien und anderen Objekten, die wir auf den Seiten von Büchern und Zeitschriften bewundern, dienen vor allem ihrer Popularisierung.

Nicht weniger wichtig für das komplexe Erkennen eines Weltraumobjekts ist seine für uns nicht sichtbare Strahlung. Die Erdatmosphäre läßt nämlich neben dem sichtbaren Licht nur einige Bereiche der infraroten und Radiostrahlung auf die Oberfläche unseres Planeten gelangen. Im ganzen Umfang des elektromagnetischen Spektrums kann man heute kosmische Objekte mit Hilfe von Spezialgeräten von künstlichen Erdsatelliten aus beobachten. Neben der klassischen optischen Astronomie wird der Kosmos auch mit den Mitteln der *Radioastronomie* sowie der *Infrarot-*, der *Ultraviolett-* und der *Röntgen-* und *Gammaastronomie* erforscht. Die Aufzeichnungen der entsprechenden Detektoren lassen sich dann je nach Bedarf zu Bildern in beliebigen Farben verarbeiten, die z. B. die Verteilung der Strahlungsintensität ausdrücken. Ein Beispiel ist das Radiobild vom Zentrum unserer Galaxie auf Seite 192.

Sterne sind heiße, aus Plasma bestehende, meist sphärische Objekte. Sie sind viel massereicher als die Planeten und haben in ihrem Inneren eine thermonukleare Quelle von Strahlungsenergie. Als Maß zum Vergleich des Durchmessers, der Masse, der Leuchtkraft und weiterer Eigenschaften der Sterne wird häufig die Sonne (1 Sonne) verwendet, die ein mittlerer Stern ist.

Am Firmament sieht man die Sterne als verschieden helle Lichtpunkte. Ihre Helligkeit wird in Einheiten der *scheinbaren Sterngröße* m (magnitudo) angegeben. Die schwächsten mit freiem Auge gerade noch sichtbaren Sterne haben ungefähr die sechste Größe ($+ 6^{m}{,}0$), die hellsten Sterne etwa die nullte Größe ($0^{m}{,}0$), Sirius sogar $-1^{m}{,}4$. Um die Leuchtkraft der Sterne objektiv beurteilen zu können, rechnet man ihre scheinbare Sterngröße in die *absolute Sterngröße* M um, wie sie die Sterne in einer Einheitsentfernung von 10 Parsec (32,6 Lichtjahren) hätten. Um eine solche Umrechnung durchführen zu können, muß man natürlich die Entfernung des Sterns kennen.

Die Entfernung eines Sterns bestimmt man am genauesten durch eine trigonometrische Methode mit Hilfe der *Parallaxe*; dies ist der Winkel, unter dem der Erdbahnradius vom Stern aus erscheinen würde. Diese Methode ist jedoch bei Entfernungen von mehr als etwa 300 Lichtjahren nicht anwendbar, weil in solchen Fällen der parallaktische Winkel unmeßbar klein ist. Deshalb verwendet man auch Methoden, denen ein umgekehrtes Vorgehen zugrunde liegt. Wenn es gelingt, die absolute Sterngröße M unabhängig von der Sternentfernung zu bestimmen, dann kann man aus der Differenz M — m durch einfache Rechnung die Entfernung ableiten. Den Wert M erhält man z. B. aus dem Temperatur-Leuchtkraft-Diagramm, in das man einen Stern nach seiner Spektralklasse einordnet (Abb. 2). Solche indirekt abgeleiteten Entfernungen können natürlich keinen Anspruch auf große Genauigkeit erheben und in Einzelfällen um 30 % und mehr von der tatsächlichen Entfernung abweichen. Unterschiede — für den Laien sogar erstaunliche Unterschiede — treten auch bei Entfernungsangaben ein und desselben Objekts nach verschiedenen Quellen auf. Nichtsdestoweniger kann man es als einen großen Erfolg der Astronomie ansehen, daß es ihr gelungen ist, ein recht korrektes Bild von der räumlichen Verteilung der Objekte im Weltraum und ihren gegenseitigen Beziehungen zu zeichnen.

Eine Schlüsselstellung für das nähere Erkennen der Sternenwelt, ihrer Eigenschaften und Entwicklung, hat das Temperatur-Leuchtkraft-Diagramm — *Hertzsprung-Russell-Diagramm.* Mit ihm hängt die Einteilung der Sterne in Spektralklassen zusammen. Dies sind Grundbegriffe der Astronomie, die in vereinfachter Form auf nächster Seite und auf Seite 104 erklärt werden.

Sterne entstehen durch einen Gravitationskollaps interstellarer Staub- und Gaswolken. Ein Stern beginnt voll zu leuchten, wenn der Wasserstoff in seinem Kern „zündet“. Dann tritt der Stern im Hertzsprung-Russell-Diagramm in die *Hauptreihe* ein, wo er die längste Zeit seines Lebens verbringt. Das Schicksal eines Sterns ist bereits bei seinem Entstehen bestimmt: entscheidend ist seine Anfangsmasse. Je massereicher ein Stern ist, desto schneller verbrennt er

Abb. 1 — Kontinuierliches Spektrum

Abb. 2 — Temperatur-Leuchtkraft-Diagramm

Am Himmel sehen wir Sterne verschiedener Helligkeit (a); einerseits, weil sie eine unterschiedliche Leuchtkraft haben, andererseits, weil ihre Entfernungen von uns sehr unterschiedlich sind. Die Farbnuancen der Sterne hängen von ihrer *Temperatur* ab: die heißesten Sterne strahlen vorwiegend blaues Licht aus, und die kühlsten sind rot.

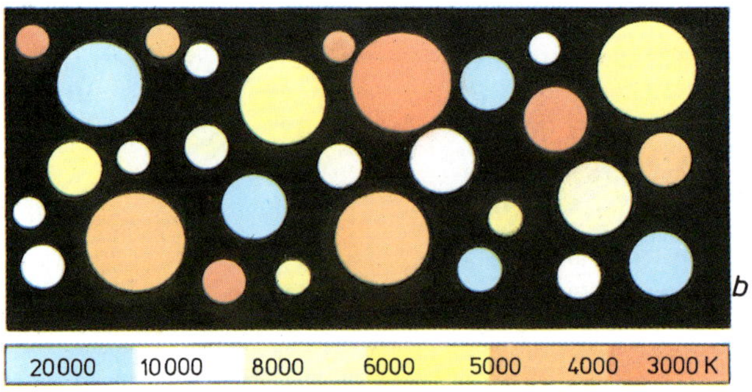

Um die *Leuchtkraft* von Sternen vergleichen zu können, stellt man sie als verschieden große Scheiben dar (b); je stärker die Leuchtkraft, desto größer die Scheibe. Damit soll ausgedrückt werden, daß ein Stern mit einer größeren Oberfläche leuchtkräftiger ist als ein kleinerer, gleich heißer Stern. Die Farben der Scheiben zeigen die Temperatur der Sterne. Damit lassen sich die Sterne in verschiedene *Spektralklassen* einordnen. Auf der Abbildung findet man nur die Hauptklassen B, A, F, G, K, M; tatsächlich gibt es eine kontinuierliche Folge von Sterntemperaturen, und eine Spektralklasse geht in die nächste über.

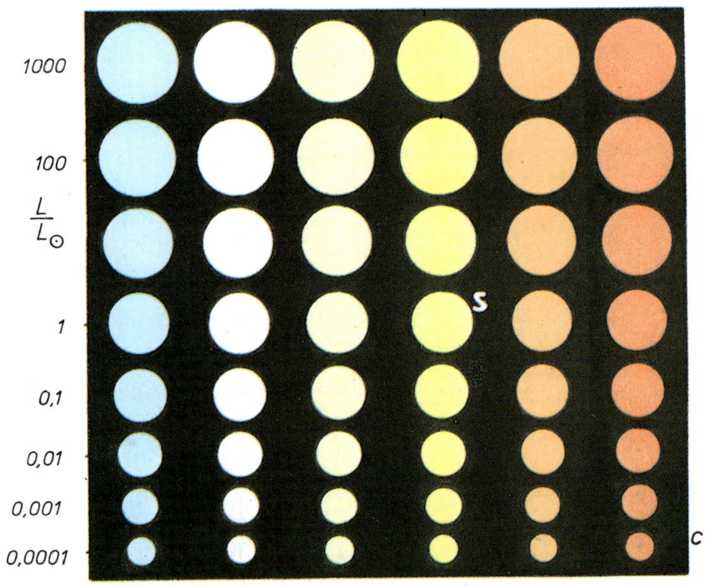

Das chaotische Sterngemisch (Scheiben) sortieren wir nun nach Größe (Leuchtkraft L) und nach Farben (Temperaturen), so, daß wir gleichfarbige Scheiben in Säulen anordnen. Das betrifft alle Sterne am Himmel, und wir dürfen deshalb die Sonne nicht vergessen (S), deren Leuchtkraft wir als Maßeinheit ($L_{\odot} = 1$) festlegen wollen. Die Oberflächentemperatur der Sonne beträgt knapp 6000 K. Wie wird nun so eine Einteilung der Sterne aussehen? Wir erwarten vor allem, daß man unter der großen Menge von Sternen rings um uns zu jeder Farbe eine komplette Serie von Scheibengrößen (Leuchtkraft) findet, wie es die nebenstehende Abbildung (c) zeigt. Dies ist jedoch nicht der Fall.

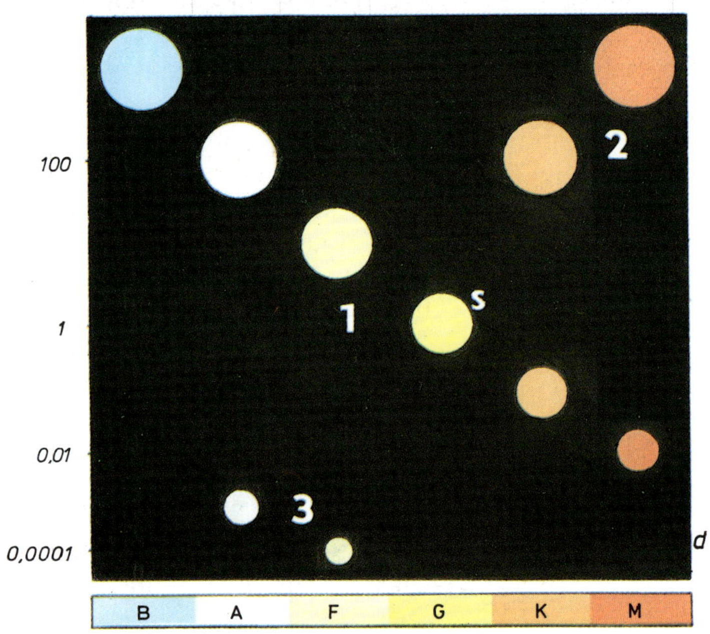

Wenn man eine noch so große Anzahl von Sternen sortiert, werden sich ihre Scheibchen ständig bei bestimmten Stellen des Diagramms häufen, und die restlichen Stellen werden leer bleiben (d). Die meisten Sterne einschließlich der Sonne (S) ordnen sich im Diagramm entlang der *Hauptreihe* (1) an, die als zusammenhängendes Band diagonal von links oben nach rechts unten verläuft. Eine weitere wichtige Gruppe sind die *Riesen* und *Überriesen* (2) und die *weißen Zwerge* (3). Dies sind treffende Bezeichnungen, denn ein Stern muß tatsächlich ein „Riese" sein, da die Leuchtkraft z. B. eines roten Riesen bei gleicher Temperatur einmillionmal größer als die Leuchtkraft eines Zwerges ist. Stark vereinfacht haben wir das außerordentlich wichtige Temperatur-Leuchtkraft-Diagramm dargestellt (siehe auch Seite 104).

seinen Wasserstoff, desto höher ist seine Temperatur und Leuchtkraft und desto früher erschöpft er sein Wasserstoff-Brennmaterial; er verläßt dann die Hauptreihe und wird für eine vorübergehende Zeit zum *Riesen* oder *Überriesen.* In seinem Inneren werden komplizierte Kernreaktionen in Gang gesetzt, und nach Erschöpfung des Kernbrennstoffs tritt er schließlich in sein Endstadium ein. Der gewaltigen Gravitation kann keine Strahlungsenergie aus dem Inneren des Sterns mehr Widerstand leisten, es kommt zu einem raschen Kollaps, der manchmal mit einer Explosion und der Zerstreuung eines Teils der Sternmasse in den Raum verbunden ist. Je nach der Masse des zusammenbrechenden Sterns entsteht dann entweder ein *weißer Zwerg*, ein Neutronenstern oder, bei sehr massereichen Sternen, ein *Schwarzes Loch.* Beispiele solcher exotischen Objekte mit unvorstellbarer Dichte bringt der Bildteil dieses Buches.

Doppelsterne und Mehrfachsterne sind die einfachsten Sternsysteme, die sich um einen gemeinsamen Schwerpunkt bewegen. Wenn man die Komponenten eines Doppelsterns mit einem Fernrohr unterscheiden kann, spricht man von einem *visuellen Doppelstern.* Wenn hingegen die Komponenten so nahe beieinander liegen, daß man sie optisch nicht auseinanderhalten kann, und wenn sich der Doppelcharakter erst im Spektrum feststellen läßt, dann handelt es sich um einen *spektroskopischen Doppelstern.* Besondere Aufmerksamkeit verdienen die *bedekkungsveränderlichen Doppelsterne*, deren Komponenten sich gegenseitig zeitweise überdecken, was mit regelmäßigen Helligkeitsschwankungen verbunden ist. Aus den Beobachtungen von Doppelsternen lassen sich die Masse, die Größe und weitere Charakteristika ihrer Komponenten ableiten. Doppelsterne gehören zu den beliebtesten Beobachtungsobjekten der Amateure. Besonders schön sind vor allem Systeme mit auffallenden Farbkontrasten ihrer Komponenten. Im Bildteil dieses Buches sind zahlreiche Beispiele für die scheinbaren Bahnen solcher Doppelsterne angeführt, deren gegenseitige Positionen sich rasch ändern. Die Komponenten der Doppel- und Mehrfachsterne bezeichnet man in der Reihenfolge ihrer abnehmenden Helligkeit mit A, B, C usw. Die hellere Komponente A wird in schematischen Darstellungen als unbeweglich angesehen, und bei der scheinbar elliptischen Bahn der Komponente B werden dann einige Positionen für ausgewählte Zeitpunkte angeführt.

Veränderliche Sterne ändern aus physikalischen Gründen regelmäßig oder unregelmäßig ihre Helligkeit, weil sich ihr Durchmesser oder ihre Oberflächentemperatur verändern. Am häufigsten sind hier die *pulsierenden Veränderlichen*; man unterscheidet mehrere Arten. Die bekanntesten sind die *Cepheiden*, die nach einem typischen Vertreter dieser Gruppe, dem Stern δ Cephei, benannt sind. Man bezeichnet sie manchmal auch als die Leuchtfeuer des Weltalls. Ihre Lichtwechselperioden stehen in einem festen Zusammenhang mit ihrer absoluten Sterngröße M. Da die Differenz M — m aber ihrer Entfernung entspricht, geben uns die Cepheiden eine einfache Möglichkeit, ihre Distanzen zu bestimmen (siehe auch Seite 223, 226).

Die „Visitenkarte" eines jeden veränderlichen Sterns ist seine Lichtkurve, d. h. die graphische Darstellung des Verlaufs der Helligkeitsänderungen mit der Zeit. Der Bildteil enthält eine Reihe solcher Lichtkurven, insbesondere von Veränderlichen mit auffallenden Helligkeitsunterschieden, die man leicht verfolgen kann. Außergewöhnlich große Helligkeitsschwankungen bringen Explosionsprozesse in den Endstadien der Sternentwicklung mit sich. Je nach dem Charakter der Explosionen unterscheidet man *Novae* und *Supernovae.*

Sternhaufen sind gemeinsam entstandene und sich gemeinsam entwickelnde Sternsysteme, deren Mitglieder durch die Schwerkraft aneinander gebunden sind. *Offene Sternhaufen* enthalten meist Dutzende, Hunderte, ja auch Tausende von Sternen, und ihr wahrer Durchmesser bewegt sich zwischen 5 und 50 Lichtjahren. Es sind uns mehr als 1000 solcher Haufen bekannt, die sich in der Nähe der Milchstraßenebene befinden und verhältnismäßig junge Gebilde sind. *Kugelsternhaufen* enthalten Zehntausende bis Zehnmillionen Sterne. Sie haben eine regelmäßige, kugelige Form; am Rand stehen die Sterne weniger dicht, im Zentrum sind sie dichter gepackt. Ihre tatsächlichen Durchmesser liegen zwischen 50 und 300 Lichtjahren. Wir kennen über 120 solcher Haufen. Die kugelförmigen Sternhaufen gehören zu dem sogenannten galaktischen Halo. Es sind mit die ältesten Objekte der Galaxie. Im Schema der Galaxie (Abb. 3) sind sie als orangefarbene Scheibchen dargestellt.

Nebel sind aus Gas (vor allem Wasserstoff) oder Staub gebildete „Wolken" im interstellaren Raum. In der Nähe heißer Sterne, die eine starke ultraviolette Strahlung aussenden, werden die Gaswolken ionisiert und sind dann als leuchtende *Emissionsnebel* oder H II-Regionen zu sehen. Sie leuchten intensiv, insbesondere im roten Teil des Spektrums. Staubwolken streuen hingegen das Licht naher, auch weniger heißer Sterne, und man sieht sie als *Reflexionsnebel.* In dem von den Staubpartikeln gestreuten Licht herrscht oft die blaue Farbe vor.

Da die meisten Nebel sowohl Gas als auch Staub enthalten, findet man oft Emissions- und Reflexionsnebel beisammen. Ihre phantastischen Formen und zarten Farben treten auf Photographien voll zutage. Sie gehören zu den schönsten Objekten im Kosmos.

Wenn Wolken interstellarer Materie weitab von Sternen liegen, leuchten sie nicht. Staubwolken absorbieren das Licht entfernter Sterne und bilden somit *Dunkelnebel,* die sich deutlich vom Hintergrund der reichen Sternfelder der Milchstraße abheben.

Planetarische Nebel bilden sich um gewisse Sterntypen am Ende ihrer Entwicklung, wenn sie die äußeren Schichten ihrer Atmosphäre abstoßen. Im Fernrohr sind sie meist als kleine Scheiben, ähnlich wie die Planeten, zu sehen — daher auch ihr Name. Die Zentralsterne dieser Nebel sind außerordentlich heiß: 30 000 K bis 150 000 K. Sie senden eine intensive ultraviolette Strahlung aus, die ein sichtbares Leuchten des stark verdünnten Nebelgases verursacht.

Die Galaxie , die Milchstraße genannt wird, ist ein Sternsystem, dessen Mitglied auch unsere Sonne ist. Man kann sie sich als eine riesige Sterneninsel vorstellen. Sie ist ein sphärisches Gebilde. Die meisten Sterne sind allerdings in einer flachen, in der Mitte verdickten Scheibe angesammelt (Abb. 3). Der zentrale konvexe Teil der Scheibe hat einen Durchmesser von etwa 15 000 Lichtjahren, die ganze Scheibe von ungefähr 90 000 Lichtjahren. Die Scheibe hat eine Spiralstruktur. In der Nähe ihrer Zentralebene sind Wolken von interstellarem Staub und Gas angehäuft. Die Sonne ⊙ ist knapp 30 000 Lichtjahre vom Zentrum der Galaxie entfernt, das in der Richtung zum Sternbild Sagittarius (Schütze) liegt.

Wenn man in der Scheibenebene rund um sich schaut, projizieren sich die vielen umliegenden Sterne in der Form des silbrigen Bands der Milchstraße auf das Firmament. Oberhalb und unterhalb der Galaxieebene findet man sogenannte galaktische Fenster, die den Ausblick in den Weltraum, in die Welt der entfernten Galaxien, ermöglichen.

Das Milchstraßensystem wird von einer riesigen Kugel, genannt Halo (griech. halos = Kreis), umgeben. Ihr Durchmesser beträgt rund

Abb. 3 — Schema des Aufbaus unserer Galaxie

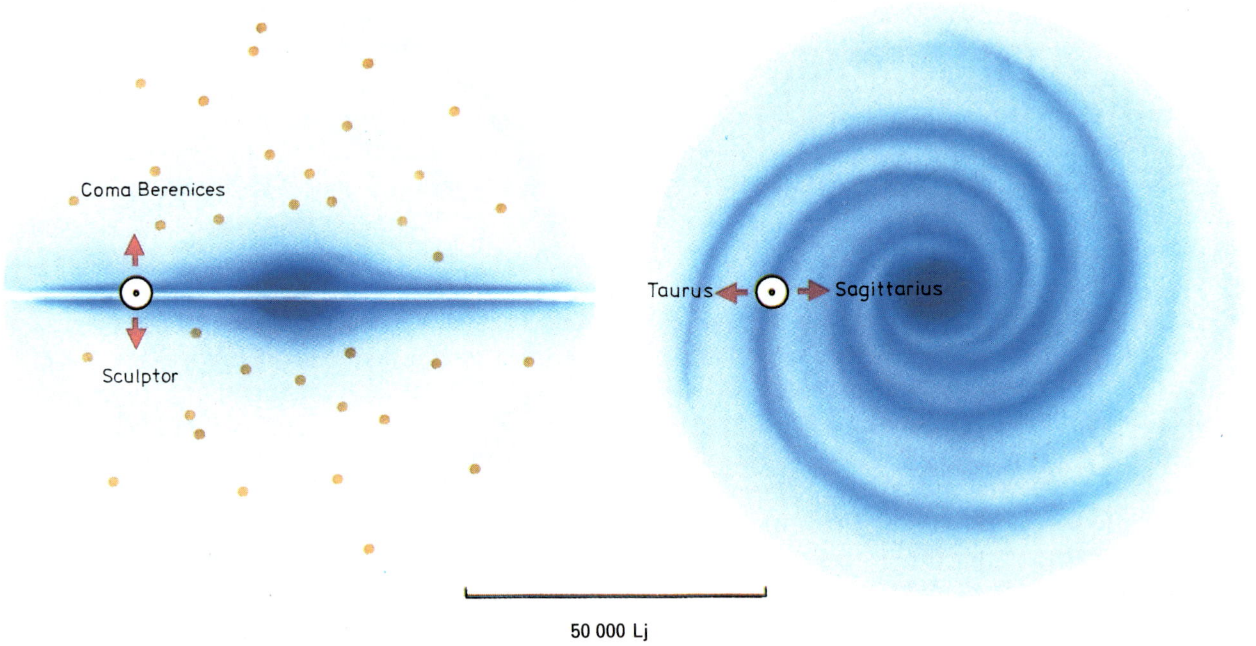

100 000 Lichtjahre. Außer den Kugelhaufen und den RR-Lyrae-Sternen enthält der Halo interstellares Gas. Die Dichte des Halos ist sehr gering. Seit 1973 weiß man, daß noch ein weiterer äußerer Teil der Galaxie, die *Korona*, mit einem Durchmesser von mindestens 400 000 Lichtjahren existiert (nicht in Abb. 3). Diese Korona hat eine äußerst niedrige Dichte, ihre Zusammensetzung ist bisher unbekannt. Sie macht sich durch Gravitationseinwirkungen auf die Rotation der Galaxie bemerkbar. Zusammen mit der Korona hat die Galaxie eine Masse, die wahrscheinlich eine Billion (10^{12}) Sonnen überschreitet.

Sternsysteme, die Galaxien genannt werden, sind die grundlegenden Bausteine des Weltalls. Manche ähneln unserer Galaxie, andere unterscheiden sich durch ihre Masse und ihre Struktur sehr stark von ihr. Nach ihrer äußeren Form unterscheidet man *elliptische Galaxien* (E), *Spiralgalaxien* (S) und *Balkenspiralen* (SB) — Abb. 4. Elliptische Galaxien haben die Form von Ellipsoiden mit einem unscharfen Rand. Die Spiralgalaxien werden in die Unterklassen a, b, c, je nach der Entfaltung der Spiralarme und der sich verkleinernden Ausmaße des Kerns eingeteilt. Beim Typ SB beginnen die Spiralarme erst an den Enden des den Kern durchschneidenden Balkens. Die Typen S0 und SB0 haben Merkmale sowohl von elliptischen, als auch von Spiralgalaxien, jedoch keine entfalteten Spiralarme. Galaxien von unregelmäßiger Form werden als Irr (Irregular) bezeichnet. Neben der beschriebenen Klassifikation nach Hubble benützt man auch andere, detailliertere Klassifikationen.

Mit kleineren Fernrohren kann man nur die hellsten Galaxien sehen, und auch dann meistens nur als diffuse Nebelwölkchen. Große Fernrohre bringen jedoch diese faszinierenden Objekte so nahe, daß man — wenigstens bei den am nächsten gelegenen — auch einzelne Sterne, Sternhaufen und Nebel unterscheiden kann. Auf Farbaufnahmen sind die Spiralarme wegen der Strahlung heißer Sterne, die in den Armen entstehen, meist bläulich. Die gelbe bis rote Farbe der zentralen Teile der Galaxien ist auf die dort konzentrierten älteren Sterne zurückzuführen.

Die Galaxien schließen sich zu Obersystemen zusammen, die aus unterschiedlich vielen Einzelgalaxien bestehen. Manchmal sind es Gruppen mit bis zu einigen Dutzenden Mitgliedern,

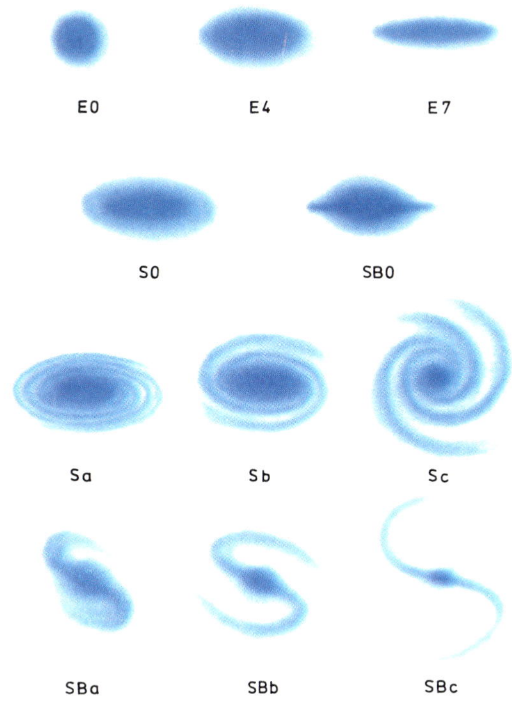

Abb. 4 — Klassifikation der Galaxien nach Hubble

ein andermal Haufen mit Hunderten bis Tausenden von Mitgliedern. Unsere Galaxie gehört zu der sogenannten Lokalen Gruppe, die etwa 25 Galaxien umfaßt.

Wir leben in einem sich ausdehnenden Weltall. Die Galaxien entfernen sich gegenseitig voneinander, und zwar mit einer umso größeren Geschwindigkeit, je weiter sie voneinander entfernt sind. Diese Erkenntnis kann man zu Entfernungsbestimmungen von Galaxien heranziehen.

Der Name Edwin Hubble ist eng mit der Welt der Galaxien und mit der Erforschung der entferntesten Teile des Weltalls verknüpft. Es ist symbolisch, daß den Namen des großen amerikanischen Astronomen auch das leistungsfähigste und bekannteste Teleskop, das Hubble Space Telescope — HST trägt, das seit dem Jahr 1990 die Erde umkreist. Die wunderschönen Aufnahmen des HST kennt die ganze Welt.

Astronomische Karten

Die Karten der Objekte des Sonnensystems werden heute vor allem nach Aufnahmen von Raumsonden ausgearbeitet. Einige Planeten und ihre Monde konnten vorläufig nur zum Teil kartiert werden. Außer den Erdkarten sind die Karten des Mondes und des Mars die vollständigsten.
Für die Planeten und Monde wurden ähnliche Koordinatensysteme eingeführt wie auf der Erde. Nach der beobachteten Rotation des Körpers wird die Lage des Äquators und der Pole bestimmt und damit auch das System der Parallelkreise und Meridiane, von denen einer als Anfangsmeridian festgelegt wird. Für kartographische Zwecke wird die Oberfläche der Körper in der Regel durch eine Kugeloberfläche ersetzt, und diese wird dann mit Methoden der mathematischen Kartographie in die Ebene der Karten übertragen. Dabei kommt es notgedrungen zu Verzerrungen der Formen oder der relativen Maße der dargestellten Formationen. Einen besonderen Fall bilden die für den irdischen Beobachter bestimmten Mondkarten; der Mond wird dort so im Bild festgehalten, wie wir ihn von der Erde aus sehen, so daß die Randpartien der Mondscheibe ziemlich stark verzeichnet sind, wobei runde Krater wie schmale Ellipsen aussehen.
Die Terminonologie auf den Planeten- und Mondkarten entwickelt sich seit dem 17. Jahrhundert. Bis zum Beginn des 20. Jahrhunderts war es üblich, daß jeder Kartograph die kartierten Formationen nach eigenem Gutdünken benennen durfte. Von den dreißiger Jahren an ist die entscheidende Autorität in allen Fragen der Kartierung von Objekten des Sonnensystems die Internationale Astronomische Union — IAU — International Astronomical Union, die bereits mehr als 3500 Namen bei 20 extraterrestrischen Objekten akzeptiert hat. Man darf annehmen, daß sich diese Zahl bis zum Ende des 20. Jahrhunderts noch erheblich erhöhen wird. Mit Ausnahme von Eigennamen ist die Terminologie der Oberflächenformationen konsequent aus dem Lateinischen übernommen worden (siehe Seite 226).
Der Bildteil unseres Buches enthält auch schematische Karten aller bisher kartierten extraterrestrischen Körper. Man findet dort die wichtigsten charakteristischen Formationen mit ihren Namen. Für alle Karten gilt, daß Norden oben ist.

Sternkarten. In diesem Buch gibt es zwei Arten von Sternkarten. Auf sechs Karten, die mit A bis F bezeichnet sind und die der allgemeinen Orientierung dienen sollen, ist der ganze nördliche und südliche Himmel dargestellt. Man findet hier auch die Begrenzungen aller 88 Sternbilder und ihre internationalen lateinischen Namen. Alle Sternkarten sind im äquatorialen System gezeichnet, das für die Epoche 2000,0 gilt (siehe Schlagwort Präzession, Seite 222). Die in den Karten verwendeten Koordinatennetze sind sowohl zur Orientierung als auch zur Wiedergabe der wahren Winkelabstände am Himmel benutzbar. Den Erdmeridianen entsprechen die hier in Abständen von einer Stunde in Rektaszension eingezeichneten Deklinationskreise, den irdischen Breitenkreisen entsprechen Parallelkreise, die in Abständen von 10° eingezeichnet sind.
Hinter jeder der Übersichtskarten A bis F folgt eine Serie detaillierter Sternkarten mit Positionsangaben aller abgebildeten kosmischen Objekte. Eine Legende zu diesen Karten ist auf Seite 102 zu finden. Helle Sterne werden mit ihren traditionellen Eigennamen oder mit Kleinbuchstaben des griechischen Alphabets, eingeführt von Bayer im Jahre 1603, bezeichnet. Dem griechischen Buchstaben wird dann der Genitiv des Sternbildnamens nachgestellt, z. B. α Lyrae. Üblich ist auch die Bezeichnung hellerer Sterne mit den *Flamsteedschen Zahlen*, z. B. 61 Cygni. Es gibt auch weitere Sternbezeichnungssysteme, vor allem nach Nummern in verschiedenen Katalogen. Veränderliche Sterne werden in der Regel mit Großbuchstaben des lateinischen Alphabets bezeichnet, z. B. VV Cephei.
Helle Nebel und Galaxien, die man schon mit kleineren Fernrohren beobachten kann, sind vor allem bei den Amateuren unter den Nummern des *Messier-Katalogs* bekannt. Der französische Astronom Messier stellte im Jahre 1784 einen Katalog von 104 Objekten zusammen, und später wurden noch einige weitere hinzugefügt. Die entsprechende Bezeichnung besteht aus dem Buchstaben M und der fortlaufenden Nummer des Objekts, z. B. M 42 — Großer Orionnebel. Einige der bekanntesten und schönsten Sternhaufen haben Eigennamen, wie *Trifid*, *Sombrero*, *Lagune*. Ansonsten werden diese Objekte allgemein mit den fortlaufenden Nummern des Katalogs NGC (New General Catalogue of Nebulae and Clusters of Stars, 1888) oder seines Nachtrags IC (Index Catalogue) bezeichnet.
Die Sternkarten dieses Buches dienen der ersten Orientierung über die Position der abgebildeten Objekte und zur Auffindung der helleren. Ein Amateurastronom, der mit dem Fernrohr auch schwächere Sterne finden möchte, wird ohne einen detaillierten Sternatlas nicht auskommen.

Bildteil

Die Orientierung im Bildteil wird durch die astronomischen Zeichen und Abkürzungen am Rand der linken Seiten erleichtert. Die Zeichen werden auf dieser Seite und die Abkürzungen der Sternbildnamen auf Seite 215 erklärt.
Die illustrierten Doppelseiten werden durch historische Illustrationen ergänzt. Die farbigen Figuren der Sternbilder auf den Seiten 106 bis 202 sind nach einem astronomischen Kodex reproduziert, der wahrscheinlich etwa im 14. Jahrhundert in Italien entstanden ist und sich heute in der Bibliothek des Museums des nationalen Schrifttums in Prag-Strahov befindet. Ein Teil der Farbillustrationen stammt aus dem astronomischen Atlas „Harmonia Macrocosmica“ von Cellarius, Brüssel, 1763. Die Mehrzahl der zeitgenössischen Stiche ist den Schriften des Peter Apianus aus der ersten Hälfte des 16. Jahrhunderts entnommen.
Klassische Zeichnungen kosmischer Objekte aus dem 17. bis 19. Jahrhundert sowie mehr als 100 Jahre alte Illustrationen aus der astronomischen Literatur dokumentieren die Anfänge der visuellen Beobachtungen mit dem Fernrohr, die den Weg zum heutigen Erkennen des Weltalls gebahnt haben.

ERDE	⊕	♄	SATURN
MOND	☾	♅	URANUS
MERKUR	☿	♆ ♇	NEPTUN, PLUTO
VENUS	♀	☄	KOMETEN
MARS	♂	☉	SONNE
JUPITER	♃	✦	STERNE

♁ Erde

Die Erde umkreist die Sonne.
Cellarius, Harmonia Macrocosmica, 1763.

Wir können heute den Planeten Erde vom Weltraum her betrachten und dabei seine Schönheit bewundern. Unter dem bläulichen Dunst der Atmosphäre, zwischen dem „Spitzenmuster" weißer Wolken beobachten wir die ausgedehnten Wasserflächen der Ozeane und den bräunlichen Farbton der Kontinente mit dunklen, grünlichen, von Vegetation bedeckten Regionen. Das Wasser, die Atmosphäre und die wärmenden Strahlen der Sonne schaffen gemeinsam in einer dünnen Schicht an der Planetenoberfläche die Voraussetzungen für die Existenz des Lebens. Es ist die einzige belebte Stelle im Weltall, die wir kennen. Wenn wir unsere Erde aus der Ferne betrachten, wird uns bewußt, wie leicht verwundbar unsere irdische Heimat ist, die von allen Seiten vom endlosen, ungastlichen kosmischen Raum umgeben wird. Und wenn wir auch oft in Erstaunen und Begeisterung viel mächtigere Akteure des endlos vielgestaltigen Weltalls vor uns sehen, kehren wir doch immer mit wachsender Bewunderung zum Erde genannten Juwel zurück.

Der Planet Erde ist, wie jeder kosmische Körper, ein organischer Bestandteil des Weltalls, er ist mit ihm verwachsen, an ihn durch sein Gravitations- und Magnetfeld, seinen Energieaustausch und weitere Fesseln gebunden. Daran muß man denken, wenn man entfernte kosmische Objekte beobachtet; mit den Augen nehmen wir nur die Oberfläche der Dinge wahr.

Das Bild unten zeigt die *Magnetosphäre* der Erde, d. h. den Bereich, in dem sich das Erdmagnetfeld kundtut. Dieses Feld ist durch den *Sonnenwind* — elektrisch geladene Partikel aus der Sonne — (gelbe Pfeile von links), zu einer langgezogenen Tropfenform deformiert. Der Sonnenwind kommt mit dem Magnetfeld an der *Schockfront* (1) in Kontakt; hinter ihr liegt die *Magnetopause* (2), die Grenzzone des Magnetfelds. Rot sind die Zonen der durchdringenden Strahlung (3) gekennzeichnet, die eine Gefahr für die Besatzungen der Raumschiffe bedeuten. In Zeiten erhöhter Sonnenaktivität (S. 98) treten oft Veränderungen in der Magnetosphäre auf, beispielsweise in Form magnetischer Stürme und der Polarlichter.

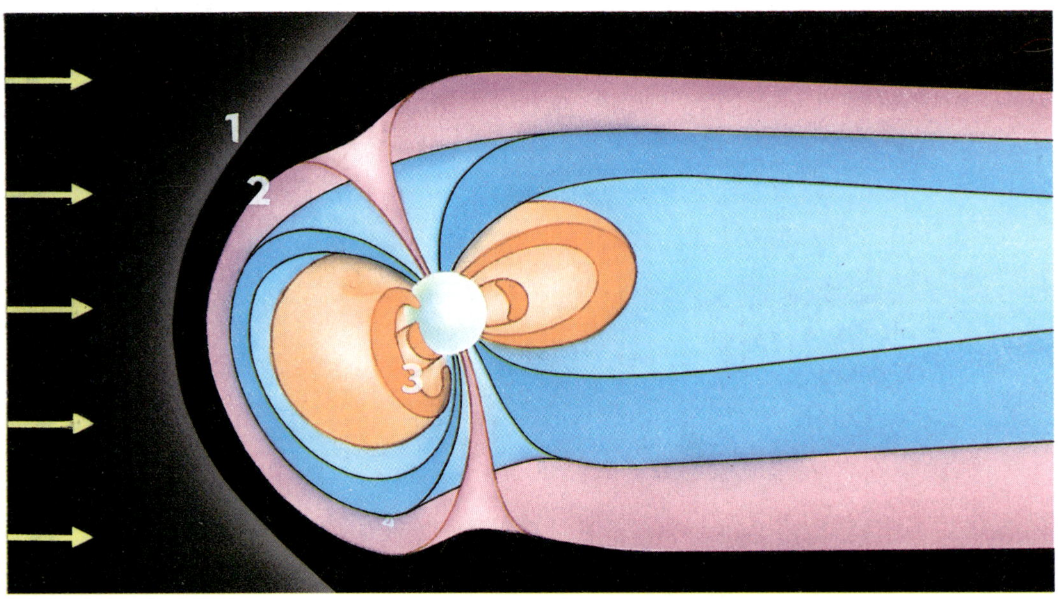

Mond

Blick von der Erde

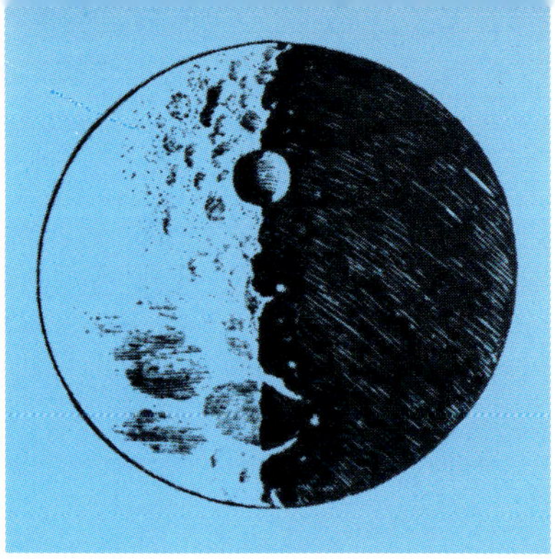

Eine der ersten Zeichnungen des Mondes nach Fernrohr-Beobachtungen. G. Galilei, 1610.

Der uralte Begleiter unserer Erde ist nach der Sonne das hellste, auffallendste und am leichtesten beobachtbare kosmische Objekt. Selbst mit bloßem Auge kann man die ständigen Veränderungen seines Aussehens, den Wechsel der Mondphasen mit der Periode von 29,5 Tagen verfolgen: vom Neumond, über das erste Viertel, den Vollmond und das letzte Viertel zum nächsten Neumond, der Position, in der er im Sonnenlicht verschwindet. Dabei stellt man fest, daß sich die dunklen Flecken auf der Mondscheibe — die sogenannten Meere, lateinisch *maria* — praktisch ständig an denselben Stellen befinden. Der Mond wendet der Erde also immer das gleiche Antlitz zu, seine Rotation ist gebunden: er dreht sich einmal um seine Achse in derselben Zeitspanne, die er für einen Umlauf um die Erde benötigt. Diese Übereinstimmung ist kein Zufall, sondern eine natürliche Folge der Wechselwirkung der Gravitation des Systems Erde—Mond. Ähnlich verhält es sich mit den meisten Monden der übrigen Planeten des Sonnensystems.

Die nebenstehende Seite zeigt eine Übersichtskarte der erdzugewandten Mondseite. Sie enthält die grundlegende Nomenklatur der Mondmeere, einiger großer Krater und Berggruppen, die zu kennen für die erste Orientierung nützlich ist. Man beachte die vereinbarte Bezeichnung der Himmelsrichtungen und die Art der Bestimmung der Positionen auf dem Mond mit Hilfe des *selenographischen Koordinatensystems.* Es entspricht dem der Erde: die selenographische Breite ist analog zur geographischen Breite, und die selenographische Länge entspricht der geographischen Länge.

Die erdzugewandte Seite des Monds teilt man in vier gleiche Teile, *Quadranten,* ein, deren detailliertere Karten auf den Seiten 22 bis 29 zu finden sind. Die Mondoberfläche ist auf den Karten so dargestellt, als ob sie von der Sonne von Osten her (hier von rechts) beleuchtet wäre, und die Sonne über allen Teilen des Mondes niedrig über dem Horizont stünde. Die Realität ist natürlich anders; man muß die Mondoberfläche in plastischem Licht partienweise mit schrittweise wechselnder Beleuchtung in verschiedenen Phasen betrachten.

Kraterfeld am Südostrand des Mondes, zwei Tage nach Vollmond. Am rechten Rand befindet sich der *Terminator* — die Grenze zwischen Tag und Nacht auf dem Mond. Nahe beim Terminator, wo die Sonne untergeht, sind die Schatten lang, und die Formationen treten deutlich hervor. Links, weiter entfernt vom Terminator, schwinden die Schatten, die Krater und andere Unebenheiten sind kaum zu sehen.

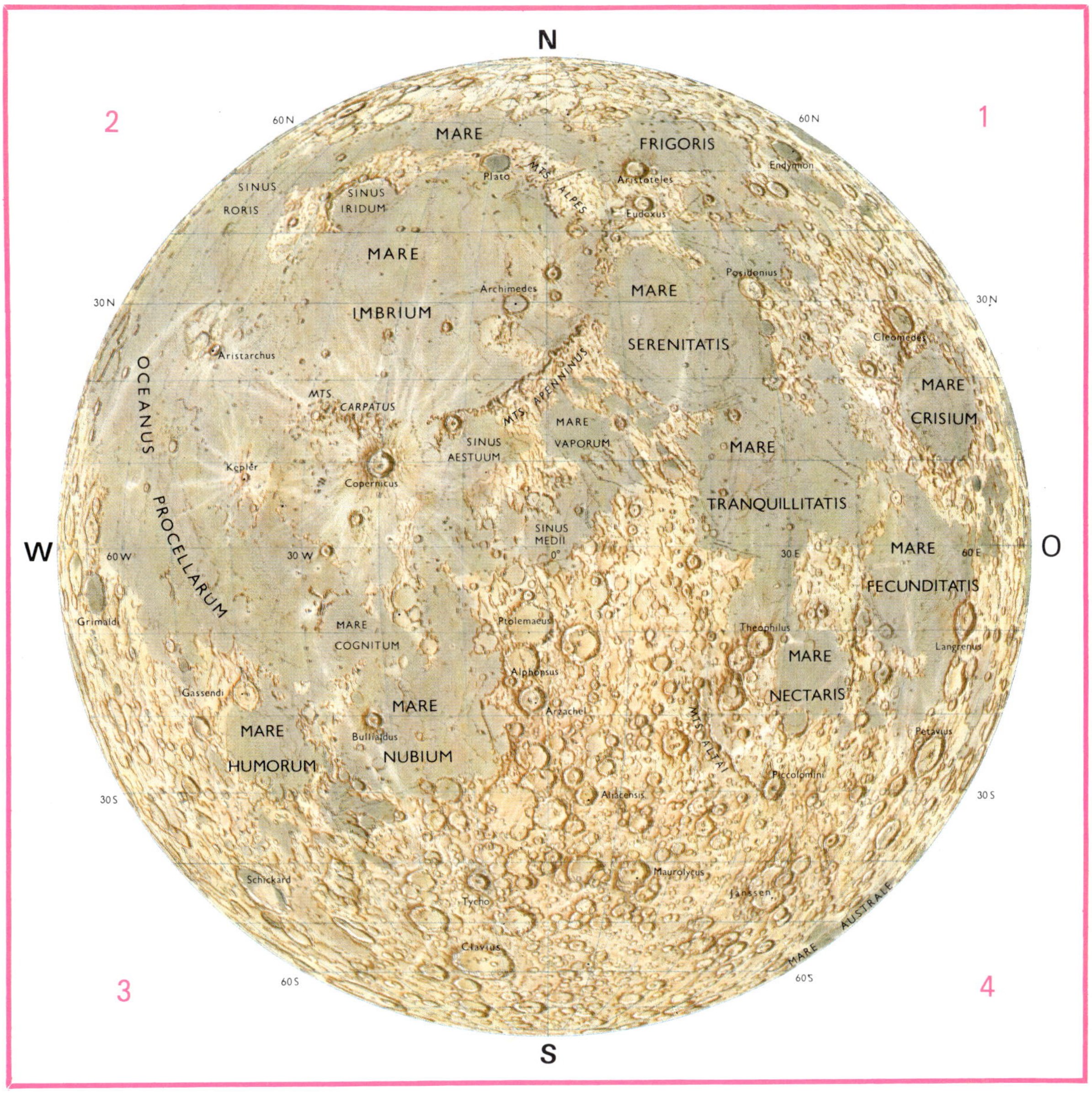
N
S
W
O
1
2
3
4
60 N
30 N
30 S
60 S
60 W
30 W
30 E
60 E
MARE
FRIGORIS
SINUS
RORIS
SINUS
IRIDUM
Plato
MTS. ALPES
Aristoteles
Eudoxus
Endymion
MARE
IMBRIUM
Archimedes
MARE
SERENITATIS
Posidonius
Cleomedes
MARE
CRISIUM
Aristarchus
OCEANUS
PROCELLARUM
MTS
CARPATUS
MTS. APENNINUS
MARE
VAPORUM
SINUS
AESTUUM
Kepler
Copernicus
MARE
TRANQUILLITATIS
SINUS
MEDII
MARE
FECUNDITATIS
Grimaldi
MARE
COGNITUM
Ptolemaeus
Theophilus
MARE
NECTARIS
Langrenus
Alphonsus
Arzachel
Gassendi
MARE
NUBIUM
MARE
HUMORUM
Bullialdus
MTS. ALTAI
Petavius
Piccolomini
Albategnius
Maurolycus
Schickard
Tycho
Janssen
Clavius
MARE AUSTRALE

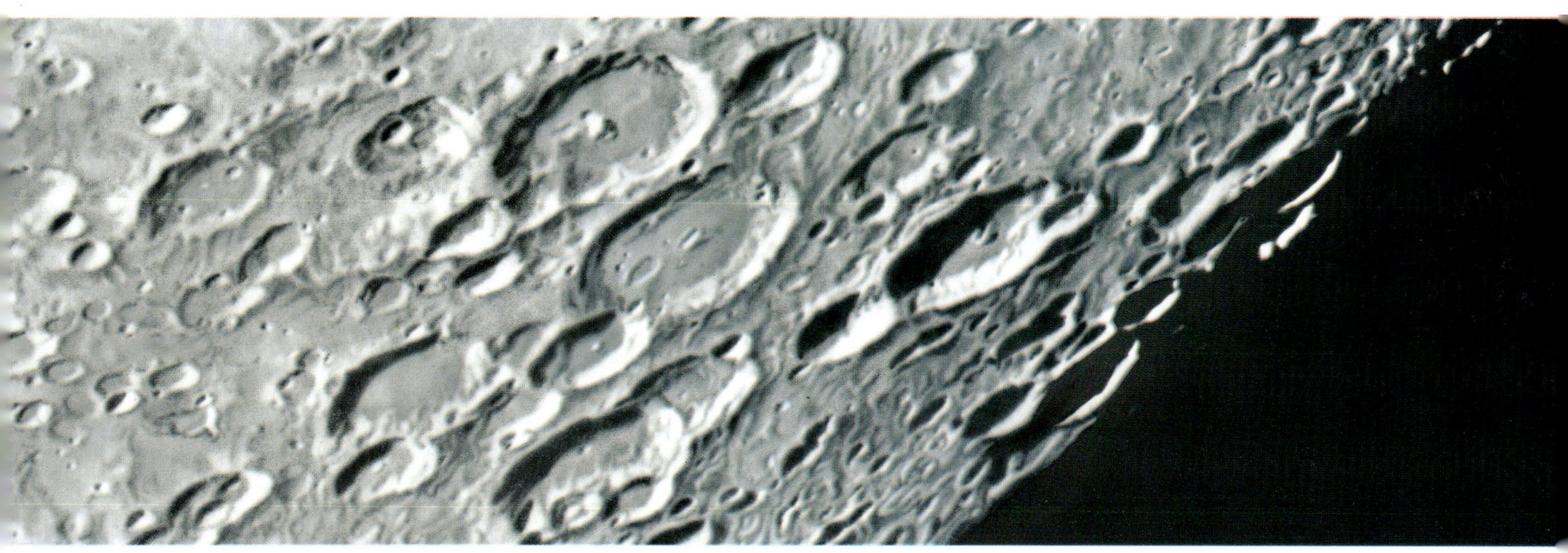

Mond

Oberflächenformationen

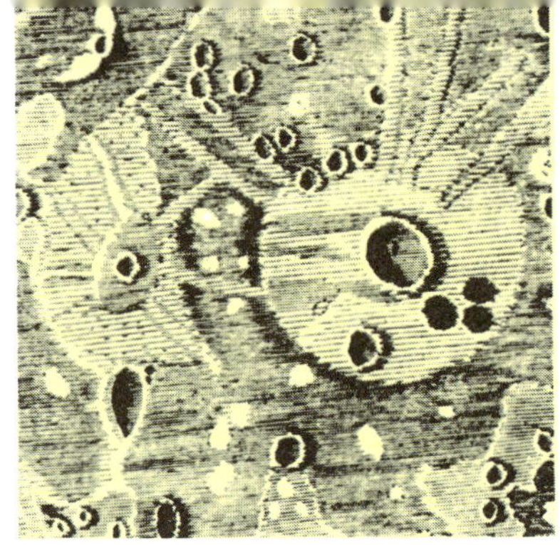

Detail einer Mondkarte aus dem Jahre 1671.
Cherubin d'Orléans, Dioptrique oculaire.

Auch ohne Fernrohr kann man auf dem Mond zwei wesentliche Oberflächentypen unterscheiden; helles *Festland* und dunkle *Meere*. Eine genauere Betrachtung zeigt, daß dieses Festland Gebirgscharakter aufweist und von einer sehr großen Anzahl von Kratern übersät ist, von kleinen Vertiefungen bis zu den mächtigen Ringgebirgen und Wallebenen mit Durchmessern von 100 bis 300 km. Die Meere — Maria — hingegen sind Ebenen, die nur stellenweise durch niedrige Rücken und erstarrte Lavaströme gewellt sind. Die hellen und dunklen Töne der Mondoberfläche sind vor allem auf die unterschiedliche chemische Zusammensetzung des Festlandgesteins und des Mare-Materials (überwiegend Basalt) zurückzuführen, wie Analysen des zur Erde geschafften Mondgesteins gezeigt haben.

Die Mondoberfläche wurde entscheidend von Aufschlägen — *Impakten* — unzähliger Meteoriten geprägt. Auf der erdzugewandten Seite des Monds hinterließen sie über 300 000 Krater, die größer als 1 km sind.

Die schwarzen, kontrastreichen Schatten können leicht die falsche Vorstellung hervorrufen, daß die Krater tiefe Gruben mit steilen Wällen seien. In Wirklichkeit sind es relativ flache Formationen mit sanft abfallenden Wällen, wie es auch das Profil des Kraters Eratosthenes (unten) andeutet. Die Tiefe dieses Kraters beträgt nur ein Sechzehntel seines Durchmessers.

Querschnitt durch den Krater Eratosthenes

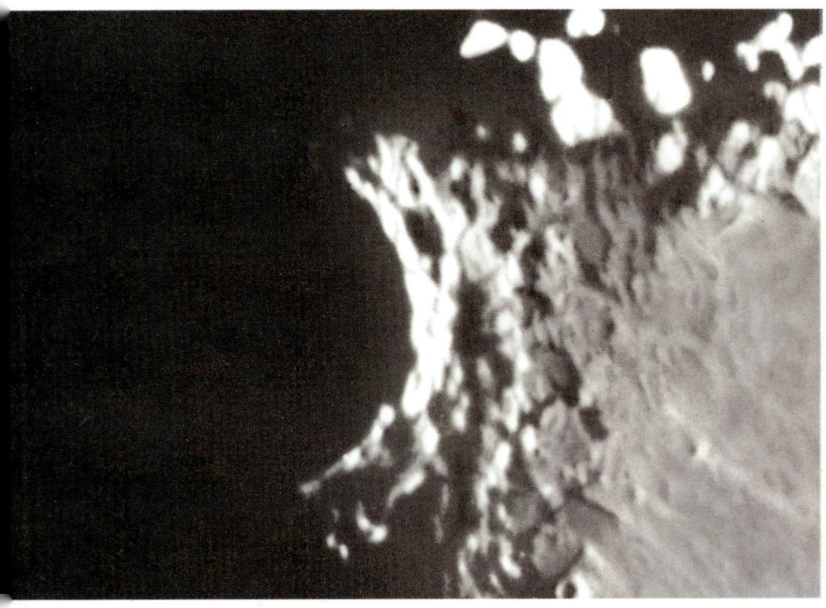

Die Sonne geht über dem Krater Eratosthenes beim Südwestausläufer der Mondapenninen auf. Das Innere des Kraters liegt noch im Schatten.

Sechzehn Stunden nach Sonnenaufgang ist der Zentralgipfel des Kraters beleuchtet. Kraterdurchmesser 56 km, Tiefe 3570 m.

Ein „Mondkontinent“ aus der Nähe. Das Kraterfeld liegt etwa 200 km westlich vom Altai-Gebirge (4. Quadrant, Karte auf S. 29). Der auffallende Krater Geber (rechts oben) hat einen Durchmesser von 46 km und ist 3510 m tief.

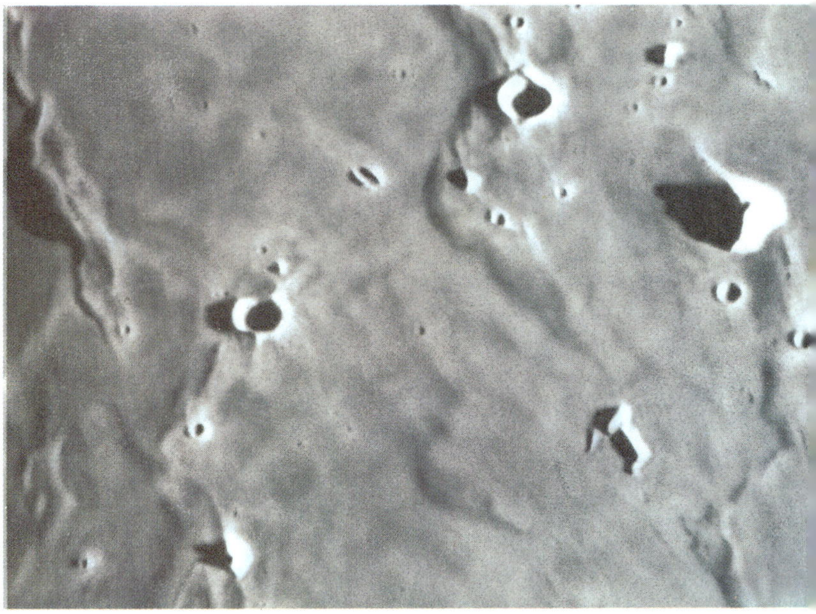

Detail des Regenmeeres mit dem 2250 m hohen Einzelberg Piton (rechts). Die Sonne steht sehr niedrig über dem Horizont, und so sind im Meer auch kleine Unebenheiten als hervortretende Adern zu sehen, die sich nur einige Dutzend Meter über das umliegende Terrain erheben.

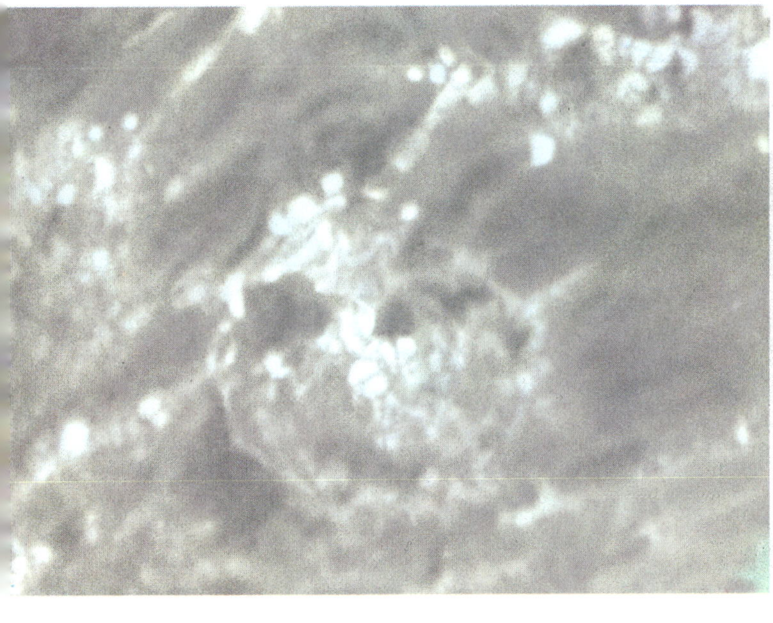

Um die Zeit des Vollmonds steht die Sonne hoch über dem Eratosthenes, die Schatten sind verschwunden und der mächtige Krater ist kaum erkennbar.

Anderthalb Tage vor Sonnenuntergang. Der ganze Boden des Kraters ist noch beleuchtet, die Terrassen des Westwalls liegen bereits im Schatten.

Mond

Karte der erdzugewandten Seite
1. Quadrant

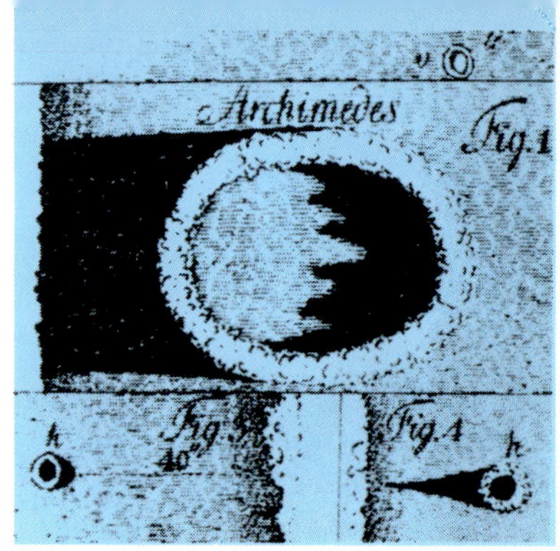

Der Krater Archimedes. J. H. Schröter, Selenotopographische Fragmente, 1791.

Im nordöstlichen Quadrant treten ausgedehnte Meere hervor, das Mare Serenitatis, das Mare Tranquillitatis und das auffallend ovale Mare Crisium, das auch ohne Fernrohr gut sichtbar ist.
Östlich der Alpen befinden sich zwei mächtige Ringgebirge: Aristoteles (Durchmesser 87 km) und Eudoxus (Durchmesser 67 km). Ein auffallendes Paar bilden die Krater Hercules (67 km) und Atlas (87 km) am Ostrand des Mare Frigoris. Weiter nördlich liegt der große Krater Endymion (125 km) mit seinem mächtigen Wall und dem dunklen, flachen, mit Lava gefüllten Boden.
Am Nordostrand des Mare Serenitatis liegt die charakteristische Wallebene Posidonius (Durchmesser 100 km, Wallhöhe 2300 m). Zu den interessanten Objekten bei Fernrohrbeobachtungen gehört die Umgebung des kleinen Kraters Cauchy im Meer der Ruhe, wo man lange Risse und Furchen — Rupes Cauchy — findet, die in der Nähe des Terminators, d. h. bei Sonnenauf- und untergang, gut sichtbar sind.

Ganz am Rand der erdzugewandten Seite kann man drei kleine, zum Teil auch auf die abgewandte Seite des Mondes reichende Meere beobachten: das Mare Humboldtianum, das Mare Marginis und das Mare Smythii. Die Sichtbarkeit der Randdetails ist von den *Librationen*, kleinen Schwingbewegungen des Mondes bezüglich der Erde, beeinflußt. Dank der Librationen können wir auch über den 90. Meridian hinaus einen kleinen Teil der erdabgewandten Seite sehen.
Auf der Karte bezeichnen schwarze Dreiekke die Landungsstellen der amerikanischen Raumsonden Ranger, Surveyor, Apollo und der sowjetischen Raumsonde Luna. Im Meer der Ruhe landeten die ersten Menschen auf dem Mond, Neil Armstrong und Edwin Aldrin — Expedition Apollo 11 am 20. 7. 1969. In den Jahren 1970 bis 1976 landeten die Raumsonden Luna 16, 20 und 24 in der Nähe des 60. östlichen Längenkreises — automatische Probeentnahmen von Mondgestein. Am 11. 2. 1972 landete die letzte Apollo-Expedition (Apollo 17) unweit des Südostrandes des Meeres der Klarheit. Nördlich davon arbeitete das automatische fahrbare Laboratorium Lunochod 2 im Krater Le Monnier, das die Raumsonde Luna 21 am 15. 1. 1973 zum Mond brachte.

Die Mondalpen — Montes Alpes — am Nordostrand des Regenmeeres erreichen Höhen von 1800 bis 2400 m. Der höchste Gipfel ragt 3600 m über dieses wasserlose Meer empor. Das Gebirge wird von einem 130 km langen Tal — Vallis Alpes — durchzogen. Die langen, spitzen Schatten der Berge sind auf den niedrigen Stand der aufgehenden Sonne zurückzuführen. Die Hänge der Mondberge sind in Wirklichkeit nicht steil.

Bedeutung der lateinischen Namen

Mare Crisium	Meer der Gefahren
Mare Fecunditatis	Meer der Fruchtbarkeit
Mare Frigoris	Meer der Kälte
Mare Humboldtianum	Humboldtmeer
Mare Marginis	Randmeer
Mare Serenitatis	Meer der Klarheit
Mare Smythii	Smith-Meer
Mare Spumans	Schäumendes Meer
Mare Tranquillitatis	Meer der Ruhe
Mare Undarum	Wellenmeer
Mare Vaporum	Meer der Dünste/Dämpfe
Lacus Doloris	See des Schmerzes
Lacus Mortis	See des Todes
Lacus Somniorum	See der Träume
Lacus Spei	See der Hoffnung
Lacus Temporis	See der Zeit
Palus Putredinis	Sumpf der Fäulnis
Palus Somnii	Sumpf des Traumes
Montes Alpes	Alpen
Montes Apenninus	Apenninen
Montes Caucasus	Kaukasus
Sinus Amoris	Bucht der Liebe
Sinus Asperitatis	Bucht der Rauheit
Sinus Honoris	Bucht der Ehre
Sinus Successus	Bucht des Erfolgs
Sinus Medii	Bucht der Mitte
Statio Tranquillitatis	Basis der Ruhe

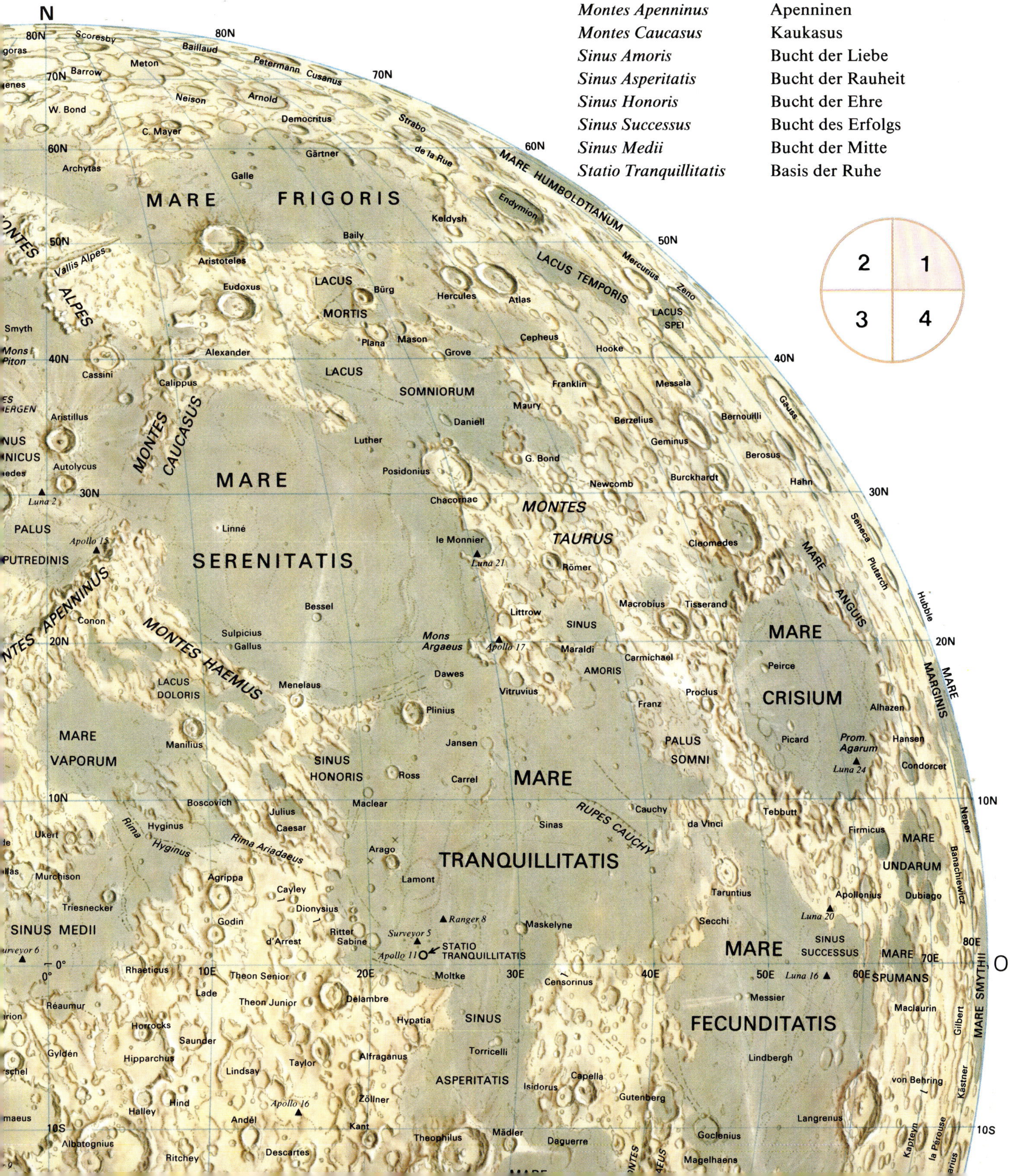

Mond

Karte der erdzugewandten Seite 2. Quadrant

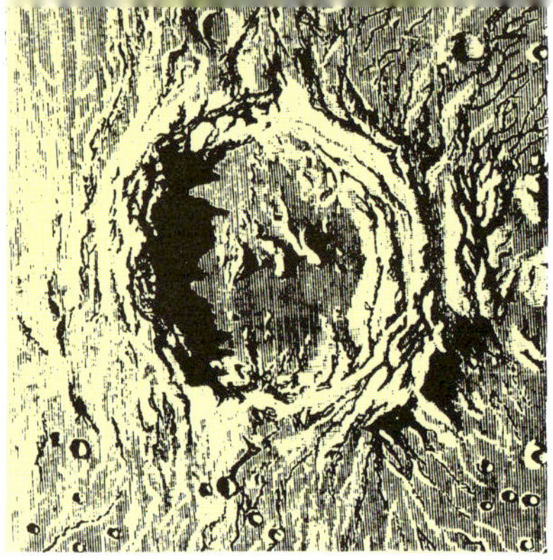

Der Krater Copernicus. Zeichnung von James Nasmyth, 2. Hälfte des 19. Jahrhunderts.

Vor ungefähr vier Milliarden Jahren endete die Periode des intensiven Bombardements des Mondes durch einige riesige Impakte, die die Becken der künftigen Meere aushöhlten. Es folgte ein Zeitabschnitt mächtiger Lavaergüsse, die diese Becken ausfüllten und ihre Randwälle zerstörten. So entstand vor etwa dreieinhalb Milliarden Jahren auch das Mare Imbrium, einst ein gigantischer Krater mit einem Durchmesser von 1250 km, dessen Wallreste in Form der Randgebirge der Alpen, des Kaukasus, der Apenninen und der Karpaten erhalten geblieben sind. Ein weiterer Überrest eines einstigen großen Kraters mit einem Durchmesser von 260 km, der zum Teil von Lavaströmen ausgefüllt wurde, ist der Sinus Iridum — die Regenbogenbucht.

Dunkle Mare-Basalte füllen auch den Boden der Wallebene Plato (Durchmesser 100 km) und des Kraters Archimedes (Durchmesser 83 km, Tiefe 2150 m).

Auf der Oberfläche des Regenmeers und des benachbarten Ozeans der Stürme werden in der Vollmondphase Kränze heller Strahlen sichtbar, die von den Kratern Copernicus, Kepler und Aristarchus ausgehen. Die Strahlen machen Material sichtbar, das beim Entstehen dieser Krater herausgeschleudert wurde. Beim Krater Aristarchus (Durchmesser 45 km) sieht man schon mit einem kleinen Fernrohr deutlich das 200 km lange und etwa 1000 m tiefe mäandrische Schröter-Tal — Vallis Schröteri.

Mit Kreuzchen (×) sind auf der Karte die sogenannten Monddome bezeichnet, die die Form niedriger Kuppen mit einem Kreisumfang und Durchmesser von 10 bis 20 km haben und nur einige hundert Meter hoch sind. Sie können nur in der Nähe des Terminators beobachtet werden; man findet sie insbesondere um den Meridian 30 W, westlich vom Krater Copernicus.

Zwischen den Kratern Archimedes und Autolycus fiel der erste Bote von der Erde auf den Mond — die sowjetische Raumsonde Luna 2 am 13. 9 1959. Am Westrand des Ozeans der Stürme gelang Luna 9 am 3. 2. 1966 die erste weiche Landung auf dem Mond. Am Fuß des Mondapennins landete am 30. 7. 1971 die Expedition Apollo 15, die als erste mit einem Elektromobil ausgestattet war. Südlich der Regenbogenbucht operierte das erste automatische fahrbare Laboratorium Lunochod 1, das am 17. 11. 1970 von der Sonde Luna 17 zum Mond befördert wurde.

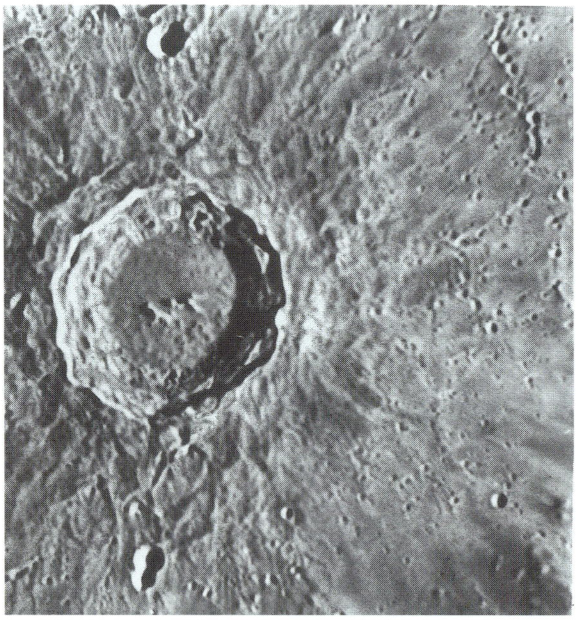

Das Ringgebirge Copernicus ist der wohl bekannteste Krater auf dem Mond. Es hat einen Durchmesser von 93 km und ist 3760 m tief. Die Wälle sind terrassenförmig, der Boden verhältnismäßig eben mit einer Gruppe von bis zu 1200 m hohen Zentralgipfeln. Der Kamm des Walls erhebt sich über das umliegende äußere Terrain in eine Höhe von 900 m. Der Kraterboden liegt demnach unter dem Niveau des umliegenden Terrains, was für alle Mondkrater zutrifft. Der Copernicus-Krater entstand wahrscheinlich durch einen Impakt vor einer Milliarde Jahren.

Bedeutung der lateinischen Namen

Mare Frigoris	Meer der Kälte
Mare Imbrium	Regenmeer
Mare Insularum	Inselmeer
Oceanus Procellarum	Ozean des Stürme
Sinus Aestuum	Bucht der Fluten
Sinus Iridum	Regenbogenbucht
Sinus Lunicus	Lunikbucht
Sinus Medii	Mittel-Bucht
Sinus Roris	Tau-Bucht
Palus Putredinis	Sumpf der Fäulnis
Montes Alpes	Alpen
Montes Apenninus	Apenninen
Montes Carpatus	Karpaten
Montes Jura	Jura-Gebirge
Montes Spitzbergen	Spitzbergen

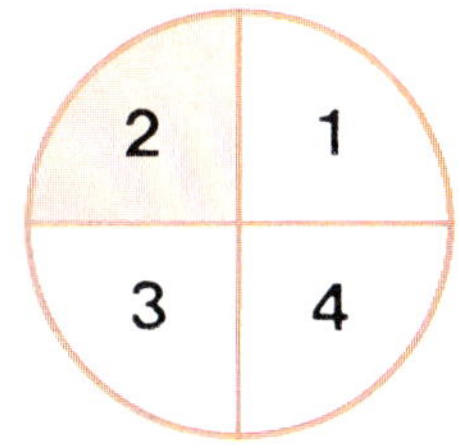

Mond

Karte der erdzugewandten Seite
3. Quadrant

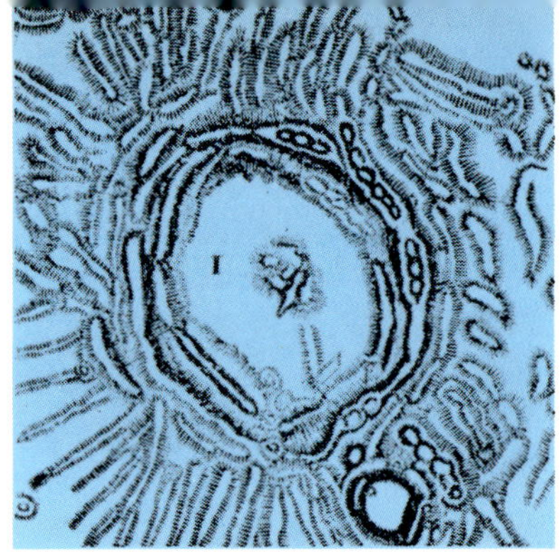

Der Krater Bullialdus. Detail einer Mondkarte von J. Schmidt, 1878.

Der ausgedehnte Oceanus Procellarum reicht auch in den Bereich dieses Quadranten und knüpft an die dunklen Flächen des Mare Cognitum, des Mare Nubium und des runden Beckens des Mare Humorum an.
Am Rand des letztgenannten Meeres ist die schöne Wallebene Gassendi (Durchmesser 110 km, Tiefe 1860 m), die gemeinsam mit einem kleineren Krater am Nordwall an einen Ring mit einem Edelstein erinnert. Im Mare Nubium liegt der auffallende Krater Bullialdus (59 km, 3510 m) und an seinem Ostrand der bekannteste Mondabhang — Rupes Recta. In der aufgehenden Sonne wirft seine Wand einen auffallenden Schatten in der Form eines geraden, schwarzen, schon mit einem kleinen Fernrohr sichtbaren Strichs. Die Wand ist 96 km lang, 240 bis 300 m hoch, und die Neigung ihres Hangs beträgt etwa 7° (1 : 9). Der Hang ist also gar nicht steil, wie man früher angenommen hatte.
Die drei Formationen Ptolemaeus, Alphonsus (118 km, 2730 m) und Arzachel (97 km, 3610 m) sind gute Orientierungspunkte. Den ganzen Südteil der erdzugewandten Seite des Mondes beherrscht der Krater Tycho (85 km, 4580 m), das Zentrum des größten, gut sichtbaren Strahlensystems, das sich bis in eine Weite von tausend Kilometern erstreckt. Tycho ist eine relativ junge Formation, die durch einen Impakt vor etwa 300 Millionen Jahren entstand.
Zu den größten Wallebenen des Mondes gehören Clavius (225 km), Schickard (227 km) und am Südwestrand Bailly (303 km). In der Nachbarschaft der Wallebene Schickard befindet sich der kuriose Krater Wargentin (84 km), dessen Inneres bis zum Rand mit Lava überflutet ist.
Der Name Mare Cognitum — Meer der Erkenntnis — errinert an die erste Detailansicht des Mondes mit Einzelheiten bis zu 50 cm, welche die Fernsehkameras der am 31. 7. 1964 dort gelandeten Raumsonde Ranger 7 den Erdbewohnern vermittelten.
In diesem Quadranten liegt auch die Landstelle der ersten (S1) und letzten (S7) Raumsonde des Programms Surveyor. Diese Raumsonden erkundeten 1966 bis 1968 sehr gründlich die Eigenschaften der Mondoberfläche vor der Landung der ersten Menschen.

Der Krater Ptolemaeus ist ein typischer Vertreter der Mondwallebenen. Durchmesser 153 km, Höhe des Randwalls bis 2400 m über dem relativ flachen, mit dunklem Mare-Material übergossenen Boden. Der Boden ist natürlich nicht eben, sondern folgt der Krümmung der Mondkugel. Ein in der Mitte des Ptolemaeus stehender Beobachter hätte überhaupt nicht den Eindruck, in einem Krater zu stehen, denn fast der ganze Wall wäre unter dem Horizont verborgen.

Bedeutung der lateinischen Namen

Mare Cognitum	Meer der Erkenntnis
Mare Humorum	Feuchtigkeitsmeer
Mare Insularum	Inselmeer
Mare Nubium	Wolkenmeer
Mare Orientale	Ostmeer
Lacus Excellentiae	See der Vortrefflichkeit
Lacus Timoris	See der Furcht
Oceanus Procellarum	Ozean der Stürme
Palus Epidemiarum	Sumpf der Seuchen
Montes Cordillera	Kordilleren
Montes Riphaeus	Riphaeus-Gebirge
Rupes Recta	Gerade Wand

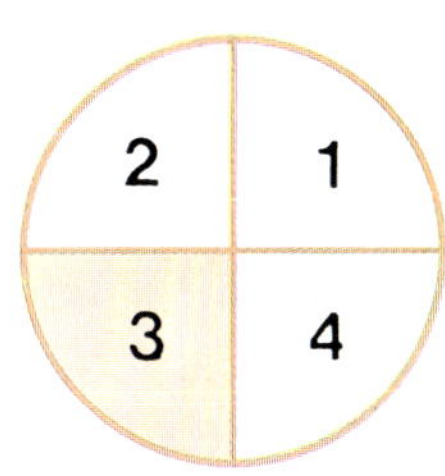

Mond

Karte der erdzugewandten Seite 4. Quadrant

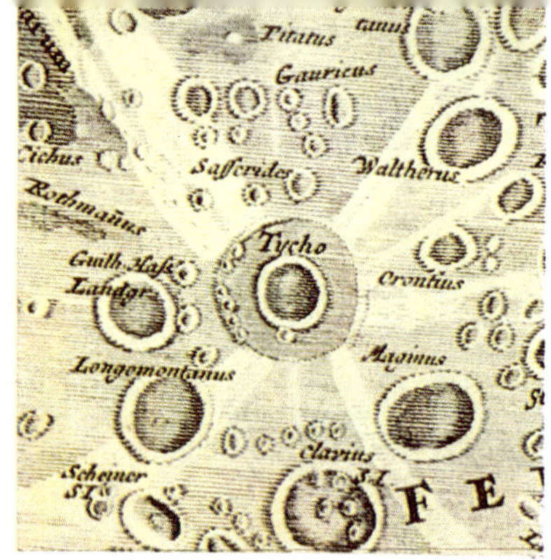

Detail einer Mondkarte nach Riccioli. Cellaruis, 1763.

Die ausgedehntesten Kraterfelder der erdzugewandten Mondhälfte befinden sich in diesem südöstlichen Quadranten. Die Mondoberfläche ist hier mit Kratern wortwörtlich übersät, an manchen Stellen durchdringen und überdecken jüngere Krater ältere Formationen. Ein Detailbild dieser Region findet man auf Seite 19.
Das kleine, runde Nektarmeer — Mare Nectaris — füllt den mittleren Teil eines ehemaligen ausgedehnten Beckens aus, das hier durch einen großen Impakt vor mehr als 4 Miliarden Jahren entstanden war. Ein Rest des Randwalls dieses Beckens ist die Altai-Verwerfung — Rupes Altai. Eine Begleiterscheinung beim Entstehen der Mondbecken war die Bildung von ganzen Systemen von Furchen, Rissen und Tälern, die strahlenförmig von der Mitte des Beckens nach allen Seiten ausliefen. Einen solchen Ursprung hat offensichtlich auch das Rheita-Tal — Vallis Rheita, — das auf das Mare Nectaris zuläuft. Viel besser ist das Furchensystem beim Mare Orientale erhalten geblieben, das an der Westgrenze zwischen erdzugewandter und -abgewandter Hälfte liegt (siehe die Karte auf der folgenden Doppelseite).
Eine auffallende Dreiergruppe bilden die Krater Theophilus, Cyrillus und Catharina. Theophilus hat imposante Ausmaße: Durchmesser 100 km, Tiefe 4400 m; das Zentralgebirge erreicht Höhen von 2000 m und der Wallkamm liegt stellenweise bis 1200 m über dem Niveau der umgebenden Landschaft. Nicht weniger Bewunderung verdienen die großen Krater Langrenus (132 km) und Petavius (177 km) mit stark gegliederten Wällen.
Ein interessantes Detail ist das Paar der kleinen Messier-Krater im Mare Fecunditatis. Vom westlicheren Krater Messier A laufen gegen Westen zwei schmale, gut sichtbare Strahlen aus.
Am Südostrand kann man einen Teil des Mare Australe sehen, das sich bis auf die erdabgewandte Seite erstreckt und einen fast kreisrunden Umriß mit einem Durchmesser von etwa 900 km hat. Näher zum Äquator ist am Mondrand das kleine Smyth-Meer, das ebenfalls auf die erdabgewandte Seite hinüberreicht.
Im Gebiet des Kraters Descartes, etwa 300 km westlich des Theophilus, landete am 21. 4. 1972 die Expedition Apollo 16.

Furchen und Rillen in der Nähe der Krater Triesnecker (großer Krater unten) und Hyginus (kleiner Krater in der Mitte der oberen Furche). Bei schräger Beleuchtung in der Nähe des Terminators wirken diese Dutzende von kilometerlangen Formationen wie bodenlose Cañons und Schluchten. In Wirklichkeit sind es sehr flache, nur einige hundert Meter tiefe Täler mit abgerundeten Rändern und keineswegs steilen Hängen.

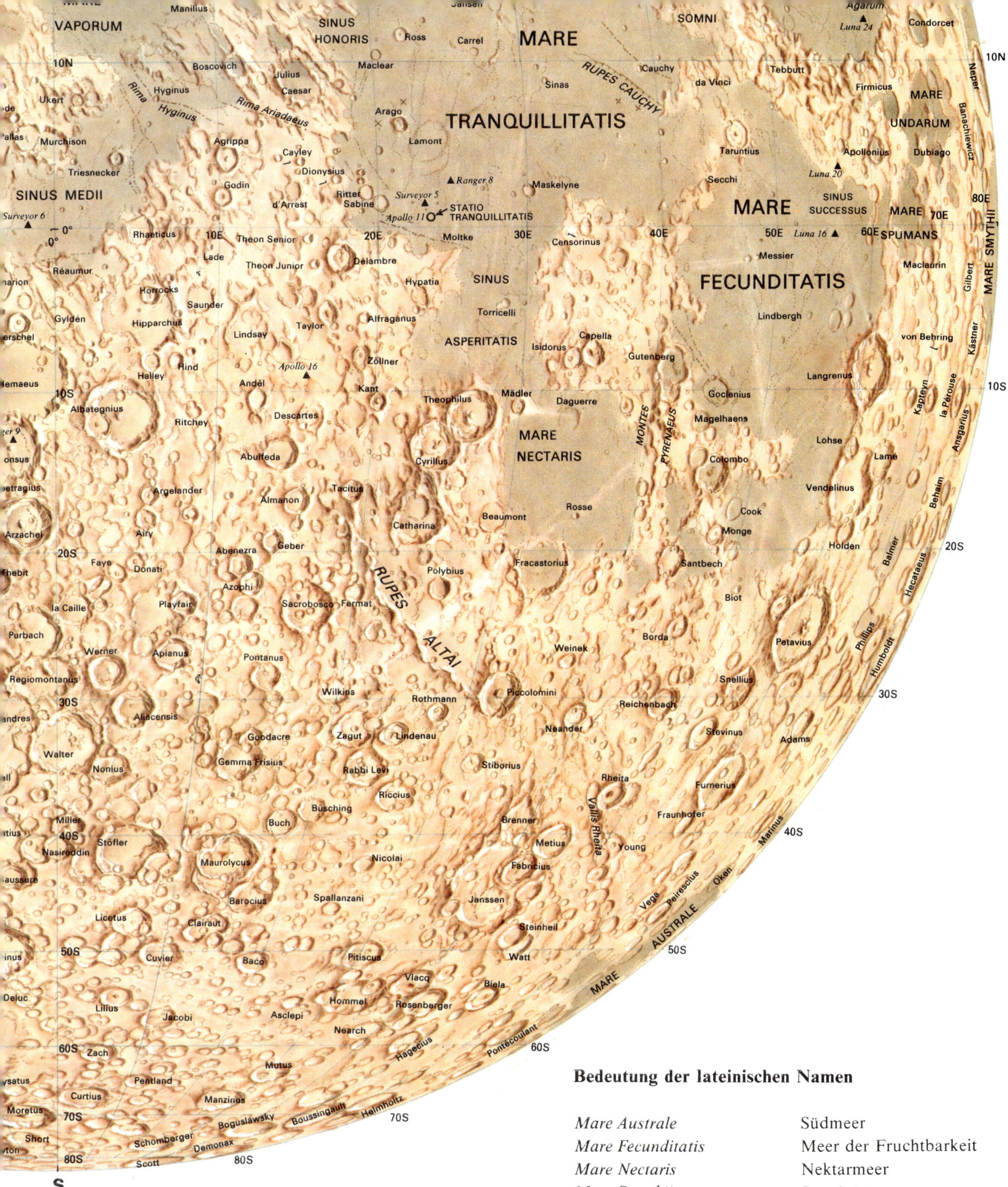

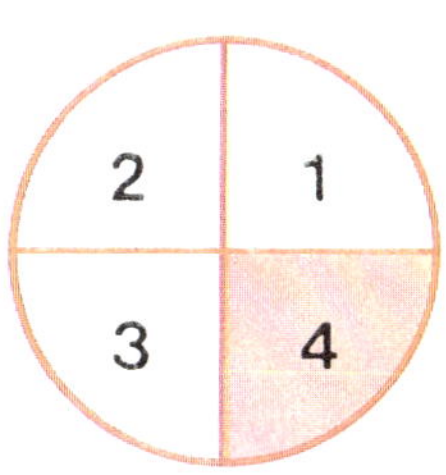

Bedeutung der lateinischen Namen

Mare Australe	Südmeer
Mare Fecunditatis	Meer der Fruchtbarkeit
Mare Nectaris	Nektarmeer
Mare Smythii	Smyth-Meer
Mare Spumans	Schäumendes Meer
Mare Undarum	Wellenmer
Sinus Asperitatis	Bucht der Rauheit
Sinus Medii	Mittel-Bucht
Sinus Successus	Bucht des Erfolgs
Statio Tranquillitatis	Basis der Ruhe
Rupes Altai	Altai-Verwerfung
Vallis Rheita	Rheita-Tal

Mond

Übersichtskarte des ganzen Mondes

Detail einer Mondkarte nach Riccioli. Cellarius, 1763.

Der Vergleich der erdzugekehrten und der erdabgekehrten Seite des Mondes zeigt große Unterschiede im Vorkommen der Meere und Kontinente. Auf der zugekehrten Seite nehmen die Meere 31,2 %, auf der abgekehrten Seite nur 2,5 % der Oberfläche ein. Auf dem Mond ist die Verteilung der Höhen sehr unregelmäßig; die Oberfläche der abgekehrten Seite liegt etwa 3 km höher über dem Durchschnittsniveau, als auf der erdzugekehrten Seite. Die Höhe der Erhebungen auf dem Mondkörper bewegt sich im Bereich von 16 km.

Die absolut größte impakte Formation (nicht nur auf dem Mond, sondern im ganzen Sonnensystem) ist der Kessel South Pole – Aitken. Dieser sehr alte gigantische Krater mit einem Durchmesser von 2 500 km und einer Tiefe von fast 13 km ist durch unzählige jüngere Krater „getarnt" und wurde erst zu Beginn der neunziger Jahre von den Sonden Galileo und Clementine aus entdeckt. Der Umfang des Kessels ist auf der Karte mit einer gestrichelten Linie erkenntlich gemacht.

Erdzugewandte Seite

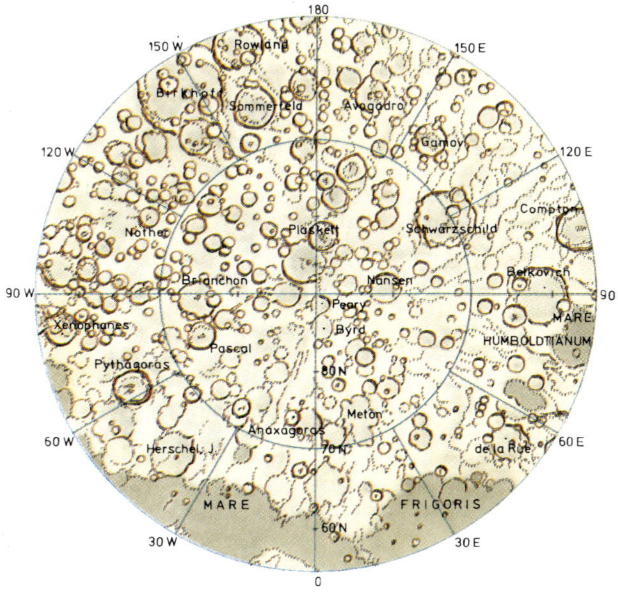

Nördliche Polarregion

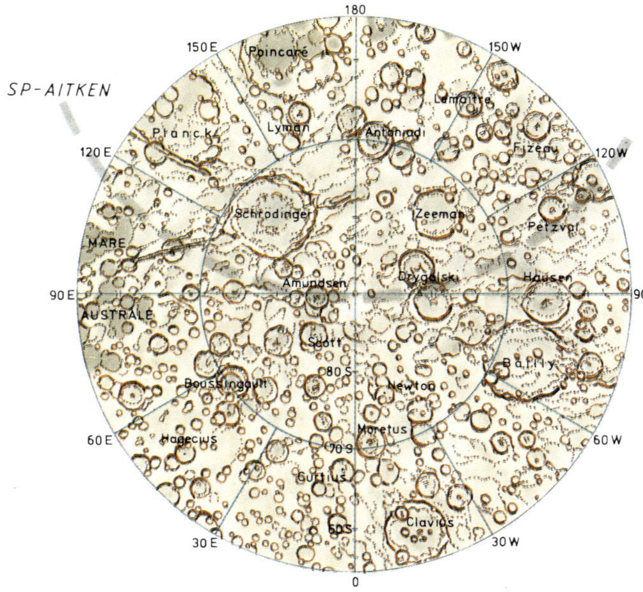

Südliche Polarregion

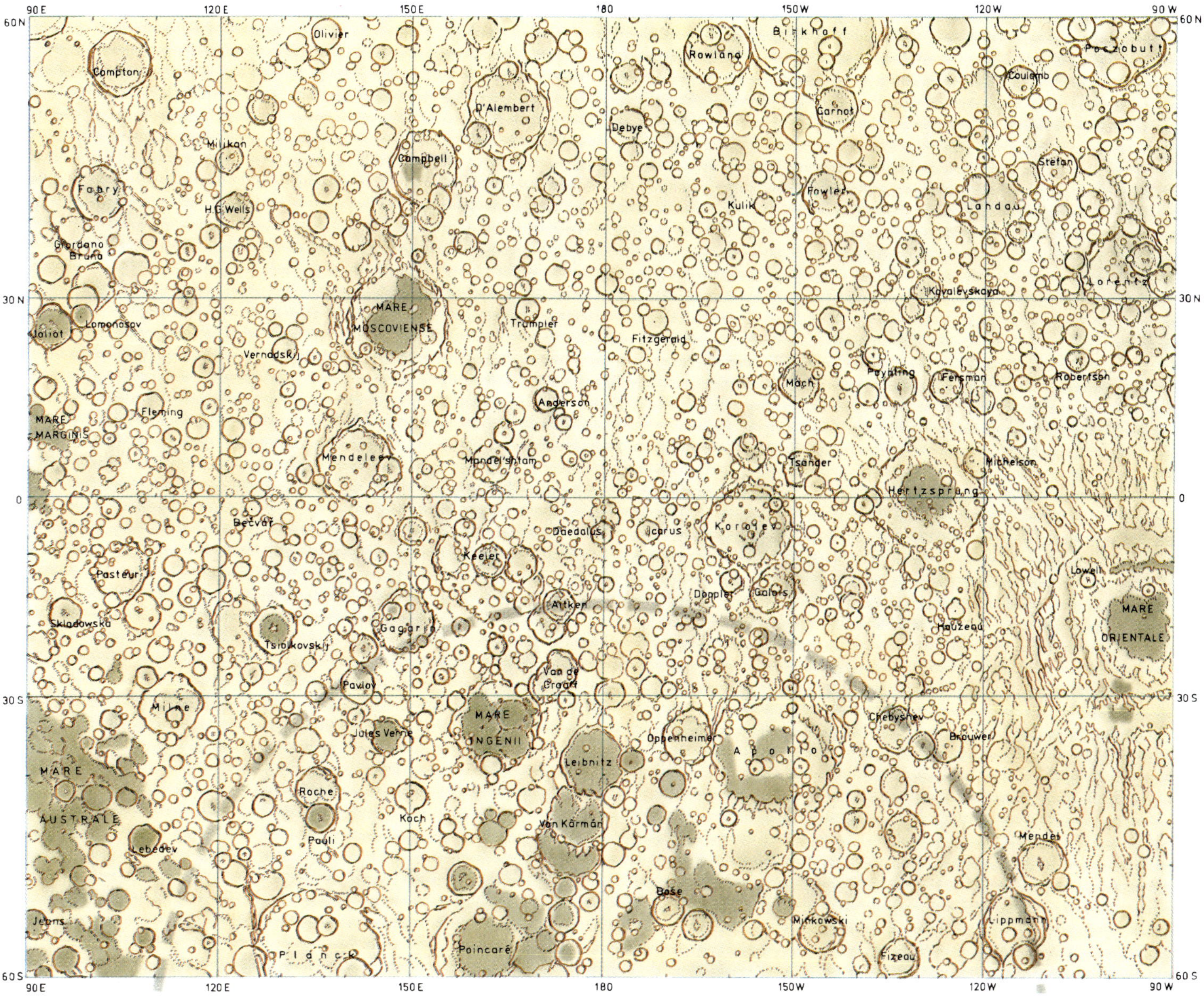

Erdzugewandte Seite

☿ Merkur

Karte der Albedo-Formationen und des Reliefs

Merkur nach Beobachtungen von J. H. Schröter, 1800.

Astronomische Beobachtungen von der Erde aus verraten uns nur wenig über den sonnennächsten Planeten. Da Merkur sich am Himmel immer in der Nähe der Sonne befindet, kann man ihn mit dem Fernrohr nur kurze Zeit am Tage oder in der Dämmerung durch die unruhigen, horizontnahen Schichten der Atmosphäre beobachten. Man sieht dann auf dem Planeten im besten Fall nur unbestimmte helle und dunkle Flecken — die *Albedo-Formationen.*

Bis 1965 war auch die Rotationszeit des Merkurs nicht zuverlässig bekannt. Später stellte sich heraus, daß die Rotationszeit (58,6 Tage) mit der Umlaufszeit des Planeten um die Sonne (88 Tage) synchron ist. Im Verlauf zweier Umläufe dreht sich der Planet dreimal um seine Achse. Die Temperatur an der Merkur-Oberfläche ändert sich zwischen Tag und Nacht von +427 °C bis —173 °C! Diese großen Unterschiede — die größten unter den Planeten — werden mit durch die große *Bahnexzentrizität* des Merkurs, d. h. durch eine erhebliche Variation der Sonnenentfernung (von 46 bis 70 Millionen km) hervorgerufen. Es ist interessant, daß Merkur als Folge der synchronen Rotation im Perihel, d. h. in einer Sonnenentfernung von 46 Millionen km, der Sonne immer die gleichen Partien, und zwar entweder den nullten oder den 180sten Meridian, zuwendet, wo auch die Hitzepole liegen.

Die meisten Kenntnisse über Merkur vermittelte uns die interplanetare Raumsonde Mariner 10, die in den Jahren 1974/75 dreimal hintereinander nahe am Planeten vorbeiflog. Weil in allen drei Fällen die gleiche Seite des Planeten von der Sonne beleuchtet war, konnte nur eine Hälfte der Merkuroberfläche kartiert und erforscht werden; diese Seite zeigt die nebenstehende Karte.

Von der Raumsonde Mariner 10 aufgenommene Photographien, mit Details bis zu 100 m, haben gezeigt, daß die Merkuroberfläche der des Mondes ähnelt und ebenfalls mit Kratern übersät ist. Eine genaue Analogie der dunklen Mondmeere ist hier jedoch nicht zu finden. Merkur hat eine Menge junger Krater mit hellen Strahlenkränzen.

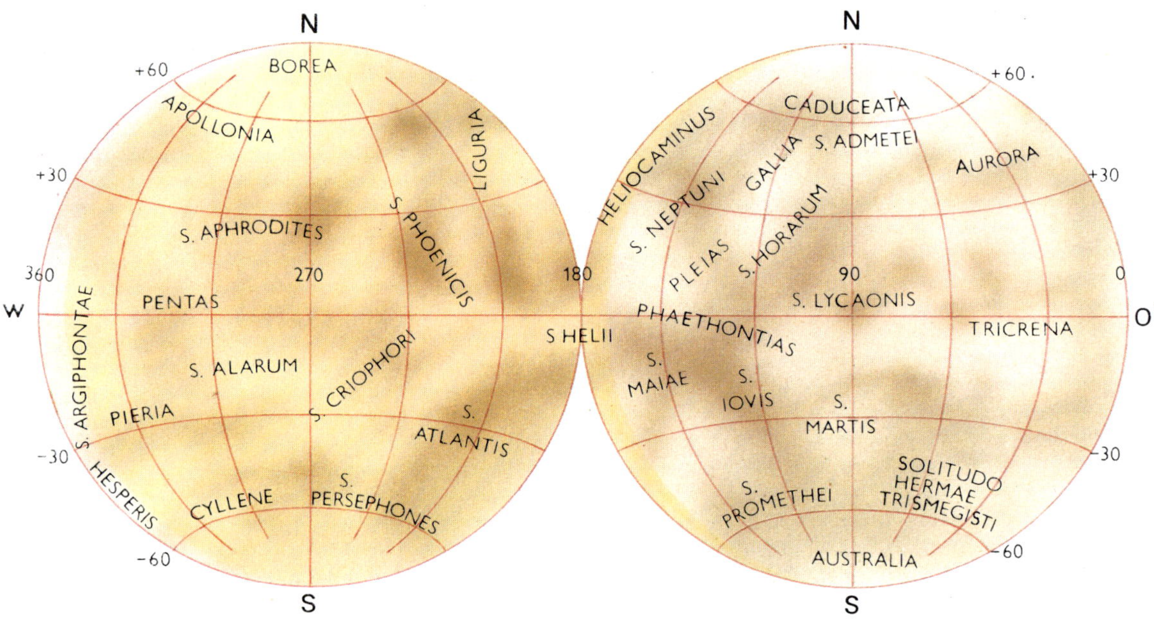

Karte der von der Erde aus sichtbaren Albedo-Formationen des Merkur. Anstatt Mare wird für die dunklen Flecken auf dem Merkur die Bezeichnung *Solitudo,* d. h. Ödland (auf der Karte mit S. bezeichnet) benützt. Die von der Raumsonde Mariner 10 aufgenommene Halbkugel ist in gelber Farbe wiedergegeben.

Es scheint, daß die von der Erde aus sichtbaren Albedo-Unterschiede in den meisten Fällen durch Systeme heller Strahlen verursacht werden, denn auf dem Merkur sind die Unterschiede in der Albedo der Kontinente und Meere bei weitem nicht so ausgeprägt wie auf dem Mond.

Die Merkurkrater erhielten ihre Namen nach berühmten Schriftstellern, Dichtern, Malern und Komponisten der ganzen Welt. Eine Ausnahme bildet der Krater Kuiper, benannt nach dem amerikanischen Astronomen Gerard Kuiper, der großen Anteil an der Vorbereitung der Kartierung des Merkur durch die Raumsonde Mariner 10 hatte. Er starb, bevor die Raumsonde ihr Ziel erreichte. Für die Ebenen — *Planitiae* — wurden die Namen des Gottes Merkur in verschiedenen Sprachen und die Namen von Göttern alter Kulturen benützt, die eine ähnliche Rolle spielten wie Merkur bei den Römern; z. B. Tir, Budh, Odin, Suisei. Furchen wurden nach bekannten Versuchsschiffen, wie Discovery, Astrolabe, Wostok u. a. benannt.

Merkur

Oberflächenformationen

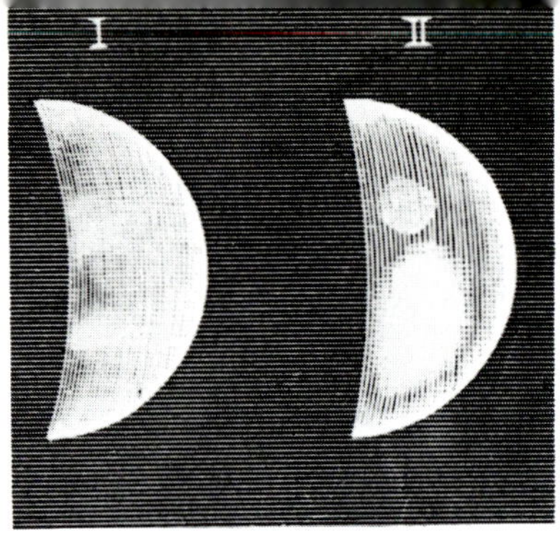

Aussehen der Venus nach Beobachtungen von Denning, 5./6. 11. 1882.

Die Ähnlichkeit der Kraterfelder auf dem Merkur und denen des Mondes ist so auffallend, daß auch Fachleute manchmal im Zweifel sind, wenn sie entscheiden sollen, welche Detailphotographie welchem Himmelskörper zuzuordnen ist. Es gibt jedoch auch frappante Unterschiede, wie z. B. das Fehlen ausgedehnter dunkler Meere auf dem Merkur. Wesentlich ist der Unterschied im inneren Aufbau der beiden Himmelskörper; die mittlere Dichte von Merkur ist um etwa 60 % größer als die des Mondes, was bedeutet, daß der Merkur wahrscheinlich einen ungewöhnlich großen Eisenkern besitzt.

Daraus geht hervor, daß Merkur eine vom Mond unterschiedliche Entwicklung durchgemacht hat, wenn auch manche Etappen ähnlich waren. Letzteres gilt vor allem für das Entstehen einer großen Anzahl von Kratern in der Zeit des intensiven Bombardements während der Bildung des Sonnensystems. Die nachfolgende, von Lavaeruptionen begleitete vulkanische Tätigkeit führte dann zur Formung ebener Flächen, die den Mondmeeren ähneln.

Ein wichtiges Ereignis in der Geschichte des Merkur war ein riesiger Impakt, durch den das Becken Caloris Planitia mit einem Durchmesser von 1300 km entstand. Diese Formation mit einer Reihe von konzentrischen Wällen und Furchen ähnelt stark einem Becken auf dem Mond, nämlich dem Mare Orientale (siehe Karte auf Seite 27). Das bei diesem Impakt ausgeschleuderte Material formte das alte Kraterterrain bis in eine Entfernung von 1000 km vom Randwall, und die seismischen Wellen riefen ein Merkurbeben hervor, dessen Folgen man als chaotisch geformtes Terrain sogar auf der entgegengesetzten Seite des Planeten beobachten kann.

Eine einzigartige Erscheinung auf dem Merkur, wie wir sie vom Mond nicht kennen, ist ein System besonderer Furchen, die 500 bis 1000 m hoch und Hunderte von Kilometern lang sind. Ein Beispiel dafür ist die Rupes (Furche) Discovery, auf der Abbildung rechts. Die tektonischen Prozesse, die zum Entstehen eines relativ zur gesamten Planetenfläche so ausgedehnten Systems von Furchen führten, wurden wahrscheinlich durch Bewegungen der Rinde bei einer Abkühlung oder Erwärmung des Planeteninneren ausgelöst. Auch die Abbremsung der ursprünglich rascheren Rotation des Merkur auf ihren heutigen Wert durch die Gravitationswirkung der Sonne könnte eine solche Tektonik verursacht haben.

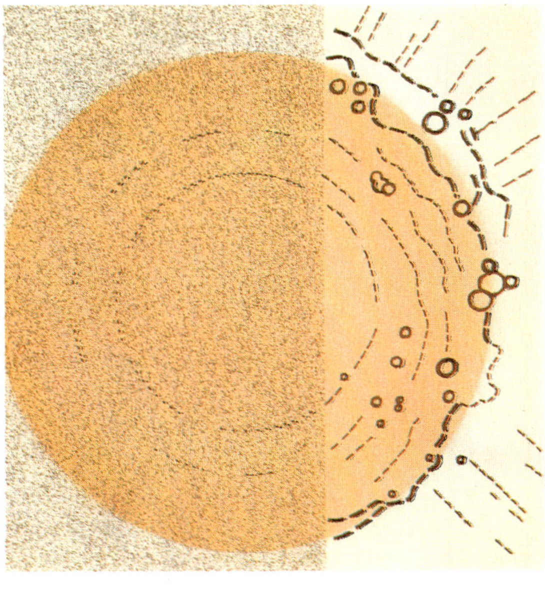

Das Becken Caloris Planitia kennen wir nur zum Teil. Seine ganze Form — beim Vorbeiflug von Mariner 10 auf der Nachtseite des Planeten verborgen — können wir uns nur ungefähr vorstellen. Der Name „Ebene der Glut" ist zutreffend, weil dieses Gebiet in der Nähe des einen Hitzepols (s. S. 32) liegt, wo die Temperatur am Mittag ihr Maximum, d. h. +427 °C erreicht.

Unten: Rupes Discovery, mehr als 400 km lang und 500 bis 1000 m hoch. Sie durchschneidet zwei ältere Krater.

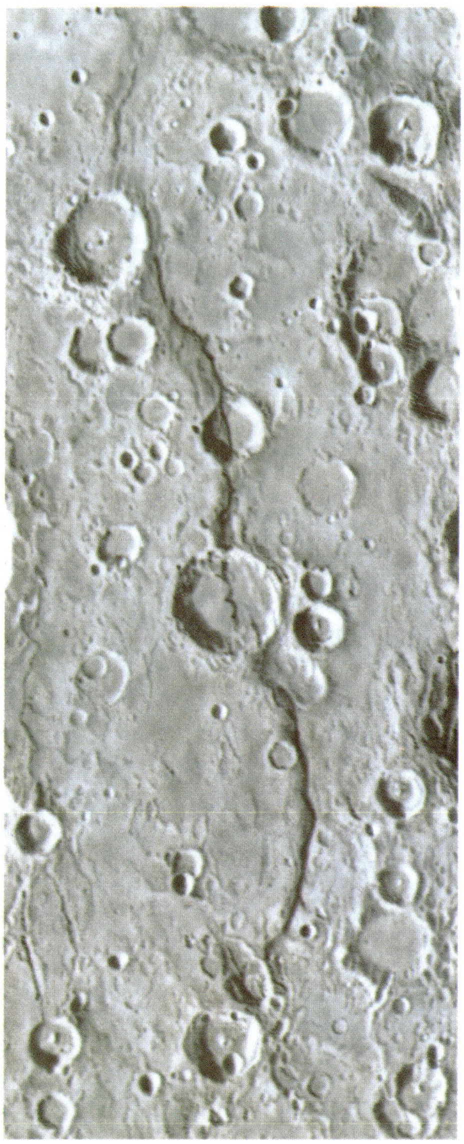

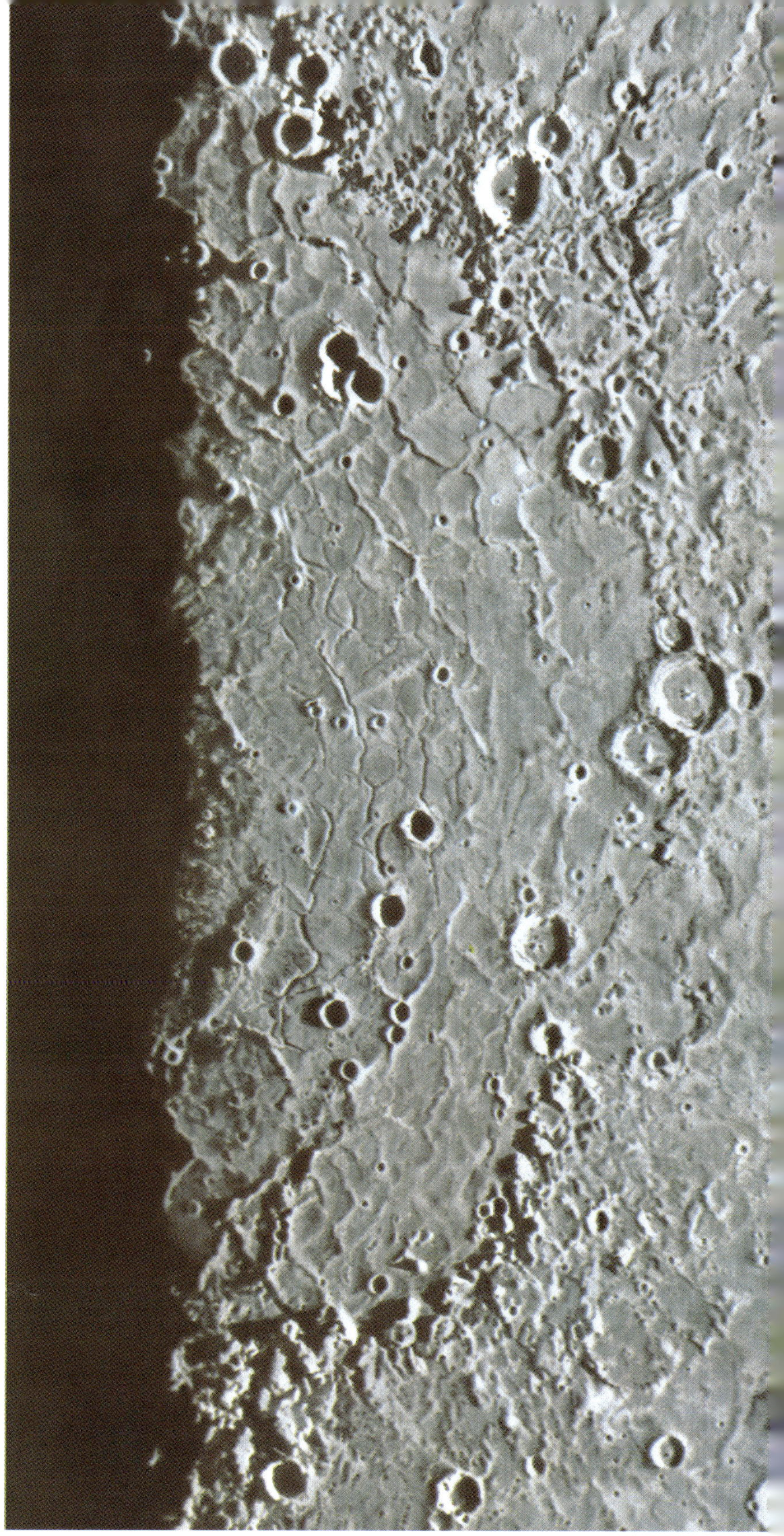

Oben: Teil des gigantischen Beckens Caloris Planitia nach einer Photographie der Raumsonde Mariner 10. Der Wall, der das Becken umgibt, erreicht mit einzelnen Gipfeln Höhen von etwa 1000 m. Das Innere des Beckens ist von vielen konzentrischen Furchen, Rillen und niedrigen Bergrücken durchzogen.

♀ Venus

Die Atmosphäre des Planeten

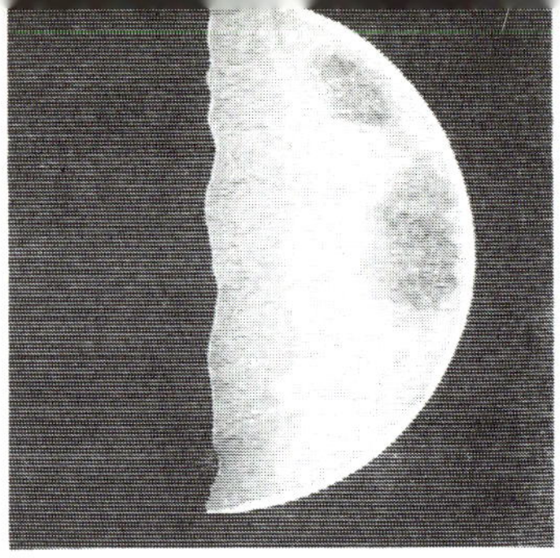

Zeichnung der Venus.
Folaché, 1883.

Unter allen Planeten ähnelt die Venus der Erde am meisten in ihrer Größe, Masse, mittleren Dichte sowie in der Absorption von Sonnenenergie. Sie ist aber auch der am wenigsten erforschte erdähnliche Planet. Da sie von einer dichten, mit undurchsichtigen Wolkenschichten durchsetzten Atmosphäre umgeben ist, bleibt uns die Planetenoberfläche völlig verborgen. Es ist deshalb kein Wunder, daß Wissenschaftler noch in den fünfziger Jahren die Möglichkeit der Existenz von Leben auf der Venus in Erwägung zogen. Neuere Forschungen haben jedoch prinzipielle Unterschiede aufgedeckt: Die Venus hat eine sehr dichte Atmosphäre, etwa hundertmal dichter als die der Erde; sie besteht zu 97 % aus Kohlendioxid (CO_2). Die Oberfläche ist felsig, ohne Wasser (in der Atmosphäre sind nur einige Zehntel Prozent Wasserdämpfe) und sehr heiß — über 450 °C bei Tag und bei Nacht. Der atmosphärische Druck ist 90mal größer als auf der Erde.

Von der Erde oder von einer kosmischen Sonde aus sieht man bestenfalls die höchsten Wolkenschichten, deren oberer Rand 70 km über der Venusoberfläche liegt. Noch höher, bis zu 90 km, reicht ein Dunst aus Eiskristallen, der die Beobachtung in sichtbarem Licht erschwert. Deshalb kann man die Venus im Fernrohr nur als eine rein weiße Scheibe ohne jede Details sehen. Im Bereich der ultravioletten Strahlung ist dieser Dunst jedoch durchsichtig und der Beobachtung von hellen und dunklen Wolken in den obersten Wolkenschichten (70 bis 56,5 km über der Planetenoberfläche) nicht im Wege. Auf den vier nebenstehenden Bildchen, die nach Ultraviolettaufnahmen der Sonde Pioneer Venus Orbiter hergestellt wurden, kann man Veränderungen und Bewegungen der Wolkenformationen — *atmosphärische Zirkulation* — verfolgen, und auch die Gesamtrotation der Atmosphäre, die zwischen 4 und 5 Tagen schwankt. Die Wolken bestehen hier vor allem aus Schwefelsäure (H_2SO_4) und Beimengungen. Sie ähneln eher dem Smog auf der Erde. Ihre Mächtigkeit (3 hohe Schichten, zwischen 45,5 und 70 km über der Oberfläche) vereiteln jede Beobachtung im sichtbaren Licht. Auf der Venusoberfläche herrscht jedoch eine Sichtweite von etwa 3 km, und die Landschaft ist ähnlich klar beleuchtet wie bei Tag und starker Bewölkung auf der Erde.

Phasen der Venus bei Beobachtung von der Erde. Je nach der Entfernung von der Erde ändert sich der scheinbare Durchmesser der Venus am Firmament. Ähnliche Phasen kann man auch beim Planeten Merkur beobachten.

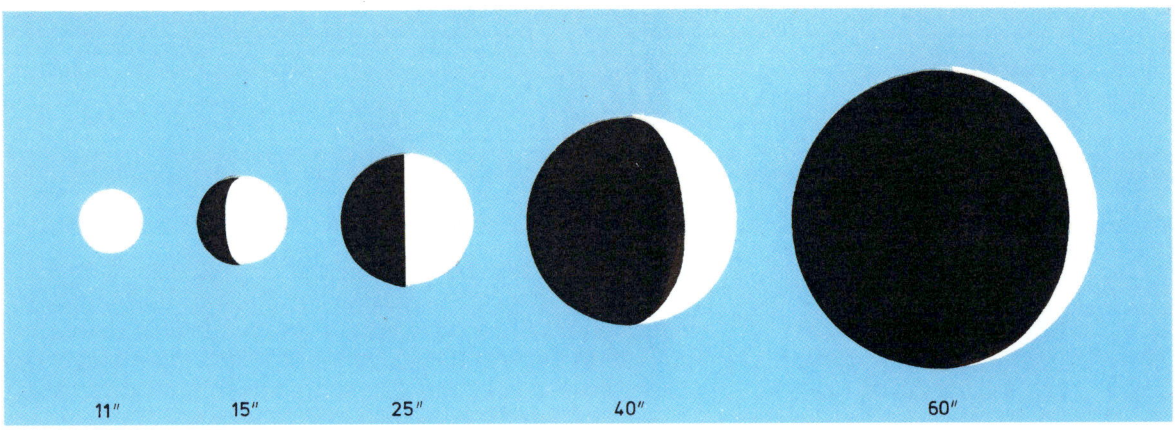

♀ Venus

Die Oberfläche des Planeten

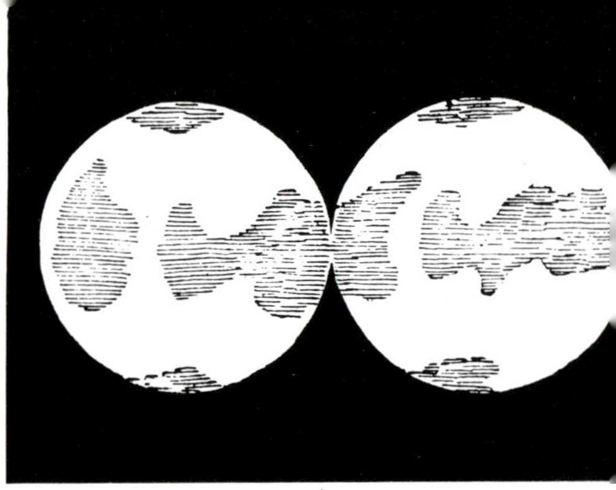

Vermeintliches Meer auf der Venus.
Bianchini, 1710.

Die undurchsichtige Atmosphäre der Venus bildet kein Hindernis für Radarwellen, mit denen man aus größerer Entfernung die Planetenoberfläche abtasten, Formationen erkennen, die Höhe von Bergen und die Tiefe von Tälern messen kann. Gewisse Teile der Venus kann man auch mit erdstationierten großen Radargeräten erforschen. Die erste Gesamtkarte entstand erst in den achtziger Jahren nach Radarbeobachtungen des Satelliten Pioneer Venus Orbiter.
Eine vereinfachte Version dieser Karte (rechts) vermittelt eine Vorstellung von den Höhenverhältnissen auf der Venus. Zwischen dem höchsten und niedrigsten Punkt besteht ein beträchtlicher Höhenunterschied, nämlich über 13 km! Trotzdem ist die Venus ein viel glatterer Planet als die Erde. Höhenlagen von 1,5 bis 10,6 km (über dem auf einem Halbmesser von 6051 km festgelegten Nullniveau) findet man nur auf etwa 8 % der Planetenoberfläche; es sind Hochländer, die an die Erdkontinente erinnern. Das größte ist Aphrodite Terra (3200 × 9800 km). Die höchste Stelle auf der Venus ist Maxwell Montes (10,6 km), ein aus dem Festland Ishtar Terra aufsteigendes Gebirge.
Dieses Gesamtbild der Venus ist nur sehr grob umrissen, die kleinsten Details sind hier über 100 km groß.
Genauere Radarbeobachtungen von der Erde und den Sonden Venera 15 und 16 zeigen z. B. Schildvulkane (Theia Mons und Rheia Mons mit Gipfelkratern — Calderen), Dutzende großer Krater mit Durchmessern von 35 bis 350 km, Cañons u. ä. Es herrschen Gesteinsarten vulkanischen Ursprungs — Basalte — vor. Auf Aufnahmen von weich gelandeten Raumsonden (Venera 9, 10, 13, 14) kann man zahlreiche scharfkantige Steine sehen. Das alles deutet darauf hin, daß die Venus geologisch aktiv und ihre Oberflächenformung noch nicht beendet ist.

In den Jahren 1990—1992 wurden von der Sonde Magellan aus mit Radar 98 % der Venusoberfläche kartiert. Neben den vorherrschenden und mancherorts sogar exotischen vulkanischen Formationen wurden auch zahlreiche impakte Krater entdeckt. Daraus geht hervor, daß sich die Oberfläche der Venus durch andere Prozesse gebildet hat als die der Erde.

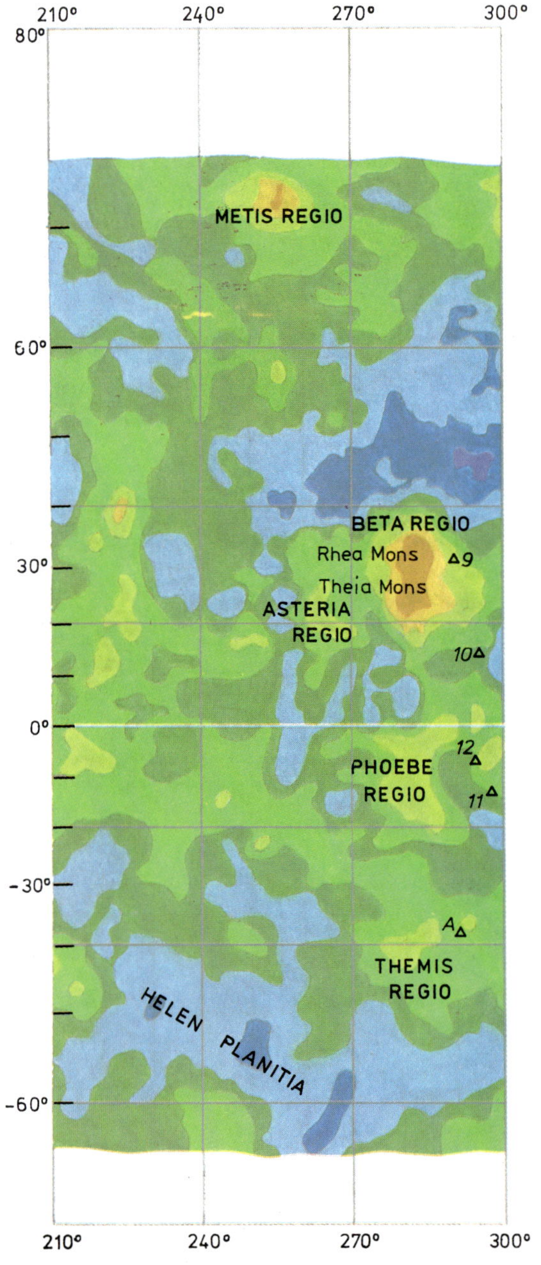

Auf der Übersichtskarte der Venus sind die Höhenschichten verschiedenfarbig angegeben. Da auf dem Planeten keine Wasserfläche existiert, von der aus man Seehöhen messen könnte, wird ein Nullniveau durch eine gedachte Kugelfläche mit einem Radius von 6051 km vom Planetenmittelpunkt festgelegt.
Kleine Dreiecke bezeichnen die Stellen, wo Landegeräte von Raumsonden, die bis 1985 zur Venus gesandt wurden, niedergingen. 1 bis 14 sind die fortlaufenden Nummern der sowjetischen Raumsonden der Venera-Reihe. Die Buchstaben A bis F bezeichnen die fünf Landegeräte der amerikanischen Raumsonde Pioneer Venus 2 von 1978. Neben den Landungsstellen der Raumsonden Vega 1 und Vega 2 (1985) sind auch die Flugbahnen der Ballonsonden angegeben, die damals erstmalig zur Erforschung der Venus-Atmosphäre verwendet wurden.
Die ersten Meßresultate von der Venusoberfläche übermittelte die Raumsonde Venera 7 am 15. 12. 1970. Aufnahmen von der Oberfläche der Venus übermittelten die Satelliten Venera 9, 10, 13 und 14 zur Erde.

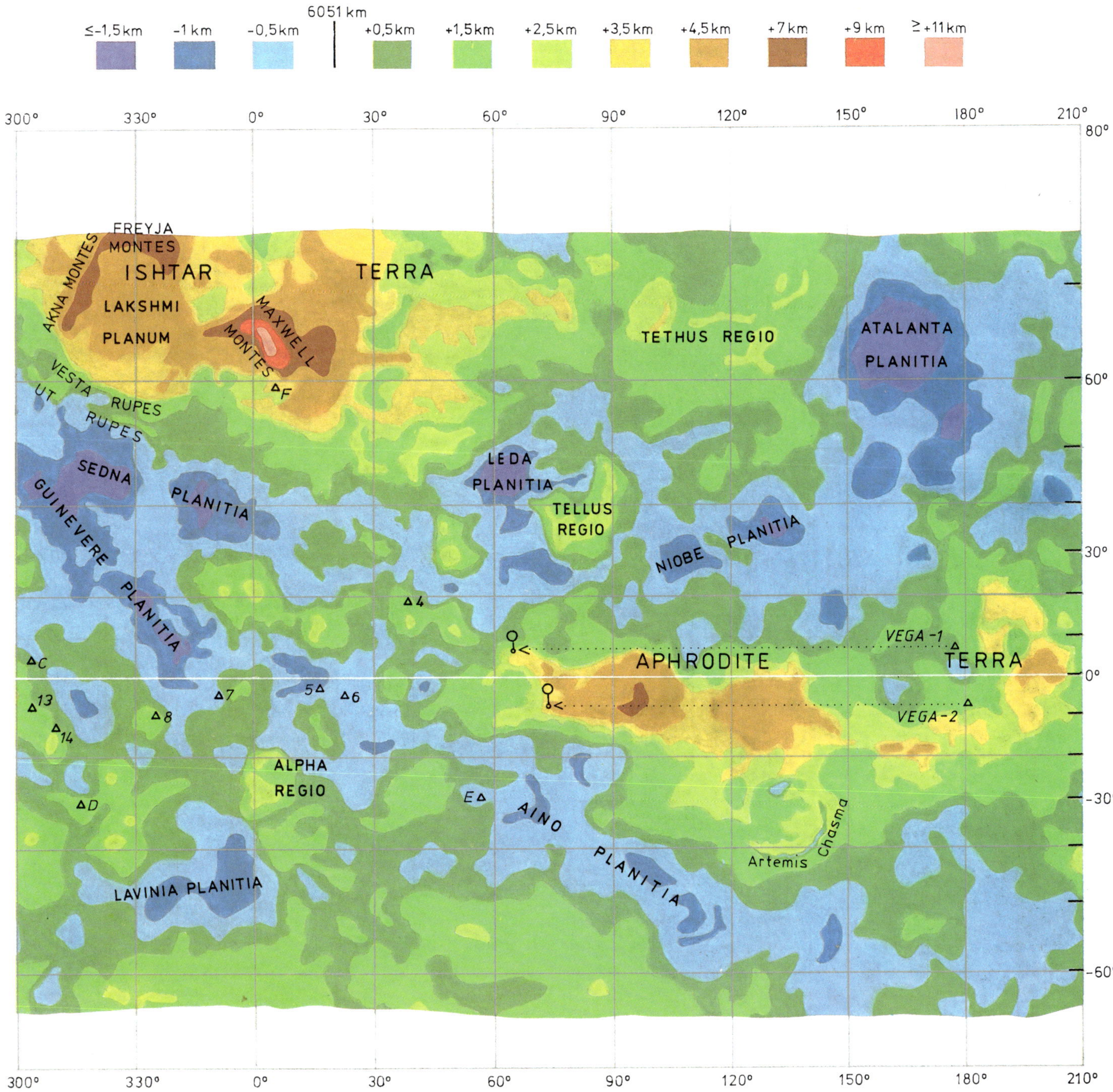

Mars

Albedo-Formationen

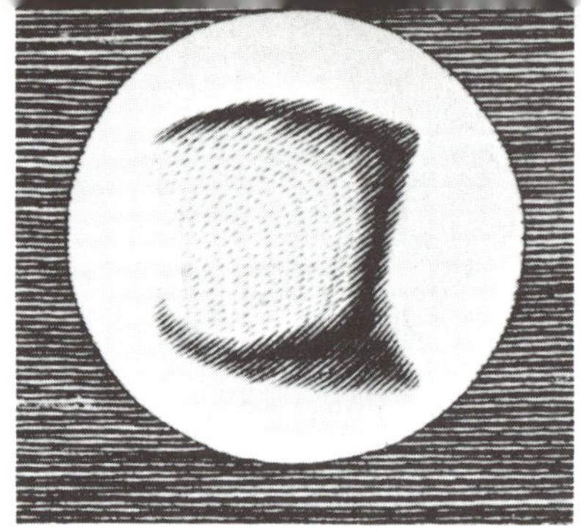

Mars nach Beobachtungen von R. Hooke am 12. 3. 1666.

Unter allen Planeten ist Mars der Erde am ähnlichsten, wenn es auch manchmal nur eine sehr entfernte Ähnlichkeit ist. Mars ist nur halb so groß wie die Erde. Der Tag hat auf dem Mars ungefähr die gleiche Länge wie der irdische Tag. Auch auf dem Mars wechseln Jahreszeiten einander ab, sie sind jedoch doppelt so lang wie auf der Erde. Mars hat eine annehmbare Temperatur, manchmal über dem Gefrierpunkt, wenn auch die Durchschnittstemperatur nicht weit von —30 °C liegt. Die Atmosphäre ist sehr dünn und besteht aus 95 % Kohlendioxid, 2 % Stickstoff, 1 bis 2 % Argon und Beimischungen, zu denen Sauerstoff und Wasserdampf gehören. Das alles erweckte, gemeinsam mit beobachteten Veränderungen auf diesem Planeten, bis vor kurzem große Hoffnungen, daß es auf dem Mars Leben geben könnte, wenn schon nicht Marsmenschen, so wenigstens Mikroorganismen.

Dank der durchsichtigen Atmosphäre ist eine direkte Beobachtung der Planetenoberfläche möglich, wenn nicht Staubstürme, Wolken oder atmosphärische Trübungen dies verhindern. Mit Fernrohren kann man drei Oberflächentypen unterscheiden. Unterschiede in der Farbe und der Albedo, d. h. der Fähigkeit, Licht zu reflektieren: rötlich-orangefarbene *Kontinente* oder Wüsten genannte Flächen, ferner dunkelgrau oder anders gefärbte Flecken, die man *Meere* oder Seen nennt, und schließlich die weiß leuchtenden *Polkappen* (rechts oben). Im Unterschied zu den sogenannten Meeren auf dem Mond ändern jedoch die dunklen Flächen auf dem Mars ihre Ausmaße, ihre Albedo und ihre Farbe mit den Jahreszeiten, vor allem nach Staubstürmen. Auch die Größe der Polkappen hängt von der Jahreszeit ab. Man kann die Kappen schon mit kleinen Fernrohren beobachten, wie auch die dunkelsten Formationen, d. h. vor allem Syrtis Major, Mare Acidalium, Mare Sirenum u. a. Die Untersuchungen des Mars durch Raumsonden haben gezeigt, daß die Meere und die übrigen Albedo-Zonen im allgemeinen keine Beziehung zu den Oberflächenformationen haben, sondern ihnen übergeordnet sind.

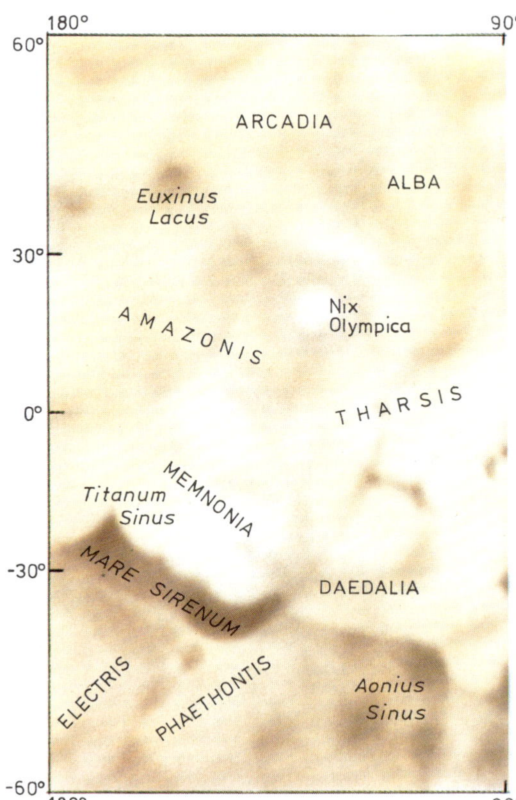

ÜBERSICHTSKARTE DER WICHTIGSTEN ALBEDO-FORMATIONEN AUF DEM MARS

Auf der Karte sind die relativ beständigen Formationen mit ihren traditionellen lateinischen Namen, wie sie die Internationale Astronomische Union akzeptiert hat, eingezeichnet. Diese Namen sind Kombinationen alter geographischer Benennungen auf den Karten Europas, Asiens und Afrikas und mythologischer Namen. Für die dunklen Flächen benützt man die Bezeichnungen Mare — Meer, Lacus — See, Sinus — Bucht, Palus — Sumpf, Fretum — Landenge. Eine Analogie zur geographischen Länge ist auf dem Mars die *areographische Länge* (Ares = Mars), die vom nullten Meridian gegen Westen, von 0° bis 360° angegeben wird. Norden ist auf der Karte oben.

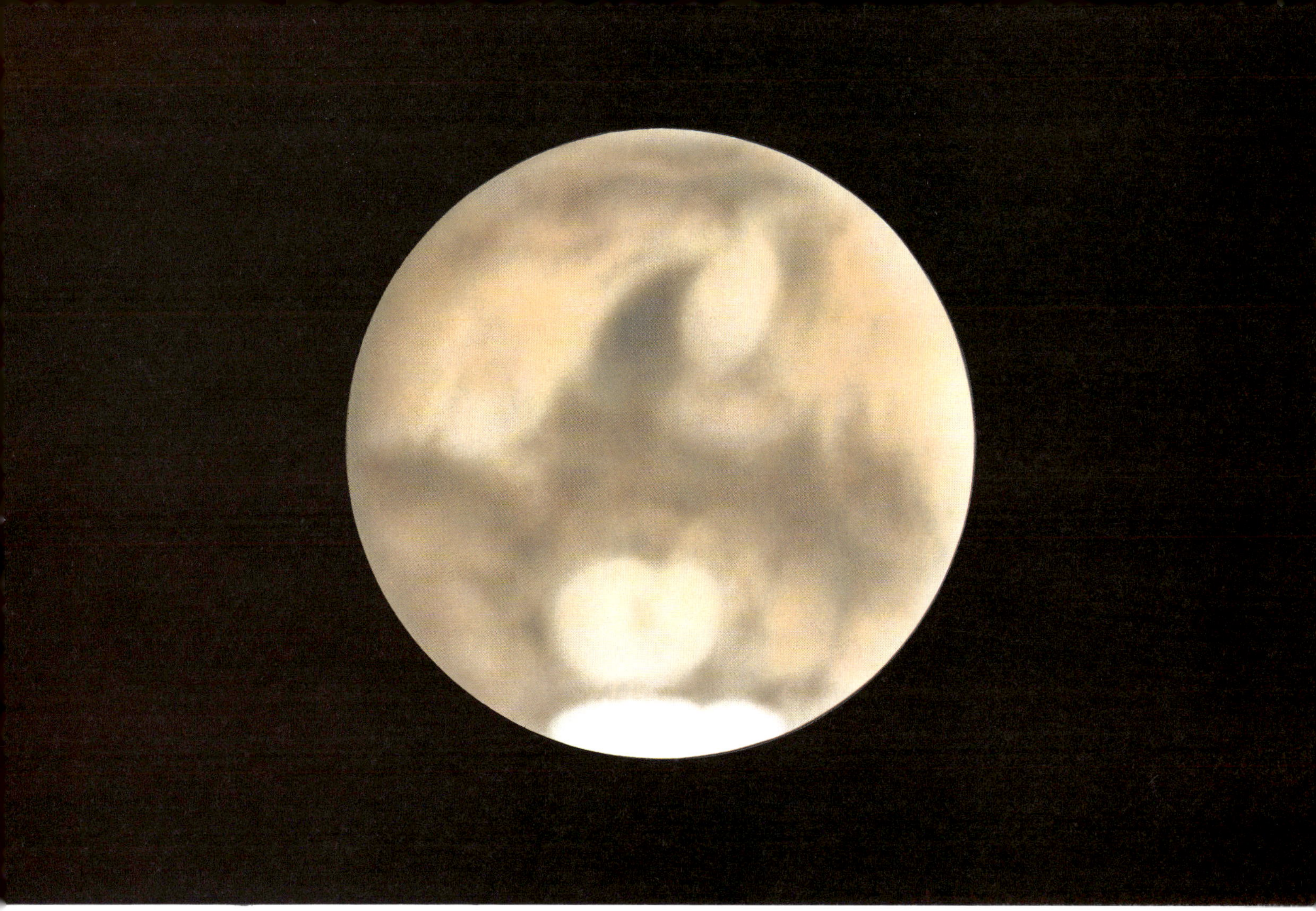

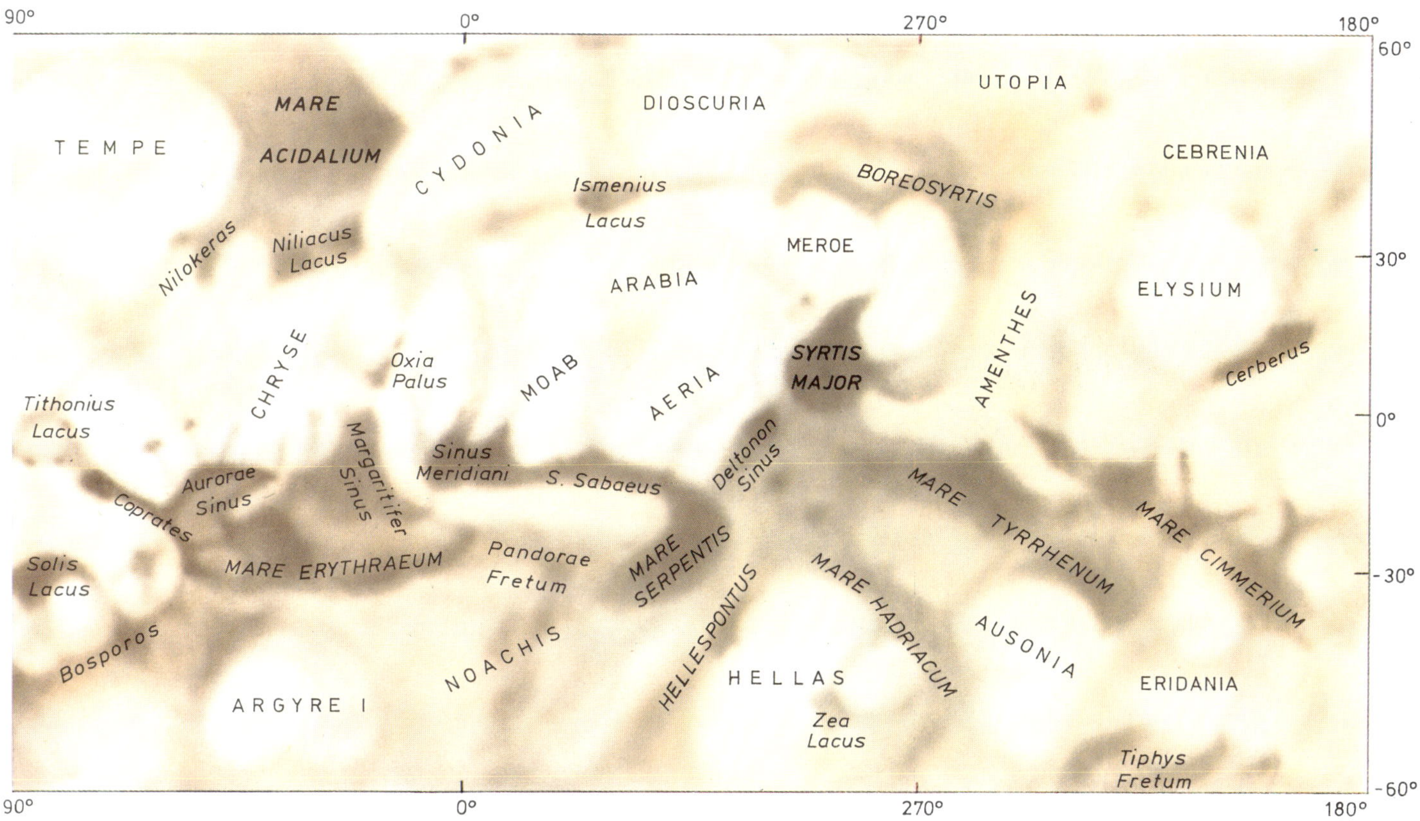

90°
0°
270°
180°
60°
30°
0°
-30°
-60°
TEMPE
MARE
ACIDALIUM
CYDONIA
DIOSCURIA
UTOPIA
CEBRENIA
BOREOSYRTIS
Ismenius
Lacus
Nilokeras
Niliacus
Lacus
MEROE
ARABIA
ELYSIUM
AMENTHES
CHRYSE
Oxia
Palus
MOAB
AERIA
SYRTIS
MAJOR
Cerberus
Tithonius
Lacus
Margaritifer
Sinus
Sinus
Meridiani
S. Sabaeus
Deltonon
Sinus
Aurorae
Sinus
Coprates
MARE
TYRRHENUM
MARE
CIMMERIUM
Solis
Lacus
MARE ERYTHRAEUM
Pandorae
Fretum
MARE
SERPENTIS
HELLESPONTUS
MARE HADRIACUM
AUSONIA
Bosporos
NOACHIS
HELLAS
ERIDANIA
ARGYRE I
Zea
Lacus
Tiphys
Fretum

Mars

Topographische Karte der östlichen Halbkugel

Veränderungen auf dem Mars

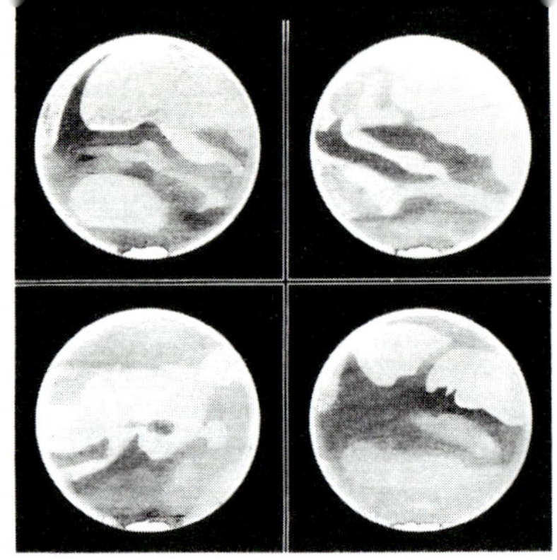

Zeichnung des Mars nach Beobachtungen im Jahre 1877.

Die Erforschung des Mars in den siebziger Jahren mit Hilfe von Raumsonden erbrachte unter anderem eine detaillierte Kartierung des Planeten. Aufnahmen haben gezeigt, daß den Albedo-Formationen, d. h. den dunklen und hellen Flächen des Mars, keine bestimmten Oberflächentypen entsprechen, wie es z. B. auf dem Mond der Fall ist. Auch auf den beiliegenden Übersichtskarten des Mars (S. 43 und 45) sieht man, daß z. B. Meere sowohl Krater als auch Ebenen überdecken, oft völlig ohne Rücksicht auf die Grenzen der morphologischen Komplexe. Deshalb benützt man für die topographischen Karten eine andere Terminologie, als für die Albedo-Karten. Albedo-Formationen unterliegen Veränderungen (Abb. unten).

Ein wesentlicher Teil der südlichen und ein kleinerer Teil der nördlichen Hemisphäre ist mit Kratern übersät, ähnlich wie die Kontinente des Mondes. Die große Kraterebene ist die geologisch älteste Formation und stammt vielleicht noch aus der Zeit des intensiven Bombardements (s. S. 8). Folge eines Impakts ist offensichtlich auch das ausgedehnte Becken Hellas Planitia (Durchmesser 1500 km, Tiefe 6 km) und das kleinere Becken Argyre Planitia auf der westlichen Halbkugel. Diese Becken sind jedoch nicht mit Lava gefüllt wie ähnliche Formationen auf dem Mond.

Die nördliche Halbkugel ist vorwiegend eben, insbesondere ihr nördlichster Teil, der als Vastitas Borealis — Großes Nordödland — bezeichnet wird. Hier existieren viel weniger Krater, es überwiegt der Typ der Überlauf-Krater (S. 48). Aus der Ebene Elysium Planitia steigen zwei mächtige Schildvulkane — Elysium Mons und Hecates Tholus — auf. Ungefähr 200 km vom Krater Mie landete am 3. 9. 1976 Viking-Lander 2 und fand dort eine mit Staub bedeckte Steinwüste.

Im Bereich der ausdrucksvollsten Albedo-Formation Syrtis Major können keine besonderen Terrain-Formationen festgestellt werden; man sieht hier nur einen langgezogenen Hang und zahlreiche veränderliche dunkle Streifen. (Abb. rechts unten.)

Die Marskrater sind, ebenso wie die auf dem Mond, nach bekannten Wissenschaftlern und Technikern sowie nach Forschungsreisenden und Künstlern benannt.

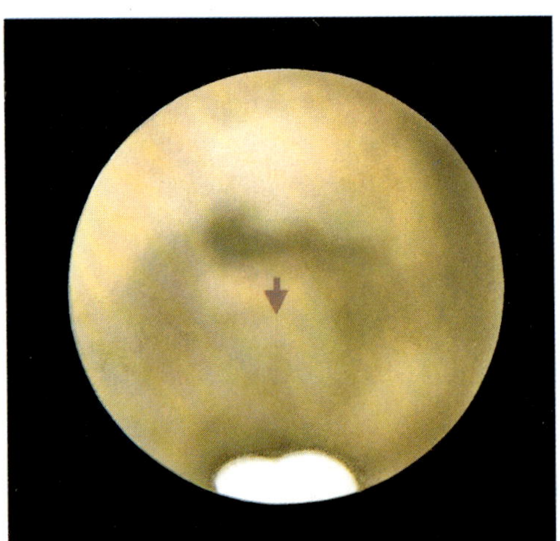

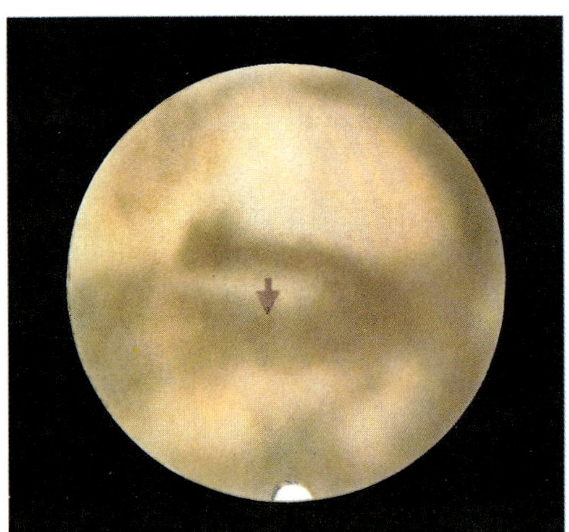

Jahreszeitlich bedingte Veränderungen der Landschaft Pandorae Fretum (siehe Pfeil). Zu Frühlingsbeginn ist die Gegend hell (links), dann beginnt sie zu dunkeln, und im Sommer nimmt sie das Aussehen eines breiten dunklen Streifens an. Solche Veränderungen sind vor allem auf die Tätigkeit des Windes zurückzuführen, der Staubmaterial verlagert. Wenn z. B. heller Staub von einem dunklen Untergrund fortgeweht wird, färbt sich die Landschaft dunkel.

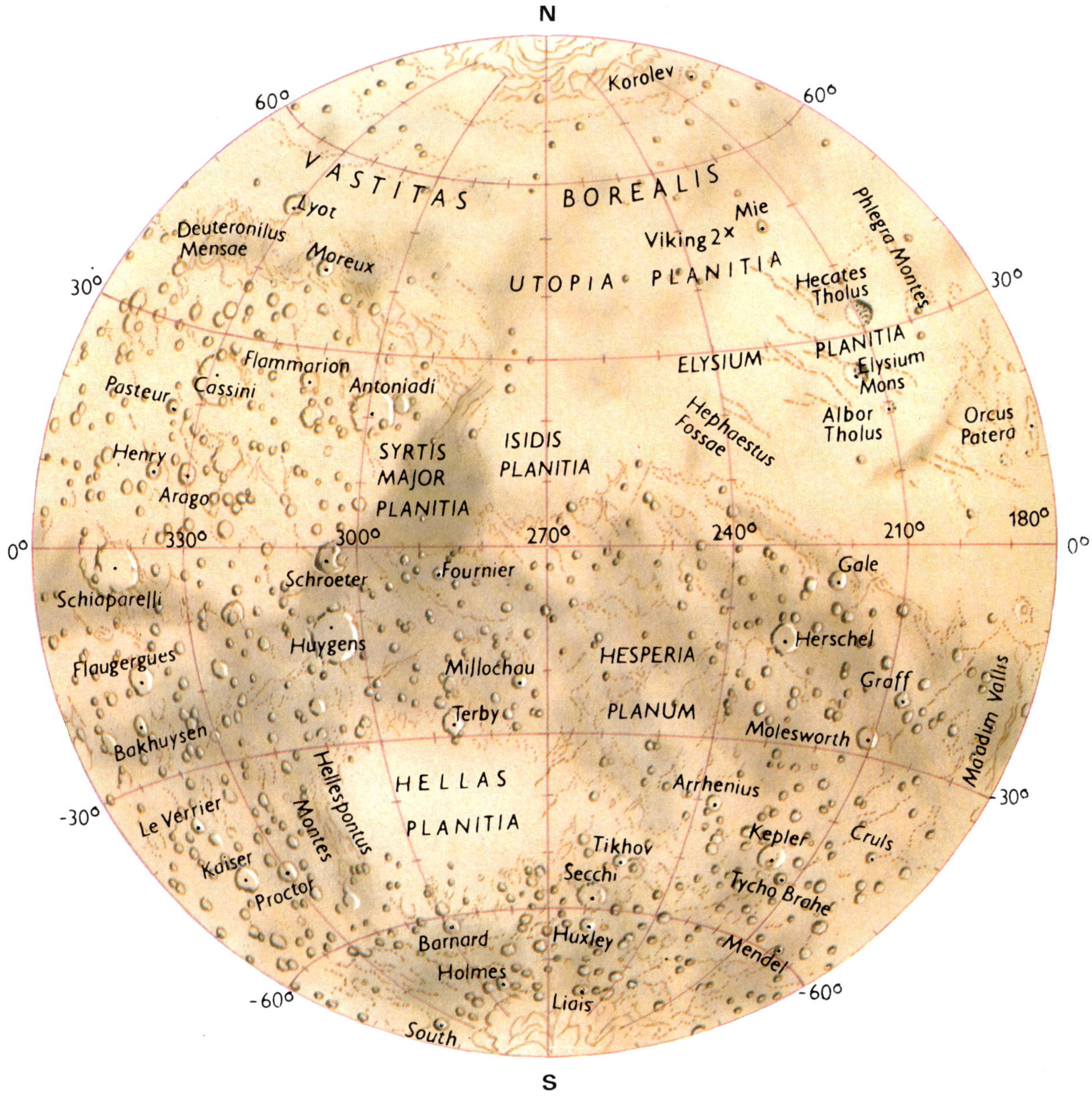

In der Marsatmosphäre bilden sich ähnliche Wolken wie auf der Erde. Die Abbildung zeigt Bewölkung in einem heftigen Wirbelwind, einem *Zyklon*, mit einem Durchmesser von etwa 600 km. Die Wolken stehen etwa 6 bis 7 km über der Planetenoberfläche. Beobachtet von der Raumsonde Viking Orbiter 1.

Nach einem Staubsturm beobachten wir Streifen dunklen Terrains, von denen der Wind eine Schicht hellen Staubs fortgeweht hat. Detail des Ostrands des Syrtis Major, Durchmesser etwa 250 km. Nach Mariner 9.

Mars

Topographische Karte der westlichen Halbkugel

Polkappen

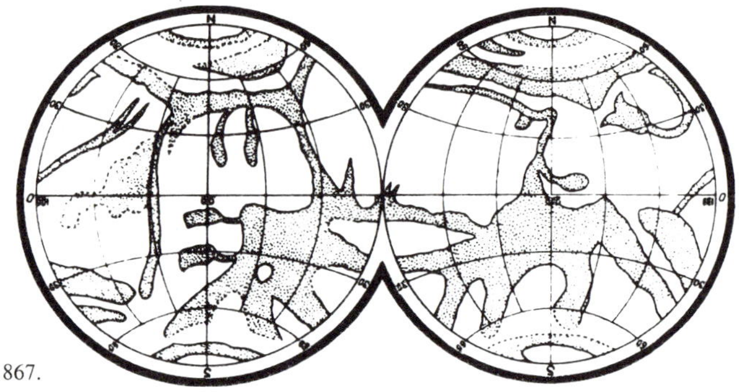

Marskarte aus dem Jahre 1867.

Auf der westlichen Halbkugel liegen in der Nähe des Äquators zwei außergewöhnlich interessante Landstriche, die größten ihrer Art im Sonnensystem: die Vulkanregion Tharsis und das Cañonsystem Valles Marineris.

Tharsis ist die größte vulkanische Region auf dem Mars, und in der fernen Vergangenheit haben sich an dieser Stelle aus dem Planeteninneren enorme Lavamassen befreit, die Tausende von Quadratkilometern der Oberfläche überschwemmt und eine sich ständig verdickende Lavadecke gebildet haben. Schrittweise entstand so ein bis 10 km hohes Bergmassiv mit einem Halbmesser von über 1000 km, wie die neuesten Messungen gezeigt haben. Über dieses Massiv ragen bis in Höhen um 20 km die Gipfel der Montes Tharsis — des Tharsis-Gebirges: Arsia Mons, Pavonis Mons und Ascraeus Mons. Es sind Schildvulkane, deren Kegelform von erstarrten Lavaströmen stammt, ähnlich wie es bei den Vulkanen auf Hawaii der Fall ist. Die Gipfelkrater — *Calderen* — dieser Vulkane haben Durchmesser von Dutzenden von Kilometern, und erstarrte Lavaströme lassen sich bis in Entfernungen von mehreren Hundert Kilometern verfolgen. Der größte Riese der Region Tharsis ist Olympus Mons, der an anderer Stelle ausführlich beschrieben wird (S. 48).

Die außerordentliche Belastung der Marsrinde durch das Tharsis-Massiv führte offenbar neben tiefgreifenden tektonischen Prozessen zum Entstehen ganzer Systeme von Rissen, Spalten und Furchen in der Planetenrinde. Die größte Formation tektonischen Ursprungs ist das Cañonsystem Valles Marineris, benannt nach dem Marssatelliten Mariner 9, der 1971/72 als erster den ganzen Planeten detailliert kartiert hat. Es läuft vom Zentrum des Tharsis-Massivs in einer Länge von etwa 4500 km nach Osten und hat die Form einer Reihe ungefähr parallel verlaufender, etwa 200 km breiter Cañons mit steilen Wänden (genauere Beschreibung und Abb. auf S. 46).

In der Region Chryse Planitia landete am 20. 7. 1976 die Raumsonde Viking-Lander 1. Ihre Kameras zeigten eine Steinwüste mit kleinen Sanddünen. Biologische Analysen der Bodeproben ergaben keine Spuren von Leben.

Bedeutung der lateinischen Namen auf den Marskarten: Planitia — Ebene, Vallis (Pl. Valles) — Tal, Mons — Berg, Tholus — gewölbte Bergform, Dom, Patera — Depression, unregelmäßiger Krater, Fossa — seichte Furche, Chasma — Cañon.

Tauende Nordpolkappe im Spätfrühling auf der nördlichen Halbkugel (nach Aufnahmen von Mariner 9). Die vom Pol wehenden Winde verlagern den hellen Staub vom Kappenrand und legen damit das dunklere Terrain frei. Die Spiralstruktur in der Kappe ist wahrscheinlich durch Winderosion und Terrainformen verursacht.

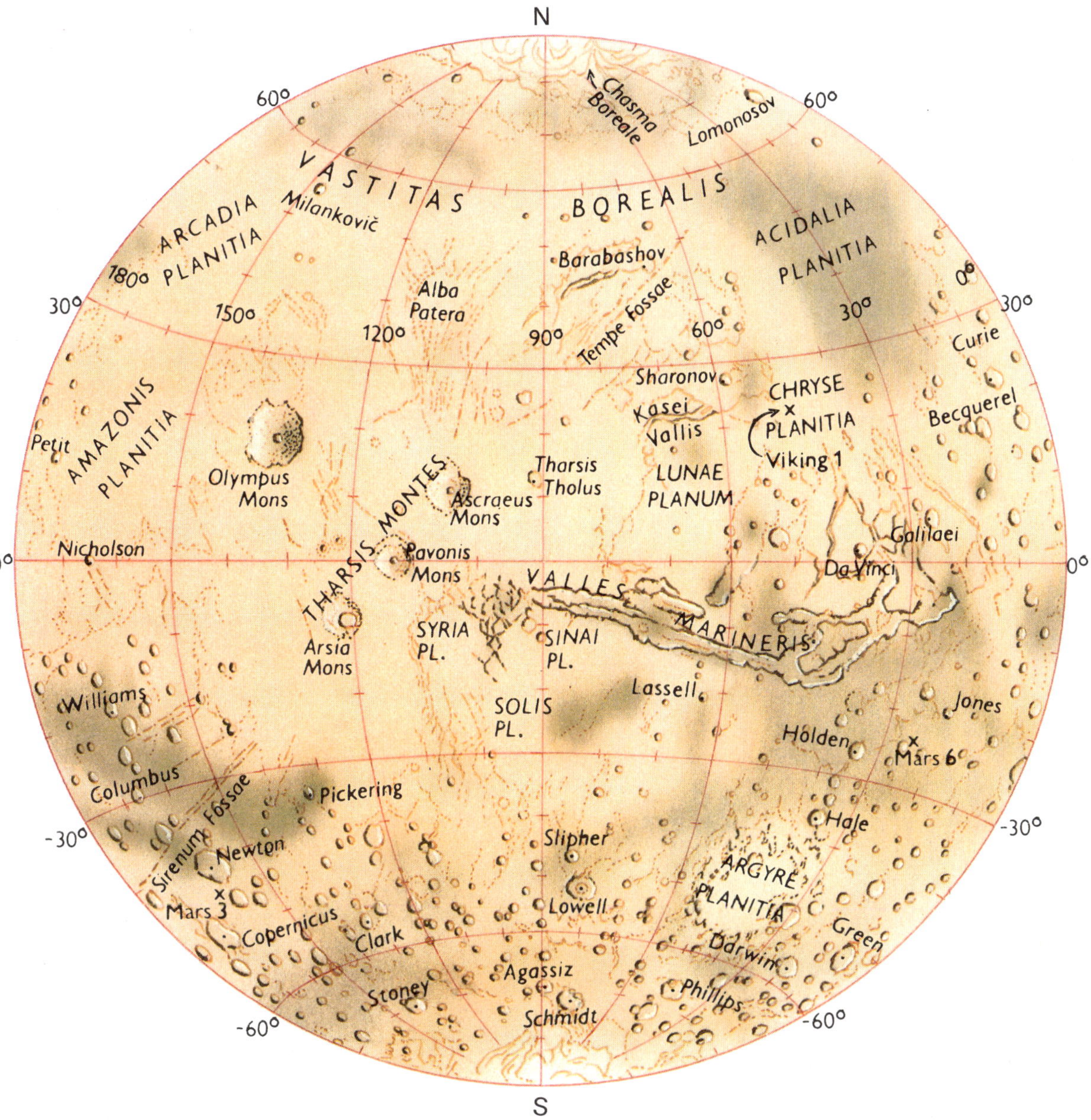

Unten:
Das Schrumpfen der Nordpolkappe von der Erde aus gesehen, auf der nördlichen Marshalbkugel in der Mitte des Frühlings (links), gegen Frühlingsende (Mitte) und zu Sommerbeginn (rechts). Der sich verflüchtigende Teil der Kappe besteht vorwiegend aus Kohlendioxid (CO_2), der Rest, der auch den Sommer überdauert, ist eine dicke Wassereisschicht. Temperatur der Eisoberfläche: —73 °C.

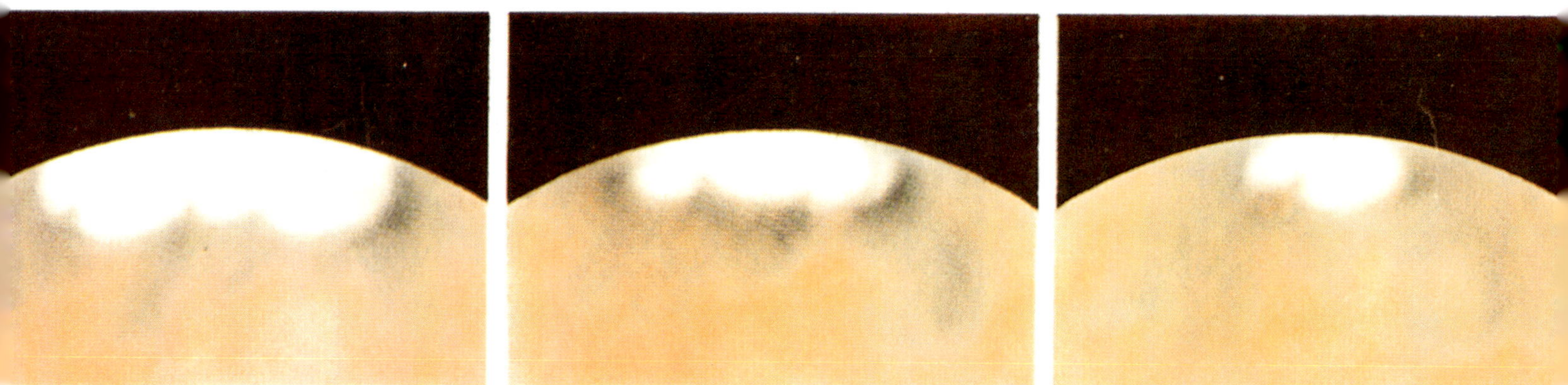

Mars

Kanäle und Flußtäler

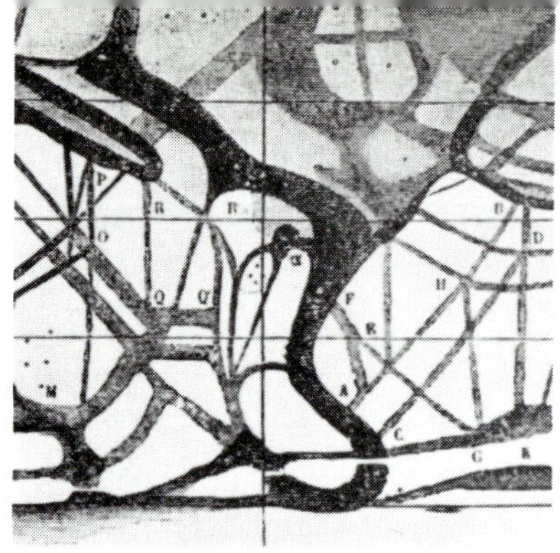

Detail einer Marskarte von G. V. Schiaparelli, dem Entdecker der Mars-Kanäle, 1882.

Seit 1877, als der italienische Astronom Schiaparelli die geheimnisvollen Kanäle auf dem Mars entdeckte, haben diese die Phantasie der Menschen angeregt. Die dunklen Linien auf der Marsscheibe wurden sogar als künstlich angelegte Kanäle, als das Werk von Marsmenschen, angesehen. Spätere Beobachter stellten jedoch fest, daß die meisten der Kanäle aus einer Reihe von unregelmäßigen Flecken bestanden, daß es also gar keine zusammenhängenden Linien waren, sondern eine optische Täuschung.

Auf den Nahaufnahmen des Mars mit den Kameras der Raumsonden gab es keine klassischen Kanäle. Es wurden hingegen an vielen Stellen der Planetenoberfläche ganz andere Kanäle entdeckt: Formationen natürlichen Ursprungs in Form von ausgetrockneten Stromtälern, die Hunderte von Kilometern lang waren. Eine überraschende Feststellung, denn unter den derzeitigen Bedingungen kann auf dem Mars kein fließendes Wasser existieren; es würde vereisen oder verdampfen. Man nimmt jedoch an, daß eine große Wassermenge unter der Marsoberfläche als Eis in Form des *Permafrosts* (Analogie zum ständig zugefrorenen Boden in den Polarregionen der Erde) existiert und daß in größerer Tiefe auch flüssiges Wasser zu finden sein könnte. In einer entfernten geologischen Vergangenheit, z. B. in einer Zeit intensiver vulkanischer Tätigkeit, konnte Mars eine dichtere und wärmere Atmosphäre gehabt haben, und in solchen Zeiten hätte das unter der Oberfläche freigewordene Wasser entweder langsam als Fluß oder rasch wie eine katastrophale Überschwemmung das Antlitz des Planeten modellieren können. Es ist jedoch nicht auszuschließen, daß manche der ausgetrockneten Flußtäler von strömender Lava ausgehöhlt worden sind.

Ein ganz anderer Typ von Kanälen sind Formationen tektonischen Ursprungs, Risse, Spalten, Cañons u. ä. Die bekanntesten sind im riesigen Cañonsystem Valles Marineris zu finden, das sich in einer Länge von 4500 km über ein Viertel des Planetenumfangs mit einer Breite von 150 bis 700 km (s. Karte auf S. 45) hinzieht. An den Wänden und Böden der Cañons sieht man zahlreiche Spuren von großen Erdrutschen und von fortgesetzter tektonischer Tätigkeit.

Eine so große Formation wie das Valles Marineris sollte auch bei Beobachtungen des Mars von der Erde aus sichtbar sein. Das ist tatsächlich der Fall: die klassische Albedo-Formation — der Kanal Coprates — deckt sich genau mit dem Mariner-Tal, eine der wenigen Ausnahmen, wo ein Albedo-Kanal sein Gegenstück in einer Terrainformation hat.

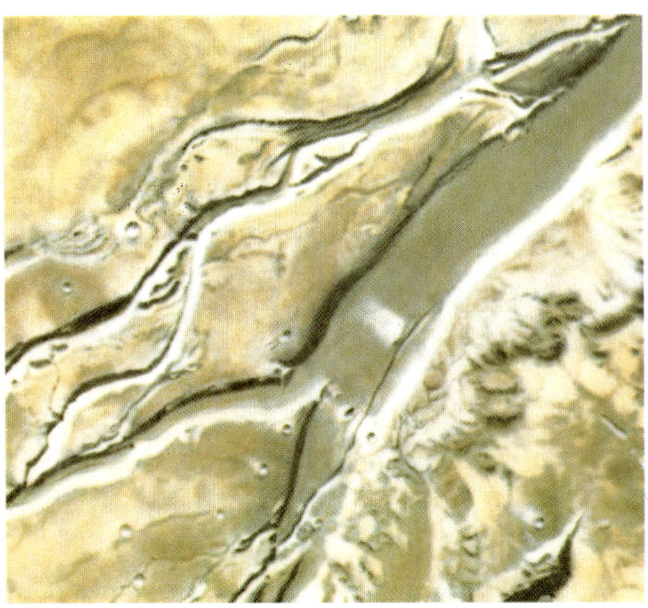

Ein etwa 60 km langer Abschnitt von Kanälen, die von dem großen Vulkan Elysium Mons in eine Entfernung von mehreren Hundert Kilometern reichen. Diese Kanäle könnte Wasser ausgehöhlt haben, das durch vulkanische Tätigkeit aus dem Eis des Permafrosts frei geworden war. Es könnten jedoch auch Lavakanäle sein.

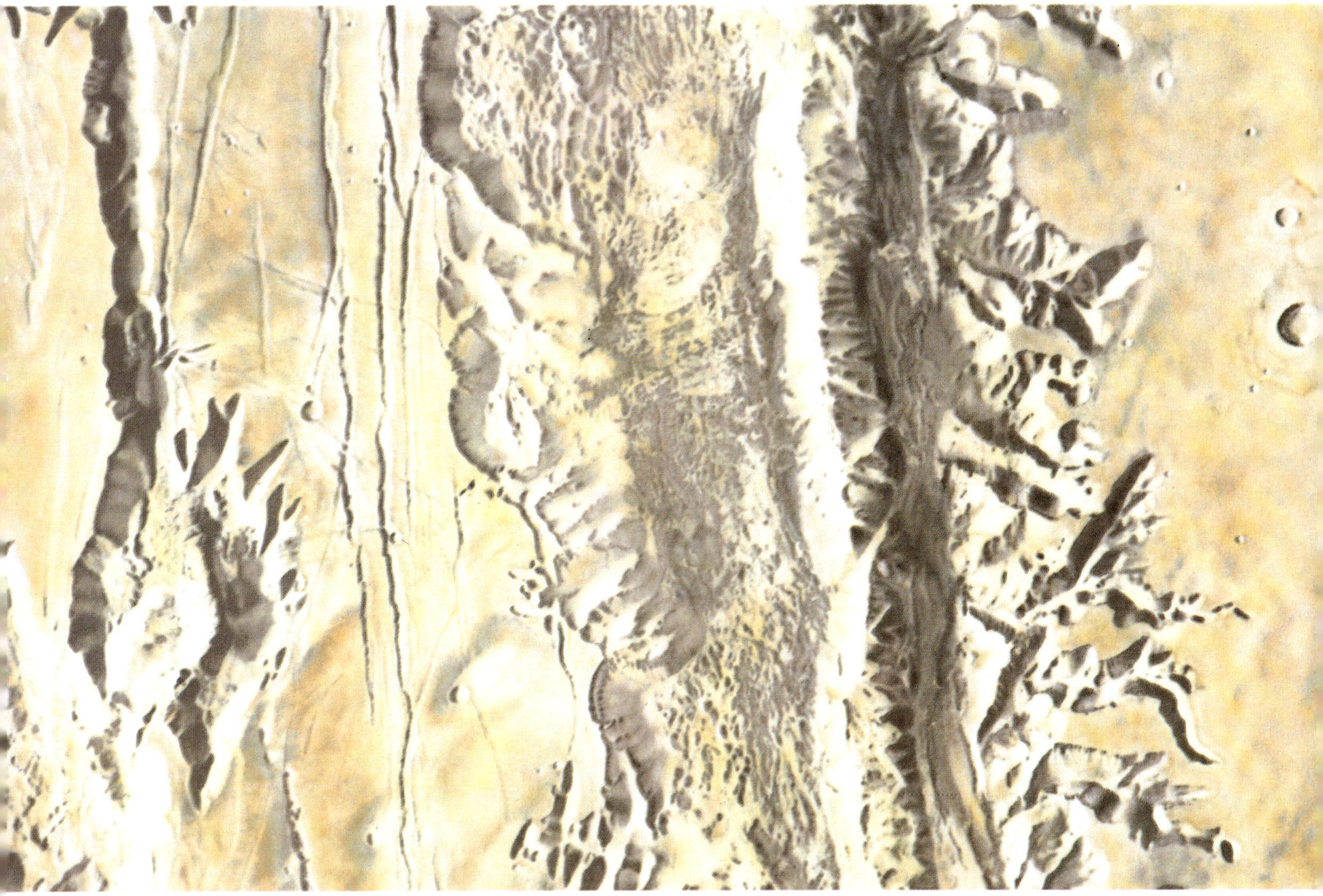

Oben: Ein etwa 110 km langer Abschnitt des gigantischen Cañonsystems Valles Marineris. Die Seitencañons (rechts) sind bis 30 km lang. Tiefe des Hauptcañons: 2 bis 7 km.

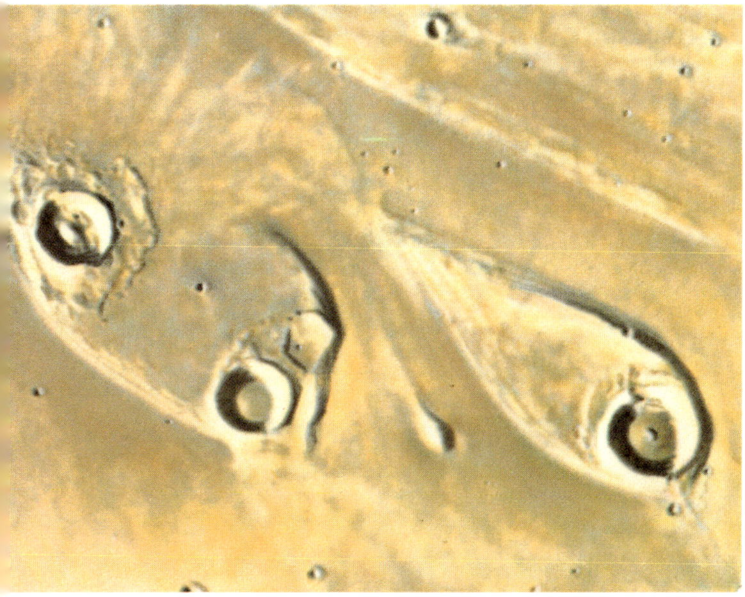

Links: Die tropfenförmig langgezogenen Inseln in einem breiten Flußbett der Region Chryse sind wahrscheinlich das Ergebnis der Wassererosion bei einer früheren katastrophenartigen Überschwemmung. Die festen Wälle der Impaktkrater haben dem Andrang des Wassers standgehalten.

Mars

Krater und Vulkane

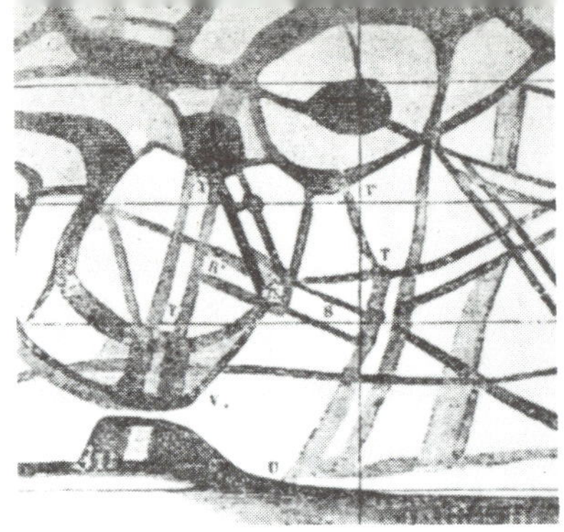

Detail einer Marskarte mit Kanälen.
G. V. Schiaparelli, 1882.

An der Oberflächengestaltung des Mars waren vulkanische Vorgänge ungewöhnlichen Ausmaßes beteiligt. Die auffallendste Vulkanregion ist das Tharsis-Massiv auf der westlichen Halbkugel (s. S. 45). Aus den riesigen Lavaergüssen, die ein Gebiet mit einem Durchmesser von mehr als 2000 km bis zu einer Höhe von 10 km bedecken, steigen einige kleine und vier große Vulkane auf. Die großen Vulkane des Mars erinnern stark an die Schildvulkane auf Hawaii, die auch nicht gerade klein sind; ihre Basen am Meeresgrund haben Durchmesser bis 120 km.

Die Ausmaße der Vulkane in der Tharsis-Region sind einmalig im Planetensystem. Die Spitze hält der Vulkan Olympus Mons (Abb. rechts), dessen komplexer Gipfelkrater (Caldera, Durchmesser 80 km) sich 25 km über dem Fuß des Massivs erhebt. Der Durchmesser der etwa kreisförmigen Basis dieses Bergs beträgt etwa 500 km, und Reste der ehemaligen Lavaströme lassen sich noch hunderte Kilometer vom Fuß des Vulkans verfolgen. Die gewaltigen Ausmaße zeugen davon, daß die Aktivität dieses Vulkans sehr lange, vielleicht eine Milliarde Jahre, angehalten haben muß, und es ist möglich, daß er auch heute noch mitunter zum Leben erwacht.

Über dem Berg bilden sich, insbesondere im Frühling, klare weiße Wolken aus Eiskristallen; diese „Wolkenmütze“ ist auch bei Beobachtungen von der Erde als weißer Fleck zu erkennen. (Nix Olympica, siehe die Albedo-Karte auf seite 40)

Neben vulkanischen Formationen findet man auf dem Mars eine große Anzahl verschiedener *Impakt-Krater*, die ähnlich aussehen, wie die auf anderen Himmelskörpern des Sonnensystems. Außerdem ist hier noch ein weiterer Typ vertreten, den man vielleicht als *Überlauf-Krater* (Abb. rechts unten) bezeichnen könnte. Die Umgebung des Kraters ruft den Eindruck hervor, daß sich nach dem Impakt das ausgeworfene Material etwa wie flüssiger Schlamm nach allen Seiten ausgebreitet hat. Man nimmt an, daß diese Erscheinung von dem Eis in der unter der Oberfläche liegenden Schicht, dem Permafrost, verursacht worden ist. Die Aufschläge großer Meteorkörper waren von einem erheblichen Temperaturanstieg an der Aufschlagstelle und dem Auftauen der Oberflächenkomponenten begleitet, die sich mit dem ausgeworfenen Material und den atmosphärischen Gasen vermengten; dieses Gemisch konnte dann rings um den Krater auseinanderfließen und die Strukturen bilden, die man heute beobachten kann.

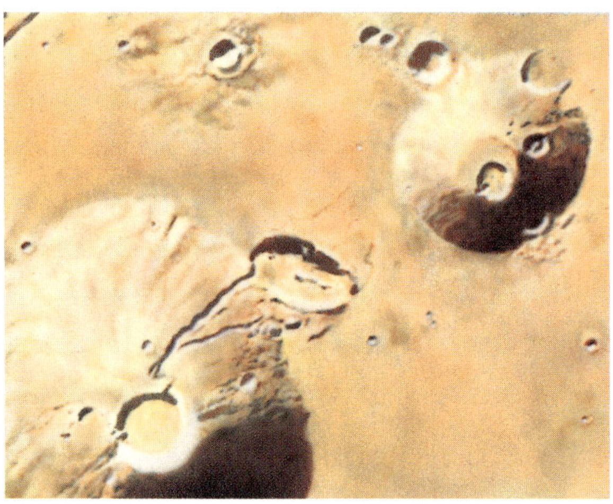

Ein Paar Vulkankuppen, die den Schildvulkanen ähneln. Der größere der beiden, Ceraunius Tholus (lat. tholus = Dom, Kuppe) hat einen Basisdurchmesser von 150 km, und der Kanal seines Gipfelkraters ist 2 km breit. Die kleinere Kuppe, Uranius Tholus, hat einen Durchmesser von 70 km.

Rechts: Der Vulkan Olympus Mons (Durchmesser 500 km) ist von einem steilen, gegliederten, stellenweise bis 6 km hohen Hang (Detail unten) umgeben.

Rechts: Typischer Impakt-Krater mit einem Durchmesser von 20 km. Das ausgeworfene Material war wahrscheinlich flüssig und bildete rings um den Krater mehrere Schichten, die von erhöhten Rändern (Wällen) eingesäumt sind. Solche Überlauf-Krater kennt man nur auf dem Mars.

Phobos

Marsmonde aus der Nähe gesehen

Refraktor des Observatoriums in Washington, mit dem 1877 die Marsmonde entdeckt wurden. (Flammarion, Astronomie Populaire, 1890).

1877 entdeckte A. Hall mit einem neuen Refraktor des Washingtoner Observatoriums (Durchmesser des Objektivs 65 cm) zwei kleine Marsmonde. Sie erhielten die Namen *Phobos* — Furcht — und *Deimos* — Schrecken — nach den mythologischen Begleitern des Kriegsgottes. Fast 100 Jahre lang waren sie nur als schwache Lichtpünktchen bekannt, über ihr tatsächliches Aussehen wußte man nichts Bestimmtes. Es tauchte sogar die phantastische Vorstellung auf, die beiden Monde wären hohl und künstlicher Herkunft. Erst die Raumsonden Mariner 9 (1971) und Viking 1 und 2 (1976/1977) verschafften Klarheit.

Beide kleinen Monde haben eine recht unregelmäßige Form, die man etwa als ein dreiachsiges Ellipsoid bezeichnen könnte. Sie umkreisen den Mars so, daß ihre längste Achse stets zum Planeten hinweist. Ihre Oberfläche ist völlig von Kratern übersät, und beide sind mit einer Dutzende bis mehrere Hundert Meter dicken Regolithschicht bedeckt, d. h. mit einem rolligen Splitt aus Gesteinsbruchstücken und Staub, den Produkten unzähliger Aufschläge von Meteorkörpern in der fernen Vergangenheit.

Phobos: Ausmaße 28 × 22 × 18 km, Volumen 5000 km^3. Er umkreist den Mars in einer Entfernung von 9400 km, ein Umlauf dauert 7 Stunden, 39 Minuten. Die Umlaufbahn des Phobos wird allmählich kürzer, der Mond sinkt mit jedem Jahrhundert der Marsoberfläche um 9 m entgegen, so daß er in etwa 40 Millionen Jahren auf die Planetenoberfläche aufschlagen dürfte.

Die bemerkenswerteste Formation auf dem Phobos ist sein größter Krater, benannt *Stickney* (Angeline Stickney ist der Mädchenname der Gattin A. Halls) sowie ein von dort nach allen Seiten verlaufendes Rillensystem. Die Dichte des Phobos beträgt nur 1,95.cm^{-3} (1989 mit Hilfe der Sonde Phobos 2 festgestellt), so daß man diesen Kleinmond mit einem Haufen porösen Gesteinschutt mit Eis vergleichen könnte. Die Phobosoberfläche ist sehr dunkel, sie wirft nur 7 % des auftreffenden Sonnenlichts zurück. Darin ähnelt Phobos manchen Planetoidentypen oder Kometenkernen.

Schematische Karte der Phobosoberfläche.
Die Rillen sind rot gezeichnet.
Die auffälligsten laufen vom Krater Stickney aus. Stickney hat einen Durchmesser von 10 km.

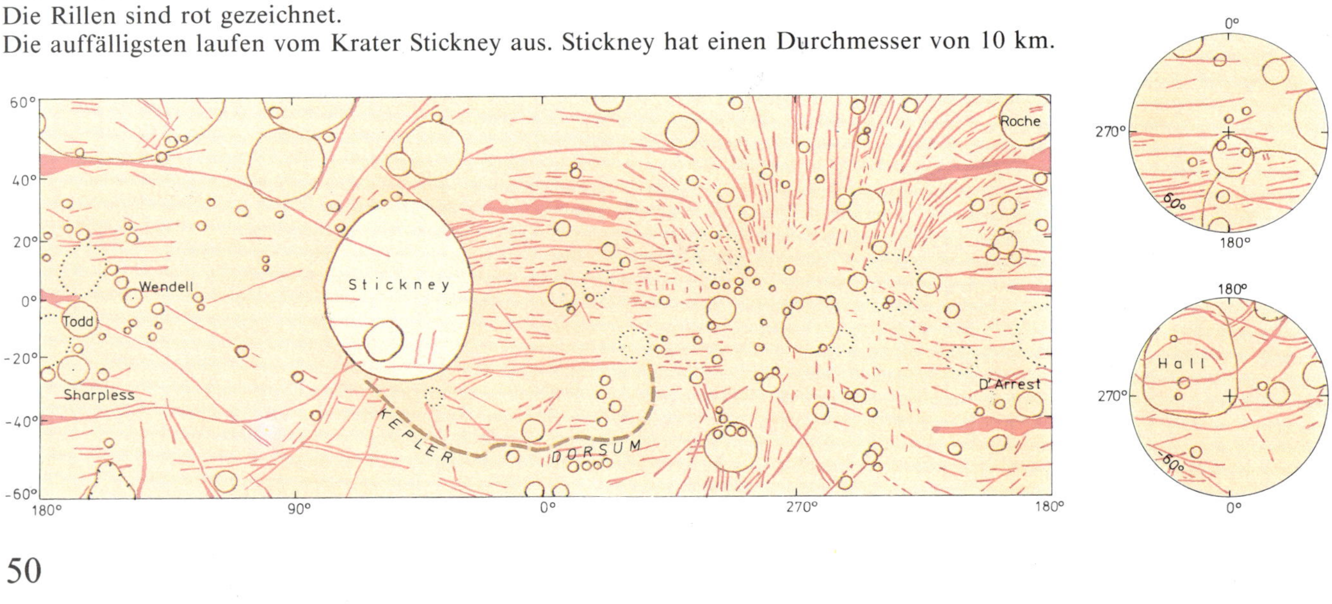

Die Oberfläche des Phobos ist von einer Menge seichter Rillen (unten) durchzogen. Sie sind größtenteils 100 bis 200 m breit und 20 bis 30 m tief. Die parallelen Kratergrubenreihen mit erhöhten Rändern könnten Stellen sein, an denen einst an Rissen entlang Gase ausgetreten sind, die sich aus dem Eis unter der Oberfläche freigemacht haben. Phobos könnte also einem Kometen geähnelt haben.

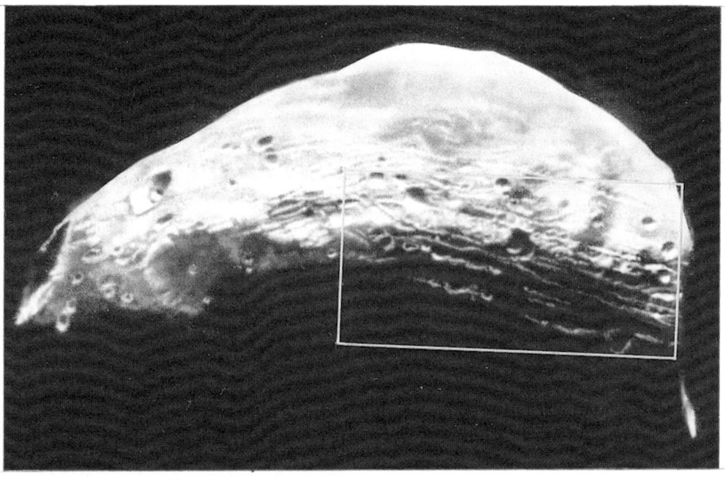

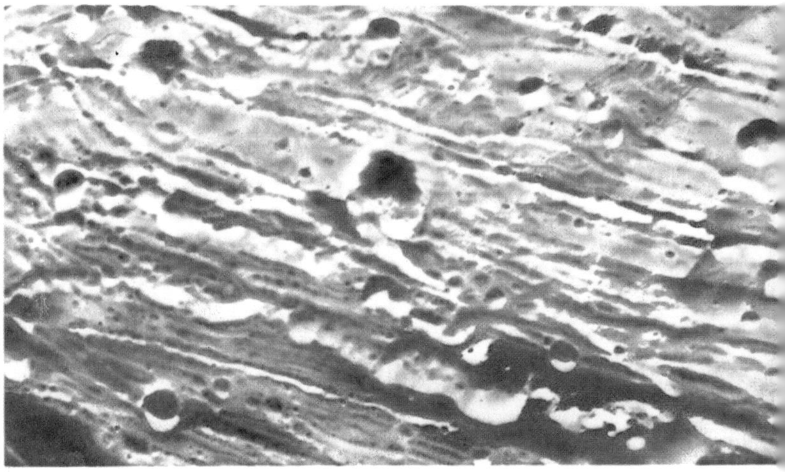

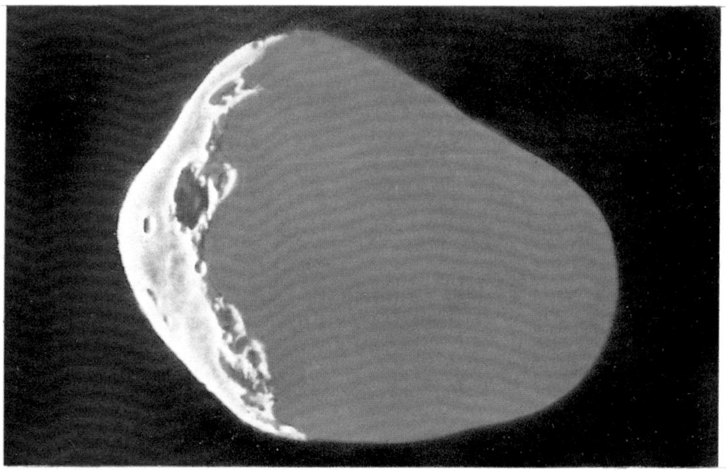

Links: Die Nachtseite des Phobos ist durch vom Mars reflektierte Sonnenstrahlen schwach beleuchtet, so daß man den ganzen Umriß dieses unförmigen kleinen Mondes beobachten kann.

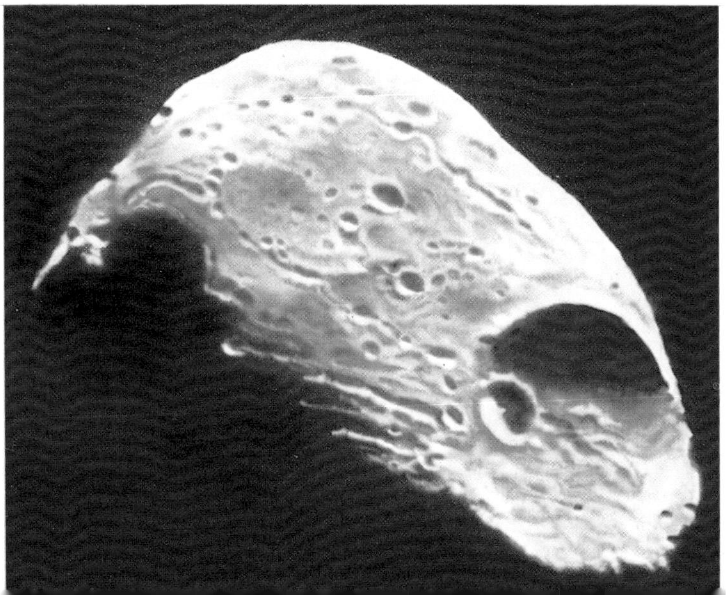

Links: Am rechten Bildrand ist Stickney, der größte Krater von Phobos, zu sehen. Die schräge Beleuchtung verleiht dem Mond mit seinen unregelmäßigen Formen ein phantastisches Aussehen.
Alle Abbildungen wurden nach Aufnahmen der Raumsonden Viking 1 und 2 angefertigt.

♂

Deimos

Marsmonde und Asteroiden

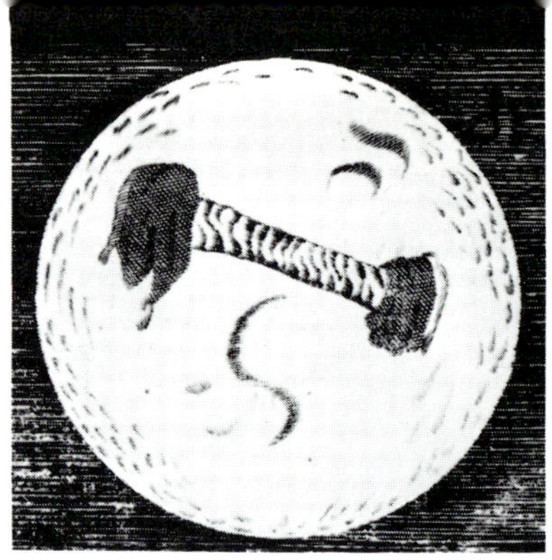

Mars
nach Beobachtungen
von G. D. Cassini,
2. Hälfte des 17. Jahrhunderts.

Der kleinere Marsmond Deimos mißt 16 × 12 × 10 km, er umkreist den Planeten in einer Entfernung von 23 500 km, ein Umlauf dauert 30 Stunden, 18 Minuten.
Wenn man das Aussehen der beiden Marsmonde vergleicht, hat man den Eindruck, Deimos wäre glatter, denn er ist nicht so dicht und lückenlos von Kratern übersät wie Phobos. Warum? Das Rätsel löste Viking 2, dessen Bahn nur 28 km weit an Deimos vorbeiführte und dabei Aufnahmen machte, auf denen zwei bis drei Meter große Details zu unterscheiden waren. Es zeigte sich, daß auch die Oberfläche des Deimos von Kratern völlig übersät ist, daß diese jedoch unter Ablagerungen von feinem Material liegen. Auch die auf Deimos sichtbaren hellen Flecken sind Schichten von feinem, vielleicht bei Impakten ausgeworfenem Material. Furchen und Rillen wie auf dem größeren Mond gibt es auf Deimos nicht.
Provozierend ist die Frage nach dem Ursprung der beiden Marsmonde. Nach ihren Ausmaßen und ihrer Masse ergibt sich ihre Dichte von etwa 2 g/cm^3, was im Sonnensystem einer bestimmten Meteoritenart, den sogenannten kohligen Chondriten, entspricht. Die gleiche Zusammensetzung dürften auch einige Typen von Asteroiden haben, die in der äußeren Hälfte des Asteroidengürtels zwischen den Bahnen von Mars und Jupiter (s. S. 92) um die Sonne laufen. Es ist nicht ausgeschlossen, daß Phobos und Deimos ehemalige Asteroiden sind, die sich dem Mars so weit näherten, daß sie von seiner Gravitationswirkung eingefangen und zu seinen Satelliten wurden.
Wie dem auch sei, Phobos und Deimos können uns als die am gründlichsten erforschten kleinen Körper eine anschauliche Vorstellung vom Aussehen und von den Eigenschaften der Asteroiden vermitteln. Weitere Einzelheiten dieser Körper könnten wichtige Informationen über die Anfänge des Sonnensystems geben.

Schematische Karte der Deimosoberfläche

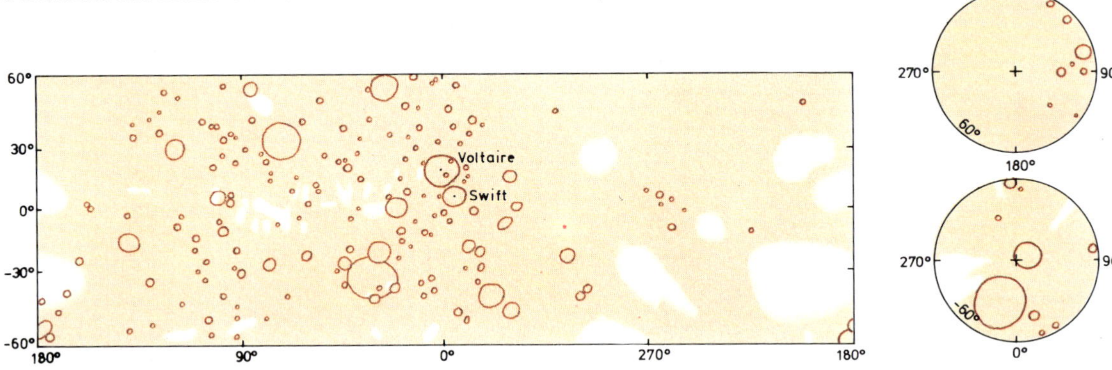

Obwohl Deimos aus der Ferne verhältnismäßig glatt aussieht (rechts und rechts unten), ist seine Oberfläche von kleinen, mit feinem Material ausgefüllten Kratern übersät (unten). Eine Seite der Detailabbildung entspricht etwa 0,5 km.

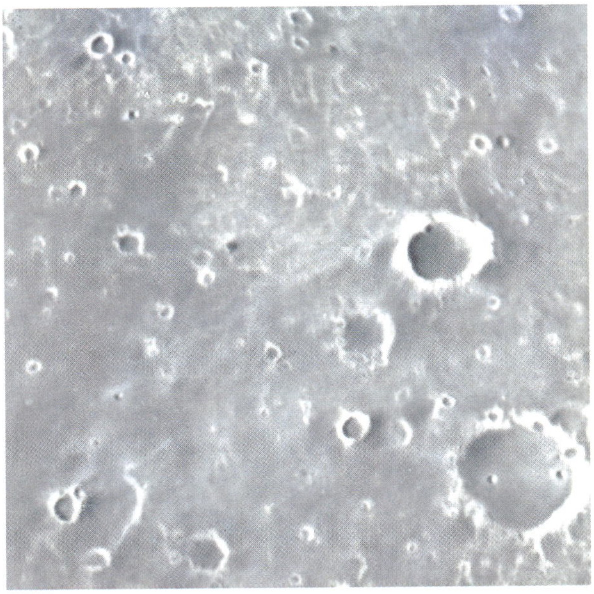

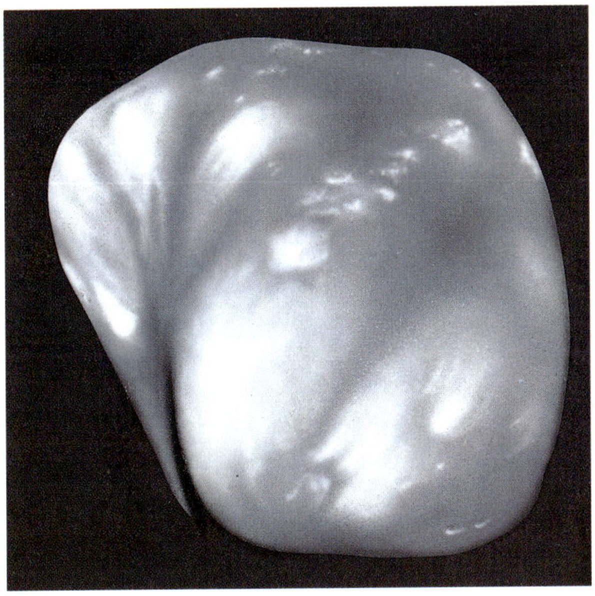

Oben: Deimos in Vollmondstellung. Die unregelmäßige Form tritt bei dieser Beleuchtung, bei der man den kleinen Mond sozusagen mit der Sonne im Rücken betrachtet, besonders hervor.

2↓

Jupiter

Aussehen des Planeten

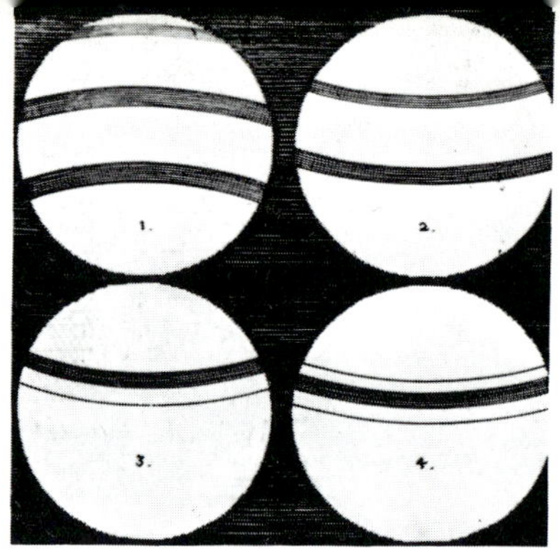

Jupiter nach Beobachtungen von Grimaldi und Riccioli, Mitte des 17. Jahrhunderts.

Dieser größte Planet hat ein tausendmal größeres Volumen als die Erde und enthält mehr Masse als alle anderen Planeten zusammen. Von den erdähnlichen Planeten unterscheidet sich Jupiter wesentlich; den Großteil des Planeten bildet seine Atmosphäre, die vorwiegend aus Wasserstoff und Helium, mit Beimengungen von Methan, Ammoniak und weiteren Verbindungen besteht. In Richtung zum Planetenzentrum steigen Temperatur und Druck sehr rasch, die Atmosphäre verdichtet sich und ändert ihre Eigenschaften. In einer Tiefe von 50 000 km ist der Druck schon so groß, daß der Wasserstoff metallische Eigenschaften annimmt.

Wenn man Jupiter mit dem Fernrohr beobachtet, sieht man lediglich Wolkenformationen, die wie dunkle Streifen und lichte Zonen aussehen und parallel zum Planetenäquator verlaufen. Nach Details in diesen Zonen kann man die rasche Rotation des Planeten verfolgen, der sich in nur knapp 10 Stunden einmal um seine Achse dreht. Eine Folge dieser raschen Umdrehung ist eine starke Abplattung des Planetenkörpers.

Unten: Jupiter im Juli 1973 (links) und im Oktober 1974 (rechts). Die Zeichnungen halten Details fest, die mit dem Fernrohr von der Erde aus sichtbar sind.

Das Aussehen von Jupiter ändert sich nicht nur durch die Rotation sehr schnell, sondern auch infolge meteorologischer Vorgänge und chemischer Eigenschaften in der Atmosphäre. Die gegenseitige Lage der Streifen und ihre Entfernung vom Äquator ändert sich dabei nicht. Die Wolkenformationen sind hier viel stabiler als auf der Erde. Eine außergewöhnliche Formation ist der sogenannte *Große Rote Fleck*, ein rötliches Oval mit einem Durchmesser, der größer ist als die Erde, und den die Astronomen schon mehr als 100 Jahre, wahrscheinlich bereits seit 1664 beobachten.

Die Streifenstruktur wird durch Zirkulationen in der Atmosphäre verursacht. Die helleren Zonen bestehen aus kühleren Wolken in großer Höhe. Die dunklen Streifen sind relativ durchsichtig, man blickt hier in tiefere Bereiche mit weniger und niedriger gelegenen Wolken. Die Farben der Bänder werden durch verschiedene chemische Verbindungen verursacht, die bei gewissen Temperaturen und daher auch in verschiedenen Höhen der Jupiteratmosphäre entstehen. Die Temperatur an der Obergrenze der höchsten Wolkenschicht erreicht —140 °C, in tieferen Wolkenschichten steigt sie bis auf 0 °C.

Gegenüberliegende Seite: Der Planet in einer Zeichnung nach Aufnahmen der Raumsonde Voyager 1, Anfang März 1979.

Jupiter

Meteorologische Erscheinungen

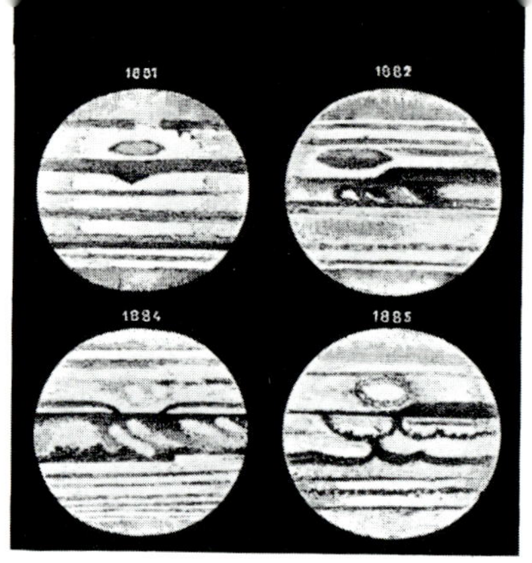

Veränderungen im Aussehen von Jupiter nach Beobachtungen in den Jahren 1881 bis 1885.

Statische Abbildungen können die grandiosen Erscheinungen in der stürmisch bewegten Atmosphäre des Planeten, wo die Strömungsgeschwindigkeit sogar die der größten irdischen Orkane übertrifft, nur andeuten. Dort herrschen allerdings andere Bedingungen für die atmosphärische Zirkulation als auf der Erde.

Ein wesentlicher Hauptunterschied besteht darin, daß die Wärmeenergie, die zur Durchmischung der Atmosphäre benötigt wird, nicht überwiegend von der Sonne kommt, sondern aus dem Planeteninnern. Jupiter ist bisher noch nicht ganz abgekühlt, sein Inneres ist sehr heiß und die abstrahlende Wärme erhitzt die Atmosphäre von unten. Erwärmte Gasmassen strömen so nach oben und reißen Partikel chemischer Verbindungen mit sich, die in den höheren, kühleren Schichten kondensieren und hohe Wolken bilden. Die abgekühlten Gase sinken an anderen Stellen in die Tiefe und nehmen Wolkenteilchen mit sich hinunter in tieferliegende, wärmere Regionen, wo die Wolken verdampfen und verschwinden. Deshalb sind die absteigenden Strömungen relativ wolkenfrei, und wir sehen sie als dunklere Zonen. Die rasche Rotation des Planeten ruft eine starke, parallel zum Äquator verlaufende Strömung hervor und verursacht die Bildung der Streifenstruktur von Wolken.

Der Große Rote Fleck — *Great Red Spot*, GRS — ist die höchste und kälteste Wolkenformation auf dem Jupiter. An der Peripherie des GRS rotieren Wolkenmassen, ähnlich wie bei den Erdantizyklonen, als atmosphärischer Wirbel gegen den Uhrzeigersinn. Man kann sie mit einem starken Orkan (Wirbelsturm) mit einer Windgeschwindigkeit von über 500 km/h vergleichen. Etwas Ähnliches sind auch die *weißen Ovale*, von denen einige bereits über 50 Jahre existieren. Die Farbunterschiede sind wahrscheinlich auf die Tiefe zurückzuführen, in die diese Wirbel jeweils reichen. Die starken Strömungen durchmischen die Atmosphäre in vertikaler Richtung, sie beeinflussen die chemische Zusammensetzung der Wolken in verschiedenen Höhenniveaus und bewirken das Entstehen chemischer, die Wolkenformationen verfärbender Verbindungen. Direkte Messungen in der Jupiteratmosphäre führte am 7. 12. 1995 die Atmosphärenkapsel der Sonde Galileo durch.

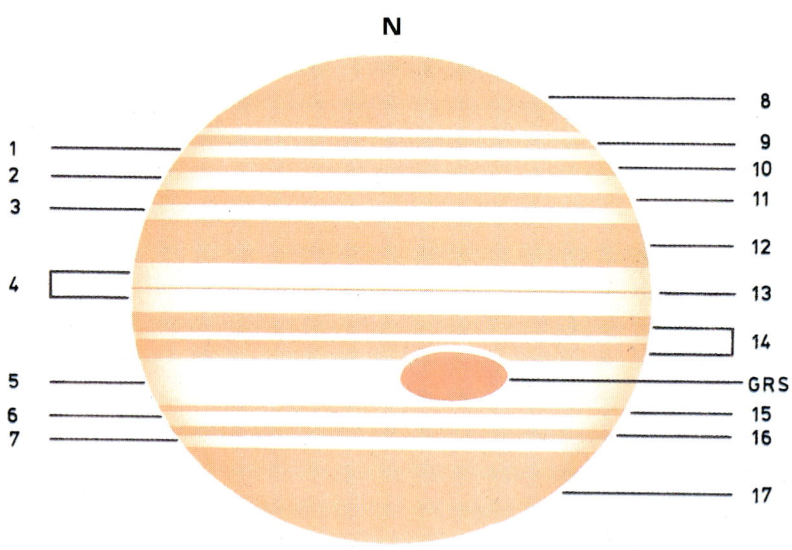

Bezeichnung der dunklen Bänder und hellen Zonen auf dem Jupiter:

1 — nordnördliche gemäßigte Zone, 2 — nördliche gemäßigte Zone, 3 — nördliche tropische Zone, 4 — Äquatorzone, 5 — südliche tropische Zone, 6 — südliche gemäßigte Zone, 7 — südsüdliche gemäßigte Zone, 8 — nördliche Polarregion, 9 — nördliches Polarband, 10 — nordnördliches gemäßigtes Band, 11 — nördliches gemäßigtes Band, 12 — nördliches Äquator-Band, 13 — Äquatorband, 14 — südliches Äquatorband, 15 — südliches gemäßigtes Band, 16 — südsüdliches gemäßigtes Band, 17 — südliche Polarregion, GRS — Great Red Spot — Großer Roter Fleck.

Die obenstehende Abbildung ist fast die ganze als Karte entfaltete Jupiteroberfläche, die das Aussehen des Planeten Anfang März 1979 wiedergibt. Beide Abbildungen wurden nach Aufnahmen der Raumsonde Voyager 1 angefertigt.

Unten: Der Große Rote Fleck, ein stabiles Wolkengebilde von zweifachem Erddurchmesser. Er hat den Charakter eines mächtigen Antizyklons, ebenso wie das weiße Oval rechts unten.

4

Das Jupiter-System

Die Galileischen Monde und der Ring

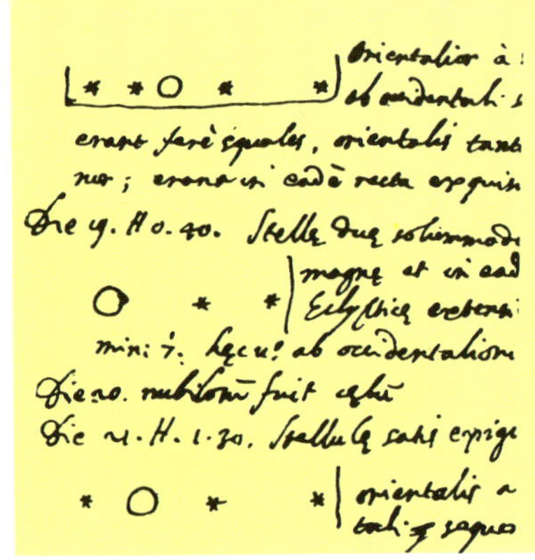

Galileis Aufzeichnungen über die ersten Beobachtungen der Jupitermonde im Februar 1610.

Jupiter ist der König unter den Planeten, und seine Macht reicht weit bis in die Tiefen des Sonnensystems. Er hat vor allem ein mächtiges Gravitations- und Magnetfeld; die Magnetosphäre des Planeten reicht vielleicht bis zur Saturnbahn.
Mit seiner Gravitation kann Jupiter die Bahnen von Kometen und Asteroiden um die Sonne verändern und so viele Monde und kleine Monde an sich binden, daß sein System an ein kleines Sonnensystem erinnert. Zunächst von der Erde und dann von Raumsonden aus wurden nach und nach (bis 1989) insgesamt 16 Monde entdeckt, die auf S. 222 angeführt sind. Zwölf davon sind unförmige, an Asteroiden erinnernde kleine Objekte mit Ausmaßen von einigen Dutzend Kilometern. Im Jahr 1610 erkannte Galileo Galilei als erster, daß vier Sternchen, die er abwechselnd zu beiden Seiten des Planeten sah, Monde des Jupiter waren. Man bezeichnet sie deshalb als die *Galileischen Monde;* sie heißen, in der Reihenfolge ihrer Entfernung vom Planeten, *Io*, *Europa*, *Ganymed* und *Kallisto.* Man kann sie sogar mit einem kleinen Fernrohr oder einem Fernglas leicht sehen und auf Galileis Spuren ihre merkbaren Bewegungen von Tag zu Tag verfolgen.
Den Abbildungen des Jupiter und seiner Monde auf der gegenüberliegenden Seite ist ein Diagramm beigefügt, das die Positionen der Monde nach jeweils sechs Stunden an zehn aufeinanderfolgenden Tagen veranschaulicht. Dabei kann man eine Reihe von interessanten Erscheinungen beobachten, wie z. B. ihre gegenseitigen scheinbaren Konjunktionen, den Durchgang eines Mondes vor der Planetenscheibe oder Mondfinsternisse — das Verschwinden eines Mondes hinter dem Planeten, u. ä. Informationen über diese Erscheinungen enthalten die astronomischen Jahrbücher.
Seit 1979, als uns die Raumsonde Voyager 1 zum ersten Mal die Galileischen Monde aus der Nähe zeigte, sind sie für uns vier neue Welten. Voyager 1 und 2 entdeckten noch einen weiteren, von der Erde aus nicht sichtbaren Jupiterbegleiter, nämlich einen sehr schmalen *Staubring.* Der flache, dünne Ring reicht von der oberen Atmosphäre bis in eine Entfernung von 53 000 km über der höchsten Wolkenschicht. Der innere Teil des Rings ist von geringer Dichte und wahrscheinlich aus Staubpartikeln zusammengesetzt, die langsam auf den Planeten herunterfallen. Der Ring wird anscheinend aus irgendwelchen Quellen ständig erneuert, vielleicht von einem nahen Planetenmond.

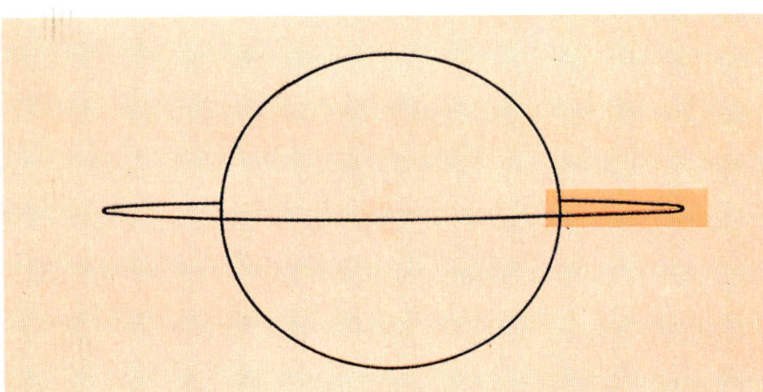

Die den dünnen Jupiterring bildenden Staubpartikel umkreisen den Planeten überwiegend in einer Entfernung von 47 000 bis 53 000 km über den höchsten Wolken. Auf der Detailabbildung rechts kann man den inneren, 5000 km breiten, und den äußeren, helleren, 800 km breiten Teil des Rings unterscheiden.

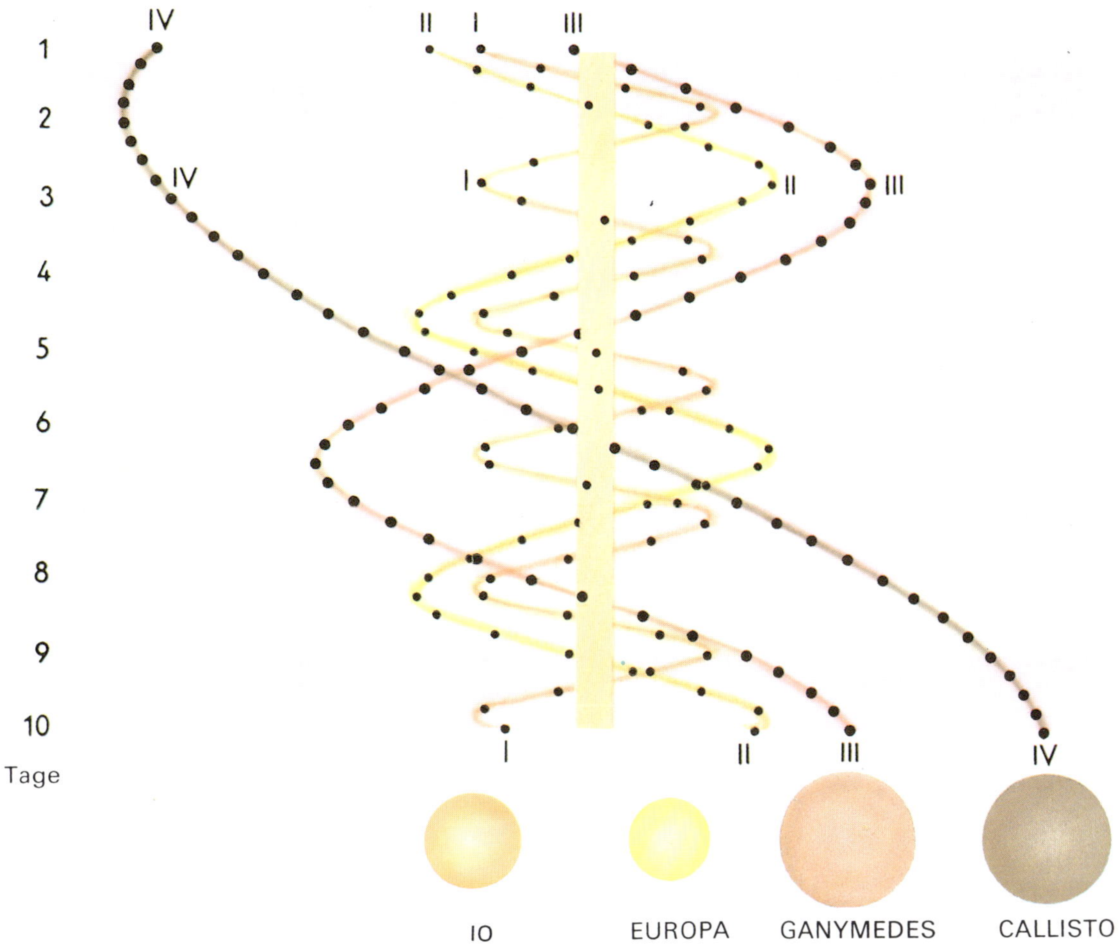

Größenvergleich der Galileischen Monde.

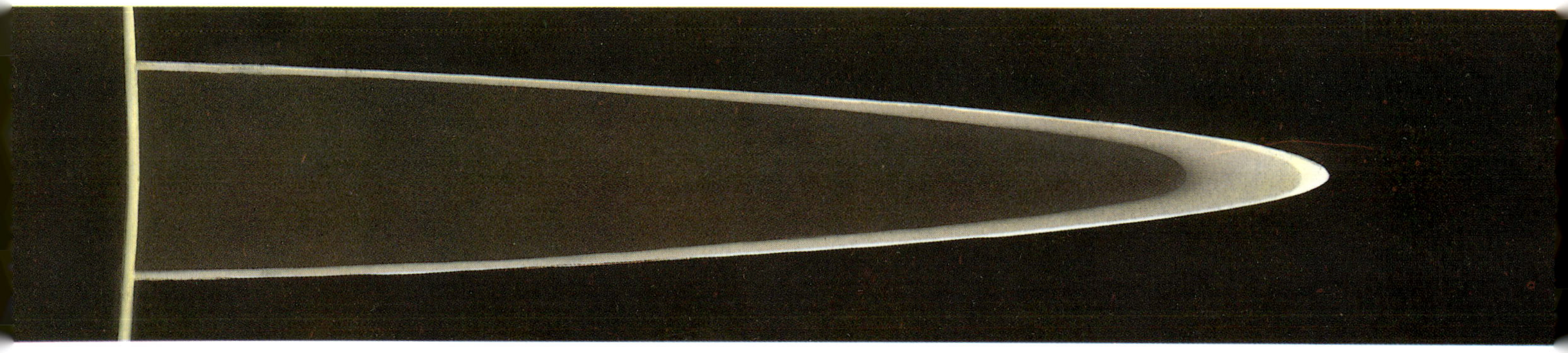

4

Io, Amalthea

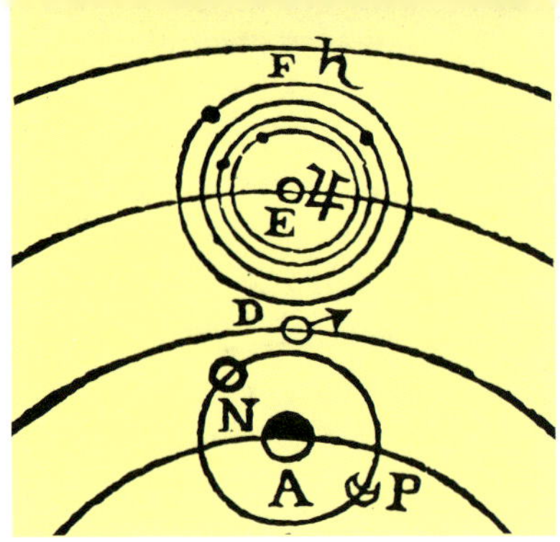

Erde, Mars und Jupiter mit Monden.
G. Galilei, Dialogus de Systemate Mundi, 1635.

In der schwarzen Leere des Weltalls erstrahlt in bunten Farben ein höchst eigenartiges Gebilde, der Jupitermond *Io.* Wer hätte gedacht, daß ein so kleiner Körper der Schauplatz einer so stürmischen vulkanischen Tätigkeit sein könnte, die nicht ihresgleichen hat. Die Oberfläche von Io sieht wie eine riesige Pizza aus, es wechseln braune, orangefarbene, rötliche, gelbe und weiße Schattierungen, Farben von Schwefelverbindungen, mit den schwarzen Schlünden der Calderen und den Flächen von Lavaseen ab. Die Krater sind hier aber keine Impaktkrater, und das bedeutet, daß die Io-Oberfläche noch sehr jung ist.

Der Durchmesser des Mondes beträgt 3630 km, seine mittlere Dichte 3,6 g/cm^3, und das sind fast dieselben Werte wie die unseres Erdmondes. Wenn Io anstelle unseres Mondes um die Erde kreisen würde, wäre er wahrscheinlich ein ebenso toter Körper wie der Erdmond. Io kreist jedoch relativ sehr nahe — nur 400 000 km — um den riesigen Jupiter, in dem sehr starken Gravitationsfeld des Planeten. Hier sind große Gezeitenkräfte am Werk, die den runden Mond in der Richtung zum Jupiter deformieren. Wenn Io den Planeten auf einer genauen Kreisbahn umrunden würde, hätte er Jupiter stets dieselbe Seite zugewandt und die Gezeitenauswölbung seiner Oberfläche wäre stets an derselben Stelle. Unter dem Einfluß der Gravitation der Monde Europa und Ganymed kreist Io jedoch auf einer etwas exzentrischen Bahn. Das ruft, bezogen auf Jupiter, Schwingungen des Mondes und damit Veränderungen in der Höhe der Auswölbungen an verschiedenen Stellen der Oberfläche sowie Materiebewegungen im Mondinneren hervor. Dieses „Kneten" und Auseinanderziehen erhitzt Io derartig, daß sein Inneres zum Großteil geschmolzen, also flüssig ist. Den Kessel dieser Hexenküche heizt vor allem Jupiter an.

(Fortsetzung auf S. 62.)

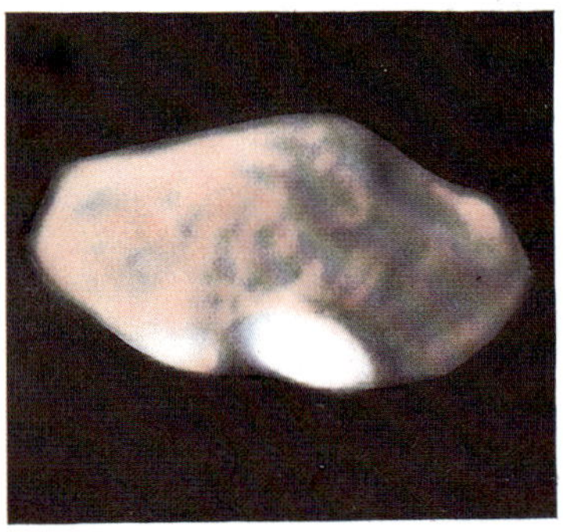

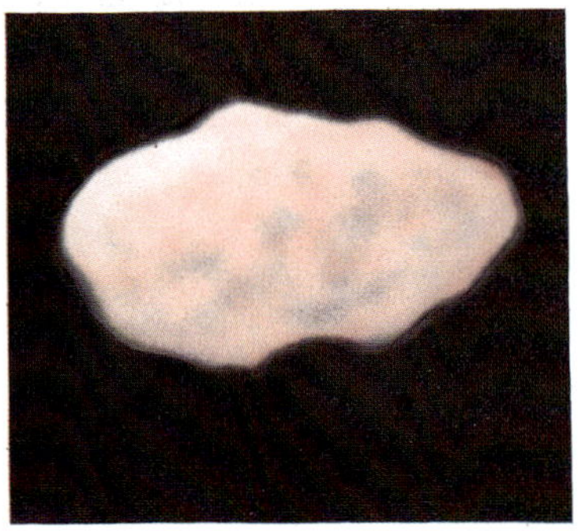

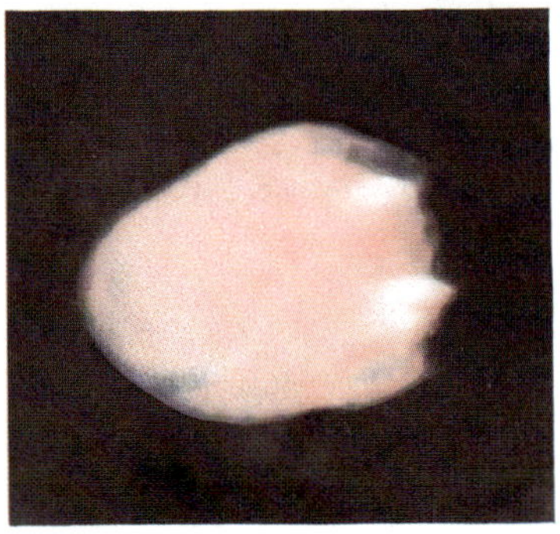

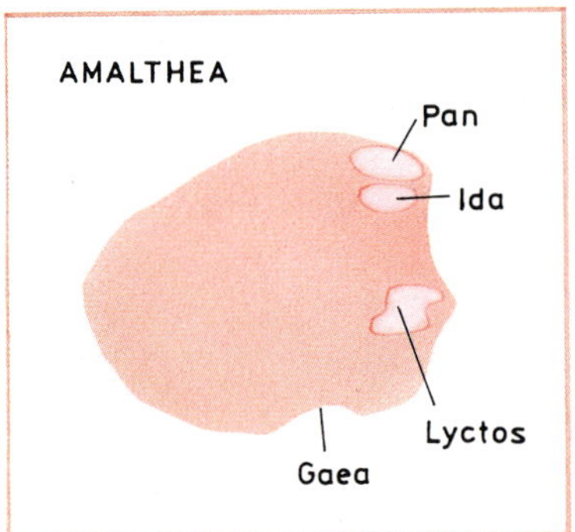

Amalthea. Drei Aufnahmen der Sonde Voyager, die den größten der kleinen Jupitermonde zeigen. Es ist ein unregelmäßiger Körper von 270 × 170 × 150 km. Auf seiner Oberfläche sind Krater zu sehen, vier davon wurden bereits benannt. Die rötliche Färbung des Monds Amalthea ist wahrscheinlich auf Partikel von Schwefelverbindungen zurückzuführen, die von der eruptiven Tätigkeit der Vulkane des benachbarten Monds Io stammen.

Jupiter mit vier Satelliten.
Detail aus dem Atlas
Harmonia Macrocosmica,
Cellarius, 1763.

4 Io

Eine Vulkanwelt

(Fortsetzung von S. 60)

Die ganze Io-Oberfläche ist eine einzige vulkanische Region, bedeckt von Schwefelverbindungen der verschiedensten Zusammensetzungen und Farben. Die Oberflächentemperatur ist hier meist —150 °C bis —200 °C, aber das ausgeworfene vulkanische Material ist etwa +100 °C warm, und auf der Oberfläche von Lavaseen aus schwarzem Schwefel herrschen Temperaturen bis +380 °C.

Bei explosiven, langdauernden Eruptionen speien die Vulkane von Io Gase, feine Schwefel- und Schwefeldioxidpartikel mit Geschwindigkeiten von mehr als 3000 km/h bis in Höhen von 100 bis 300 km. Die Partikel fallen zurück auf die Oberfläche und bilden eine sich in 300 Jahren um 1 cm erhöhende Schicht. Aus manchen Vulkanen fließen ergiebige Lavaströme und bilden ausgedehnte Decken. All dies bringt rasche Veränderungen der Mondoberfläche mit sich. Man kann annehmen, daß während der 4,6 Milliarden Jahren der Existenz des Sonnensystems die gesamte Masse von Io durch die Schlünde der Vulkane gegangen ist. Sie kühlte immer wieder für einige Zeit ab, veränderte das abstrakte Bild des Mondes und kehrte dann wieder in das geschmolzene Innere zurück.

Die *Vulkane* auf Io erhielten ihre Namen nach mythologischen Göttern des Feuers. Der ausdrucksvollste Vulkan ist Pele, der Hauptfeuergott der Hawaiianischen Mythologie, Prometheus war ein griechischer Gott, ein Titan, der das von Zeus versteckte Feuer raubte und es zur Erde brachte. Der Vulkan Loki ist nach dem germanischen Gott der List und der Ränke benannt, der in so mancher Hinsicht Prometheus ähnelt. Manche Vulkane haben die Form unregelmäßiger Depressionen und werden *Patera* genannt.

Unten: Der Vulkan Ra Patera. Vom schwarzen Schlund der Caldera (Durchmesser 40 km) laufen wie satt orange gefärbte Fäden Lavaströme aus Schwefelverbindungen in Entfernungen bis über 200 km aus.

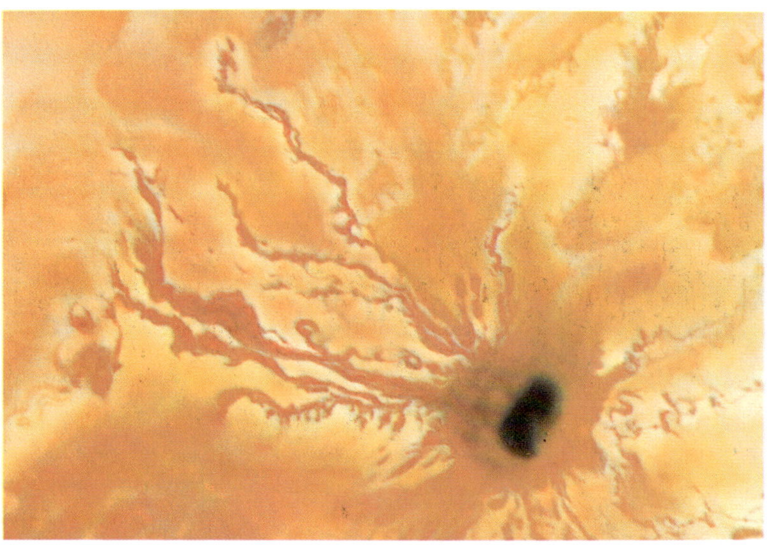

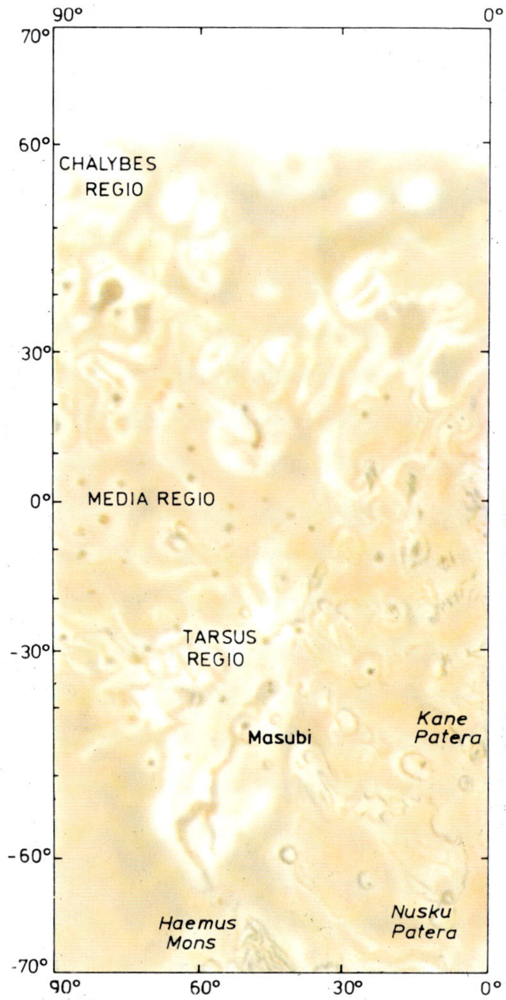

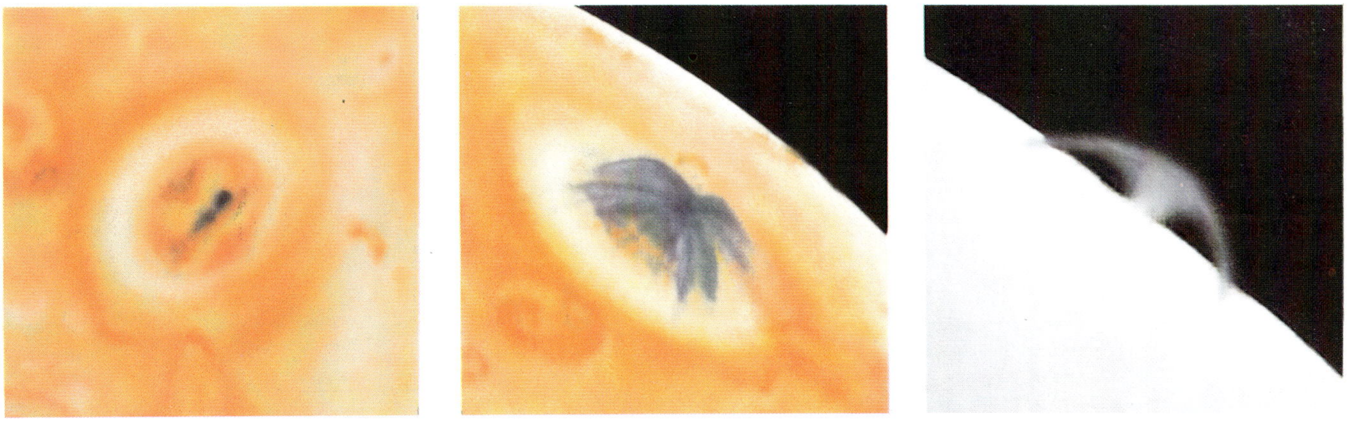

Drei Ansichten des aktiven Vulkans Prometheus.
Links: Der helle Ring bezeichnet das Gebiet, in dem das ausgeworfene Material auf die Io-Oberfläche fällt.
Mitte: Die Fontäne des ausgeworfenen Materials ist hier durch graue Farbe hervorgehoben.
Rechts: Über den Rand von Io schießen in eine Höhe von 100 km Gas und Partikel von Schwefelverbindungen hervor und bilden einen riesigen Schirm, unter dem das Material wieder auf die Oberfläche zurückfällt. Die Partikel werden mit einer Geschwindigkeit von 3000 km/h ausgeworfen.

Übersichtskarte des Io. Merkatorprojektion. Maßstab 1 : 50 000 000. 1 cm am Äquator entspricht 500 km.

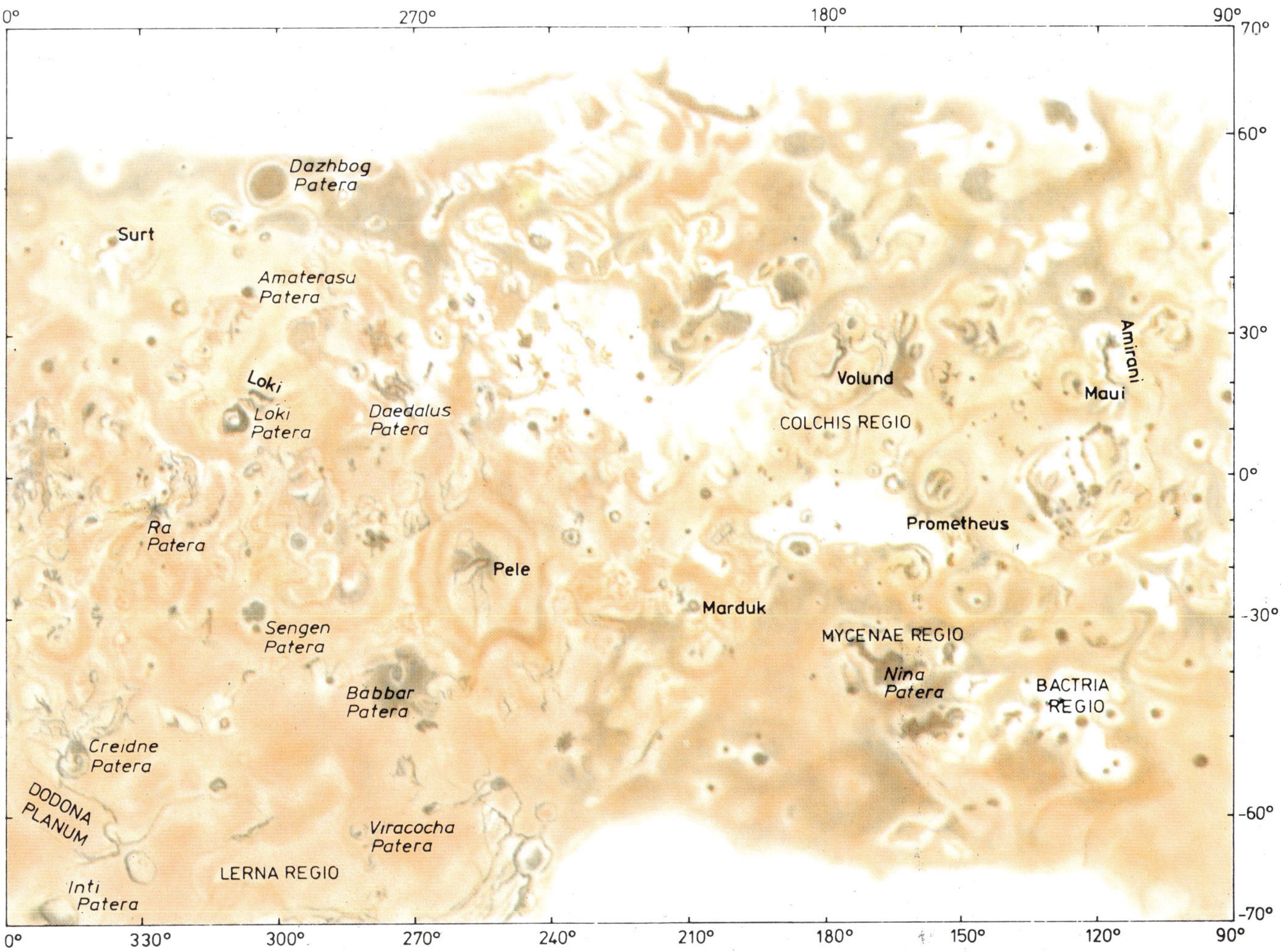

4

Europa

Jupiter mit zwei Monden.
J. Hevelius, Mitte des 17. Jahrhunderts.

Man stelle sich eine glatte Billardkugel etwa in der Größe unseres Mondes vor. Wenn außerdem die Oberfläche der Kugel mit Eis überzogen wäre, würden wir ein verhältnismäßig gutes Modell des Jupitermondes *Europa* erhalten.
In seinem Durchmesser von 3138 km und seiner mittleren Dichte von 3,04 g/cm^3 unterscheidet sich Europa kaum von unserem Erdmond. Wenn Europa jedoch an der Stelle unseres Mondes wäre, würde sie an unserem Himmel ungefähr zehnfach heller strahlen als dieser. Die Europa-Oberfläche ist von einer wahrscheinlich 75 bis 100 km dicken Eisschicht bedeckt. Eiskristalle reflektieren das Sonnenlicht sehr gut, und deshalb ist dieser Mond so hell.
Unter dem Eis befindet sich eine feste Oberfläche aus Gestein, die anscheinend stellenweisse durch die relativ dünne Eisschicht durchscheint und dunkle Flecken bildet. Es ist nicht auszuschließen, daß sich zwischen dem festen Untergrund und dem Eispanzer flüssiges Wasser befindet.
Die dunklen, die Oberfläche durchziehenden Linien sind offenbar Risse in der Eisschicht. Die Risse sind wahrscheinlich mit Wasser, das in sie eindrang und gefror, ausgefüllt. Die Ursache für das Entstehen dieser Risse ist nicht klar. Ihre Breite bewegt sich von einigen Kilometern bis zu einigen Dutzend Kilometern, die Länge von Hunderten bis zu Tausenden Kilometern.
Auf der Karte des Mondes Europa sind die dunklen Linien als *lineae* — Striche, Linien — bezeichnet. Die Namen der Linien sind aus dem griechischen Mythos von der Königstochter Europa übernommen; man findet hier ihren Vater Agenor, ihren Bruder Cadmus und die Söhne Minos und Sarpedon. *Macula* bezeichnet einen dunklen Fleck.

Auf dem glatten Antlitz des Mondes Europa sieht man dunkle Flecken und viele schmale und lange Linien, die an Risse erinnern.

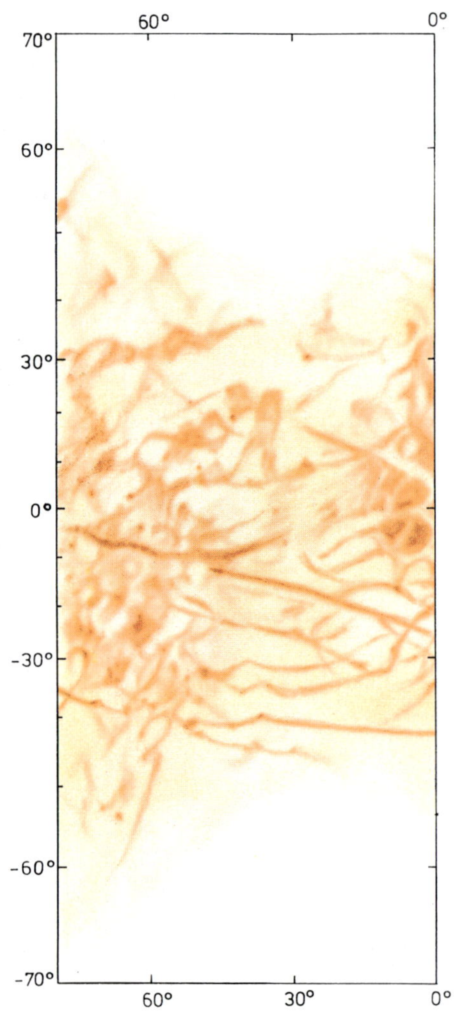

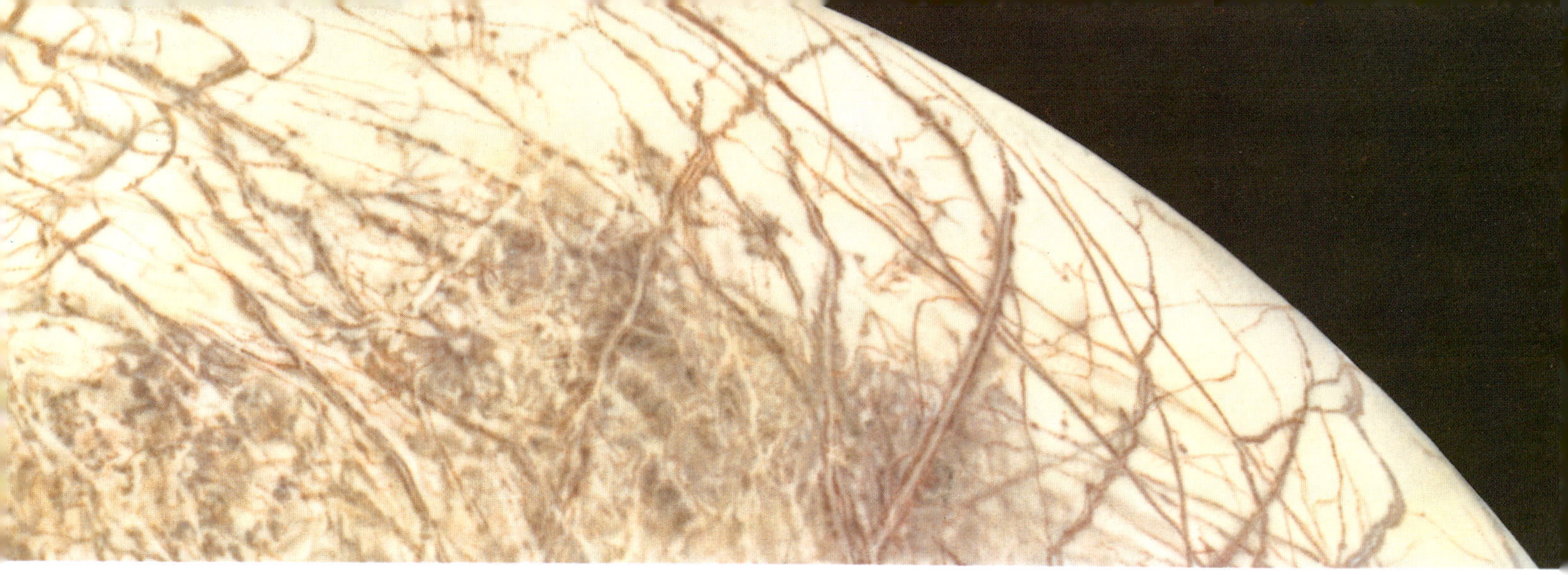

Selbst auf den detailliertesten Aufnahmen von Voyager 2, die Details bis zu 5 km unterscheiden, findet man keine nennenswerten Unebenheiten. Auf der ganzen Mondoberfläche konnten nur drei Impakt-Krater mit je 20 km Durchmesser festgestellt werden. Europa ist wahrscheinlich das glatteste Objekt des Sonnensystems.

Übersichtskarte des Mondes Europa.
Merkatorprojektion. Maßstab 1 : 43 000 000.
1 cm auf dem Äquator entspricht 430 km.

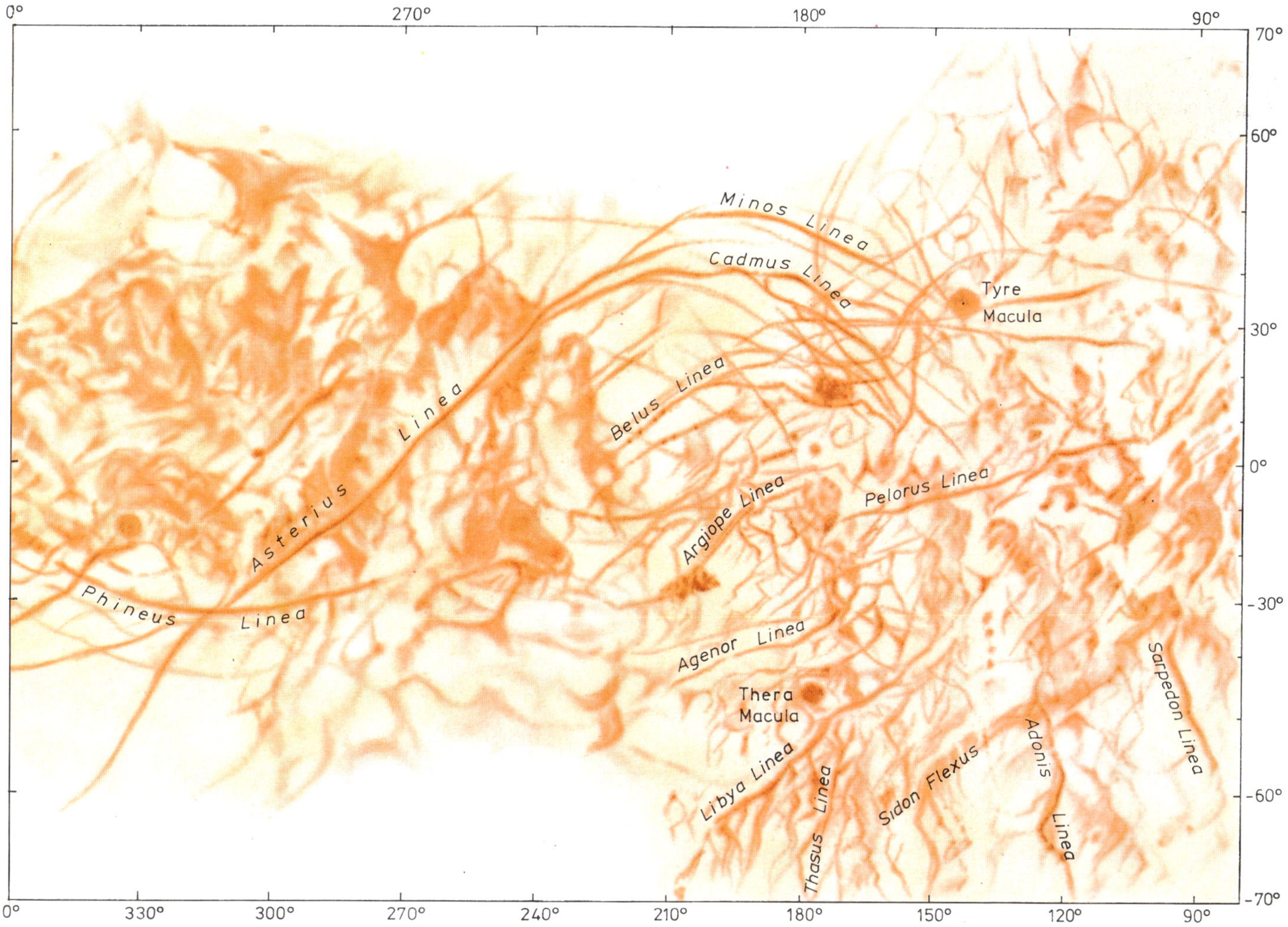

Ganymed

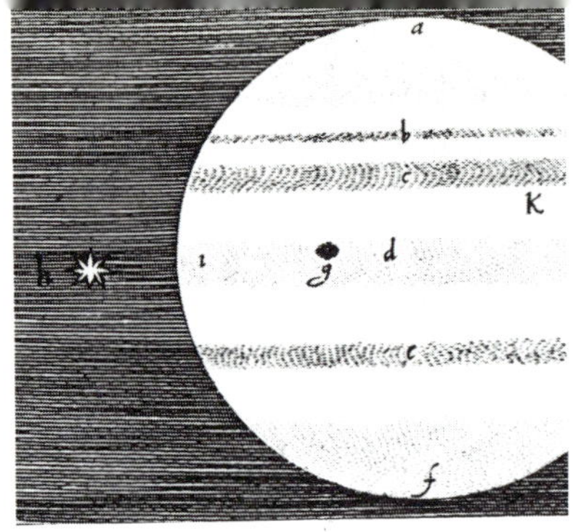

Jupiter nach Beobachtungen von R. Hooke. Zweite Hälfte des 17. Jahrhunderts.

Aus der Ferne ähnelt der Jupitermond *Ganymed* unserem Mond: man sieht eine Scheibe mit großen dunklen und hellen Flecken. Ein Blick aus der Nähe beweist jedoch, daß die Oberfläche Ganymeds völlig anders ist. Das überrascht nicht, denn die mittlere Dichte dieses Mondes beträgt nur 1,9 g/cm^3, und ein großer Teil seines Volumens besteht aus Eis. Eine ähnliche Zusammensetzung weist auch sein Nachbar, der etwa gleich große Mond Kallisto auf. Die beiden verwandten Himmelskörper haben jedoch ihre unterschiedliche Geschichte und ein unterschiedliches Aussehen der Oberfläche. Den Grund dafür kennen wir nicht.

Ganymed ist der größte Mond des Sonnensystems; er hat einen Durchmesser von 5262 km, und ist damit etwa 100 km größer als der Saturnmond Titan. Die dunklen Gebiete — *Regio* — auf Ganymed sind entwicklungsmäßig wohl die ältesten. In der größten dieser Regionen namens Regio Galileo sind Reste eines ehemaligen Beckens von einem ähnlichen Typ erhalten geblieben, wie es die Formation Walhalla auf Kallisto ist. Es ist ein System von konzentrischen, gekrümmten Bergrücken in Abständen von 50 km, etwa 10 km breit und 100 m hoch.

Ein einzigartiger Oberflächentyp im Sonnensystem, der jedoch auf Ganymed stark vertreten ist, sind klar umgrenzte helle *Streifen* in Längen von Hunderten Kilometern,

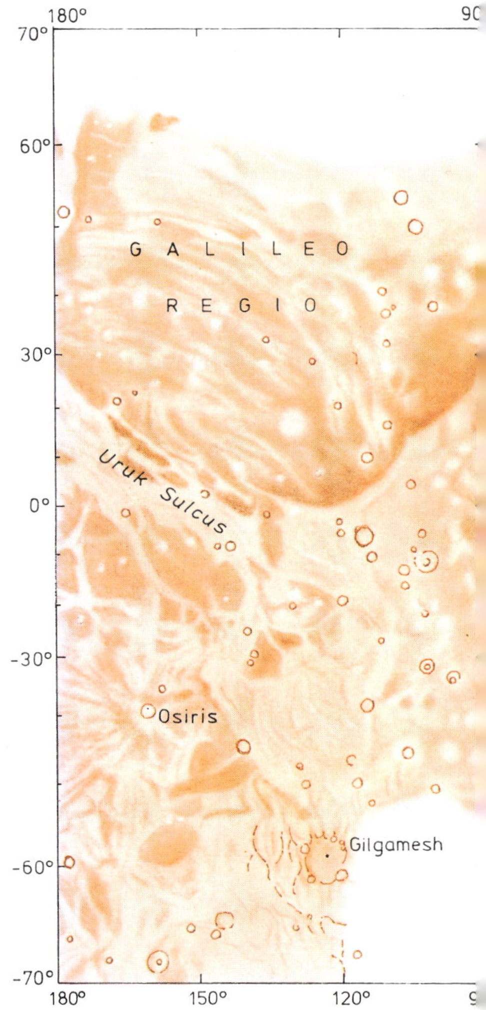

die die Oberfläche des Mondes in allen Richtungen durchziehen. (Abb. auf vorangegangener Seite links unten.) Bei Beobachtungen aus der Nähe stellt man fest, daß diese Streifen ein *zerfurchtes Terrain* bilden, das ein wenig an das Aussehen eines gepflügten Felds erinnert (Abb. rechts.) Die scheinbar nicht großen Furchen haben in Wirklichkeit den Charakter von Gräben, Wällen und von langen, etwa 1000 m hohen Rücken in Abständen von 10 bis 15 km.

Ganymed ist mit zahlreichen Impakt-Kratern mit Kränzen von hell leuchtenden Strahlen übersät, die wahrscheinlich von dem beim Impakt ausgeworfenen Eis gebildet werden.

Die dunklen Gebiete (*Regio*) sind nach den Entdeckern der Jupitermonde benannt: Galileo, Marius, Nicholson u. ä. Die Krater tragen Namen, die mit den alten Zivilisationen zusammenhängen: Babylon, Ägypten, Sumer. Mit *Sulcus* bezeichnet man ein Gebiet parallellaufender Rillen.

Übersichtskarte des Ganymed. Merkatorprojektion. Maßstab 1 : 72 000 000. 1 cm am Äquator entspricht 720 km.

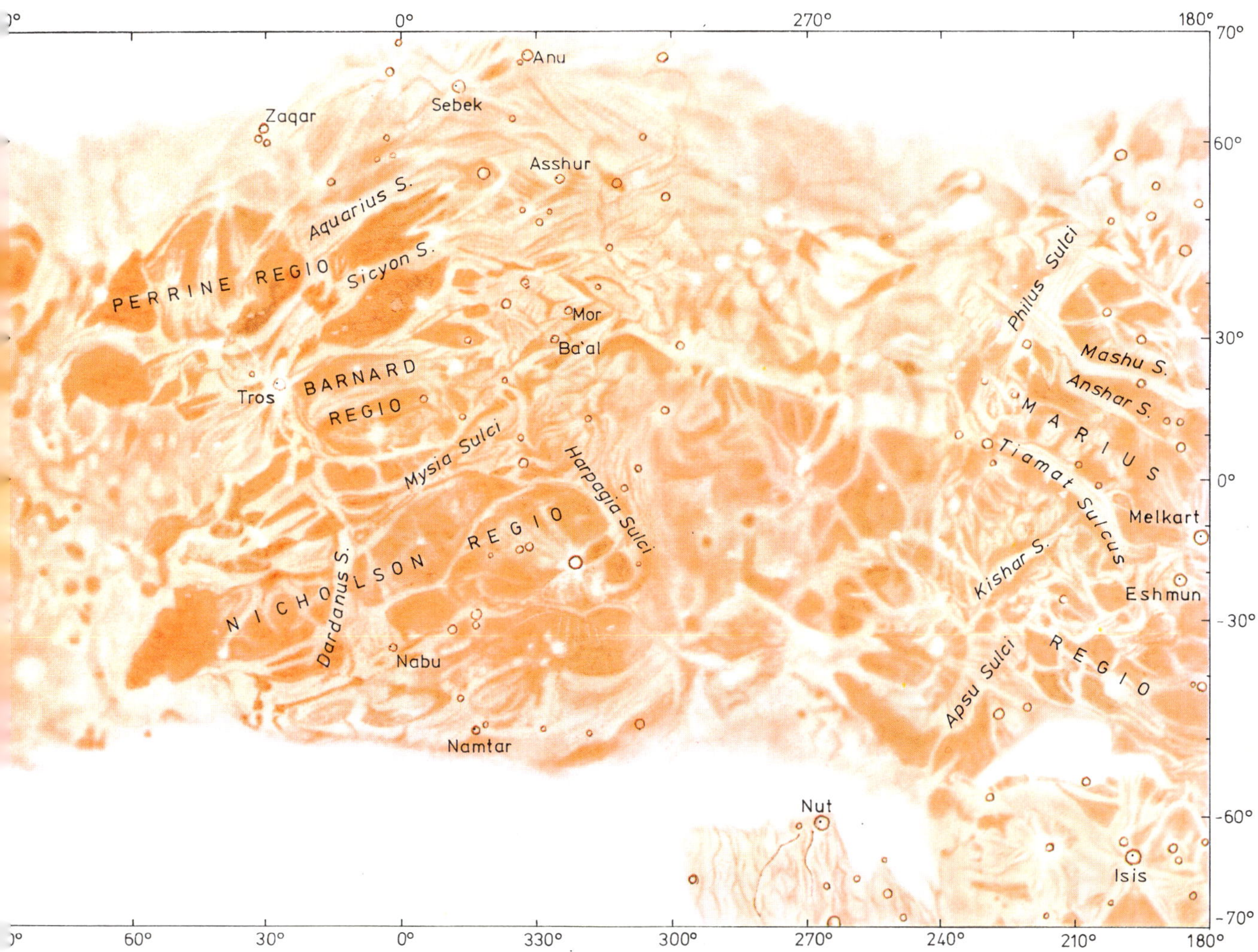

4

Kallisto

Jupiter mit Monden und ihren Schatten. Beobachtung von Flammarion am 25. 3. 1874

Die Oberfläche von drei der vier Galileischen Monde zeigen zahlreiche Spuren einer Aktivität innerer Kräfte, die sie geformt haben und im Fall des Mondes Io noch immer stürmisch gestalten. Der vierte Mond, *Kallisto,* bildet eine Ausnahme. Die tote Eiswelt dieses Mondes trägt Spuren von Aufschlägen unzähliger Meteoriten. Impaktkrater übersäen fast lückenlos die ganze Mondoberfläche. Sie blieben an derselben Stelle erhalten, wo sie vor Milliarden Jahren entstanden. Es gibt keine Anzeichen einer nennenswerten inneren Aktivität, die diese eintönigen Kraterfelder verändern würde.

Die erhaltenen großen Krater sind sehr flach und weisen keine höheren Gebirge auf. Die Oberfläche von Kallisto besteht aus Eis mit Gesteinsbeimengungen, und in der Zeit des großen Bombardements verhielt sie sich offensichtlich wie ein langsam fließender Gletscher, auf dem sich hohe und umfangreiche Strukturen allmählich dem umgebenden Terrain anpaßten. Nicht nur die Oberfläche, sondern auch ein großer Teil des Mondinneren besteht aus Eis. Wir nehmen dies an, weil diese Kugel mit einem Durchmesser von 4800 km eine mittlere Dichte von 1,8 g/cm³ hat, d. h. weniger als die doppelte Wasserdichte. Unter der Oberfläche könnte auch flüssiges Wasser vorkommen. An der Oberfläche herrscht allerdings strenger Frost: —120 °C am Tag und —190 °C bei Nacht.

Erwähnenswert sind zwei große Impaktstrukturen, *Walhalla* und *Asgard,* umgeben von ausgedehnten hellen Ringsystemen, die an Wellen auf einer Wasserfläche erinnern, die sich von der Aufschlagstelle ausbreiten. Sie entsprechen vermutlich den großen Bekken auf dem Erdmond oder auf Merkur, jedoch in einer anderen, für einen aus Eis be-

Auf der verhältnismäßig dunklen Kallisto-Oberfläche strahlen zahlreiche helle Flecken — große Krater mit einem Durchmesser von mehr als 100 km. Die auffallende Helligkeit der Krater verrät das Vorhandensein von Eis in der Mondrinde.

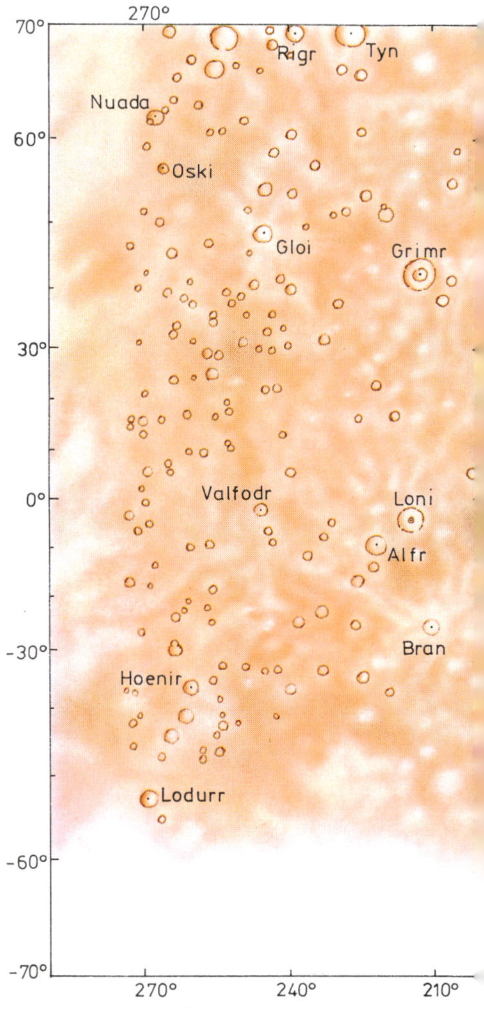

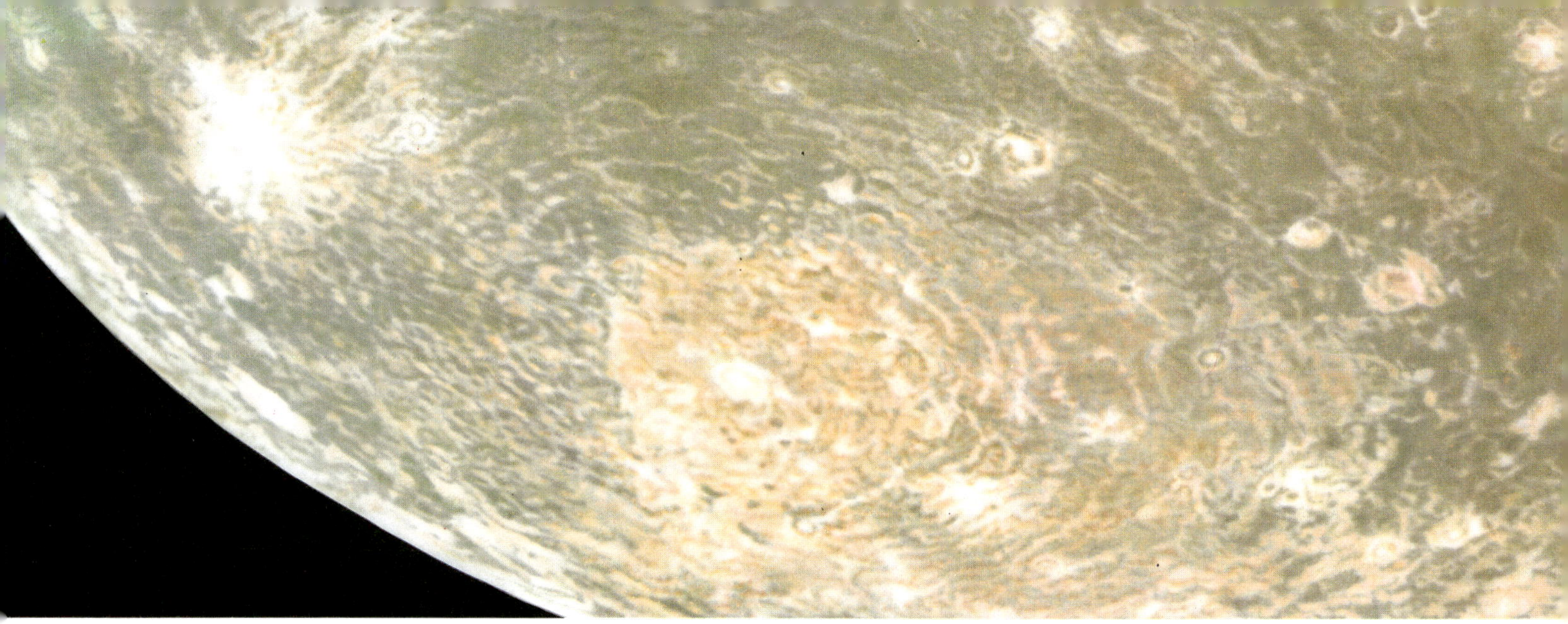

stehenden Körper charakteristischen Form. Mehr als 80 Krater auf Kallisto tragen Namen, zum Großteil von Gestalten der skandinavischen Mythologie. Walhalla war der Ort, wo sich die in Schlachten gefallenen Helden versammelten, Asgard war der Sitz der nordischen Götter, die von dort aus die Sterblichen regierten.

Oben: Die auffallendste Formation auf Kallisto ist ein System heller konzentrischer Ringe, das eine noch hellere Zentralregion einschließt. Die *Walhalla* genannte Formation mit einem Durchmesser von etwa 2600 km ist wahrscheinlich eine Folge des Aufschlags eines Körpers in der Größe eines Asteroiden. Man findet hier keinen Krater und auch keine hohen Ringgebirge wie bei verwandten Formationen auf dem Mond — Mare Orientale — oder auf Merkur — Caloris Planitia.

Übersichtskarte des Kallisto. Merkatorprojektion. Maßstab 1 : 66 000 000. 1 cm am Äquator entspricht 660 km.

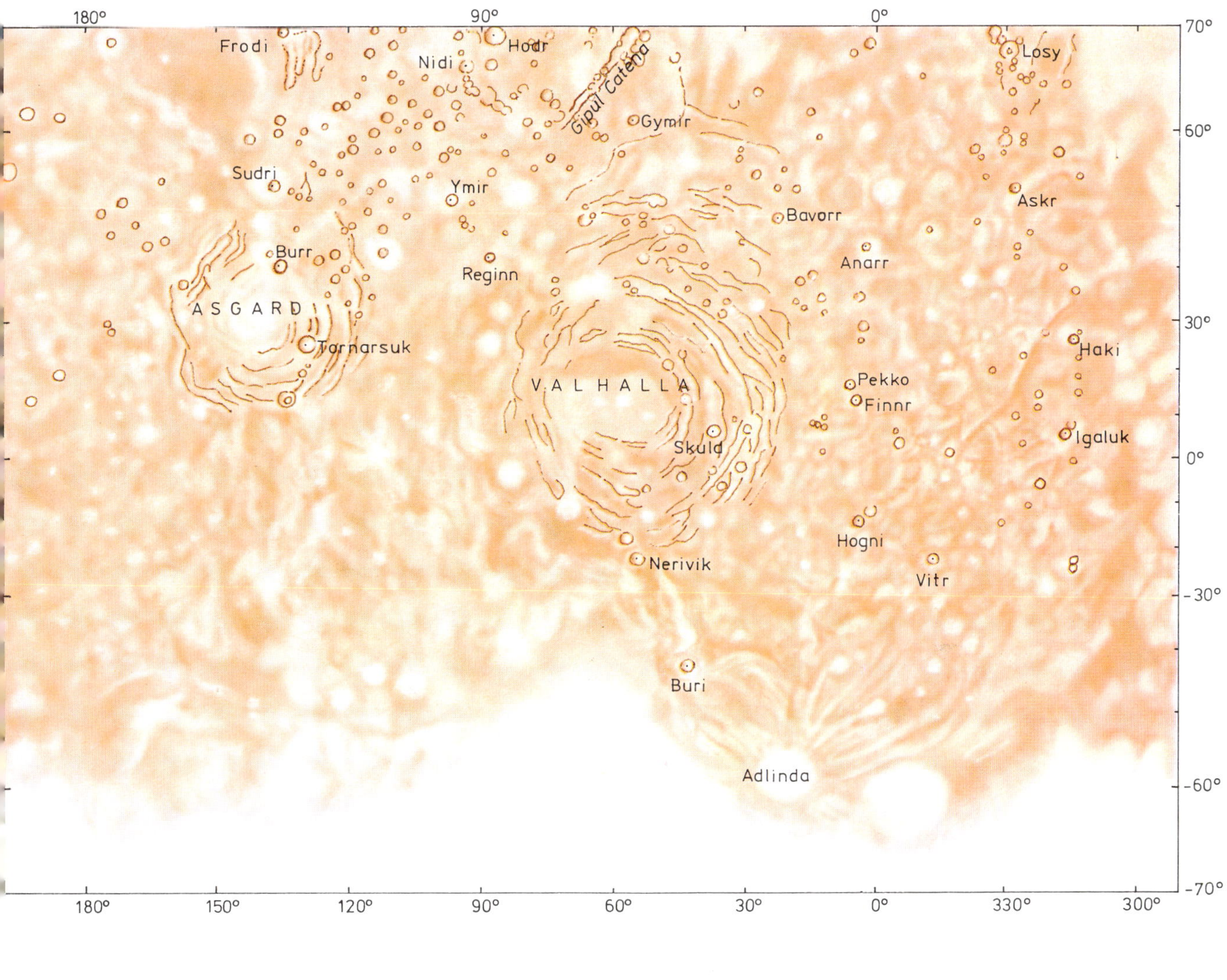

♄ Saturn

Saturn mit Ringen A und B. F. Arago, Populäre Astronomie, 1856.

Bis in die zweite Hälfte der siebziger Jahre wurde Saturn als einzigartiges Objekt seiner Art angesehen. 1977 wurde das Ringsystem des Uranus entdeckt und zwei Jahre später photographierte die Raumsonde Voyager 1 zum ersten Mal den Jupiterring. Nichtsdestoweniger bleibt Saturn eines der schönsten und bewundertsten Objekte im Kosmos.

Saturn gehört zu den großen Planeten und ähnelt dem Jupiter. Er ist überwiegend gasförmig und besteht vor allem aus Wasserstoff. Dem entspricht auch seine mittlere Dichte von 0,69 g/cm^3, die niedrigste unter den Planeten. Auch die Atmosphäre besteht vorwiegend aus Wasserstoff, aber mit anderen Beimengungen als sie bei Jupiter zu finden sind. Sehr auffallend ist die Abplattung des Planeten an den Polen, verursacht durch seine rasche Rotation (eine Umdrehung in 10 Stunden, 40 Minuten); der Durchmesser am Äquator beträgt 120 660 km, an den Polen 98 000 km.

Die Streifenstruktur ist auf Saturn weniger markant als auf Jupiter, und Details von Wolkenformationen als Ovale verschiedener Farben, braune und rote Flecken u. ä. zeigen sich auffallender erst nach einer Aufbereitung der photographischen Aufnahmen. Auf dem Saturn ist es kälter, an der Oberfläche der Wolkenschichten herrscht eine Temperatur von etwa —130 °C. Das Verhältnis zwischen der aus dem Inneren des Planeten ausgestrahlten und der von der Sonne auftreffenden Energie beträgt jedoch 2 : 1 (beim Jupiter 1 : 1). Der größere Anteil an innerer Energie kann starke aufsteigende Strömungen verursachen und die Atmosphäre kräftig durchmischen. Die im Äquatorband beobachteten ungemein raschen Strömungen von bis zu 1800 km/h könnten damit zusammenhängen.

Auf der gegenüberliegenden Seite ist Saturn mit seinen Ringen nach Aufnahmen von der Sonde Voyager 2 abgebildet. Am äußeren Rand des Ringsystems ist der ganz schmale F-Ring. Es folgt der helle A-Ring, beim Außenrand geteilt durch die schmale *Enckesche Teilung.* Den breitesten und hellsten B-Ring trennt vom A-Ring die durchsichtige, etwa 5000 km breite *Cassinische Teilung.* Weiter innen liegt der sehr schwache sogenannte Crêpe-Ring (C-Ring). Die Dicke der Ringe liegt im Bereich von einigen Hundert Metern. Links von der Planetenscheibe sind die Monde *Tethys* (oben) und *Dione* zu sehen, auf der südlichen Halbkugel sieht man als schwarzen Punkt den Schatten des Mondes Tethys. Auch die Ringe werfen ihre Schatten auf den Planeten, andererseits verschwindet manchmal ein Teil der Ringe im Saturnschatten.

Das Aussehen der Saturnringe hängt von der Stellung des Planeten auf seiner Umlaufbahn um die Sonne ab. Weil die Ringebene gegen die Bahnebene des Saturn geneigt ist, sieht man von der Erde abwechselnd auf ihre Nord- oder Südseite. Vom scheinbaren „Schließen und Verschwinden“ bis zum völlig „geöffneten“ Zustand der Ringe (unten) vergehen jeweils etwa 7,5 Jahre.

Saturnringe

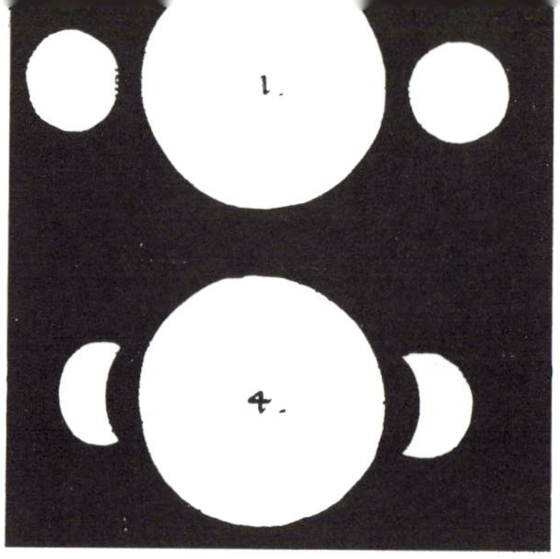

Erste Saturnbeobachtungen
zu Beginn des 17. Jahrhunderts.

Seit ihrer Entdeckung in der Mitte des 17. Jahrhunderts gehörten die Ringe des Saturn zu den größten Rätseln des Sonnensystems. 1980/81 wurden sie von den Raumsonden Voyager 1 und 2 in ungeahnten Details photographiert. Damit kamen allerdings neue Fragen auf. Bereits seit dem Ende des 19. Jahrhunderts war bekannt, daß die Ringe aus meteoritischem Material bestehen, aus unzählbaren kleinen Partikeln von Staubkörnern bis zu großen Dekameter-Blöcken. Die Zusammensetzung dieses Materials kennen wir nicht, wir wissen jedoch, daß sicher Wassereis stark vertreten ist. Ein Rätsel bleibt der Ursprung der Ringe. Sie könnten in ihrer heutigen Form entstanden sein oder sich durch den Zerfall eines ehemaligen Mondes gebildet haben.
Von der Erde aus kann man normalerweise die beiden hellsten Ringe beobachten, *A-Ring* und *B-Ring*, die von einem scheinbar leeren Zwischenraum getrennt sind — der *Cassinischen Teilung*. Der dünne, gleichsam transparente *C-Ring*, *Crêpe-Ring* genannt, ist nur durch ein größeres Fernrohr sichtbar. Der *D-Ring* reicht bis zum Planeten selbst und ist sehr dünn und durchsichtig. Nur von Raumsonden aus kann man den nur etwa 150 km breiten *F-Ring* beobachten. Er wird durch zwei kleine Monde in seiner derzeitigen Form gehalten: einer kreist am Innen-, der zweite am Außenrand des Rings, und beide „jagen" durch ihren Gravitationsfluß jene Teilchen in den Ring zurück, die die Tendenz aufweisen, ihn zu verlassen. Zum Saturnsystem gehört ferner der sehr dünne *G-Ring* (etwa 30 000 km vom F-Ring entfernt), und schließlich der *E-Ring* in Form einer ausgedehnten feinen Wolke um die Bahnen der Monde Enceladus und Tethys. Zu den interessanten Entdeckungen der Voyager-Sonden gehörte die Feststellung, daß die Hauptringe A, B und C aus einer Unmenge — vielleicht mehr als Hunderttausenden — schmalen konzentrischen Ringen bestehen. Die Ringe sehen daher etwa wie die Oberfläche einer Schallplatte aus. Es ist schwer, das Entstehen einer so feinen und komplizierten Struktur zu erklären.
Die Raumsonden vermittelten auch eine völlig neue Ansicht der unbeleuchteten Seite der Ringe. Am dunkelsten sieht der B-Ring aus, der am dichtesten ist und das wenigste Sonnenlicht durchläßt. Am hellsten strahlt die Cassinische Teilung sowie der C-Ring, der offensichtlich nur wenig Partikel enthält, aber dafür das Sonnenlicht sehr stark streut, wie dies von Eispartikeln zu erwarten war.

Jeder Hauptring besteht aus einer Menge schmaler Einzelringe. Die Ringe A, B und C unterscheiden sich durch verschiedene Farben voneinander.

Bezeichnung der Hauptringe des Saturn. Vgl. die Abbildungen oben und unten.

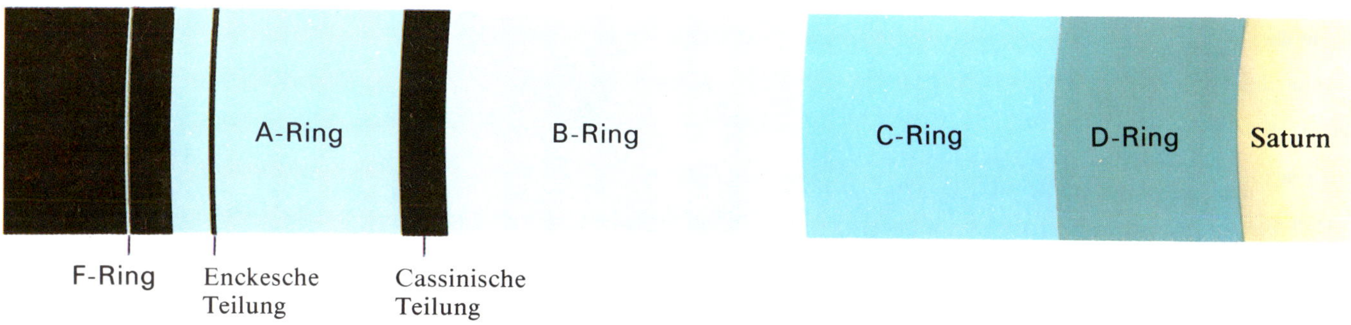

Das Aussehen der Saturnringe ändert sich beträchtlich je nachdem, ob wir ihre von der Sonne beleuchtete Seite (Abb. unten) oder ihre unbeleuchtete Seite (Abb. oben) betrachten. Erklärung im Text.

Mimas, Enceladus

Das wahre Aussehen der Saturnringe.
F. Arago, Populäre Astronomie, 1856.

Saturn hat unter allen Planeten nicht nur das vielfältigste Ringsystem, sondern auch die meisten Satelliten. Eine Gesamtübersicht findet man auf S. 222. Abbildungen, Karten und Charakteristika dieser größten Monde bringen die Seiten 74 bis 81 in der Reihenfolge ihrer steigenden Entfernung vom Saturn.

Mimas ist der kleinste unter den kugelförmigen Monden. Sein Durchmesser beträgt 392 km, seine Dichte 1,4 g/cm³. Wie die meisten Saturnmonde ist auch Mimas eine „große, schmutzige Eiskugel", die mit Impakt-Kratern übersät ist. Am auffallendsten ist der *Krater Herschel* mit einem Durchmesser von 130 km; das ist ein Drittel des ganzen Monddurchmessers. Er ist über 10 km tief, und sein Wall erhebt sich 5 km über die Umgebung. Die Existenz einer so großen Formation bestätigt, daß das Eis bei der hier herrschenden Temperatur von —200 °C Gesteinshärte hat.

Enceladus, von der Ferne strahlend weiß, ist der hellste Mond. Sein Durchmesser beträgt 500 km, seine Dichte 1,2 g/cm³. Seine Oberfläche bot eine große Überraschung: neben den normalen Kraterfeldern gibt es hier Regionen ohne jeden Krater, die gerunzelt und gewellt sind, wie man es bei lokalen Bewegungen und Schmelzen der Eisrinde vermuten würde. Es sind offensichtliche Spuren einer relativ kürzlichen inneren Aktivität, die vielleicht durch die Gezeitenwirkung benachbarter Körper hervorgerufen wurden. In einem größeren Maßstab ist ein solcher Mechanismus beim Jupitermond Io wirksam.

Die Namen der Formationen auf Mimas wurden der britischen Sage von König Artus' Tafelrunde entnommen. Ausnahme ist der Krater Herschel, benannt nach dem Entdecker der Monde Mimas und Enceladus. Enceladus trägt Namen aus „Tausendundeiner Nacht".

Übersichtskarte des Mondes Enceladus.
Lambertscher flächentreuer Entwurf. Maßstab 1 : 8 000 000.

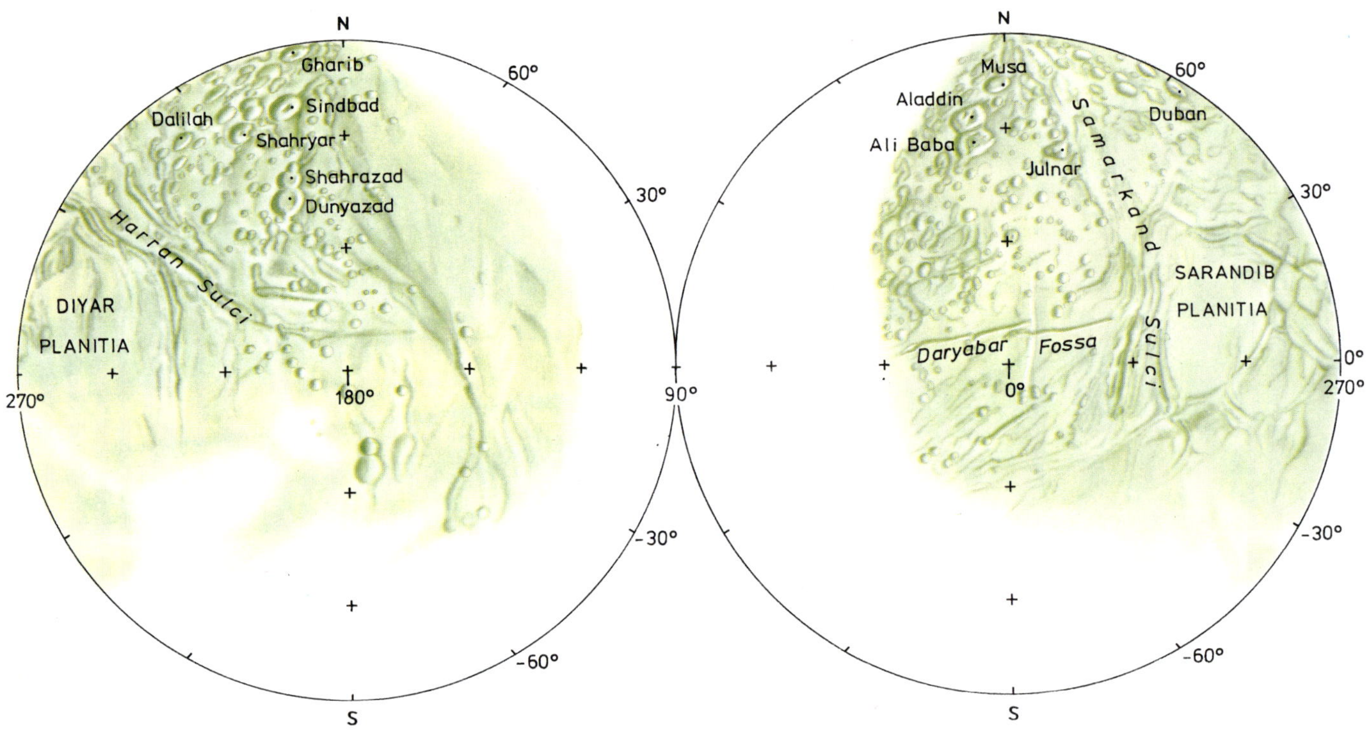

Oben: Die Monde Enceladus (links) und Mimas (rechts), abgebildet im gleichen Maßstab.

Rechts: Mimas mit dem Krater Herschel am Terminator.

Übersichtskarte des Mondes Mimas. Lambertscher flächentreuer Entwurf. Maßstab 1 : 8 000 000.

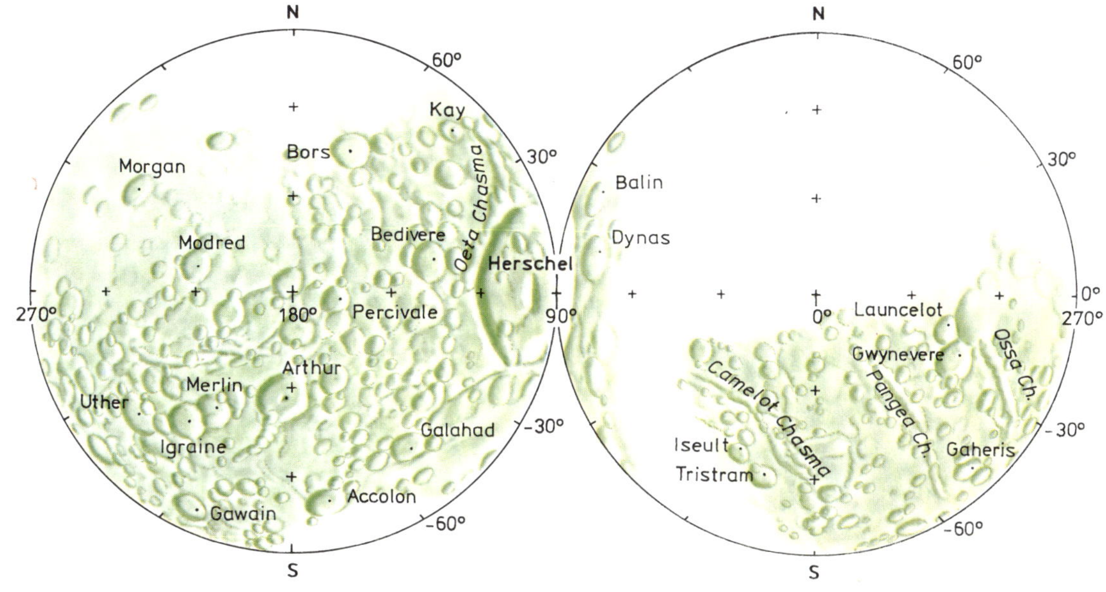

Tethys, Dione

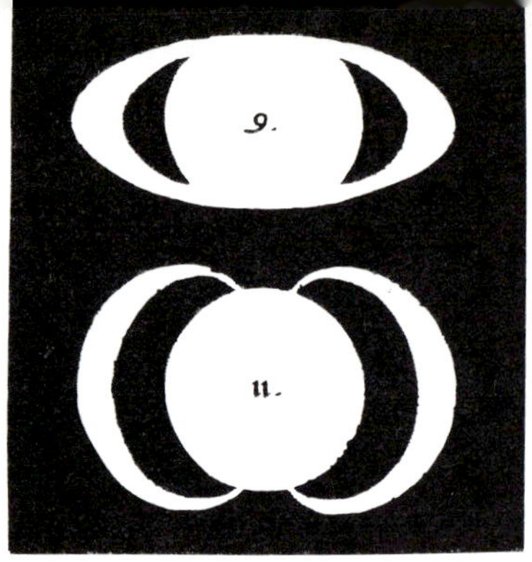

Erste Saturnbeobachtungen
aus der Mitte des 17. Jahrhunderts.

Tethys ist mit seiner mittleren Dichte von 1,2 g/cm³ ein typischer Eismond, ein gefrorener „Wassertropfen" mit einem Durchmesser von 1060 km, nur wenig von Gesteinsbeimengungen verschmutzt. Die auffallendste Formation ist das riesige *Tal Ithaca Chasma* (50 bis 100 km breit, 3 bis 5 km tief), das sich über fast zwei Drittel des Mondumfangs hinzieht. Am Nordende des Tals liegt der auffallende *Krater Telemachos* (Durchmesser 100 km — auf nebenstehender Seite, Abb. oben). Das Tal entstand wahrscheinlich als Riß bei einer Expansion der Tethys-Rinde in der Periode der Erstarrung (des Frierens) des Mondinneren. Eine weitere Kuriosität ist der *Riesenkrater Odysseus* (Durchmesser 450 km); er ist der größte bisher im Sonnensystem entdeckte Impaktkrater mit Zentralberg.

Dione hat unter den Eismonden des Saturns die größte Dichte mit 1,4 g/cm³. Der Kern, der etwa ein Drittel des Volumens einnimmt, hat einen größeren Anteil an Gestein. Die Mondoberfläche, die mit Kratern übersät ist, erinnert ein wenig an den Planeten Merkur. Der größte *Krater* ist *Äneas* mit einem Durchmesser von 160 km (Abb. auf der nebenstehenden Seite, rechts oben), in seiner Nähe befindet sich ein Rillensystem. Die Mondhalbkugel, die ständig der Bewegung der Dione um den Saturn entgegengerichtet ist, ist dunkler und mit vielen hellen Streifen überzogen (Abb. auf der Nebenseite unten). Dies mag Schnee oder eine Eiskruste sein, die auf Gase zurückgeführt werden könnte, die aus dem Inneren des Mondes entweichen.

Die Namen der Formationen auf dem Mond Tethys sind sicher allen Lesern von Homers „Odyssee" bekannt. Ein anderes großes Epos, Vergils „Äneis", diente als Quelle für die Namen der Formationen auf Dione.

Übersichtskarte des Mondes Tethys. Lambertscher flächentreuer Entwurf. Maßstab 1 : 17 500 000.

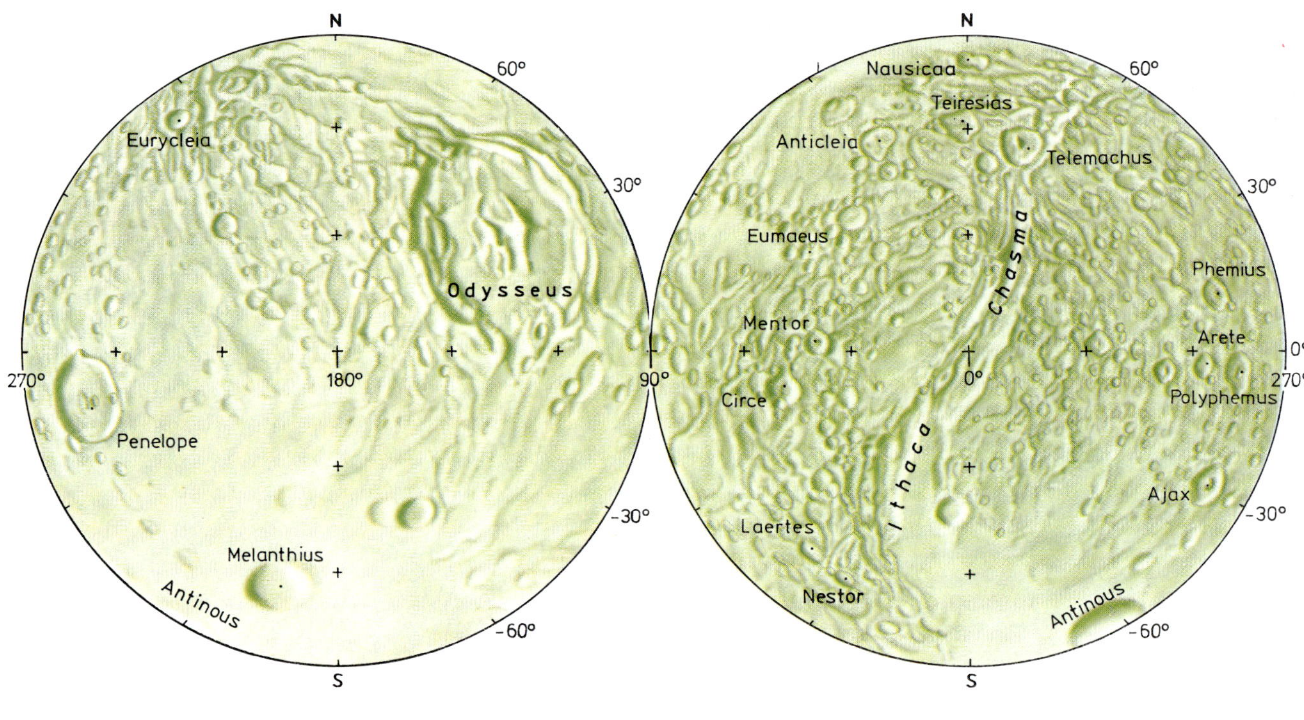

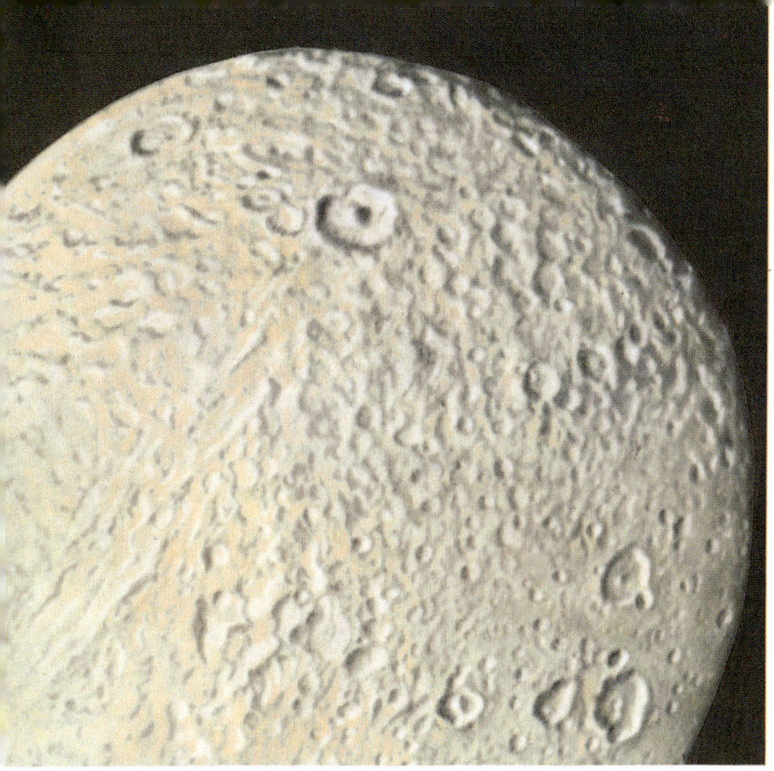

Oben und links:
Tethys

Oben und rechts:
Dione

Übersichtskarte des Mondes Dione. Lambertscher flächentreuer Entwurf. Maßstab 1 : 17 500 000.

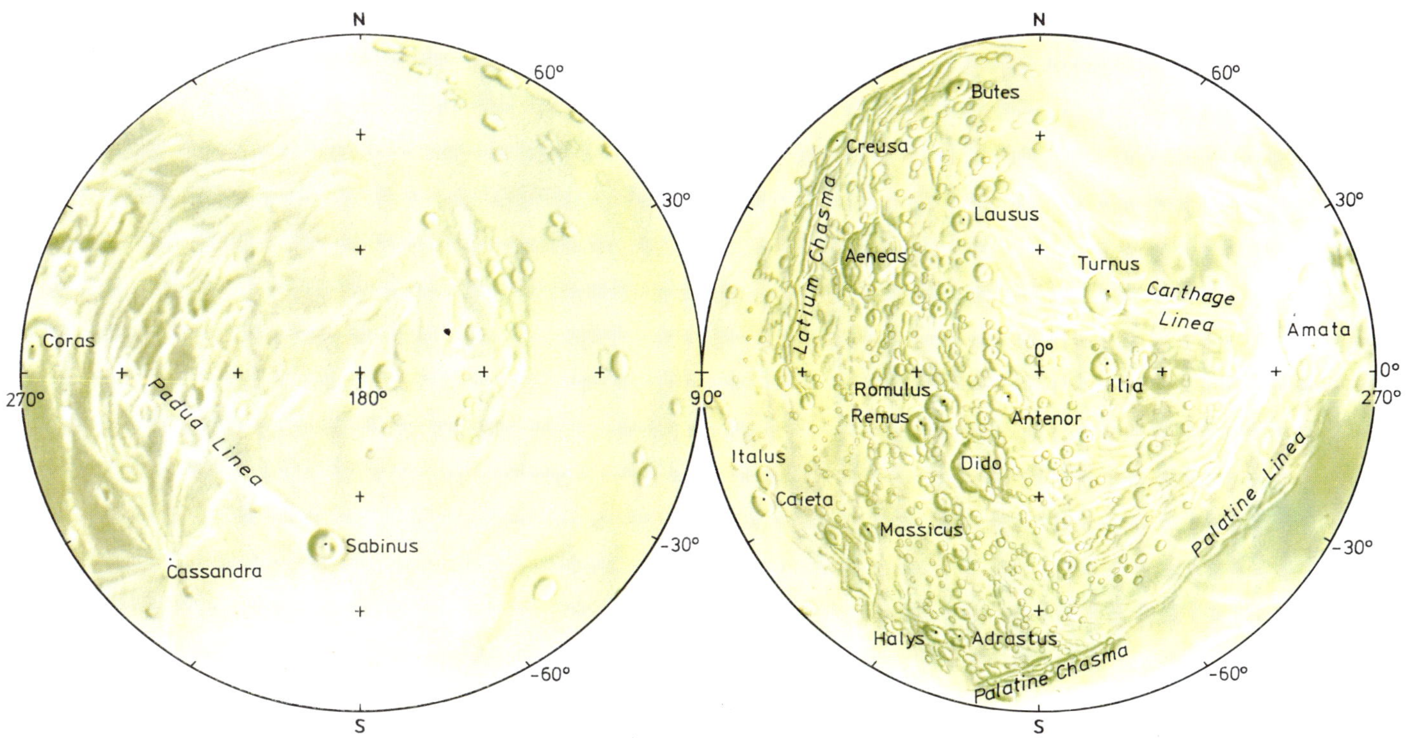

Rhea, Titan

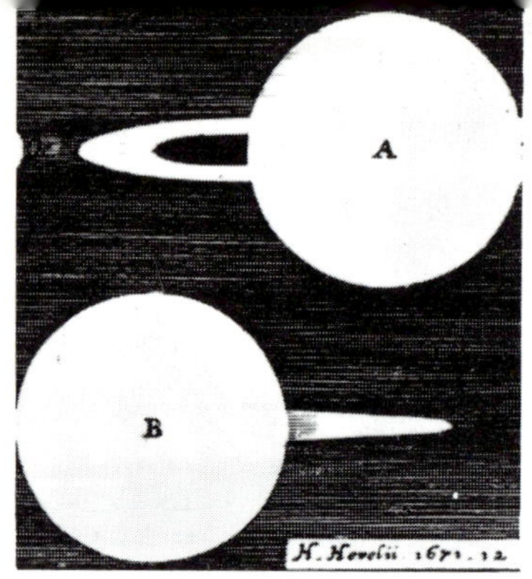

Zeichnungen des Saturn von J. Hevelius, 1671.

Rhea ist der größte unter Saturns Eismonden, mit einem Durchmesser von 1530 km und einer mittleren Dichte von 1,3 g/cm³. In seinem inneren Bau ähnelt dieser Mond den beiden vorher genannten — Tethys und Dione; seine Oberfläche ist jedoch am dichtesten mit Impaktkratern bedeckt. Der größte unter ihnen, der *Krater Izanagi*, hat einen Durchmesser von 300 km. Auf der ständig vom Saturn abgekehrten Seite ist ein System heller Streifen zu sehen (Abb. auf der nebenstehenden Seite links oben). Dies könnten Vereisungen von Wasserdampf sein, der — ähnlich wie auf Dione — aus Rissen entwichen sein kann.
Die Namen auf den Karten dieses Mondes stammen aus Mythen verschiedener Völker über die Schöpfung der Welt.
Titan ist der größte aller Saturnmonde, sein Durchmesser beträgt 5150 km. Es ist wahrscheinlich der einzige Mond im Sonnensystem, der eine dichte Atmosphäre hat, die bis zu einer Höhe von etwa 200 km gänzlich mit undurchsichtigen Wolken aufgefüllt ist, unter denen die Oberfläche des Mondes verborgen bleibt. Titan ist ein völlig erkalteter Körper, der zum Großteil aus Wasser (Eis) zusammengesetzt ist; seine mittlere Dichte beträgt nur 1,9 g/cm³. Die Atmosphäre besteht vorwiegend aus Stickstoff und enthält neben dem Edelgas Argon auch einige Prozent Methan. Die Orangefärbung der Wolken wird wahrscheinlich durch komplizierte Kohlehydrate verursacht. Die Temperatur bewegt sich auf der Titanoberfläche um —180 °C, so daß Methan in gasförmigem, flüssigem (Regen, Seen) und auch festem Aggregatzustand existieren kann. Der atmosphärische Druck ist auf der Titanoberfläche 1,5mal größer als auf der Erde.

Übersichtskarte des Mondes Rhea. Lambertscher flächentreuer Entwurf. Maßstab 1 : 24 000 000.

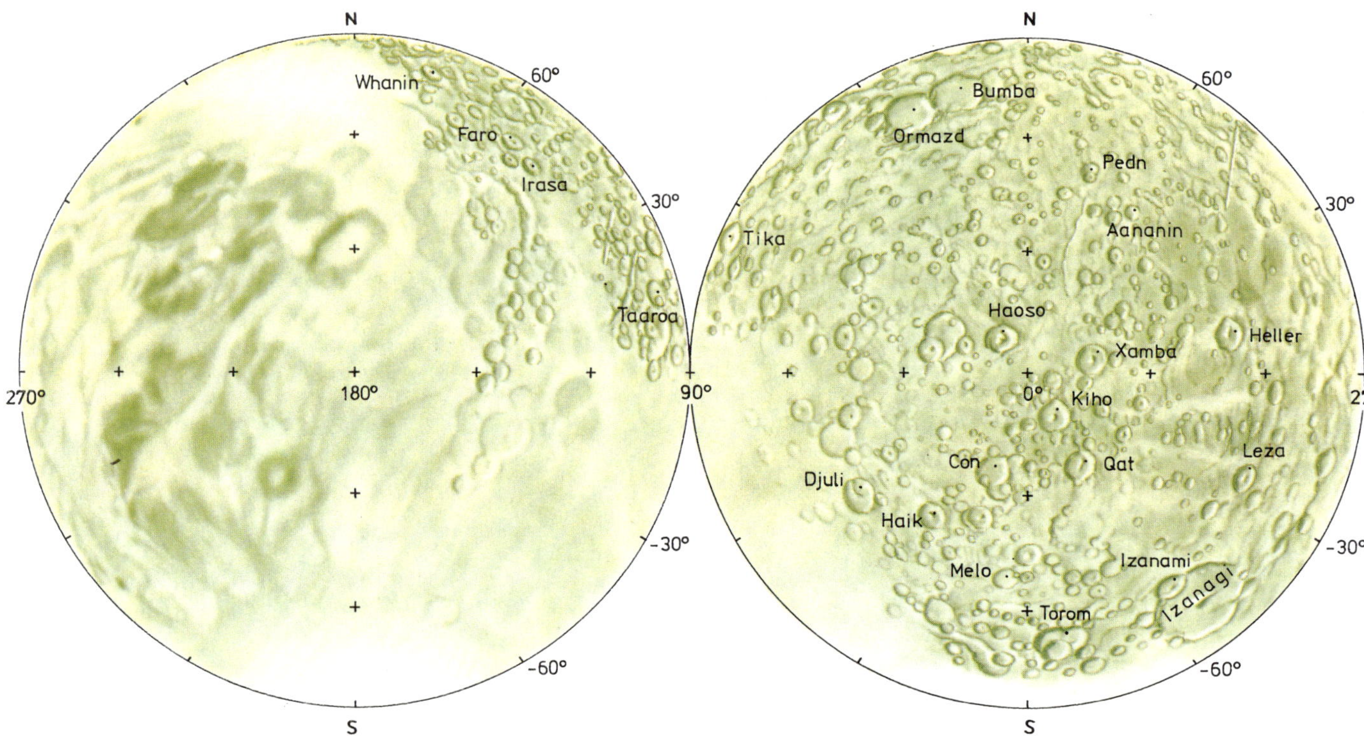

Oben: Die Monde Rhea (links) und Titan (rechts), Abbildungen im gleichen Maßstab.

Auf Titan sieht man nur die Oberfläche der Wolkenschicht. Die südliche Halbkugel ist heller, auf der nördlichen Halbkugel befindet sich am Pol ein dunkler Streifen. Die Schichten einer bläulichen Trübung in der Atmosphäre liegen bis 500 km über der Mondoberfläche.

Links: Oberfläche des Mondes Rhea

Hyperion, Japetus, Phoebe

Zeichnungen des Saturn von J. Hevelius aus den Jahren 1655/56.

Hyperion hat eine völlig unregelmäßige Form, etwa wie ein nicht ganz gelungenes Fleischklößchen. Seine ungefähren Ausmaße: 350 × 234 × 200 km. Auf seiner Oberfläche sind viele Krater, Unebenheiten und ein größerer Bergrücken zu sehen. Hyperion ist wahrscheinlich ein Bruchstück eines größeren Körpers. Auch seine Rotation scheint unregelmäßig, chaotisch zu sein.
In der griechischen Mythologie war Hyperion der Vater des Sonnengottes Helios. Die Krater des Hyperion tragen Namen des Sonnen- und des Mondgottes.

Japetus gehört zu den größten Rätseln des Saturnsystems. Nach Beobachtungen von der Erde aus war bekannt, daß eine der Halbkugeln dieses Mondes extrem dunkel ist. Beobachtungen der Voyager-Sonden haben bestätigt, daß die in der Umlaufrichtung des Mondes um den Saturn vorangehende Halbkugel zum Großteil schwarz wie Kohle ist; sie reflektiert nur etwa 5 % des einfallenden Lichts. Dafür ist jedoch die andere Halbkugel etwa so hell wie schmutziger Schnee; sie reflektiert 50 % des Lichts. Wir kennen weder die Zusammensetzung des dunklen Materials noch seinen Ursprung. Es könnte entweder aus dem Weltraum aufgesammelt sein, oder auch aus dem Inneren des Mondes stammen. Die mittlere Dichte von 1,2 g/cm³ deutet an, daß auch Japetus zu den Eismonden des Saturn gehört. Sein Durchmesser beträgt 1460 km.
Auf der Karte des Japetus ist eine merkwürdige dunkle Region namens *Cassini Regio* zu sehen, benannt nach G. D. CASSINI, dem Entdecker dieses Mondes (1671). Die weiteren Namen stammmen aus dem „Rolandslied“. Roncesvalles war das Schlachtfeld, auf dem Roland fiel.

Übersichtskarte des Mondes Japetus. Lambertscher flächentreuer Entwurf. Maßstab 1 : 24 000 000.

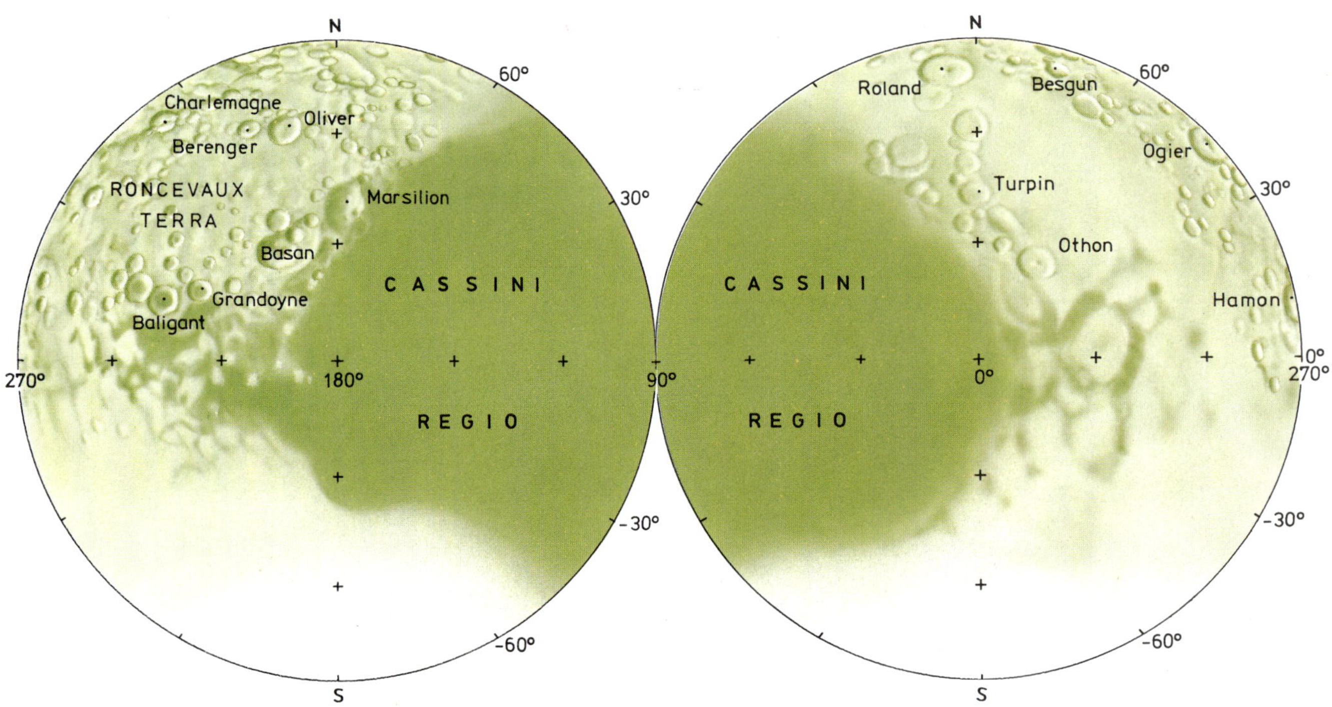

Oben: Die Saturnmonde Japetus (links) und Hyperion (rechts), Abbildungen im gleichen Maßstab. Auf dem Japetus sieht man einen Teil des dunklen Gebiets Cassini Regio.

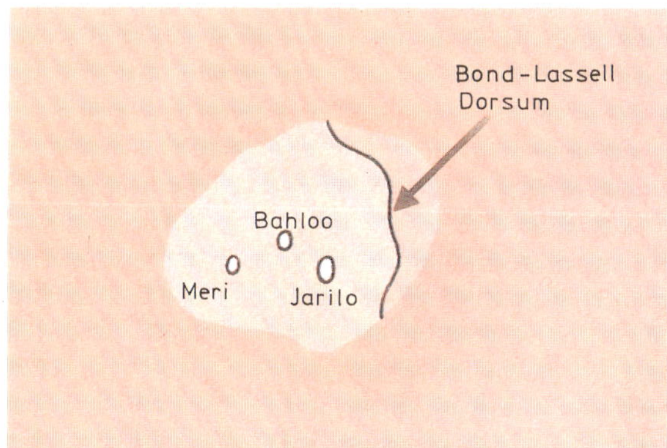

Oben: Der Bergrücken (Dorsum) Bond-Lassell trägt den Namen des Hyperion-Entdeckers BOND (1848) sowie den von W. LASSELL, der 1851 zwei Uranusmonde fand.

Der vom Planeten entfernteste Saturnmond *Phoebe* hat einen Durchmesser von etwa 220 km. Er wurde von der Raumsonde Voyager 2 aus großer Entfernung aufgenommen; die Formen der Oberfläche konnte man nicht unterscheiden. Der kleine Mond ist etwa so dunkel wie die dunkle Seite des Japetus.

Uranus, Neptun und Pluto

Leverrier ermittelt urch Berechnungen den Ort des noch nicht entdeckten achten Planeten Neptun. (Flammarion, Astronomie Populaire, 1890).

Den Planeten Uranus entdeckte im Jahre 1781 W. Herschel. Im Jahre 1986 wurde der Planet zum ersten Mal von der amerikanischen Raumsonde Voyager 2 aus der Nähe erforscht, Uranus, ein jupiterähnlicher Planet, weist einen viermal größeren Durchmesser als die Erde. Er hat eine etwa 11 000 km hohe Atmosphäre, die zu 88 % aus Wasserstoff und zu 12 % aus Helium sowie Beimengungen von Methan und weiteren Kohlenwasserstoffen besteht. Die Temperatur an der Oberfläche der Wolken beträgt etwa —210 °C. Völlig ungewöhnlich ist die Lage der Rotationsachse des Uranus, die ungefähr in der Umlaufebene liegt. Die Rotationszeit beträgt ungefähr 17 Stunden. Noch eigenartiger ist die Lage seiner magnetischen Achse, die um 58° von der Rotationsachse abweicht. Uranus hat ein starkes Magnetfeld.

Der Engländer Adams und der Franzose Le Verrier berechneten unabhängig voneinander die Position eines achten Planeten, der durch seine Gravitationswirkung auf den Uranus Aufmerksamkeit erregte. Den Planeten Neptun entdeckten dann am 23. 9. 1846 die beiden Berliner Astronomen Galle und D'Arrest an einer lediglich um 1° von der Berechnung abweichenden Stelle. Detailliertere Kenntnisse über den Planeten übermittelte uns erst im Jahre 1989 die Raumsonde Voyager 2.

Neptun ähnelt in vieler Hinsicht dem Uranus: in seinen Ausmaßen, dem beträchtlich abweichenden Magnetfeld, in der Zusammensetzung der Atmosphäre, in der Rotationszeit u. ä. Mit seiner Dichte von 1 640 $kg.m^{-3}$ ist der Neptun der dichteste der Riesenplaneten. Er hat eine ausgiebige innere Wärmequelle, denn er strahlt fast dreimal so viel Wärme aus, als er von der Sonne bekommt. Die Temperatur an der Wolkenoberfläche beträgt etwa −214 °C. Die Magnetfeldachse neigt sich etwa 47° von der Rotationsachse des Neptun weg.

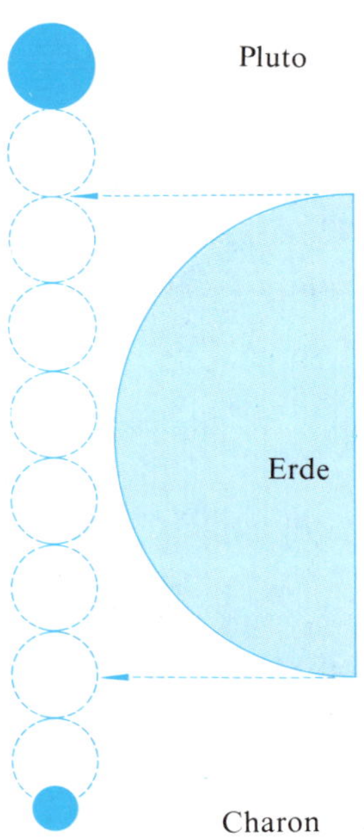

Den Planeten Pluto entdeckte am 21. 1. 1930 der amerikanische Beobachter C. Tombaugh. Pluto (Durchmesser 2 280 km) bildet einen Doppelplaneten zusammen mit dem Mond Charon (Durchmesser 1 190 km). Pluto hat eine Eisoberfläche, sein Inneres besteht aus Gesteinen. Seine Atmosphäre, die überwiegend aus Methan besteht und in eine Höhe von mehr als 3000 km über die Planetenoberfläche reicht, ist ausgedehnt. Der Mond *Charon* wurde im Jahre 1978 entdeckt. Er umkreist den Planeten Pluto in 6,387 Tagen. Der Doppelplanet Pluto-Charon ist bis jetzt von keiner Sonde aufgesucht worden, und in absehbarer Zukunft ist auch kein Flug geplant. Mit seinen Abmessungen, seiner Dichte und dünnen Atmosphäre ähnelt Pluto dem Neptunmond Triton.

Der Planet Uranus (rechts) erscheint als blaugrüne Scheibe ohne auffallende Details; sie sind unter einer undurchsichtigen atmosphärischen Trübung (Smog) verborgen. Die Uranusringe sind dunkel und sehr schmal: zwischen einigen hundert Metern und einigen Dutzend Kilometern. Sie bestehen aus Bruchstücken, die allesamt mehr als einen Meter groß sind. Im Raum zwischen den Ringen befinden sich nur unbedeutende Mengen Staub.

Der Planet Neptun nach Beobachtungen der Sonde Voyager 2 im Jahre 1989. Auf der Oberfläche einer bläulichen, den Planeten umgebenden Wolkenschicht sind dunklere Streifen, sich rasch verändernde weißliche Wolken und dunkle ovale Flecken zu sehen. Der Große Graue Fleck, GDS (Great Dark Spot) genannt, in der Mitte der Planetenscheibe hat die Ausmaße von ungefähr 12 000×8 000 km und ist dem bekannten Großen Roten Fleck (GRS) auf dem Jupiter ähnlich. Dies ist ein atmosphärischer Wirbel, der gegen den Uhrzeigersinn in einer Periode von etwa 16 Tagen rotiert. Auf diese Weise entsteht eine gewisse Öffnung in der bläulichen Methanwolkenschicht, durch die man eine tiefere und dunklere Bewölkung beobachten kann.

Zwei Hauptringe des Neptun sind etwa 53 000 km und 63 000 km von der Planetenmitte entfernt und nur etwa einige Dutzend Kilometer breit. Ungefähr bis zur Hälfte ihrer Entfernung voneinander reicht ein schwach leuchtender Zwischenring. Näher am Planeten befindet sich ein weiterer schmaler Ring, der etwa 2 500 km breit ist. Die Neptunringe bestehen vorwiegend aus mikroskopischen Staubpartikeln.

Miranda

Uranus mit Monden
(na einer Aufnahme G. Kuipers
aus dem Jahre 1948).
Die größten Erdfernrohre zeigen
Miranda nur als einen leuchtenden
Punkt (Pfeil).

Bis zum Durchflug der Sonde Voyager 2 im April 1986 waren nur fünf Uranusmonde bekannt: *Miranda*, *Ariel*, *Umbriel*, *Titania* und *Oberon*. Die Kameras der kosmischen Sonde entdeckten weitere zehn Monde neu, neun davon mit einem Durchmesser von weniger als hundert Kilometer (Siehe Tafel auf Seite 222).

Miranda ist mit 562 km Durchmesser der kleinste der fünf großen Uranusmonde. Die Aufnahmen von Voyager 2 haben gezeigt, daß es sich hier um einen der bizarrsten Körper im Sonnensystem mit überraschenden Zeichen einstiger geologischer Tätigkeit handelt. Hier gibt es zunächst einmal zwei grundlegend voneinander verschiedene Oberflächentypen: ein altes, leicht gewelltes, kraterübersätes Gelände und ein junges Terrain mit zahlreichen Brüchen, Schründen, Systemen von niedrigen parallelen Rücken und Furchen, dunklen und hellen Streifen usw. Drei geologisch junge Gebiete von Oval- oder Parallelogrammform werden auf der Miranda-Karte als „Corona" bezeichnet. Sie sind wahrscheinlich Resultate eines vom Corona-Zentrum ausgehenden, bis zu den Rändern verlaufenden Prozesses. Beachtenswert sind ferner die Systeme der tektonischen Verwerfungen, die wie riesige Cañons oder Gräben aussehen, 10—15 km tief und von bis zu 20 km breiten Steilhängen eingefaßt. Das mächtigste von ihnen beginnt an den beleuchteten Hängen Verona Rupes und setzt sich längs der Ränder von Inverness Corona und Arden Corona bis an den Rand der Miranda-Scheibe fort.

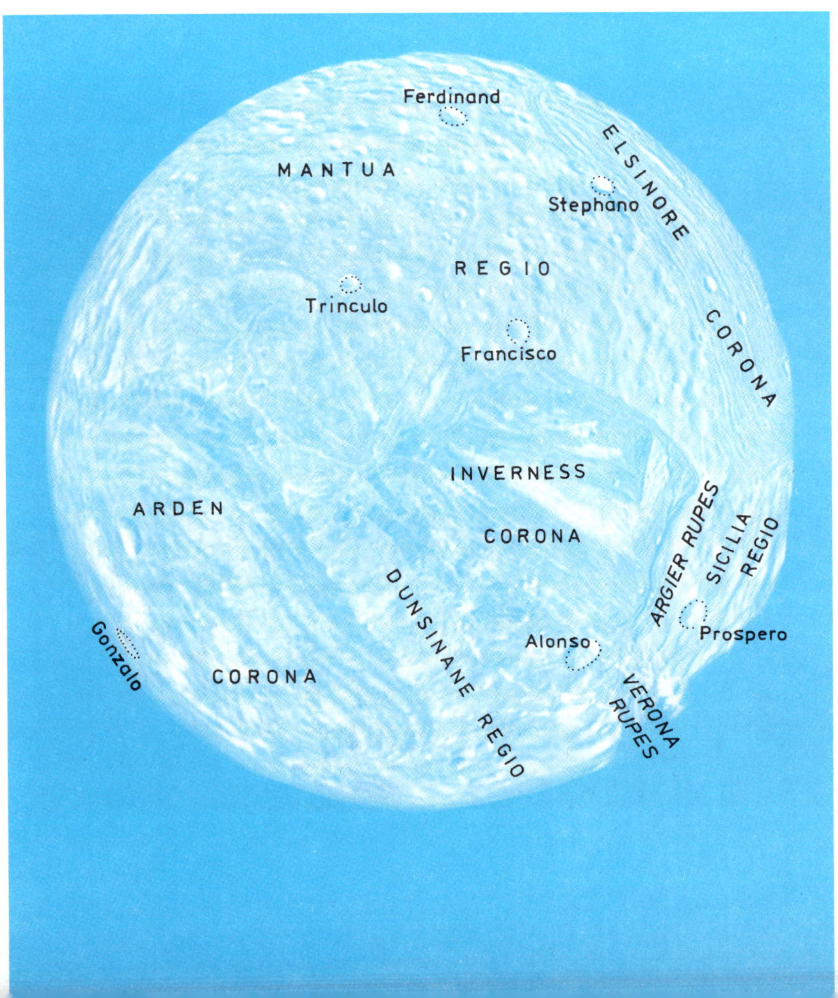

Die Namen der Formationen auf Miranda Den Mond Miranda hat G. Kuiper 1948 entdeckt und nach der Heldin in Shakespeares Drama „Der Sturm" benannt. Nach Gestalten aus diesem Stück erhielten auch die Krater ihre Namen, weitere Formationen nach wichtigen Orten aus Shakespearedramen.

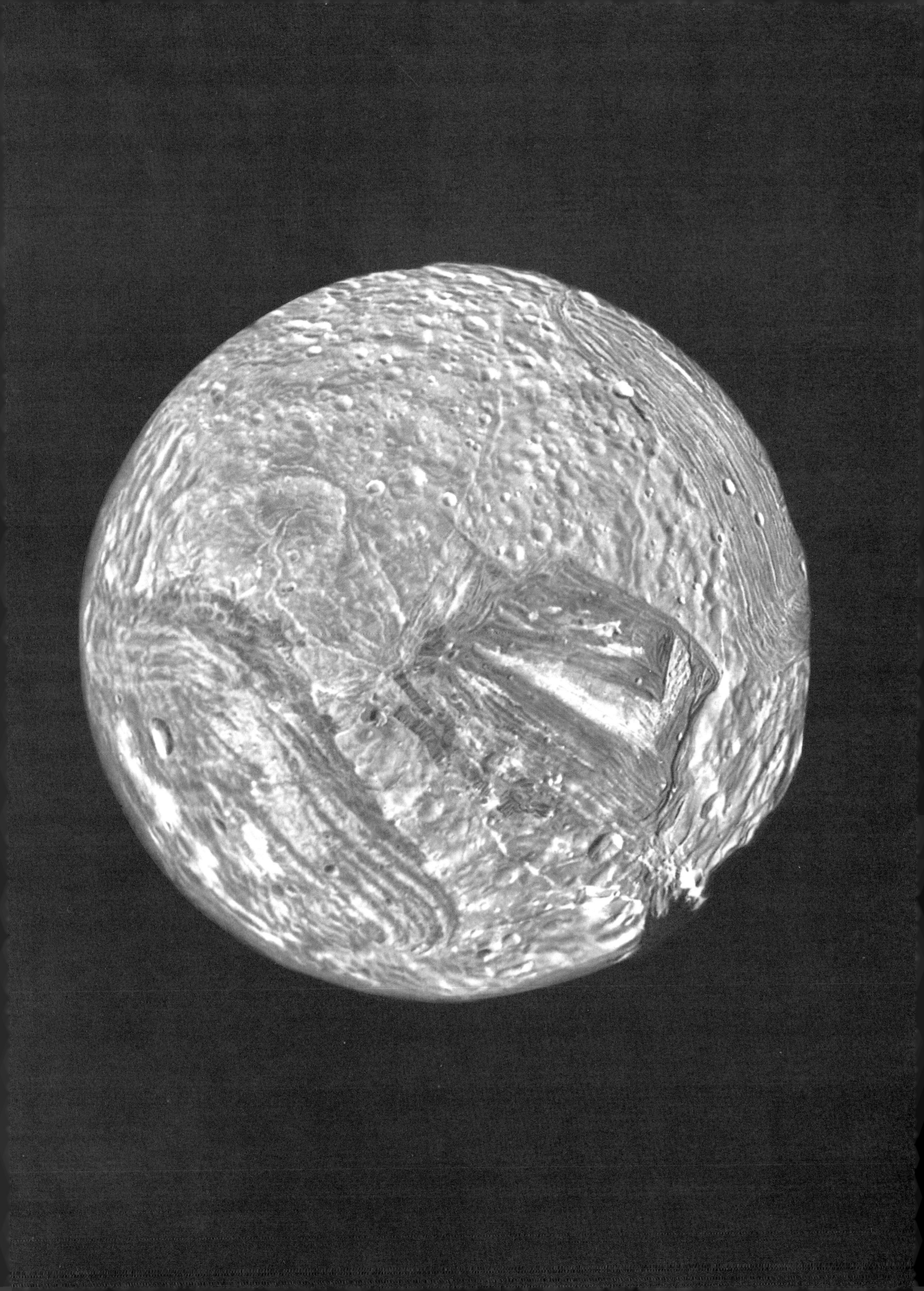

Ariel, Umbriel

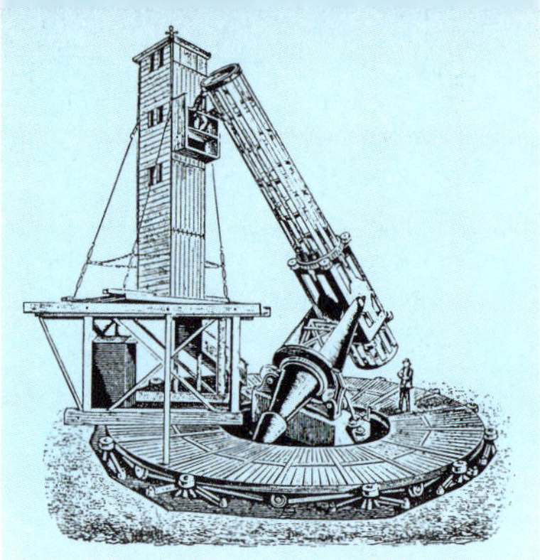

Ein Reflektor mit 122 cm Spiegeldurchmesser, den W. Lassel, Entdecker der Monde Ariel, Umbriel und Triton 1860 auf Malta augfestellt hat.

Als 1986 Voyager 2 vorbeiflog, wurden nur die damals dauernd sonnenbestrahlten Südhalbkugeln der großen Uranusmonde erforscht. Dabei stellte sich heraus, daß alle diese Monde in der Vergangenheit geologisch aktiv waren. Die Monde bestehen aus etwa 50 % Wassereis und 50 % Gesteinen, auf ihrer Oberfläche herrscht eine Temperatur von ca. −190 °C.

Ariel ist der hellste Uranusmond mit einem Durchmesser von 1158 km. Seine Oberfläche ist jünger und geologisch vielgestaltiger als die der restlichen Monde. Die alte, von Impaktkratern bedeckte Oberfläche ist beträchtlich durch ein globales Bruch- und Rißsystem gestört und zergliedert, das lange Täler und Grabensenken entstehen läßt. Die Entstehung der Brüche hängt wohl mit einer Ausdehnung der Ariel-Rinde beim Gefrieren des Mondes zusammen. Die Sohlen der seichten Täler sind mit glattem Material bedeckt, das wohl in einem Strom aus beträchtlich viskosem Eis hierher gelangt ist. Am jüngsten auf Ariel sind die Impaktkrater mit einem hellen Wall und Saum. Ariel ist ein guter Geist in Shakespeares „Der Sturm“ und im satirischen Epos „Lokkenraub“ von Alexander Pope. Die Formationen auf Ariel wurden nach Licht- und anderen guten Geistern benannt.

Umbriel mit seinem Durchmesser von 1172 km hat eine ähnliche Größe und Dichte wie Ariel, doch bestehen zwischen den Oberflächen und der Entwicklung beider Monde deutliche Unterschiede. Umbriel ist der dunkelste der großen Uranusmonde, er reflektiert nur 19 % des Sonnenlichts. Möglicherweise ist die Bedeckung seiner Oberfläche mit dunklen Staub- und Bruchstükken erst nachträglich aus einer Staubwolke irgendwo auf seiner Umlaufbahn erfolgt. Der ganze Mond ist kraterübersät, hier gibt es auch viele große Kraterformationen, die für ein beträchtliches Alter der Oberfläche sprechen. Hier finden sich aber keine hellen Strahlen oder Ringe aus hellem, aus Impaktkratern aufgeworfenem Material. Auswirkungen von inneren Kräften lassen sich hier auch nicht ausmachen. Die hellste und zugleich rätselhafteste Formation ist ein heller Ring auf dem Grund des großen Kraters Wunda am Rand der Mondscheibe.

In der zitierten Pope-Dichtung personifiziert Umbriel die Kräfte des Bösen und der Finsternis. Die Namen der Umbriel-Formationen wurden deshalb unter den Geistern des Bösen und der Unterwelt ausgewählt.

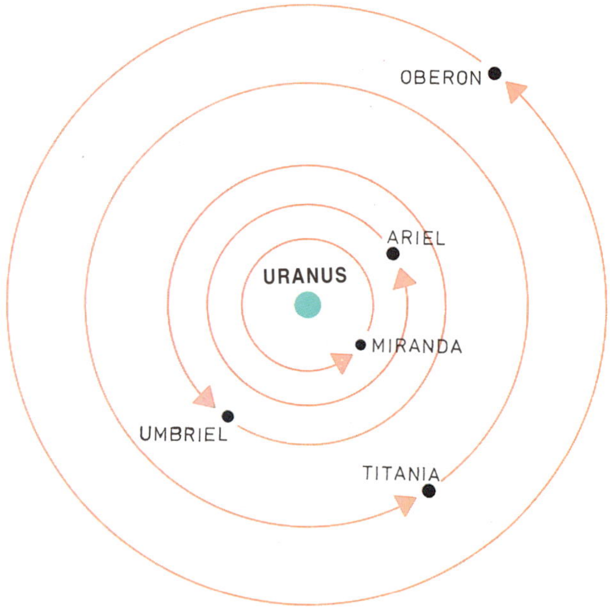

Von den insgesamt fünfzehn Uranusmonden kann man von der Erde aus nur die fünf größten beobachten. Auch in den größten Fernrohren erscheinen sie jedoch lediglich als Lichtpunkte. Eine Übersicht der Uranusmonde findet man auf Seite 222. Alle neuentdeckten Monde umkreisen Uranus auf Bahnen, die innerhalb der Mirandabahn liegen.

Oben: Ariel.
Unten: Die Namen der Ariel-Formationen.

Oben: Umbriel.
Unten: Die Namen der Umbriel-Formationen.

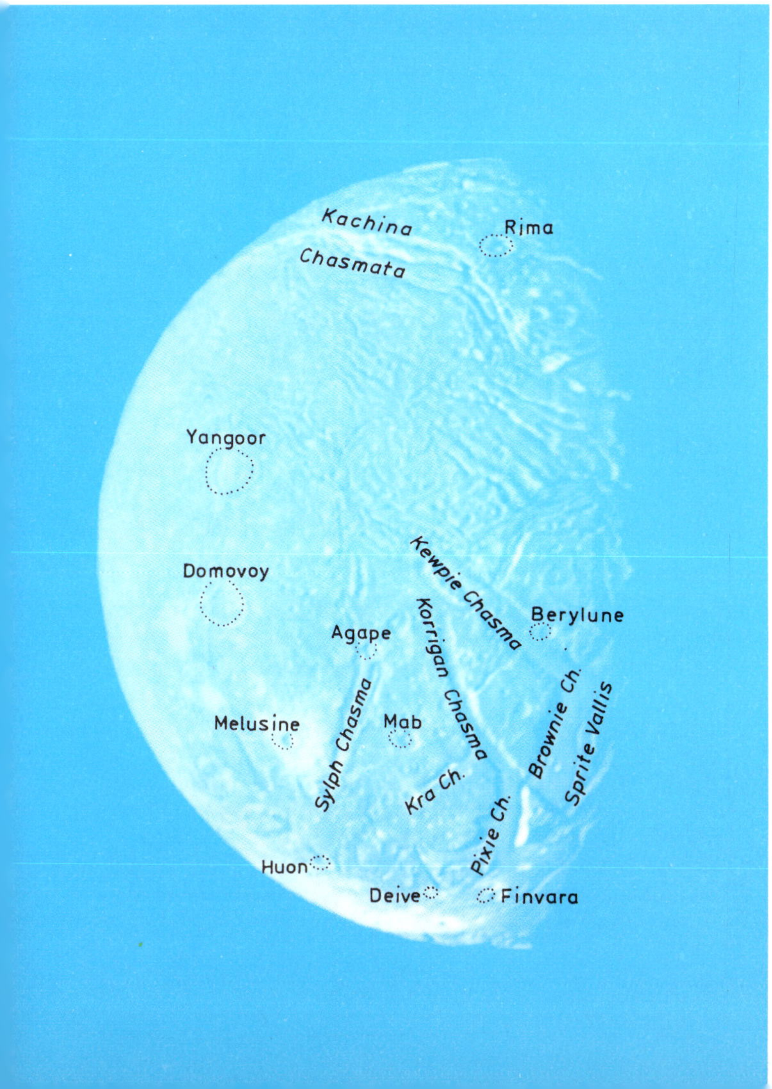

Titania, Oberon

William Herschel entdeckte den Planeten Uranus sowie die Monde Titania und Oberon (Flammarion, Astronomie populaire, 1890).

Titania ist der größte Uranusmond mit 1580 km Durchmesser. Die Titania-Oberfläche ist mit vorwiegend kleineren Kratern von 10—50 km Durchmesser bedeckt. Auf dem abgebildeten Mondteil sind nur 2—3 große Impaktkessel vom 100—200 km Durchmesser erhalten geblieben.
Das spricht für eine geologisch relativ junge Oberfläche. Auffällig ist hier das ausgedehnte Bruchsystem, dessen Brüche sich zum Teil schneiden. Einige Steilhänge schließen zwischen sich Gräben von 20—50 km Breite, 2—5 km Tiefe und sogar 1500 km Länge ein. Diese Brüche sind wahrscheinlich das Ergebnis der Oberflächenausdehnung während der Endphase des Gefrierens im Titaniainneren. Die jüngsten Formationen sind Strahlenkrater.
Titania ist die Märchenkönigin in Shakespeares „Sommernachtstraum". Die Namen der Krater wurden nach weniger bedeutenden Frauengestalten ausgewählt, die restlichen Formationen wurden nach Orten benannt, die in Shakespearedramen erwähnt sind.
Oberon mit 1524 km Durchmesser ähnelt in Größe, Dichte, Farbe und Albedo der Titania, doch bestehen beträchtliche Unterschiede im anteiligen Vorhandensein verschieden großer Krater auf den beiden Körpern. Auf Oberon liegt der Anteil großer Krater prozentuell höher. Unter ihnen fallen vor allem zwei geologisch junge Strahlenkrater mit den Bezeichnungen Hamlet und Othello auf. Auf ihrem Grund liegt sehr dunkles Material, das nur 5—10 % des einfallenden Lichts reflektiert. In der Nähe des Kraters Macbeth erhebt sich am Rand der Oberon-Scheibe ein etwa 20 km hoher Berg, wahrscheinlich der Zentralberg einer gewaltigen Impaktstruktur vor einigen hundert Kilometern Durchmesser.
Oberon ist der König der Nacht aus dem „Sommernachtstraum". Die Krater auf diesem Mond tragen Namen tragischer Helden aus Shakespearedramen.

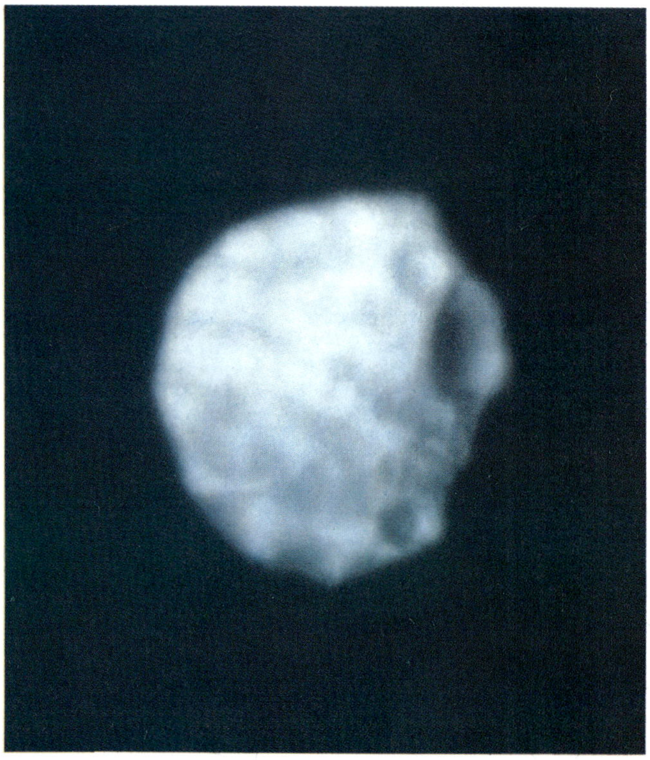

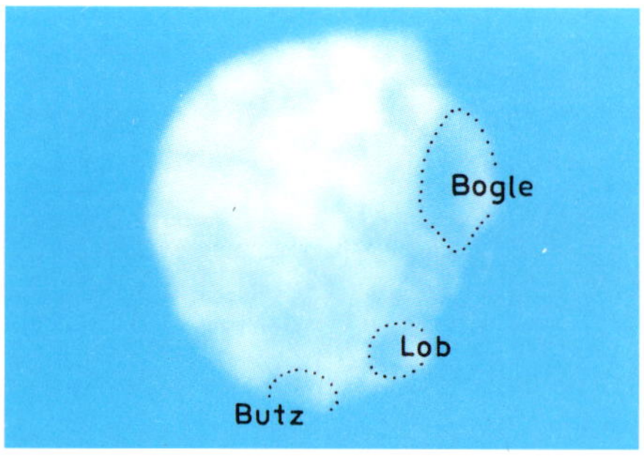

Der kleine Mond Namens Puck ist der größte von zehn Uranussatelliten, die auf den Aufnahmen von Voyager 2 entdeckt wurden. Ein Körper von unregelmäßiger Form, die größte Länge beträgt etwa 170 km. Er ist kohlschwarz und offenbar mit zahlreichen Kratern bedeckt.
Puck ist der Name eines mutwilligen Geists aus dem „Sommernachtstraum". Drei Krater auf diesem Mond wurden nach ähnlichen Märchengestalten benannt, die der Mythologie verschiedener nordeuropäischer Länder bekannt sind. Die übrigen neun kleinen Uranusmonde wurden nach Heldinnen aus Shakespearedramen bennant.

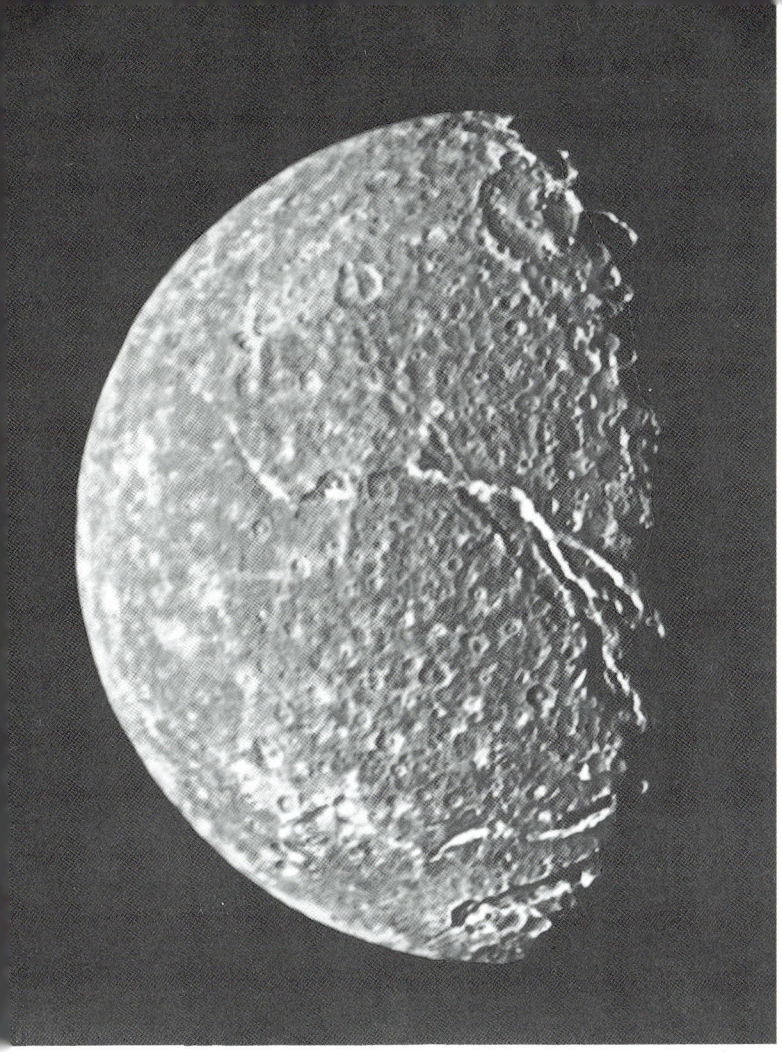

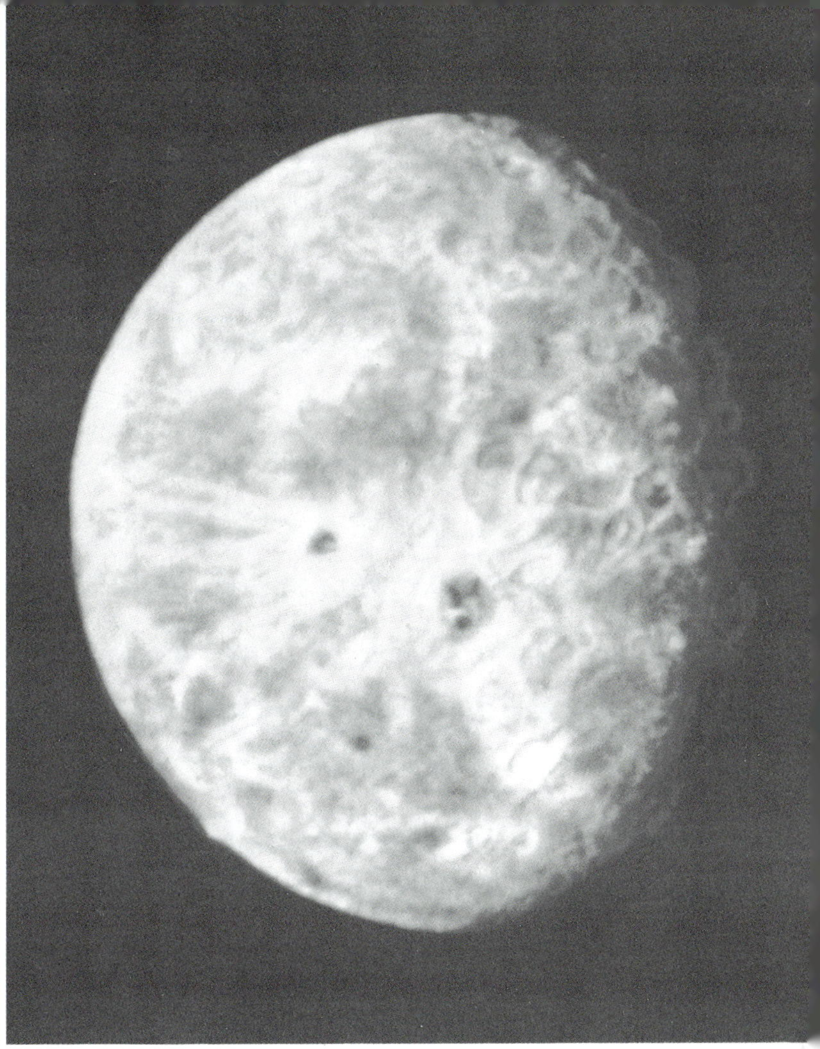

Oben: Titania.
Unten: Namen der Titania-Formationen.

Oben: Oberon.
Unten: Namen der Oberon-Formationen.

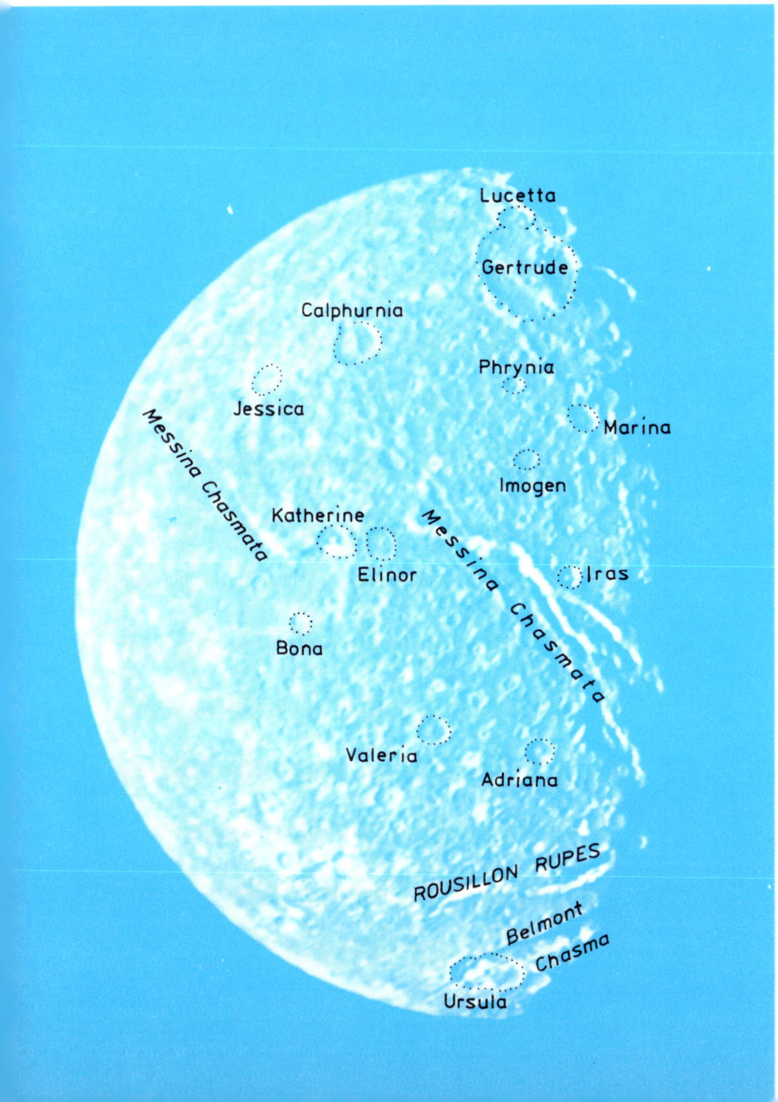

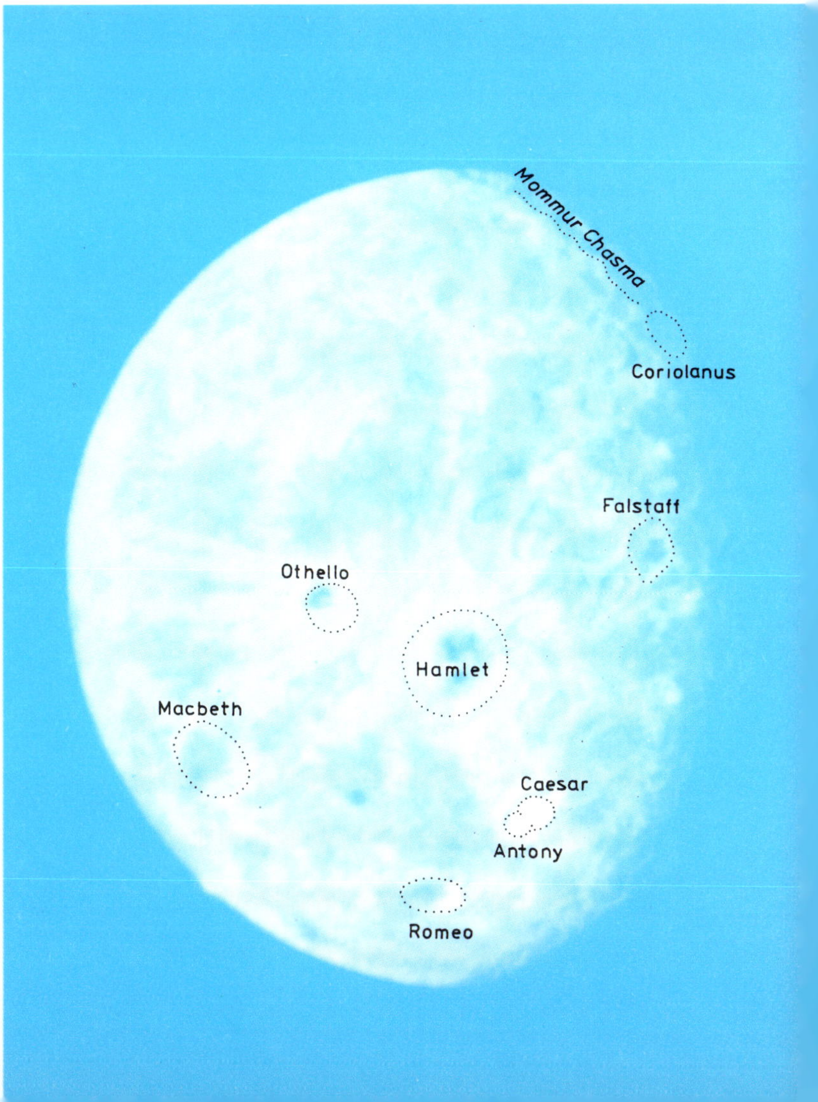

♆ Tritón

Die amerikanische Sonde Voyager 2 funkte im August 1989 die ersten Detailaufnahmen vom Mond Triton zur Erde.

Beim Durchflug von Voyager 2 durch das Neptunsystem wurden sechs neue Möndchen entdeckt (s. S. 222) und auch detaillierte, verblüffende Aufnahmen vom größten Neptunmond Triton mit einem Durchmesser von 2720 km zur Erde gesandt.

Die etwa 150 bis 200 km starke Tritonrinde besteht überwiegend aus Wassereis, unter ihr befindet sich wahrscheinlich ein Ozean aus Wasser, Ammoniak und Methan. Der Kern aus Gesteinen und wohl auch Metallen stellt etwa zwei Drittel der Tritonmasse vor. An der Mondoberfläche herrscht eine Temperatur von −235 °C. Die Oberfläche ist sehr hell und reflektiert 70—90 % des auftreffenden Sonnenlichts. Am hellsten ist die eis- und schneebedeckte Polkappe, die wahrscheinlich auch Stickstoff und Methan enthält. Die beachtlichsten Erscheinungen sind die Stickstoffgeysire, die über dem Polareis senkrecht bis in 8 km Höhe aufsteigen, wo dann das ausgeworfene Material jäh seine Richtung ändert und als dunkle Rauchwolke wie aus einem Schornstein parallel zur Oberfläche über 100 km weit zieht. An einigen Stellen der Polkappe befinden sich längliche dunkle Flecken, offensichtlich Materialablagerungen aus älteren Stickstofferuptionen. Außerhalb der Polkappe zieht sich parallel zu ihrem Rand eine bläuliche Frostzone hin. Der Frostvulkanismus hat auf Triton auch große Calderen und ausgedehnte Gebiete mit einer kompliziert geformten Oberfläche entstehen lassen, die nach der Schale der Ananasmelone als „Cantaloupe Terrain" bezeichnet wird. Dies Terrain wird von einem System langer Furchen und niedriger Rücken durchzogen. Die geringe Zahl der Impaktkrater zeugt von der relativ jungen Oberfläche dieses Mondes. Triton hat eine sehr dünne Stickstoffatmosphäre, die durch Geysire und Sticksoffsublimation aus der Eisoberfläche ergänzt wird.

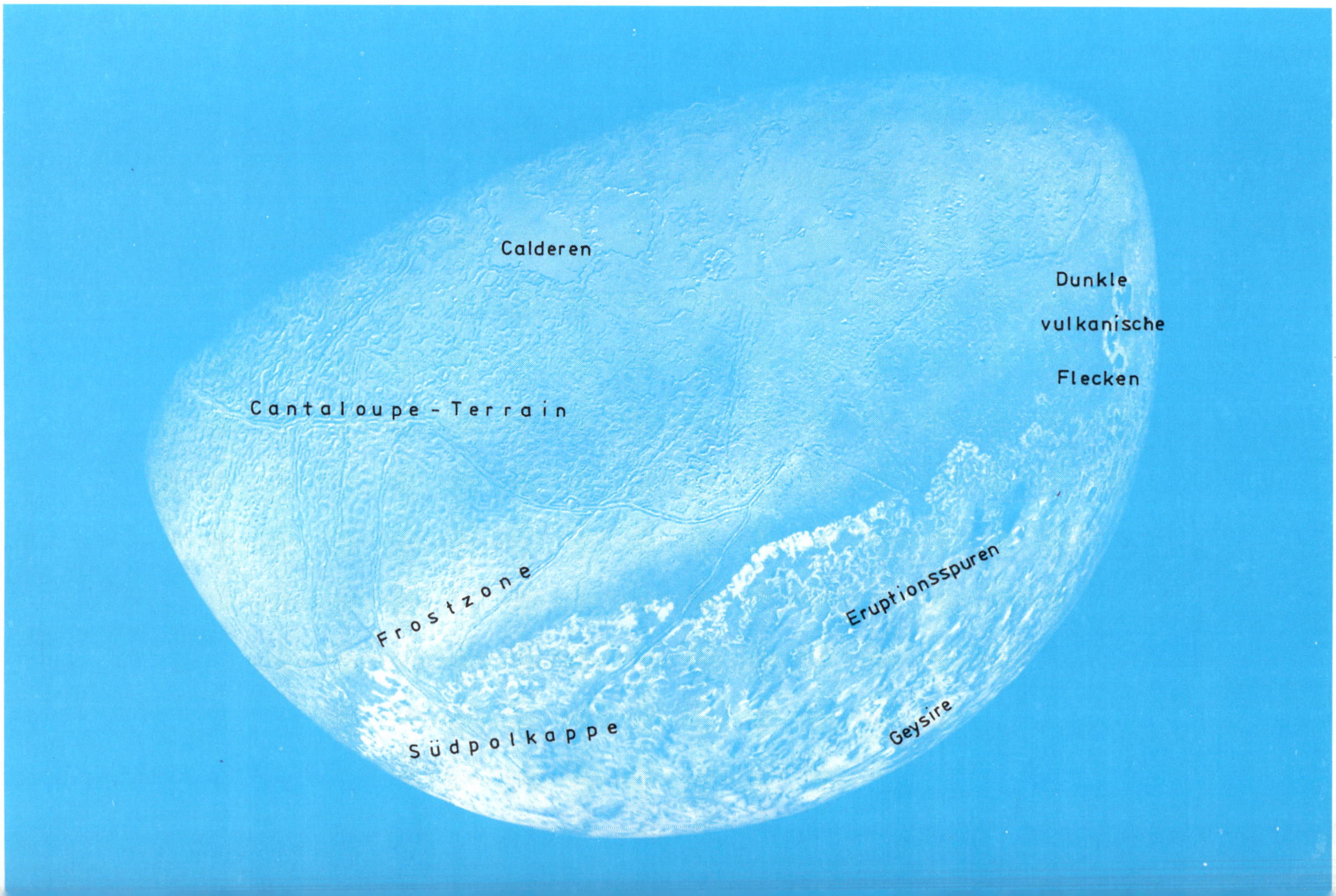

Zwischen den Planeten – Asteroiden, Kometen, Meteore

Meteorstrom am 27. 11. 1872 (Flammarion, Astronomie Populaire, 1890)

Die kleinen und kleinsten Körper des Sonnensystems nehmen nur in Ausnahmefällen unsere Aufmerksamkeit in Anspruch. Manchmal stellen sie allerdings mit ihrer Erscheinung – wenn auch nur für eine kurze Zeit – alle übrigen Weltraumobjekte in den Schatten.

Am wenigsten fallen die *Planetoiden* (Kleinplaneten) oder Asteroiden auf, die nur mit Fernrohren als schwache Sternchen sichtbar sind. Tausende davon umkreisen die Sonne, vor allem zwischen den Bahnen von Mars und Jupiter. Ein typischer Asteroid hat einen Durchmesser von einigen Kilometern und eine unregelmäßige Form.

Nur rund 110 Kleinplaneten haben einen Durchmesser von über 100 km. Das sind Körper aus Eis und Gesteinen und sie können einen ähnlichen Charakter wie Kometenkerne haben. Dafür spricht auch die Verwandlung des Kleinplaneten Chiron in einen Kometen, wie sich 1988 gezeigt hat.

Am auffallendsten unter den kleinen Bewohnern des Sonnensystems sind die *Kometen*, natürlich nur diejenigen, die in der Nähe der Sonne einen hellen, langen Schweif bilden. Die meisten, und ihre Gesamtzahl geht in die Billionen, bleiben uns jedoch in großer Sonnenentfernung verborgen. Mehr über Kometen auf den Seiten 94 bis 97.

Die kleinsten unter den Kleinen sind die Meteorkörper (Meteoroide). Sie sind so klein, daß man sie im Weltraum gar nicht beobachten kann. Wenn jedoch ein solches Objekt in die Erdatmosphäre eindringt (es hat dabei eine Geschwindigkeit von 11 bis 72 km/s!), erwärmt es sich stark, schmilzt, verdampft und leuchtet dabei am Himmel kurz als Meteor auf. Meteore, die heller sind als der Planet Venus, nennt man *Bolide*; auf ihrer Lichtspur kann man meist einen Lichtausbruch (Explosionen) sehen, wobei manchmal auch eine schwache Detonation zu hören ist. Der Rest eines Meteorkörpers, der zur Erde niederfällt, wird *Meteorit* genannt.

Wir nehmen an, daß die interplanetare Materie ein Überrest aus der Zeit der Planetenentstehung ist, daß sie das ursprüngliche Baumaterial enthält, das Informationen über die Anfänge des Sonnensystems in sich birgt.

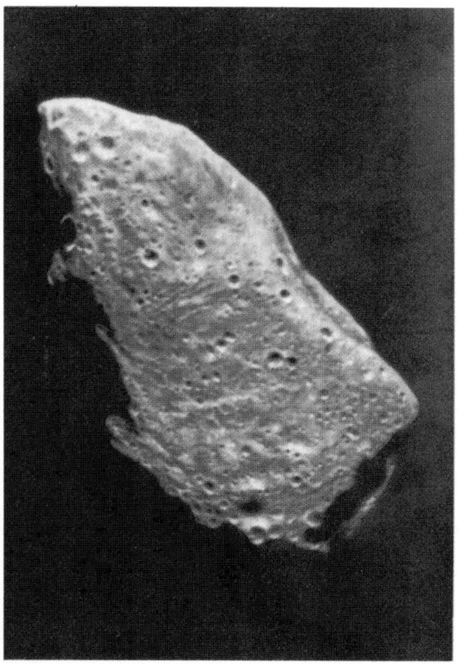

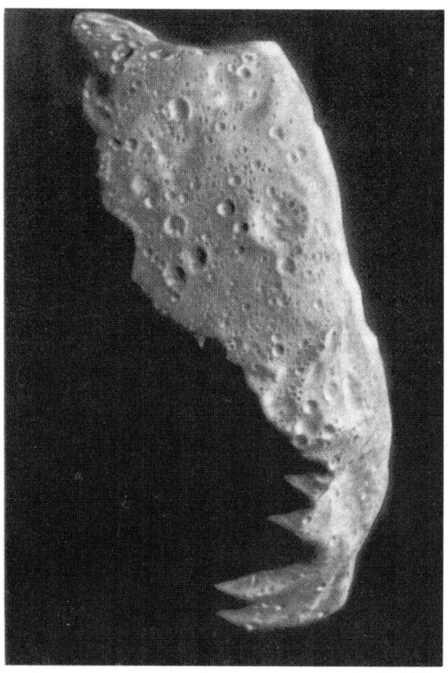

Zwei Kleinplaneten, die von der Nähe zum erstenmal in den Jahren 1991 und 1993 die zum Jupiter gesandte interplanetare Sonde Galileo (NASA, USA) fotografierte. Links der Kleinplanet 951 Gaspra (19×12 km), rechts der Kleinplanet 243 Ida mit einem Durchmesser von 52 km. Beide Himmelskörper haben sehr unregelmäßige Formen und sind mit vielen impakten Kratern besät. Der Kleinplanet Ida hat einen kleinen Mond, der den Namen Dactyl erhielt.

Unten: Aussehen des Halleyschen Kometen nach seinem Vorübergang an der Sonne im Jahre 1986.

Oben: Auf der Photographie verrät sich ein Asteroid durch seine Bewegung gegenüber dem stellaren Hintergrund.

Oben: Spur eines hellen Meteors mit drei Lichtausbrüchen.

Kometen

Der Schweif eines Kometen zeigt in die Gegenrichtung der Sonne. Gemma Frisius. De astrolabo, 1583.

Was ist nun ein Komet? Er besteht vor allem aus einem *Kern* mit einem Durchmesser von einigen Kilometern, einem großen schmutzigen Schneeball, der neben Wassereis und verschiedenen gefrorenen Gasen auch eine Menge fester Quarz-, Kohlenstoff- und Metallstaubteilchen enthält. Wenn sich ein Komet der Sonne nähert, steigt die Temperatur der Kernoberfläche, und das Eis beginnt zu verdampfen. Der Komet „erwacht zum Leben". Die aus dem Kern entweichenden Gase reißen die Staubpartikel mit sich, und rings um den Kern bildet sich eine *Koma* genannte Gas- und Staubwolke, mit einem Durchmesser von einigen zehntausend Kilometern. Ein durchschnittlicher Komet beginnt gut sichtbar zu werden, sobald er sich der Sonne auf weniger als etwa 3 AU nähert. Die Koma bildet mit dem Kern den *Kopf* des Kometen, von dem ab einer Annäherung von etwa 1—2 AU an die Sonne in der Regel ein *Schweif* aus Gas und Staub ausströmt — der größte Schmuck eines Kometen, der eine Länge bis zu 100 Millionen Kilometern erreichen kann.

In der Nähe der Sonne geht die Verdampfung sehr intensiv vor sich, aus dem Kern entweichen in jeder Sekunde Tonnen von Gas und Staub, die in Form von Strömen (Jets) aus der der Sonne zugekehrten Seite des Kerns hervorschießen. Die festen Partikel werden vom Druck der Sonnenstrahlung von der Koma abgetrennt und bilden den *Staubschweif* des Kometen; dieser ist meistens gekrümmt, breit, ohne innere Struktur. Aus den durch die Sonnenstrahlung ionisierten Gasmolekülen entsteht der *Plasmaschweif*, gewöhnlich in Form schmaler, in sonnenabgewandter Richtung verlaufender Strahlen. Die Schweife der Kometen haben sehr geringe Dichten, was daraus zu ersehen ist, daß Sterne ohne merkliche Abschwächung durch sie hindurchscheinen. Optisch nicht wahrnehmbar ist die große Wasserstoffkorona, die nur im Ultraviolettbereich außerhalb der Erdatmosphäre beobachtet werden kann und die die Größe der Sonne weit überschreitet.

Auf der gegenüberliegenden Seite sind vier verschiedene Kometen abgebildet: links oben der Komet West aus dem Jahr 1976, rechts oben der Komet Mrkos aus dem Jahr 1957, links unten der Komet Kohoutek aus dem Jahr 1973 und rechts unten der Komet Humason (1962). Kometen tragen in der Regel die Namen ihrer Entdecker.

Teile eines Kometen: 1 — Kern (a-a Umdrehungsachse), 2 — entweichende Gase und Staub, 3 — Koma, 4 — Kopf des Kometen, 5 — Staubschweif, 6 — Plasmaschweif, 7 — Wasserstoffkorona. S ..... Richtung zur Sonne.

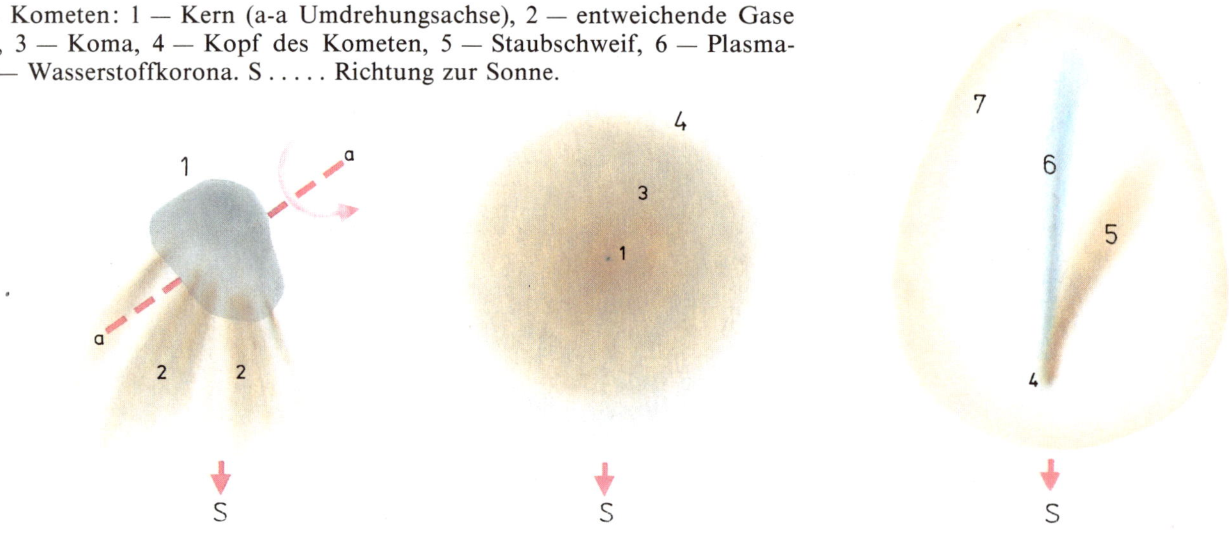

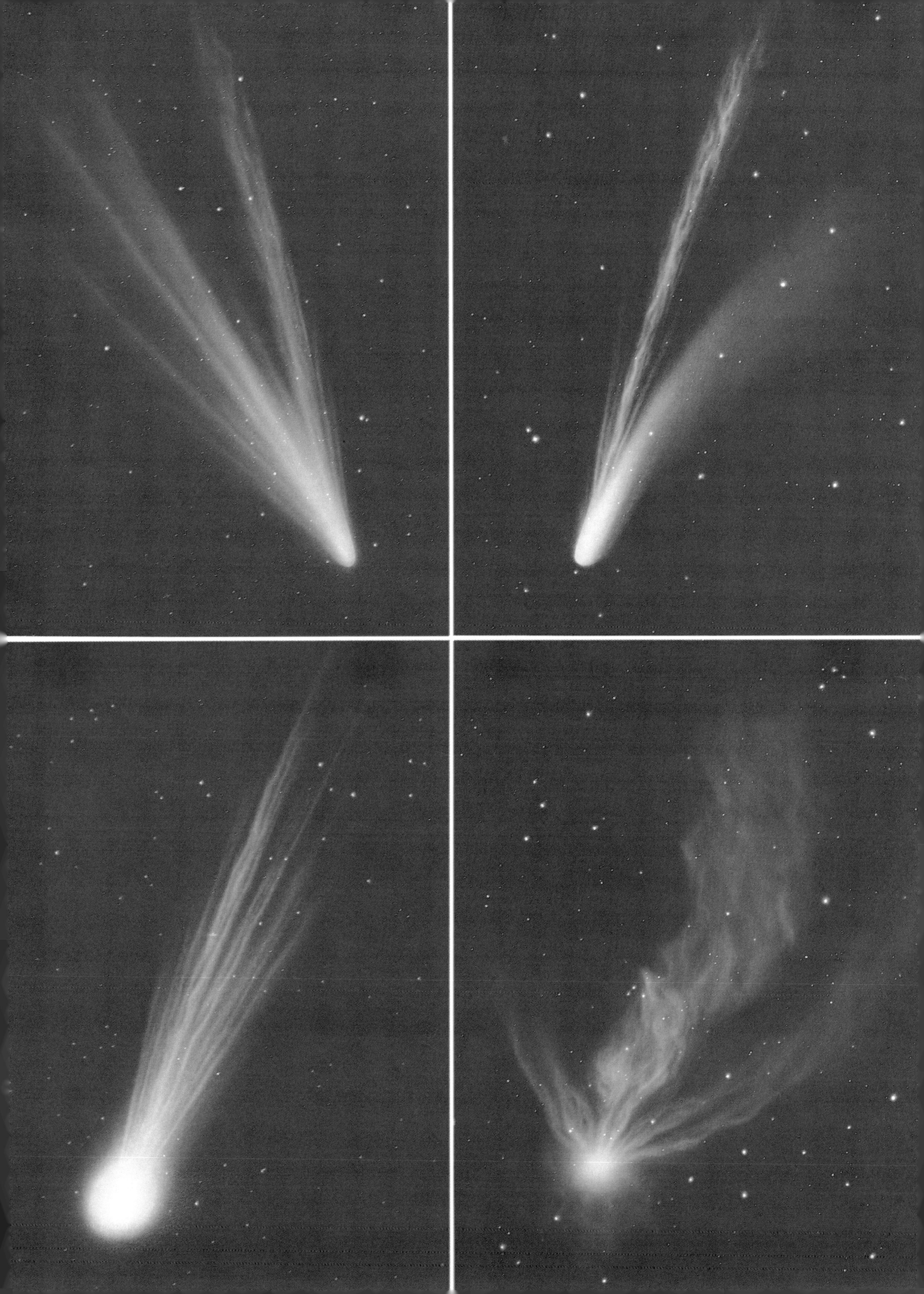

Der Komet Halley

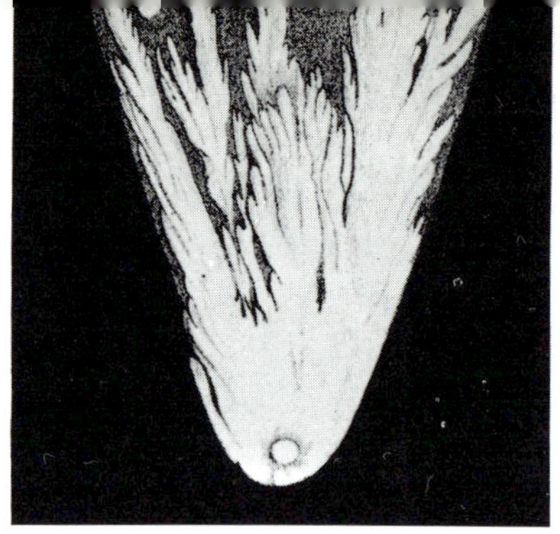

Zeichnung eines Kometen,
Oktober 1811.

Der Komet ist benannt nach dem bekannten englischen Astronomen Edmond HALLEY, der um 1700 erkannte, daß es sich um einen Himmelskörper handelt, der die Sonne auf einer langgezogenen elliptischen Bahn einmal in rund 76 Jahren umkreist. Edmond Halley sagte völlig richtig die Rückkehr des Kometen für das Jahr 1758 voraus. Später wurde festgestellt, daß die erste historisch belegte Beobachtung des Kometen aus dem Jahr 240 v.Chr. stammt; inzwischen ist der Komet neunundzwanzigmal zur Sonne zurückgekehrt.

Dieser legendäre Komet gehört zu den hellen, aktiven Kometen: seine Bahn ist genau bekannt. Während seiner letzten Rückkehr zur Sonne stand er im Mittelpunkt des Interesses der Astronomen auf der ganzen Erde; im März 1986 wurde er von einer Reihe kosmicher Sonden untersucht. Die sowjetischen Sonden Vega 1 und 2 und die westeuropäische Sonde Giotto führten die ersten Nahuntersuchungen des Bereichs um den Kometenkern durch.

Der Kern des Kometen Halley ist ein kompakter Körper mit unregelmäßiger Form in der Größe von etwa 16 × 8 bis 8,5 km. Seine Form erinnert an eine Kartoffel, seine Oberfläche ist schwärzer als Kohle. Der Kern dreht sich um seine Achse. Beachtenswert ist die Aktivität des Kerns: von einigen von der Sonne beleuchteten Stellen strömen Gase mit einer Geschwindigkeit von mehreren Kilometern pro Sekunde aus und reißen Staubpartikel mit sich. Schwere Partikel, deren Gewicht mehr als etwa 0,1 g beträgt, fallen auf den Kern zurück und bilden auf seiner Oberfläche eine dunkle Staubschicht. Die leichteren, feineren Staubpartikel entweichen in die Koma und in den Schweif.

In der Nähe der Sonne verlor der Komet jede Sekunde mehr als 60 Tonnen Wasserdampf, Gase und Staub, d.h. mehr als 5 Millionen Tonnen Material täglich. Die Materialproduktion hängt stark von der Sonnenentfernung ab und ist auch wegen der unregelmäßigen Form des Kerns und seiner Rotation veränderlich.

In der Zeit des Vorbeiflugs der Sonden produzierte der Kern etwa 10 Tonnen Material in der Sekunde. Dichte Staubwolken erschwerten das Photographieren des Kerns beträchtlich. Die Gesamtmasse des Kerns dürfte etwa 10^{11} Tonnen betragen, und man kann nach dem beobachteten Materialverlust die Lebensdauer des Kometen Halley in seiner augenblicklichen Bahn mit etwa 1000 Umläufen ansetzen. Während eines jeden Umlaufs um die Sonne verliert der Komet eine etwa 1 m dicke Schicht seiner Oberfläche.

Bahn des Kometen Halley und seine Bewegungen im Zeitabschnitt 1910—1986. Groß sind die Veränderungen seiner Geschwindigkeit auf der Umlaufbahn: von 0,9 bis 55 km/s. Die Bahnen der Planeten Erde, Mars, Jupiter, Saturn, Uranus und Neptun sind blau eingezeichnet. Der Komet wird im Jahr 2061 zur Sonne zurückkehren.

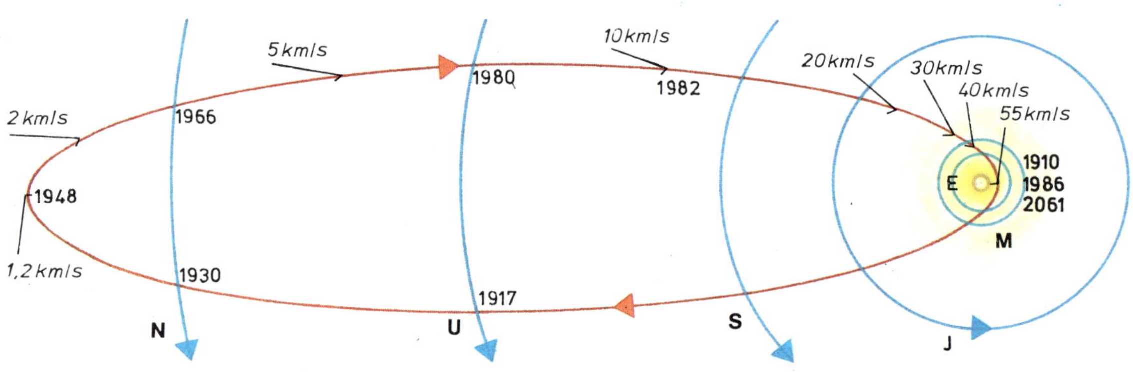

Oben: Kopf und ein Teil des Schweifs des Kometen Halley bei seiner Wiederkehr im Jahre 1910. Die Richtung zur Sonne ist links.
Unten und rechts: Die Region des Kerns des Kometen Halley nach Beobachtungen der Sonde Giotto im März 1986. Die dunkle Silhouette des Kerns (1) sieht man gegen den Hintergrund des schwachen, vom Staub reflektierten Lichts. Am Rand des Kerns (2) sieht man Unebenheiten, die mehrere hundert Meter hoch sind. Aus dem Kern schießen Gasströme hervor, die feinen Staub mit sich reißen (3). Die vermutete Silhouette des von den Eruptionen verdeckten Teils des Kerns ist im nebenstehenden Schema in hellgrauer Farbe (4) dargestellt. S . . . . Richtung zur Sonne.

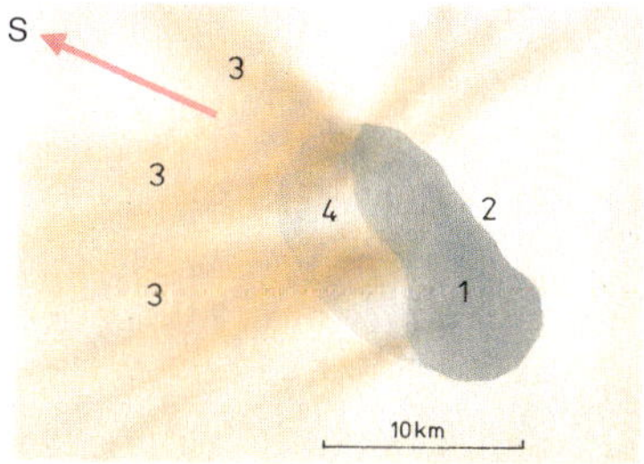

Sonne

Die Photosphäre

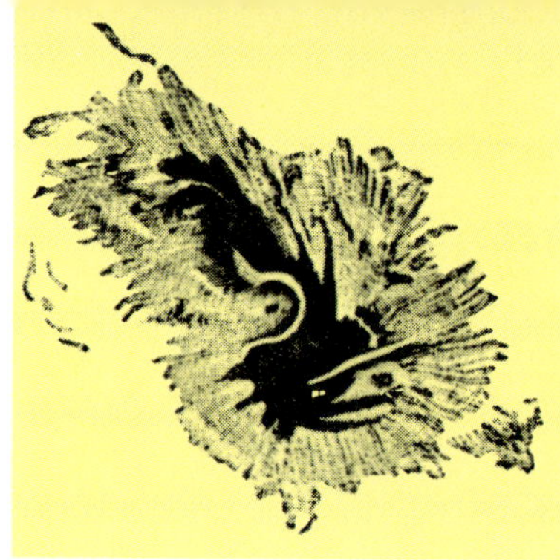

Großer Sonnenfleck.
Howlett, 16. 10. 1865.

Der *Sonne* genannte Stern ist unter den Milliarden weiterer Fixsterne, aus denen unsere Galaxis besteht, nichts Außergewöhnliches. Für uns, die Bewohner der Erde, ist sie allerdings der wichtigste aller Sterne, die bedeutende Quelle von Energie, Licht, Wärme, und unser Lebensspender. Sie ist auch der einzige Stern, den wir aus der Nähe und in vielen Details beobachten und erforschen können.
Die blendende Sonnenscheibe ist so hell, daß einem unvorsichtigen Beobachter Beschädigung oder sogar der Verlust des Augenlichts droht. Nur in Ausnahmefällen kann man die Sonne direkt beobachten, nämlich dann, wenn sie durch Bewölkung, Nebel, atmosphärische Trübung am Horizont u. a. genügend abgeblendet ist. Mit einem Fernrohr sollte man die Sonne nur in der Projektion hinter dem Okular (s. S. 217) oder mit Hilfe dunkler Filter oder anderer optischer Hilfsmittel beobachten.
Was sieht man auf der Sonne? Wenn man mit bloßem Auge oder mit einem Fernrohr zur Sonne blickt, sieht man die unterste Schicht der Sonnenatmosphäre — die *Photosphäre*, die eine Mächtigkeit von etwa 300 km mit einer Temperatur von knapp 6000 K hat. Unter der Photosphäre ist das Innere der Sonne undurchdringlich verborgen. Aus dem Sonneninneren steigen Wolken heißer Gase an die Oberfläche, die in der Photosphäre eine körnige Struktur — die *Granulation* (Abb. unten) verursachen. Sie erinnert ein wenig an eine kochende Reissuppe; die einzelnen „Reiskörner" — die Granulen — haben jedoch einen Durchmesser von 1000—2000 Kilometern.
In den aktiven Zonen der Sonnenatmosphäre kommt es zu einer Reihe von Veränderungen, die man zusammenfassend als Sonnenaktivität bezeichnet. Der bekannteste Ausdruck dieser Aktivität sind die *Sonnenflecken* in der Photosphäre, Regionen mit einer um etwa 1500 K niedrigeren Temperatur als die umgebende Photosphäre. Sie treten meist in Gruppen auf, und ihre Häufigkeit variiert mit einer Periode von etwa 11 Jahren; man spricht von einem elfjährigen Zyklus der Sonnenaktivität. Die Abbildung der Sonne auf der gegenüberliegenden Seite entspricht dem Maximum der Sonnenaktivität. Im Minimum pflegt die Sonne „sauber", manchmal völlig ohne Flecken, zu sein.
Am Rand der Sonnenscheibe kann man in der Photosphäre viele hellere Stellen, die sogenannten Fackeln, beobachten. Oft bilden sie ganze Fackelgebiete, insbesondere in der Umgebung der Sonnenflecken.

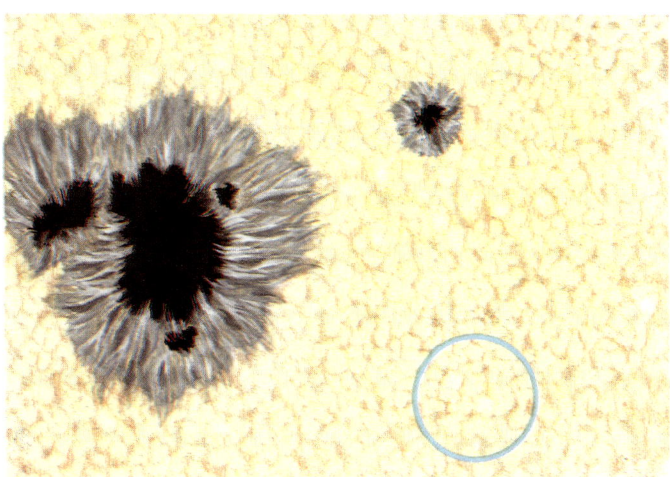

Ein voll entwickelter Sonnenfleck besteht aus der dunklen *Umbra* (Schatten) und der sie umgebenden helleren *Penumbra* (Halbschatten). Die Penumbra hat eine Fadenstruktur. Große Sonnenflecken haben Dimensionen, die den Erddurchmesser (blauer Kreis) übertreffen.

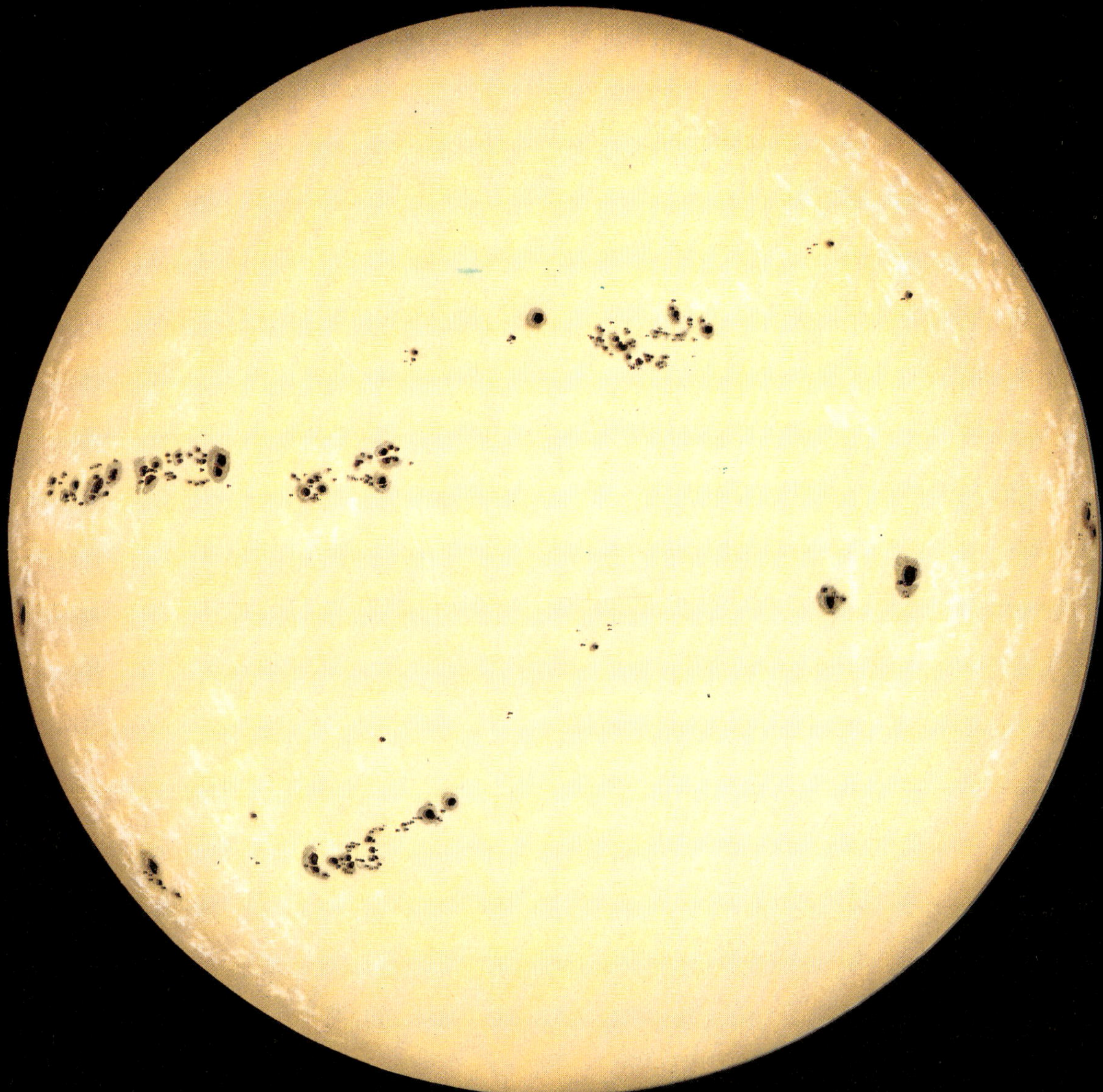

Sonne

Die Chromosphäre und Protuberanzen

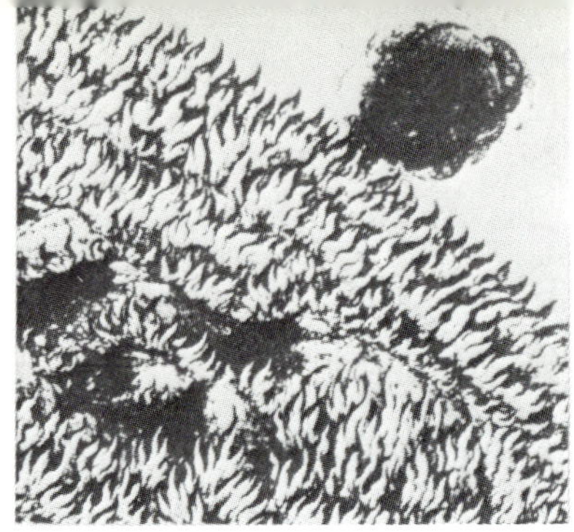

Sonne mit Flecken und Protuberanzen. Kircher und Scheiner, 1635.

Die Sonnenatmosphäre besteht aus drei Schichten: die unterste Schicht ist die *Photosphäre* (Lichtkugel), über ihr liegt die etwa 10 000 km hohe *Chromosphäre* (Farbkugel), die oberste Schicht ist die *Korona*, die weit in den interplanetaren Raum hinausreicht.
Die Chromosphäre besteht aus so dünnen Gasen, daß sie bei Sonnenbeobachtungen im Sichtbarkeitsbereich des Spektrums nicht erscheint. Man kann sie mit bloßem Auge nur kurz während einer totalen Sonnenfinsternis beobachten, wenn die ganze hell strahlende Photosphäre vom Mond verdeckt ist; dann sieht man die Chromosphäre als einen schmalen rosafarbenen Saum um die dunkle Mondscheibe. Die Chromosphäre strahlt nur in bestimmten Spektrallinien (Erklärung s. S. 226), insbesonder im roten Licht des Wasserstoffs in der Linie Hα. Das wird zur Beobachtung der Chromosphäre außerhalb von Sonnenfinsternissen ausgenutzt. Man schließt mittels eines Speziallichtfilters alle übrigen Wellenlängen des Sonnenlichts mit Ausnahme der Linie Hα aus und kann so die Chromosphäre nicht nur am Rand der Sonne, sondern auch auf der ganzen Scheibe beobachten, wie die Abbildung ganz rechts zeigt.

An Stellen, wo ein starkes und veränderliches Magnetfeld existiert, entstehen Aktivitätszentren. In der Chromosphäre bilden sich dann helle *Flocculi*, insbesondere in der Umgebung von Sonnenflecken. Manchmal kommt es zu einer jähen Aufhellung des Flockenfelds, zu einer *chromosphärischen Eruption*, bei der große Energiemengen in Form der verschiedensten Strahlungen frei werden. Diese können dann auch zahlreiche Prozesse auf unserer Erde beeinflussen, und deshalb hat die systematische Verfolgung der Eruptionen und der Sonnenaktivität überhaupt eine große praktische Bedeutung.
Über der Chromosphäre steigen in die Korona leuchtende Plasmawolken und -ströme, die *Protuberanzen*, auf, die zu den schönsten und interessantesten kosmischen Erscheinungen gehören. Ihre unerschöpfliche Vielfalt der Formen, ihre harmonischen und überraschenden Bewegungen und auch die Mächtigkeit dieser Erscheinung lassen uns die gewaltige, in der Sonne verborgene Energie ahnen — das alles bildet ein hinreißendes Schauspiel.

Detail der Chromosphäre über dem abgedeckten Rand der Sonnenscheibe. Viele Gassäulen, die aus der Chromosphäre hervorschießen, bilden scharfe Ausläufer — *Spikulen*. Es ist das Bild eines Flammenmeers über einer brennenden Prärie. Über der Chromosphäre steigen Protuberanzen auf.

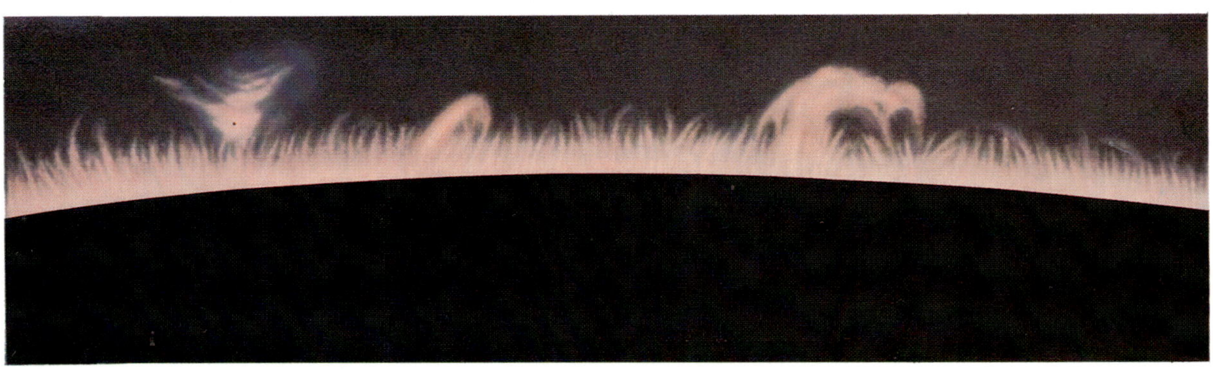

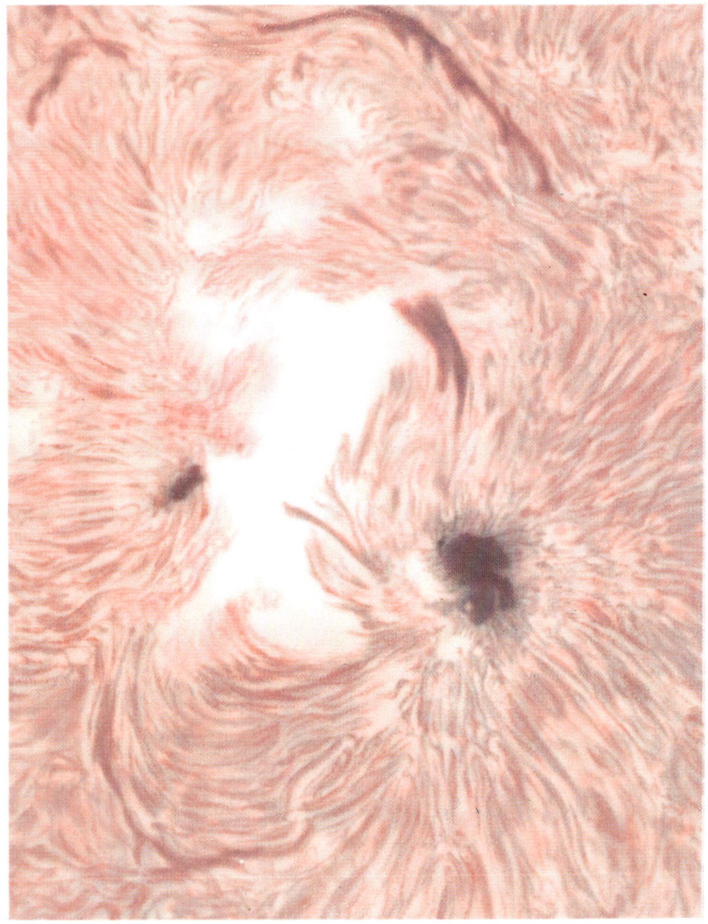

Oben: Sonnenchromosphäre in einer aktiven Zone rings um eine Fleckengruppe, wo ein starkes Magnetfeld existiert. Dünne Plasmafasern — *Fibrillen* — bilden sich entlang den magnetischen Kraftlinien. Die sehr dunklen, langen Fasern sind *Filamente* — Projektionen der Protuberanzen auf die Sonnenscheibe. Die weißen Flecken sind *Flocculi* (Flocken). Die große weiße Fläche in der Mitte ist eine *chromosphärische Eruption.*

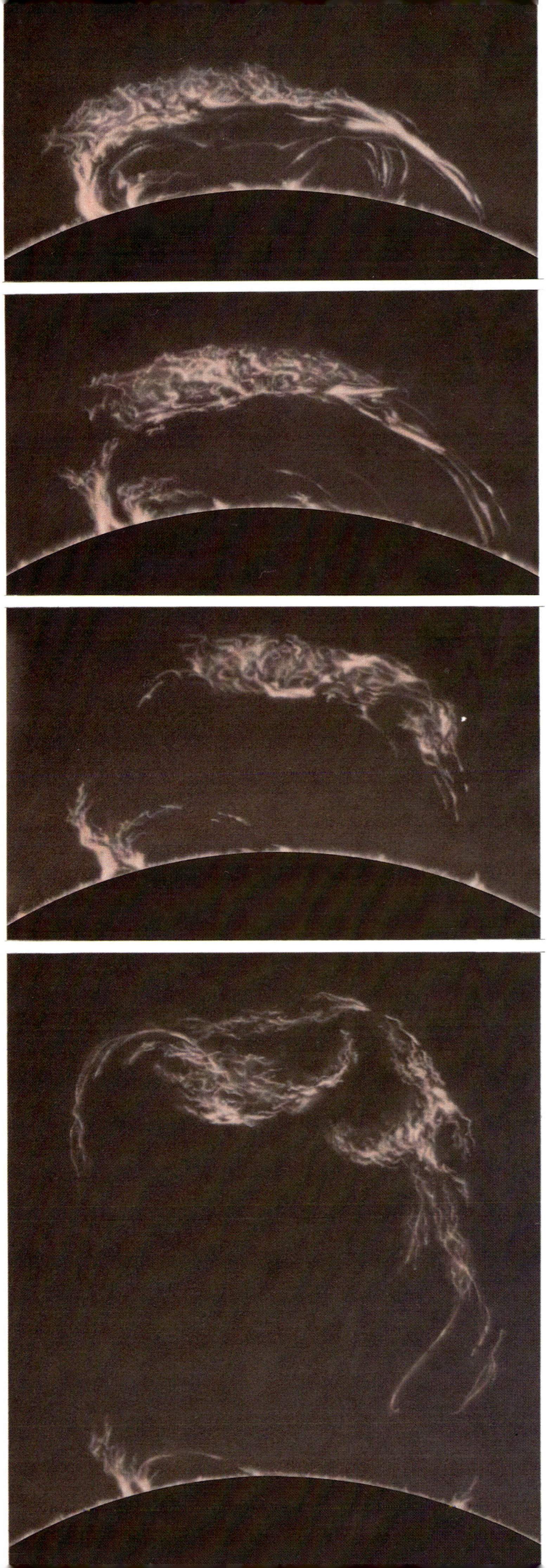

Links von oben: Entwicklung einer mächtigen Protuberanz, die innerhalb von sechs Stunden eine Höhe von 600 000 km erreichte.

Sonne

Die Korona

Korona bei totaler Sonnenfinsternis im Jahr 1858.

Nur wenigen von uns gelingt es, wenigstens einmal im Leben eine totale Sonnenfinsternis zu erleben. In den viel zu kurzen Minuten und Sekunden blickt man dann auf eine seltene Erscheinung, die schon so viele Generationen von Erdbewohnern in Aufregung versetzt hat. Es ist ein glücklicher Zufall, daß der Mond gerade die Größe und Entfernung von der Erde hat, daß er am Himmel fast genauso groß erscheint wie die Sonne. Dem Beobachter auf der Erde kann er daher für kurze Zeit und unter gewissen Voraussetzungen die Sonne — genauer gesagt ihre Photosphäre — verdecken, und dann kann man auch mit bloßem Auge die äußerste Schicht der Sonnenatmosphäre, die *Korona*, beobachten. Sie erscheint als ein silbriger Glanz, dessen Helligkeit mit zunehmender Entfernung vom Sonnenrand abnimmt. Die Helligkeit der Korona ist hunderttausendmal schwächer als die der Photosphäre. Die Gase in der Korona sind eine Billion mal dünner als die Luft, die wir atmen. Überraschend ist die hohe Temperatur der Korona: mehr als eine Million Grad.

Die Sonnenkorona reicht in ihren Spuren weit bis über die Erdbahn hinaus in den interplanetaren Raum. Das Magnetfeld der Sonne formt die Korona und bildet in ihr komplizierte *Koronastrahlen* aus, die dem Verlauf der magnetischen Kraftlinien folgen (Abb. rechts). Mit Veränderungen des Magnetfelds hängt dann eng die Sonnenaktivität (s. S. 98 und 100) zusammen, und auf sie sind auch die charakteristischen Formen der Korona zur Zeit des Maximums und des Minimums der Sonnenaktivität zurückzuführen.

Mit Hilfe moderner Methoden kann man die Korona jederzeit, unabhängig von Sonnenfinsternissen, beobachten. Besonders ergiebig ist die Erforschung der Korona vom Weltraum aus, wo keine Erdatmosphäre die Beobachtung der Röntgenstrahlung der Sonne behindert. Und so gelang es, auch relativ kühlere, dunkle Regionen in der Korona, die *Koronalöcher* (Abb. unten), zu entdecken, die wahrscheinlich die Quelle von Partikelströmen sind, die weit in den Raum vordringen und auch gewisse Prozesse auf der Erde beeinflussen.

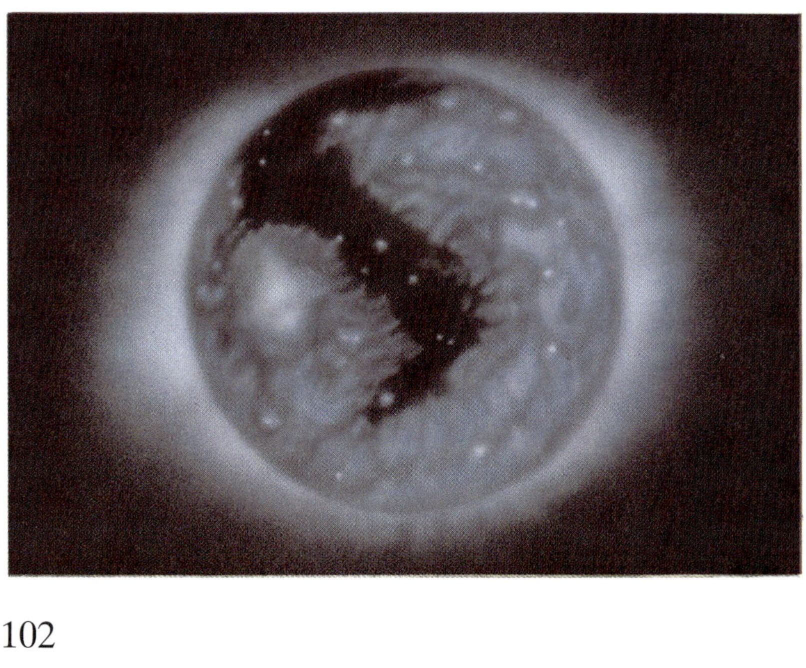

Auf der Röntgenaufnahme der Sonne ist die Photosphäre nicht sichtbar, sondern nur die wärmsten Teile der Korona, die sich auch auf die Fläche der Sonnenscheibe projizieren (diese ist viel kühler und deshalb dunkel). Der große dunkle S-förmige Fleck ist ein Koronaloch.

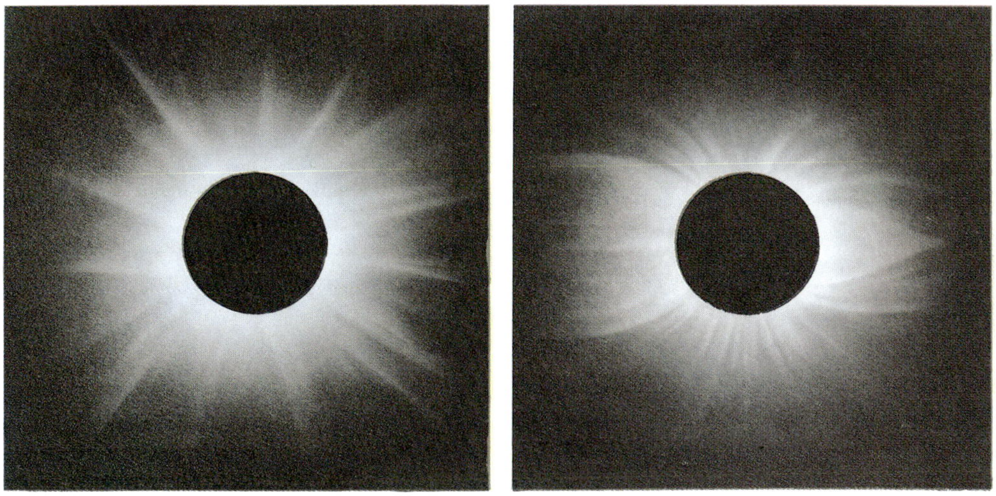

Charakteristische Formen der Korona in der Zeit des Maximums (links) und Minimums (rechts) der Sonnenaktivität.

Sterne

Das Temperatur-Leuchtkraft-Diagramm

Gelehrter und Laie
(mittelalterlicher Holzschnitt)

Die Vielfalt der Sternenwelt zeigt das Temperatur-Leuchtkraft-Diagramm, das auch als *Hertzsprung-Russell-Diagramm* (HRD) bekannt ist. Seine vereinfachte Form zeigt die Abbildung auf der nebenstehenden Seite. In das Diagramm tragen wir die Sterne nach ihrer Temperatur-*Spektralklasse* und nach ihrer *Leuchtkraft* L oder der *absoluten Sterngröße* M ein. Der Bruch $L:L_{\odot}$ gibt das Verhältnis zwischen der Leuchtkraft des Sterns und der der Sonne ⊙ an.

Auf S. 10 haben wir gezeigt, daß die Sterne im HRD in gewisse Gruppen eingeteilt werden und nicht die ganze Fläche des Diagramms ausfüllen. Die große Mehrheit der Sterne einschließlich der Sonne liegt auf der *Hauptreihe* oder Hauptsequenz (Linie a). Ein nicht kleinerer Prozentsatz der Sterne häuft sich in der Sequenz der *Riesen* (g), weniger besetzt ist die Sequenz der *Überriesen* (c), d. h. der Sterne mit einer außerordentlich großen Leuchtkraft von über 10 000 Sonnen. Die kleinste Leuchtkraft haben die *weißen Zwerge* (d) und die *roten Zwerge* (b), die zehntausendmal weniger Energie ausstrahlen als die Sonne; man kann sie deshalb im uns umgebenden kosmischen Raum nur in relativ kleinen Entfernungen beobachten.

Den großen Unterschieden in der Leuchtkraft entsprechen beträchtliche Unterschiede in den Dimensionen der Sterne. In der oberen Hälfte der nebenstehenden Abbildung sind einige Sternriesen und -überriesen mit der winzigen Scheibe der Sonne verglichen, die hier einen Durchmesser von lediglich einem Millimeter hat. In der unteren Bildhälfte ist die Sonne jedoch riesig im Vergleich mit manchen der roten und weißen Zwerge, deren geringfügige Dimensionen von der braunen Scheibe der Erde hervorgehoben werden.

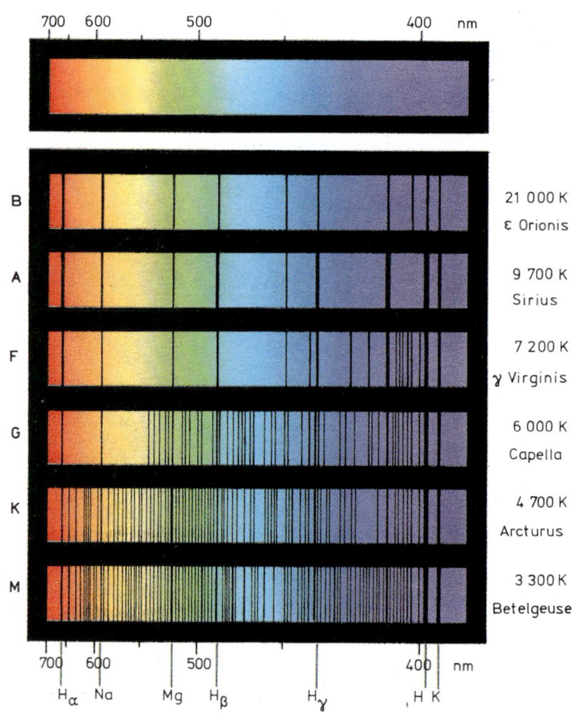

Die Abbildung links zeigt Beispiele von Spektren einiger heller Sterne mit Angabe ihrer Oberflächentemperatur in Kelvin (K). Die Wellenlängen sind in Nanometern (nm) angeführt. Oben ist ein kontinuierliches Spektrum abgebildet. Die Sternspektren enthalten viele dunkle Absorptionslinien — die Signaturen chemischer Elemente dieser Sterne. Die Lage der Linien bestimmter Elemente ist unten mit ihren chemischen Zeichen angedeutet. Je nach dem Vorkommen und der Stärke bestimmter Linien im Spektrum werden die Sterne in Spektralklassen eingeteilt. Die *Hauptspektralklassen* werden mit O, B, A, F, G, K und M bezeichnet. Die Unterschiede zwischen ihnen werden nicht durch das Vorherrschen verschiedener chemischer Elemente, sondern vor allem durch die unterschiedliche *Oberflächentemperatur* der Sterne gekennzeichnet.

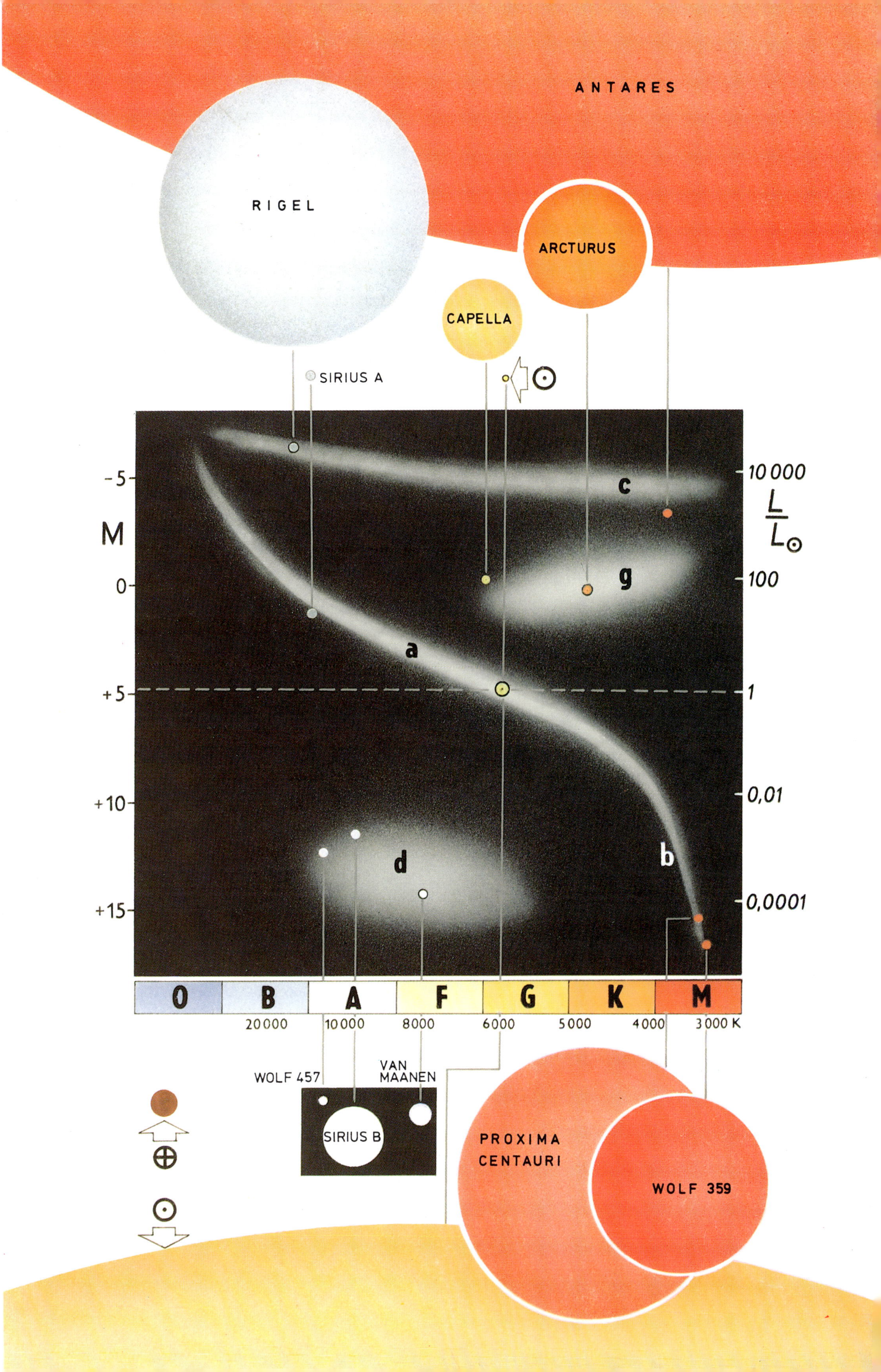

ANTARES
RIGEL
ARCTURUS
CAPELLA
SIRIUS A
M
-5
0
+5
+10
+15
10 000
L/L⊙
100
1
0,01
0,0001
a
b
c
d
g
O
B
A
F
G
K
M
20 000
10 000
8000
6000
5000
4000
3 000 K
WOLF 457
VAN MAANEN
SIRIUS B
PROXIMA CENTAURI
WOLF 359

A

Sternbilder in der Umgebung des nördlichen Himmelspols

Cepheus (Detail). Astronomischer Kodex aus dem 14. Jahrhundert.

Auf der nebenstehenden Seite ist die erste der sechs, mit A bis F bezeichneten Karten wiedergegeben, die das gesamte Firmament, das nördliche und auch das südliche, darstellen. Zusammen mit der Übersichtskarte auf S. 214 zeigen die Karten A bis F die Lage und die Grenzen aller 88 Sternbilder. Mit stärkeren Linien sind die Grenzen derjenigen Sternbilder und Sternbildgruppen umrissen, die dann auf den folgenden Seiten detaillierter und gemeinsam mit ausgewählten kosmischen Objekten kartiert sind. Die astronomischen Koordinaten *Rektaszension* und *Deklination* gelten auf allen Karten dieses Buches für die Epoche 2000,0.

Das auffallendste Sternbild in der Umgebung des Nordpols ist *Ursa Major* (Großer Bär), dessen Bestandteil das charakteristische Siebengestirn ist — auch als Großer Wagen bekannt. Für die Bewohner der nördlichen Halbkugel ist dies wohl das bekannteste Sternbild überhaupt, und jeder, der sich mit Sternen zu beschäftigen beginnt, sollte damit anfangen. Die Verbindungslinie der Sterne Dubhe und Merak zielt auf den *Polarstern* (Polaris) im Sternbild *Ursa Minor* (Kleiner Bär), das auch als Kleiner Wagen bekannt ist. Der Polarstern liegt nicht ganz einen Grad vom Himmelsnordpol (Mitte der Karte) entfernt. Zwischen den beiden Bären windet sich das Sternbild *Draco* (Drache) mit seinem viereckigen „Kopf".

Wenn man vom Großen Wagen über den Polarstern ebenso weit auf die gegenüberliegende Seite des Nordpols blickt, findet man dort in der Milchstraße die fünf hellsten Sterne des Sternbilds *Cassiopeia*, die das Bild des Buchstabens W bilden. In seiner Nähe entdecken wir den offenen Doppelhaufen χ und h im *Perseus*, der auch mit bloßem Auge als Nebelwölkchen sichtbar ist. Zwischen der Cassiopeia und dem Drachen liegt das nicht sehr deutlich sichtbare Sternbild *Cepheus*. Von den Sternbildern *Camelopardalis* (Giraffe) und *Lynx* (Luchs) behaupten die Amateurastronomen, sie seien „dort, wo nichts ist". Sie bestehen aus sehr schwach leuchtenden Sternen, die nur bei ausgezeichneten Beobachtungsbedingungen sichtbar sind.

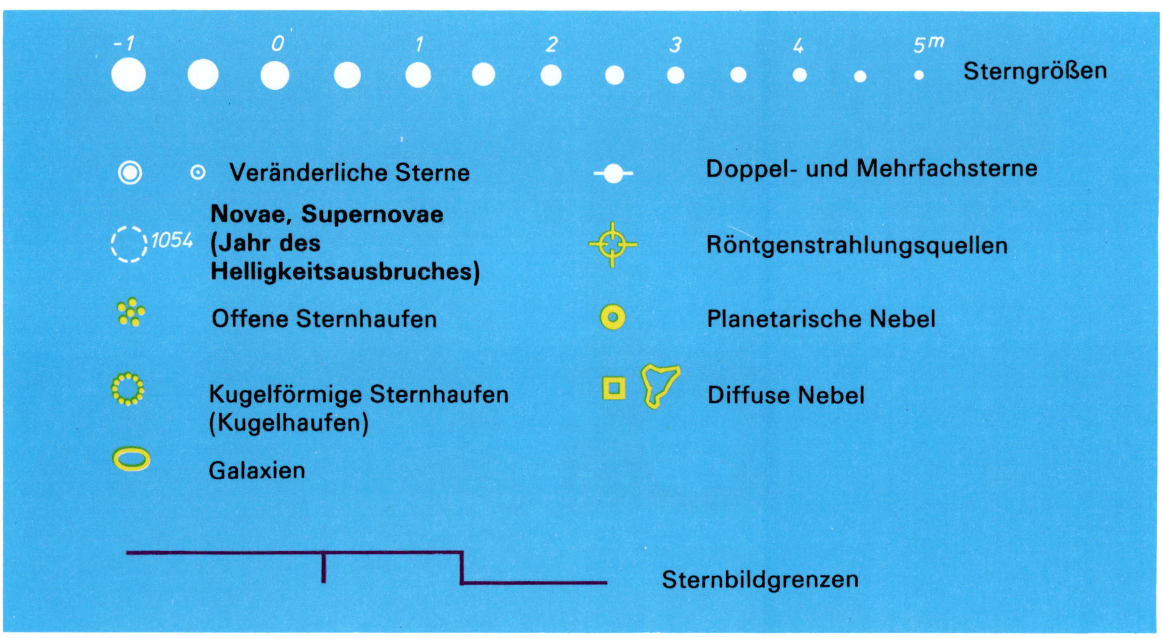

LACERTA
M31
ANDROMEDA
Deneb
CEPHEUS
CYGNUS
Vega
LYRA
PERSEUS
χ, h
CASSIOPEIA
Etamin
DRACO
Polaris
Capella
URSA MINOR
CAMELOPARDALIS
AURIGA
LYNX
BOOTES
Alcor
Mizar
Dubhe
Merak
CANES VENATICI
URSA MAJOR
0h
1h
2h
3h
4h
5h
6h
7h
8h
9h
10h
11h
12h
13h
14h
15h
16h
17h
18h
19h
20h
21h
22h
23h
20°
30°
40°
50°
60°
70°
80°
90°
5m 4m 3m 2m 1m 0m

Camelopardalis

Camelopardalis — Cam — Giraffe

Draco

Draconis — Dra — Drache

Ursa Minor

Ursae Minoris — UMi — Kleiner Bär — Kleiner Wagen

Drache (Detail). Astronomischer Kodex aus dem 14. Jahrhundert.

α Draconis — Thuban: $3\overset{\mathrm{m}}{,}6$, Spektralklasse A0, Entfernung 215 Lichtjahre (Lj). Polarstern der alten Ägypter, im Jahre 2830 v. Chr. war er nur 10′ vom Nordpol entfernt.

α Ursae Minoris — Polaris — Polarstern: $2\overset{\mathrm{m}}{,}0$, Spektrum F8, Entfernung mehr als 300 Lj, Überriese mit 1600facher Sonnenleuchtkraft. Cepheide, verändert seine Helligkeit um $0\overset{\mathrm{m}}{,}1$ innerhalb einer Periode von 3,9696 Tagen. Enger Doppelstern, der unsichtbare Begleiter umkreist ihn in einer Periode von 30,5 Jahren. Vom Nordpol kaum 1° entfernt — wichtig für Orientierung und Navigation.

ν Draconis: Doppelstern, zu sehen mit kleinem Fernrohr. $4\overset{\mathrm{m}}{,}95$ und $4\overset{\mathrm{m}}{,}98$, Winkelentfernung der Komponenten 62″, beide Spektren A5, Leuchtkraft 11 Sonnen, Entfernung des Doppelsterns 120 Lj.

NGC 6543 (rechts oben): einer der hellsten planetarischen Nebel, kleine Winkeldimensionen — 22″ × 16″. Auf Photos sieht man die ovale Form. Wahrer Durchmesser des Nebels fast ein Drittel Lichtjahr, Entfernung etwa 3200 Lj. Sehr heißer Zentralstern, $9\overset{\mathrm{m}}{,}5$, Temperatur 35000 K, Lichtstärke fast 100 Sonnen.

NGC 2403 (rechts unten): die Galaxie liegt nahe den Grenzen der Lokalen Galaxiengruppe. Im Fernglas sichtbar als großer Nebelfleck. $8\overset{\mathrm{m}}{,}8$, Winkeldimensionen 10′ × 17′, Entfernung 8 Millionen Lj, wahrer Durchmesser 37 000 Lj.

NGC 2523 (dritte Abb. von oben): ungewöhnliche Galaxie mit Querbalken. $12\overset{\mathrm{m}}{,}7$, Winkeldimensionen 1,8′ × 1,4′.

NGC 5866 (zweite Abb. von oben): eine „von der Seite" beobachtete Galaxie mit einem schmalen dunklen Streifen entlang dem Äquator. $11\overset{\mathrm{m}}{,}1$, Winkeldimensionen 2,9′ × 1,0′.

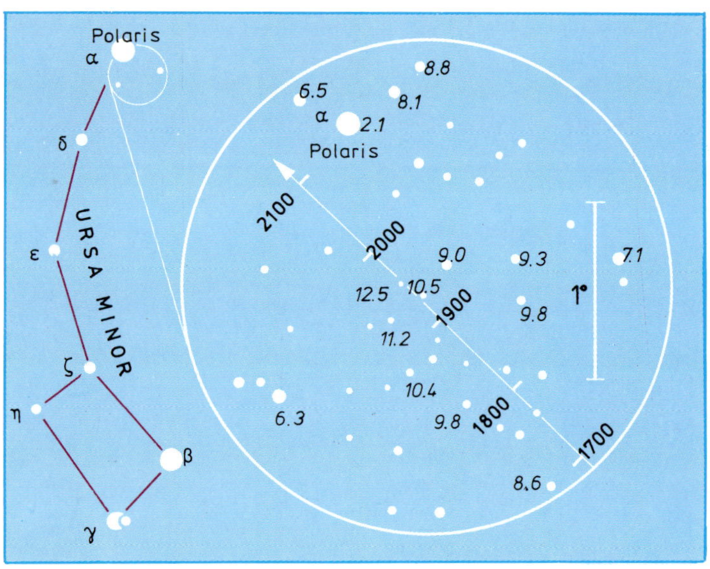

Die Position des nördlichen Himmelspols zwischen den Sternen ändert sich als Folge der *Präzessionsbewegung* der Erdachse. Im Jahre 2102 wird der Polarstern dem Pol am nächsten sein (27′31″). Die schwachen Sterne mit bekannter scheinbarer Helligkeit in der Umgebung des Pols (nördliche Polarsequenz) kann man zur Bestimmung der kleinsten, mit einem Fernrohr sichtbaren Sterngröße ausnützen.

Der planetarische Nebel NGC 6543 ist in einem Fernrohr mit kleiner Vergrößerung als verwaschener Stern zu sehen. Bei stärkerer Vergrößerung sieht man eine neblige Scheibe, etwa wie ein unscharfes Bild eines blaugrün gefärbten Sterns. Den Zentralstern mit $9^{m}_{,}5$ kann man auf dem hellen Hintergrund des Nebels nur schwer unterscheiden.

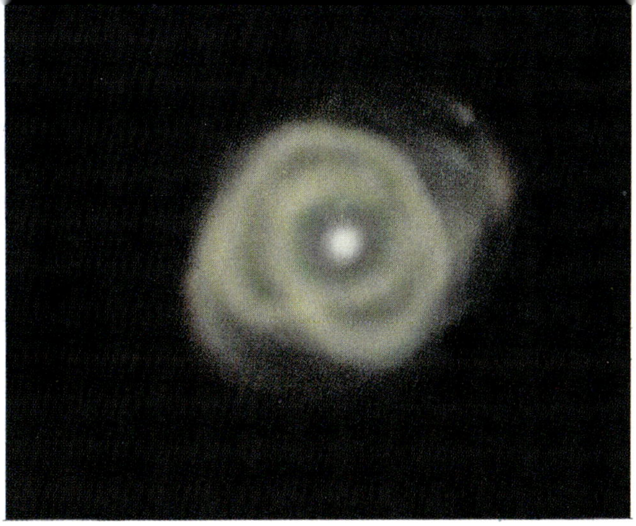

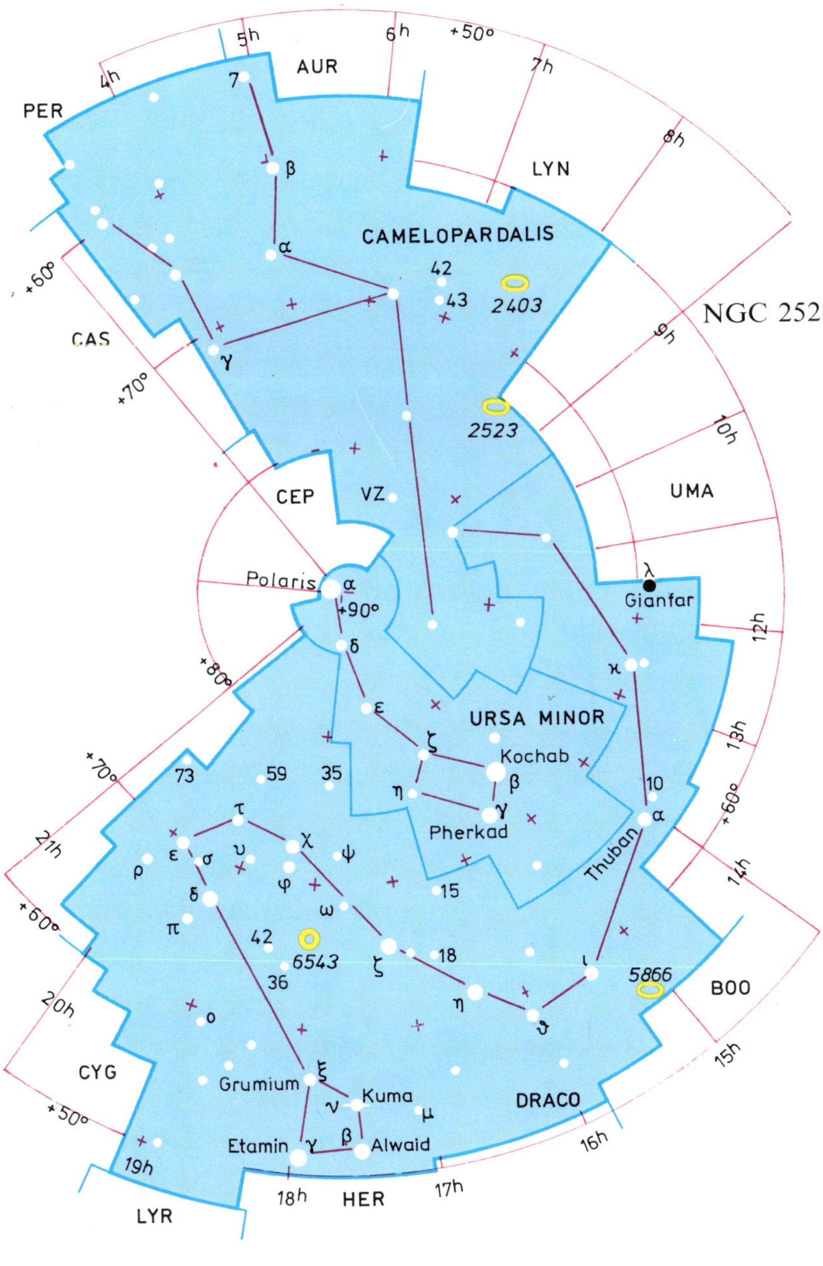

NGC 5866

NGC 252

NGC 2403

Cassiopeia

CAS

Cassiopeiae — Cas — Kassiopeia

Cepheus

CEP

Cephei — Cep — Kepheus

Cassiopeia (Detail). Astronomischer Kodex aus dem 14. Jahrhundert.

γ Cassiopeiae — Cih: unregelmäßiger veränderlicher Stern, Unterriese, Spektrum B0, im Jahre 1937 Maximum $1\overset{\mathrm{m}}{,}6$ — vom Stern trennte sich die Gashülle ab — dann Abnahme bis unter $3\overset{\mathrm{m}}{,}0$ im Jahre 1940 und weiter wiederum Anstieg auf $2\overset{\mathrm{m}}{,}2$. Entfernung etwa 100 Lj.

ρ Cassiopeiae: unregelmäßiger veränderlicher Stern, Maximum $4\overset{\mathrm{m}}{,}4$, Minimum $5\overset{\mathrm{m}}{,}1$ bis $6\overset{\mathrm{m}}{,}0$. Veränderungen des Spektrums von F8 bis M5. Entfernung etwa 200 Lj.

μ Cephei — Granatstern: auffallend rotorange gefärbt. Unregelmäßiger Veränderlicher, Schwankungen von $3\overset{\mathrm{m}}{,}7$ bis $5\overset{\mathrm{m}}{,}0$. Entfernungsschätzungen zwischen 800 und 1200 Lj. Roter Überriese, Durchmesser einige hundert Sonnen.

VV Cephei: bedeckungsveränderlicher Doppelstern, Variation von $6\overset{\mathrm{m}}{,}7$ bis $7\overset{\mathrm{m}}{,}4$. Spektrum M2 (roter Überriese) und B9. Der rote Überriese wurde einst als größter bekannter Stern (1600 Sonnen) angesehen, neuere Messungen ergaben jedoch einen wesentlich kleineren Durchmesser (etwa 400 Sonnen).

SN 1572 — Tychos Stern: im Maximum hell wie die Venus, Leuchtkraft 300 Millionen Sonnen, 16 Monate lang mit bloßem Auge sichtbar. Entfernung über 10 000 Lj. Überreste: Radiostrahlung, undeutlicher, expandierender Nebel; ein Stern, der Rest einer Supernova sein könnte, konnte nicht identifiziert werden.

M 52 — NGC 7654: reicher, offener Sternhaufen, enthält etwa 200 Sterne innerhalb von 12′. Berechnete Dichte: mehr als 50 Sterne im Kubikparsek am Zentrum des Sternhaufens. Entfernungsschätzungen von 3000 bis 5400 Lj. Wahrer Durchmesser 10 bis 15 Lj.

NGC 7635 — Nebel „Die Blase" (Nebenseite, Abb. links unten): benannt nach der ungewöhnlich geformten Gasausbuchtung, die an eine große Blase erinnert. Es könnte sich um einen untypischen planetarischen Nebel oder um den Rest einer ehemaligen Nova handeln.

NGC 147 und NGC 185: elliptische Galaxien, Begleiter des Andromedanebels M 31 (s. S. 122)

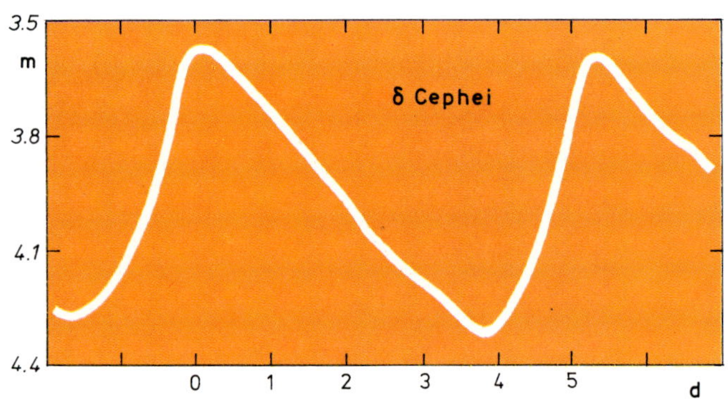

Lichtkurve des pulsierenden veränderlichen Sterns **δ Cephei**. Typischer Vertreter der kurzperiodischen Veränderlichen, der sogenannten Cepheiden. δ Cephei ist ein Überriese mit einer Größe von etwa 30 Sonnendurchmessern, im Maximum erreicht er die 3300fache Lichtstärke der Sonne; Entfernung des Sterns mehr als 1000 Lj. Variation zwischen $3\overset{\mathrm{m}}{,}6$ und $4\overset{\mathrm{m}}{,}3$, Periodenlänge 5 Tage, 8 Stunden, 48 Minuten. Über die Bedeutung der Cepheiden siehe Seite 223.

NGC 6946 (rechts): für visuelle Beobachtung schwaches Objekt von etwa $11^{\mathrm{m}},0$. Winkeldimensionen 9,0′ × 7,5′. Entfernungsschätzungen zwischen 10 und 20 Millionen Lj. Sie gehört zu den am nächsten gelegenen Galaxien nach der *Lokalen Gruppe.*

Offener Sternhaufen M 52 (unten)

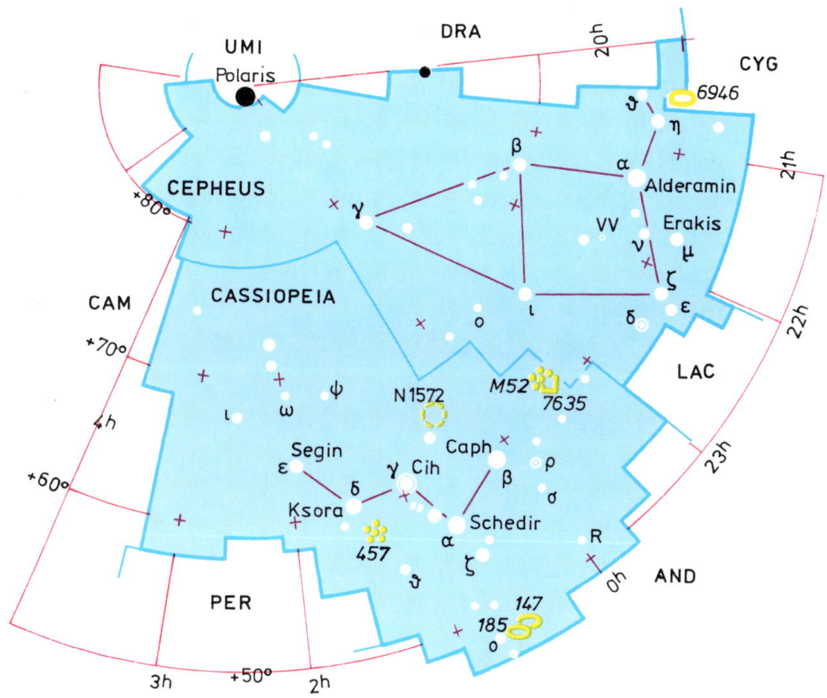

Cassiopeia A (unten): Rest einer Supernova aus der Zeit um etwa 1680, sehr intensive Radiostrahlungsquelle, Winkeldurchmesser etwa 4′, Entfernung ca. 11 000 Lj. Die Fasern des schwachen Nebels sind rot gezeichnet, Stellen, von denen eine starke Radiostrahlung ausgeht, sind mit blau sichtbar gemacht.

NGC 7635

Ursa Major

Ursae Majoris — UMa — Großer Bär
Großer Wagen

Der Große Wagen. P. Apianus, Quadrans, 1532.

Es gibt am ganzen Himmel keine bekanntere Sterngruppierung als den *Großen Wagen*, dessen Sterne den Polarstern und damit die Nordrichtung finden helfen. Der bekannte, aus sieben Sternen gebildete „Wagen" fällt auf den ersten Blick ins Auge: er ist jedoch nur ein Teil des gesamten Sternbilds des *Großen Bären*, dessen Konturen, aus kleineren Sternen gebildet, die Karte zeigt. Wir merken uns die „Schnauze", ο UMa, die „Vorderpranken", das Dreieck aus den Sternen ϑ, ι, κ und die „Hinterpranken", das Sterndreieck ψ, λ, μ.

Die sieben Sterne des Großen Wagens bilden ausnahmsweise keine zufällige Sterngruppe. Außer den Sternen Dubhe (α UMa) und Benetnash (η UMa) bewegen sich die verbleibenden fünf Sterne gemeinsam im Raum und bilden zusammen mit weiteren 12 Sternen an verschiedenen Stellen des Himmels einen Bewegungshaufen, den uns nächstgelegenen Sternhaufen. Das Zentrum des Sternhaufens Ursa Major ist von uns etwa 75 Lichtjahre entfernt und seine wahren Dimensionen betragen circa 30 Lichtjahre. Er bewegt sich im Raum mit einer Geschwindigkeit von etwa 14 km/s in Richtung zum Sternbild des Schützen. Die physikalischen Übereinstimmungen der Sterne im Haufen zeugen von ihrem gemeinsamen Ursprung. Eine ähnliche Formation sind die *Hyaden* im Sternbild des Stiers (s. S. 143).

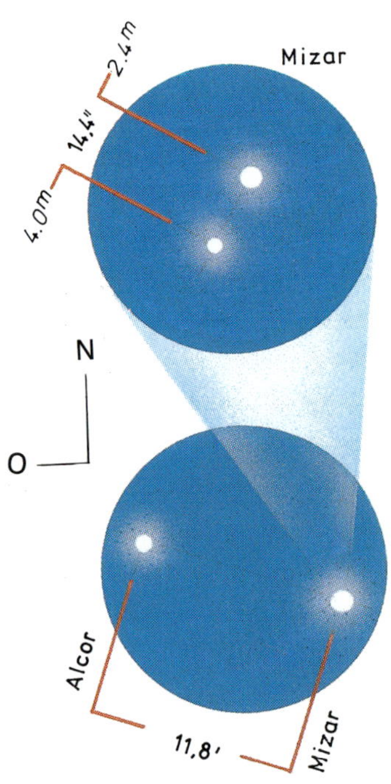

Mizar und **Alcor**, der bekannteste Mehrfachstern. Mit bloßem Auge sieht man zwei Sterne: den hellen Mizar (ζ UMa, $2^{m},4$) und 11,8′ östlich von ihm den schwächeren Alcor (80 UMa, $4^{m},0$). Mit einem kleinen Fernrohr unterscheidet man bei Mizar zwei Komponenten, $2^{m},4$ und $4^{m},0$, die 14,4″ voneinander entfernt sind. Mizar war der erste bekannte Doppelstern — Riccioli, 1650. Die hellere Komponente von Mizar war auch der erste bekannte spektroskopische Doppelstern — Pickering, 1889. Die schwächere Komponente besteht sogar aus drei nahe beieinanderliegenden Sternen. Mizar ist 88 Lichtjahre entfernt. Auch Alcor ist ein spektroskopischer Doppelstern; von Mizar ist er 1/4 Lichtjahr entfernt, und zusammen mit ihm teilt er die Bewegungen mit den übrigen Sternen des Sternhaufens Ursa Major.

M 101 — NGC 5457: eines der schönsten Beispiele einer Galaxie des Typs Sc mit deutlichen Spiralarmen. Entfernung 15 Millionen Lj, Winkeldurchmesser 20′, wahrer Durchmesser etwa 90 000 Lj.

M 97 — NGC 3587 — „Eulennebel“ (unten): ein planetarischer Nebel. Winkeldurchmesser 3′, geringe Flächenhelligkeit. Entfernung ungewiß, Schätzungen bewegen sich zwischen 1600 und 10 000 Lj. Der Zentralstern hat eine Oberflächentemperatur von etwa 85 000 K.

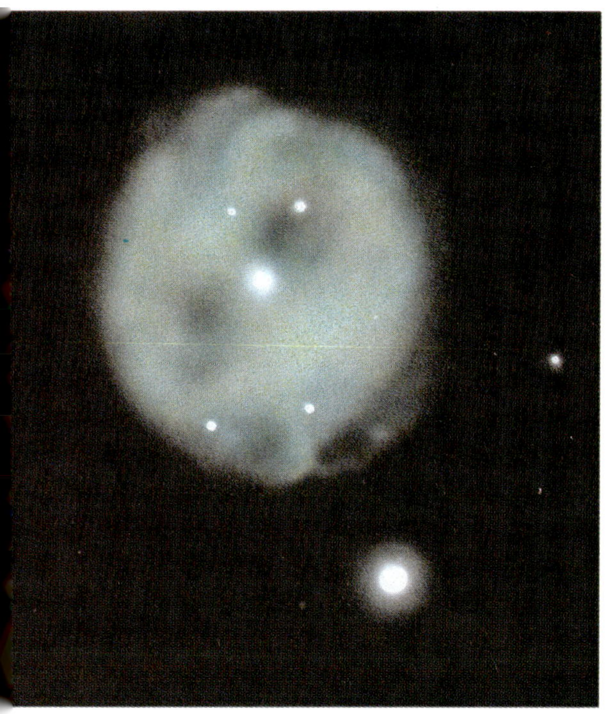

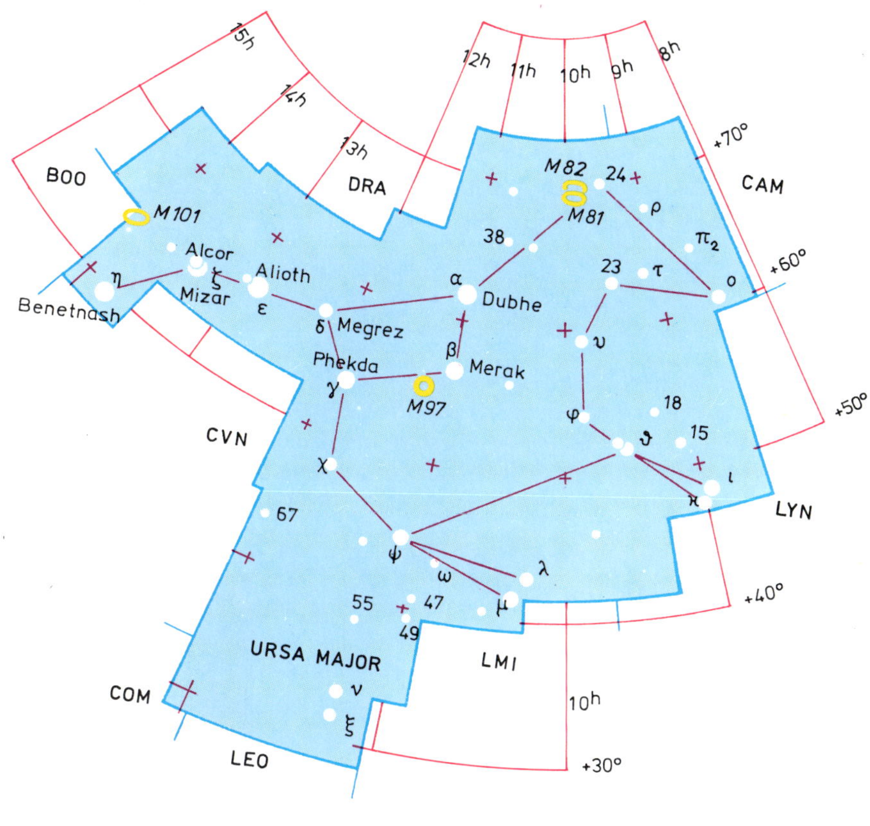

Der Große Bär. Cellarius, Harmonia Macrocosmica, 1763.

UMA

Galaxiengruppe im Sternbild Ursa Major

Im Sternbild des Großen Bären befindet sich die wohl nächste Galaxiengruppe außerhalb der Grenzen der Lokalen Gruppe. Den Kern dieser Gruppe bildet das Galaxienpaar M 81 und M 82 (nebenstehende Seite, Abb. links); Winkelentfernung 38′, gut sichtbar auch mit kleinen Fernrohren. Die Gruppe hat etwa zwölf Mitglieder und ist ungefähr neun Millionen Lichtjahre entfernt.

M 81 — NGC 3031 (rechts unten): in einem kleinen Fernrohr sieht man den mächtigen Kern der Galaxie als ovales Nebelwölkchen. Auf Photographien treten die bewundernswert symmetrischen Spiralarme hervor, die in unzählige Sternwolken zerfallen. Ströme dunkler interstellarer Materie heben die Spiralstruktur auch im Inneren des zentralen Teils der Galaxie hervor. Die Winkeldimensionen der Galaxie M 81 sind 18′ × 10′, der wahre Durchmesser etwa 36 000 Lj, die Leuchtkraft ist die 20 milliardenfache Sonnenleuchtkraft, Gesamtmasse etwa 250 Milliarden Sonnenmassen.

M 82 — NGC 3034 (rechts oben): helle unregelmäßige Galaxie mit Spindelkontur und einer ungewöhnlichen Struktur. Sie ist durch Ströme dunkler interstellarer Materie in viele Nebenflecken gegliedert. M 82 ist eine intensive Radiostrahlungsquelle und hat ein starkes Magnetfeld. Auf Photographien der größten Fernrohre sieht man deutlich ein System von Fasern, die vom Zentrum der Galaxie ausgehen. Dieses Fasermaterial mit einer Masse von etwa fünf Millionen Sonnenmassen expandiert vom Zentrum mit einer Geschwindigkeit von fast 1000 km/s! Die Winkeldimensionen von M 82 sind 7′ × 1,5′, der wahre Durchmesser etwa 16 000 Lj, die Gesamtmasse beträgt 50 Milliarden Sonnenmassen. Die Entfernung zwischen M 81 und M 82 beträgt etwa 100 000 Lichtjahre. Radioastronomische Beobachtungen haben gezeigt, daß beide Galaxien durch eine große Wolke von intergalaktischem Gas verbunden sind. Es ist möglich, daß vor Hunderten von Millionen Jahren M 82 in die Nähe der viel massereicheren Galaxie M 81 gelangt war, so daß diese durch ihre Gravitationswirkung die außergewöhnlichen Erscheinungen verursacht haben konnte, die man heute bei M 82 beobachtet.

Karte des zentralen Teils der Gruppe M 81 und zwei ihrer Mitglieder. Die ungewöhnliche elliptische Galaxie **NGC 3077** (in der Mitte) hat die Größenklasse 11, einen Winkeldurchmesser von 2,6′ und „Zwerg"-Dimensionen: ihr Durchmesser beträgt lediglich 6000 Lj. Ähnliche Dimensionen hat auch die außergewöhnliche Galaxie **NGC 2976** (rechts), die keine merkliche Spiralstruktur aufweist.

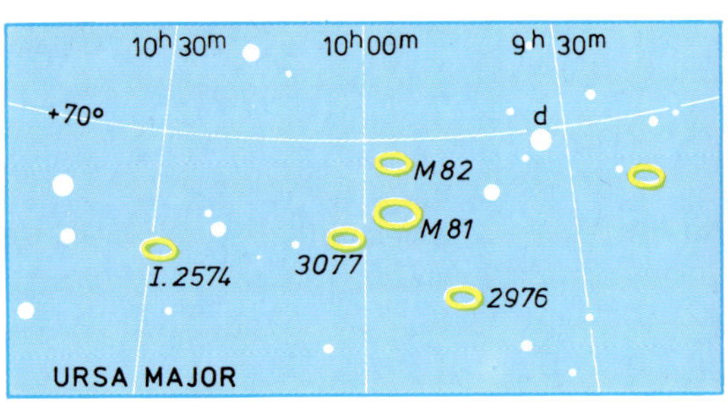

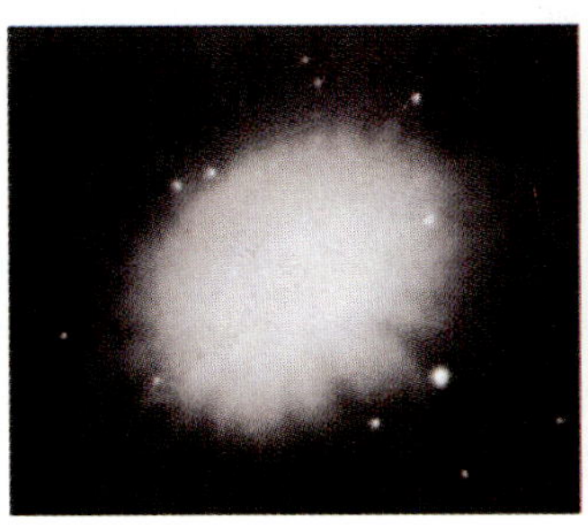

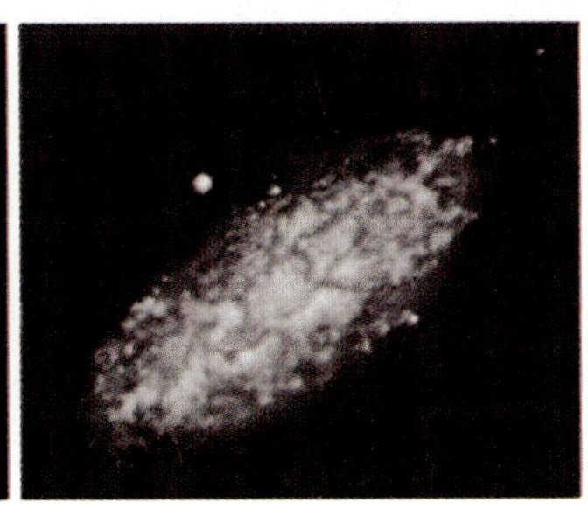

CVN Canes Venatici

Canum Venaticorum — CVn —
Jagdhunde

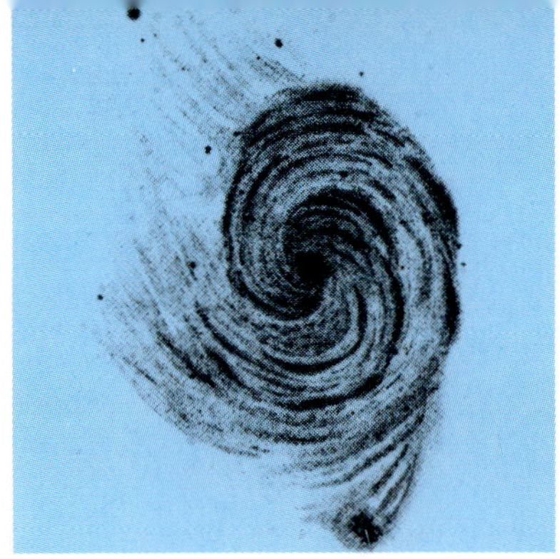

Die Galaxie M 51
nach Beobachtungen von Lord Rosse.
Littrow, Himmelsatlas, 1854.

M 3 — NGC 5272 (nebenstehende Seite): einer der reichsten und schönsten kugelförmigen Sternhaufen, der mit einem Fernglas zu sehen ist. Winkeldurchmesser in einem kleinen Fernrohr 10′, auf Photographien bis 20′. Entfernung zwischen 35 000 und 40 000 Lj, der Durchmesser des Sternhaufens beträgt etwa 220 Lj. Das System enthält mindestens eine halbe Million Sterne, und ihr Alter wird auf 10 Milliarden Jahre geschätzt.

M 94 — NGC 4736 (nebenstehende Seite): eine helle, kompakte Galaxie mit fast kreisförmigem Umriß, sichtbar auch mit einem kleinen Fernrohr. Der helle Kern hat einen Winkeldurchmesser von etwa 30″, die Spiralstruktur ist im Durchmesser über 8′ feststellbar. Entfernung etwa 20 Millionen Lj, wahrer Durchmesser etwa 33 000 Lj.

M 51 — NGC 5194 (nebenstehende Seite rechts): Spiralgalaxie, die erste, bei der die Spiralstruktur entdeckt wurde (Lord Rosse, 1845). M 51 ist eine der nächsten und hellsten Galaxien mit auffallender Spiralstruktur, vom Typ Sc nach der *Hubbleschen Klassifikation.* Visuelle Helligkeit $8^{m}_{,}0$, Winkeldurchmesser 10′, wahrer Durchmesser über 100 000 Lj, Entfernung etwa 35 Millionen Lj. Interessant ist auch die Satellitengalaxie NGC 5195, die mit dem Nordende eines Spiralarms der Galaxie M 51 verbunden zu sein scheint. Der „Satellit“ liegt jedoch in Wirklichkeit im Hintergrund und ist zum Teil von dunklen Staubwolken im Spiralarm von M 51 verdeckt. Das heutige Bild ist das Ergebnis der gegenseitigen Beeinflussung der beiden Galaxien, NGC 5194 und NGC 5195, die sich vor einigen hundert Millionen Jahren stark angenähert haben. Dabei kam es zu einer Formveränderung bei M 51 und zu einer Öffnung der Spiralarmenden. Die durch die Gravitationswirkung von NGC 5194 stark deformierte kleinere Galaxie NGC 5195 entfernt sich nun von unserer Galaxie in den Hintergrund. Zu erwartende Begegnungen oder Zusammenstöße von Galaxien, ihren Verlauf und ihre Folgen kann man heute auf leistungsfähigen Rechnern darstellen.

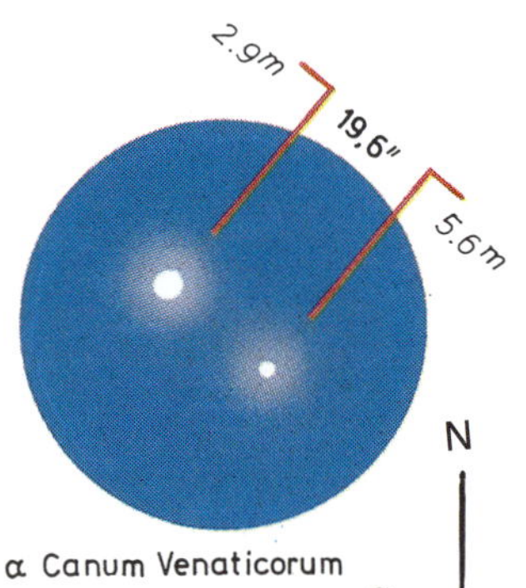

α CVn — Cor Caroli (Karls Herz): bennant zu Ehren des englischen Königs Charles II. Einer der von Amateuren bevorzugtesten Doppelsterne. Entfernung 120 bis 135 Lj, die Leuchtkraft der Komponenten ist die 80- und 7fache Sonnenleuchtkraft.

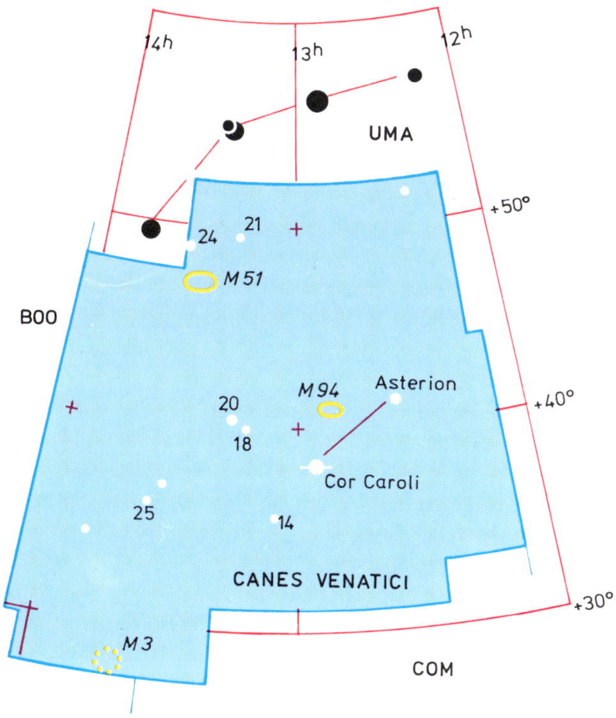

Rechts: Die bekannte **Whirlpool-Galaxie** findet man etwa 3,5° südwestlich des Sterns η UMa. Ein kleines Fernrohr zeigt ein Nebelwölkchen mit einem hellen Zentrum.

NGC 5272

NGC 4736

B Herbststernbilder

Fische (Detail). Astronomischer Kodex aus dem 14. Jahrhundert.

Die Unterteilung der Sternbilder in vier Gruppen nach den Jahreszeiten dient der raschen Orientierung. Sie zeigt, welche von ihnen in der gegebenen Jahreszeit fast die ganze Nacht hindurch sichtbar sind. Die Angaben beziehen sich auf die nördliche Halbkugel.

Den herbstlichen Sternenhimmel beherrscht das *Pegasus-Viereck*, bestehend aus den Sternen α, β und γ Pegasi und dem Stern Sirrah aus dem benachbarten Sternbild Andromeda. Wenn man zum Viereck die Sterne Mirach und Alamak aus der *Andromeda* und den Stern Algol aus dem *Perseus* hinzufügt, erhält man eine Figur, die auffallend der vergrößerten Konstellation der sieben Sterne ähnelt, die den Großen Wagen (S. 107) bilden. Von dieser Figur gehen wir bei unserer Orientierung aus. Über ihr steht das auffallende „W" der *Cassiopeia*, südlich unter der Andromeda liegen zwei kleine Sternbilder: *Triangulum* (Dreieck) und *Aries* (Widder).

Das Pegasus-Viereck reicht mit seiner südöstlichen Ecke in das offene „V" des Sternbilds *Pisces* (Fische), und dieses V zielt wie ein Pfeil auf das Zentrum des ausgedehnten Sternbilds *Cetus* (Walfisch). Westlich davon liegt das unauffällige Sternbild *Aquarius* (Wassermann), das man sich am besten nach seiner Dreieck-Sterngruppe am Äquator merkt.

Auf der südlichen Halbkugel wird man in erster Linie versuchen, die hellsten Sterne, d. h. Fomalhaut im Sternbild *Piscis Austrinus* (Südlicher Fisch) und Achernar im *Eridanus* zu finden. Mit dem Stern Canopus aus dem Sternbild *Carina* (Schiffskiel, s. S. 202) bilden sie ein auffallendes, ungefähr auf einer Geraden liegendes Dreigestirn, das die Orientierung erleichtert. Südlich von Fomalhaut liegt das schöne Sternbild *Grus* (Kranich). Die unauffälligen Bilder *Fornax* (Chemischer Ofen) und *Sculptor* (Bildhauer) erkennt man nur bei sehr guten Beobachtungsbedingungen.

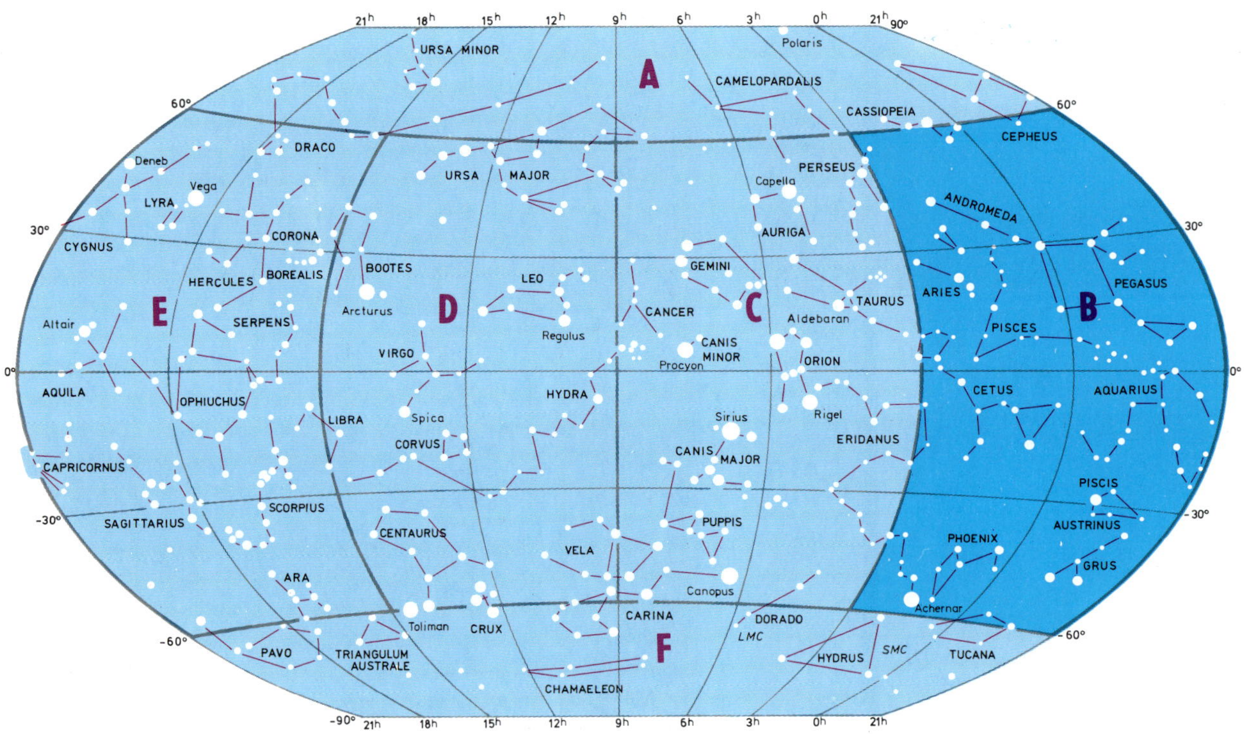

χ, h
Cih
60°
PERSEUS
CASSIOPEIA
CEPHEUS
50°
Deneb
Algol
Alamak
M 31
40°
LACERTA
CYGNUS
ANDROMEDA
Mirach
TRIANGULUM
30°
Sirrah
β
Hamal
20°
ARIES
γ
α
PEGASUS
ecliptica
10°
Enif
PISCES
EQUULEUS
3h
2h
1h
0h
23h
22h
21h
Mira
-10°
Deneb Kaitos
-20°
CETUS
AQUARIUS
CAPRICORNUS
-30°
Fomalhaut
MICROSCOPIUM
PISCIS AUSTRINUS
FORNAX
SCULPTOR
-40°
ERIDANUS
-50°
HOROLOGIUM
PHOENIX
GRUS
RETICULUM
Achernar
-60°
INDUS
TUCANA

Andromeda

Andromedae — And — Andromeda

Triangulum

Trianguli — Tri — Dreieck

Andromeda (Detail). Astronomischer Kodex aus dem 14. Jahrhundert.

In dieser Region fallen besonders die beiden bekanntesten Galaxien der Lokalen Gruppe auf. M 31 in der Andromeda (s. S. 122) und M 33 im Sternbild Triangulum.

M 33 — NGC 598 (Nebenseite oben): Typ Sc. Visuell ein kaum sichtbarer Nebelfleck mit ungefähr dem Winkeldurchmesser des Mondes. Schwer zu beobachten wegen der geringen Flächenhelligkeit. Auf Photographien hat M 33 eine Winkelausdehnung von etwa 60′ × 35′. Vom kleinen, hellen Kern gehen die beiden mächtigen Hauptspiralarme und einige Nebenarme aus. Auf Aufnahmen mit größeren Fernrohren erscheinen die Arme in Sternwolken aufgelöst, und man kann verschiedenartige Objekte darin erkennen, die auch in unserer Galaxie vorkommen: veränderliche Sterne, offene und kugelförmige Sternhaufen, Nebel usw. M 33 liegt in einer Entfernung von 2,4 Millionen Lj, der Durchmesser beträgt etwa 60 000 Lj, die Gesamtleuchtkraft ent-

NGC 7662 (Nebenseite, links unten): heller planetarischer Nebel, mit einem kleinen Fernrohr als nebliger Stern sichtbar. Mit einem größeren Instrument sieht man einen schwach leuchtenden Ring mit einem Zentralstern. Winkeldimensionen 32″ × 28″, Entfernung ungewiß, wird mit 1800 bis 5600 Lj angegeben; dem entspräche ein wahrer Durchmesser von 20 000 bis 50 000 AE.

NGC 891 (Nebenseite, rechts unten): Beispiel für eine Spiralgalaxie, die wir von der Seite sehen, mit einem markanten Band dunkler interstellarer Materie entlang der Hauptebene. Winkeldimensionen 12′ × 1′, Entfernung etwa 43 Millionen Lj, wahrer Durchmesser mehr als 120 000 Lj.

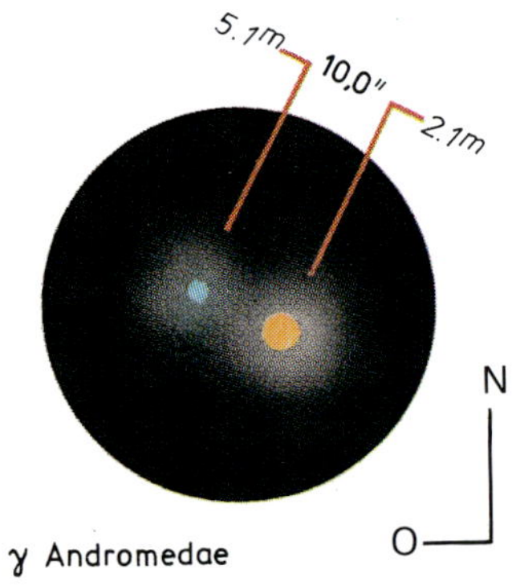

γ Andromedae-Alamak: einer der schönsten farbigen Doppelsterne für Beobachtungen mit einem kleinen Fernrohr. Entfernung etwa 260 Lj. In Wirklichkeit ist es ein Vierfachstern; zwei der Komponenten sind spektroskopische Doppelsterne.

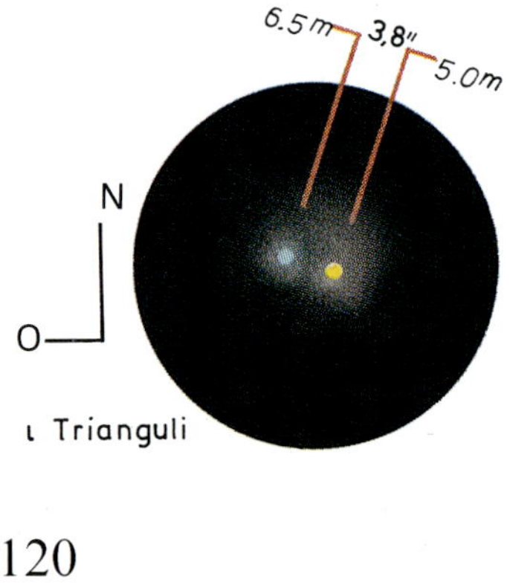

ι Trianguli: auffallender Farbenkontrast. Entfernung des Doppelsterns etwa 200 Lj. Beide Komponenten sind spektroskopische Doppelsterne.

M 33 — NGC 598

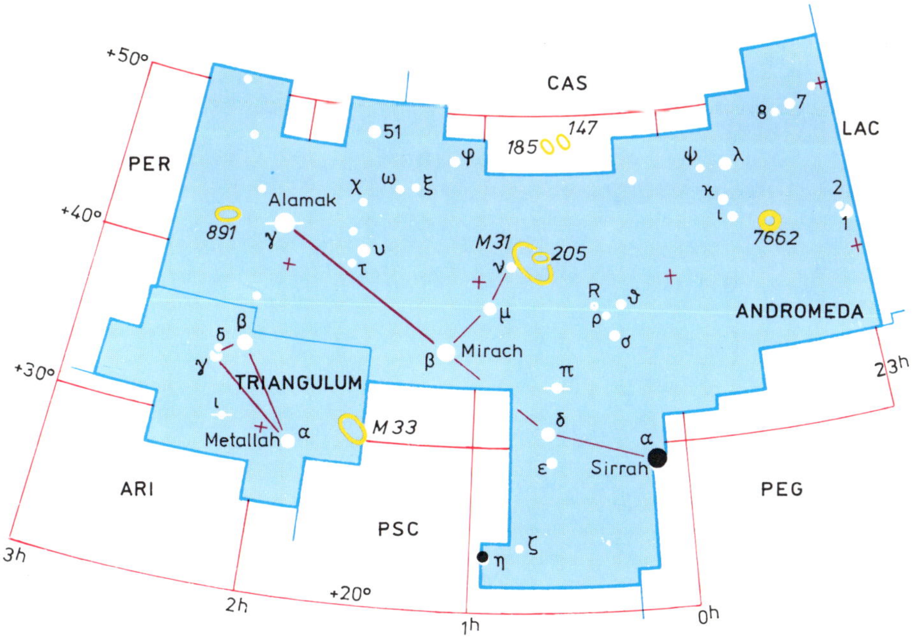

Die Galaxie M 33 steht im Dreieck in der Nähe der Verbindungslinie der Sterne α Tri und β And. Zweckmäßig ist ein Fernrohr mit kleiner Vergrößerung und einem großen Gesichtsfeld; die Beobachtungsbedingungen müssen sehr gut sein (dunkler Himmel).

NGC 7662

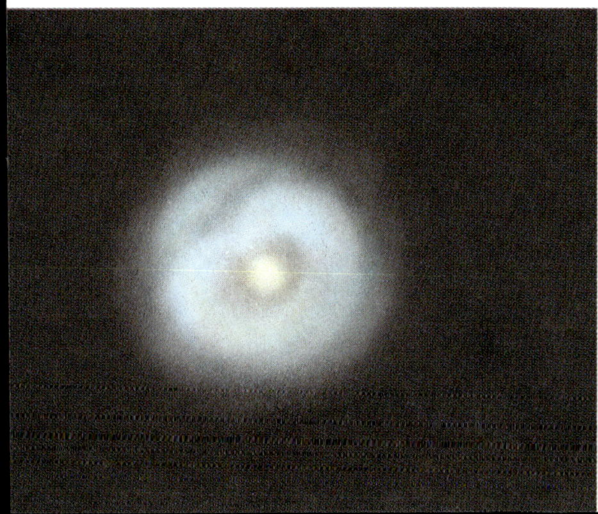

NGC 891

Galaxien in der Andromeda

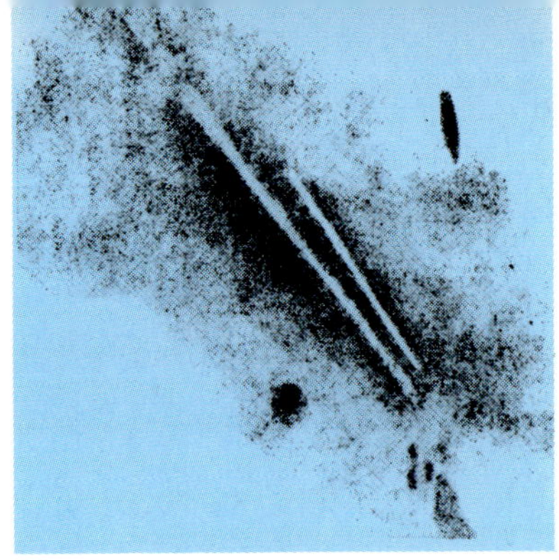

Die Galaxie M 31 in der Andromeda nach Beobachtungen von W. Bond (um 1850).

M 31 — NGC 224 (große Abb. rechts): Typ Sb, ist zweifellos die bekannteste Galaxie ihrer Art am nördlichen Himmel, die ohne Schwierigkeiten mit bloßem Auge oder mit einem Fernglas sichtbar ist. Zur visuellen Beobachtung dient am besten ein Fernrohr mit Weitwinkelokular und kleiner Vergrößerung. In der älteren Literatur wird M 31 als *Großer Andromedanebel* angeführt, heute wird er zutreffender als *Große Galaxie in der Andromeda* bezeichnet. Mit der Entfernungsbestimmung im Jahre 1923 — mit Hilfe pulsierender Cepheiden — (s. S. 223) gelang es E. Hubble, die wahre Natur der sogenannten Spiralnebel zu enthüllen. M 31 ist der nächstgelegene Spiralnebel, das größte Mitglied der Lokalen Galaxiengruppe, und eine der größten bekannten Galaxien überhaupt. Entfernung 2,2 Millionen Lj, Winkeldurchmesser nach Photographien 160′ × 40′, wahrer Durchmesser 110 000 Lj. Die äußeren, kaum sichtbaren Regionen reichen bis zu einem Durchmesser von 4,5°, was einem wahren Durchmesser von 180 000 Lj entspricht. Die helle Zentralregion von M 31, die an eine elliptische Galaxie erinnert, hat einen Durchmesser von 12 000 Lj; im Zentrum dieser Region befindet sich der eigentliche dichte Kern mit einem Durchmesser von 50 Lj, der 10 Millionen Sterne enthält. Auf den besten Aufnahmen kann man einzelne Sterne in M 31 unterscheiden, allerdings nur die lichtstärksten Sternriesen. Ein Stern wie unsere Sonne hätte bei dieser Entfernung die scheinbare Größe 29^{m},1. Unsere heutige Beobachtungstechnik reicht noch nicht aus, um ein so lichtschwaches Objekt zu registrieren.

Satellitengalaxien: mit M 31 sind vier Zwerggalaxien mit den Katalognummern NGC 221, 205, 185 und 147 gravitativ verbunden.

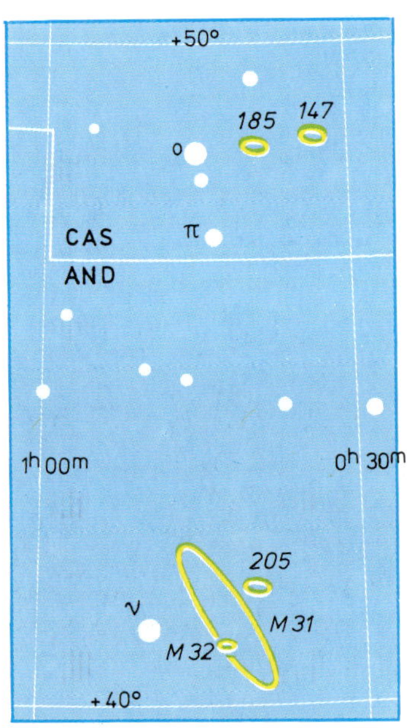

Lage der 4 *Satellitengalaxien* bei M 31. 24′ südlich des Kerns von M 31 befindet sich die Galaxie **M 32 — NGC 221**, 9^{m},5, 3,6′ × 3,1′, Durchmesser 2400 Lj. 35′ nordwestlich des Kerns liegt die elliptische Galaxie **NGC 205**, 10^{m},8, 8,0′ × 3,0′, Durchmesser 5400 Lj. Etwa 7° nördlich, im Sternbild Cassiopeia, sind die Galaxien **NGC 185**, 11^{m},8, 3,5′ × 2,8′, Durchmesser 2300 Lj (kleine Abb. rechts) und **NGC 147**, 12^{m},1, 6,5′ × 3,8′, Durchmesser 4400 Lj (kleine Abb. auf nebenstehender Seite) zu sehen.

Pegasus

Pegasi — Peg — Pegasus

Pegasus. Astronomischer Kodex aus dem 14. Jahrhundert.

β Pegasi — Scheat: unregelmäßig Veränderlicher, ein roter Riese. Lichtvariation von $2^{m},1$ bis $3^{m},0$. Entfernung 210 Lj, Durchmesser bis 160 Sonnendurchmesser, Oberflächentemperatur 3100 K, die Masse beträgt fünf Sonnenmassen.

M 15 — NGC 7078: auffallender, heller Kugelsternhaufen, $6^{m},5$, scheinbarer Durchmesser 12′. Entfernung 34 000 bis 39 000 Lj, Durchmesser etwa 130 Lj.

NGC 7479 (Nebenseite, links oben): ein schönes Beispiel für eine Balkenspirale, Typ SBb. Schwaches Objekt, $11^{m},8$, Winkeldimensionen 3,2′ × 2,5′.

NGC 7814 (Nebenseite, rechts unten): eine genau „von der Seite" beobachtete Galaxie mit einem auffallenden Band dunkler interstellarer Materie entlang der Äquatorebene der Galaxie. Typ Sa/Sb, $12^{m},0$, Winkeldimensionen 1,0′ × 5,0′.

NGC 7331 (unten): Spiralgalaxie des Typs Sb, mit Dimensionen und Struktur, die unserer Galaxie ähneln. Winkeldimensionen etwa 10′ × 2,5′, $10^{m},0$, Entfernung ungefähr 50 Millionen Lj, Rotverschiebung 1050 km/s. Die Gesamtmasse wird auf 140 Milliarden Sonnenmassen geschätzt.

Stephans Quintett (Nebenseite, in der Mitte): eine Gruppe von fünf Galaxien, deren einige durch „Brücken" intergalaktischer Materie verbunden sind. Überraschend sind die sehr unterschiedlichen Rotverschiebungen der einzelnen Mitglieder — bis mehrere hundert km/s. Wahrscheinlich handelt es sich um eine expandierende oder zerfallende Gruppe.

NGC 7331

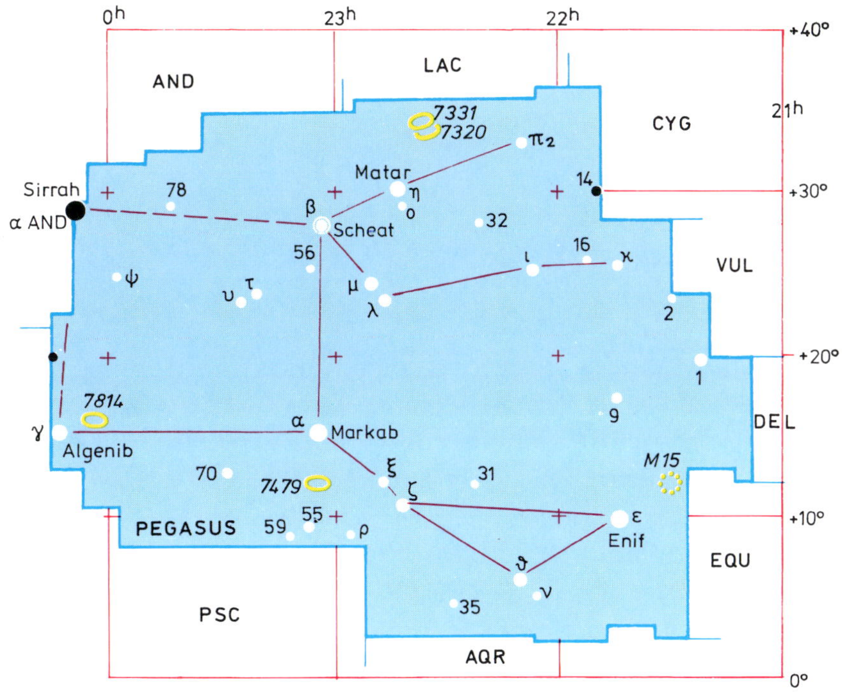

NGC 7479

Stephans Quintett (rechts): Galaxiengruppe, bestehend aus NGC 7320 (die größte Galaxie im Bild) und NGC 7317, 7318 A und B sowie 7319. NGC 7320 hat eine Rotverschiebung von 770 km/s, die übrigen vier Mitglieder um 5800 km/s.

NGC 7814

Widder (Detail). Astronomischer Kodex aus dem 14. Jahrhundert.

ARI

Aries

Arietis — Ari — Widder

PSC

Pisces

Piscium — Psc — Fische

Van Maanens Stern: ein bemerkenswerter weißer Zwerg, entdeckt von A. van Maanen im Jahre 1917. Scheinbare Größe $12^m,4$, Entfernung nur 13,8 Lj, Leuchtkraft 1/5800 der Sonnenleuchtkraft, Oberflächentemperatur 6000 K. Einer der kleinsten bekannten Sterne überhaupt, sein berechneter Durchmesser ist etwa 12 500 km, was etwa dem Erddurchmesser entspricht. Die Masse dieses Sterns ist jedoch mit der der Sonne vergleichbar, so daß seine Dichte fast eine Million Mal größer ist als die Dichte des Wassers, d. h. etwa eine Tonne pro cm^3. Die Anziehungskraft auf der Oberfläche dieses Sterns ist 50 000mal größer als auf der Erdoberfläche.

γ Arietis — Mesarthim (unten): einer der bekanntesten Doppelsterne, mit kleinen Fernrohren leicht beobachtbar. Entfernung 160 Lj, Gesamtleuchtkraft etwa 50 Sonnen.

ζ Piscium (ganz unten): ein hübscher Doppelstern für kleine Fernrohre. Spekfren A5 und F6, Leuchtkraft der helleren Komponente etwa 8 bis 10 Sonnen. Entfernung 140 Lj.

Der **Frühlingspunkt** ist kein kosmisches Objekt, er sollte jedoch erwähnt werden, wenn wir das Sternbild Fische behandeln. Die Lage dieses wichtigen Schnittpunkts des Himmelsäquators mit der Ekliptik ist aus der beiliegenden Karte zu ersehen. Der Frühlingspunkt hat am Himmel eine ähnliche Funktion wie der Meridian von Greenwich auf der Erde: er dient als *Nullpunkt* eines Koordinatensystems zur Angabe der genauen Positionen von Punkten auf der Sphäre (S. 224). Im Frühlingspunkt steht die Sonne einmal im Jahr, am Tag des *Frühlingsäquinoktiums.*

Der Frühlingspunkt verschiebt sich langsam auf der Ekliptik infolge der Präzession der Erdachse; vor 2000 Jahren lag er im benachbarten Sternbild des Widders — daher auch „Widderpunkt“ genannt.

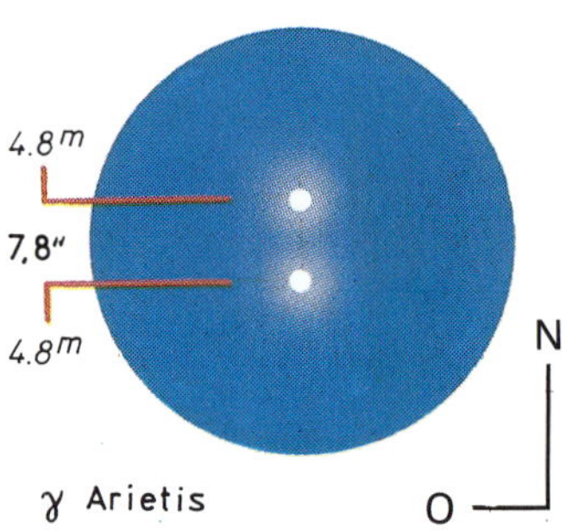

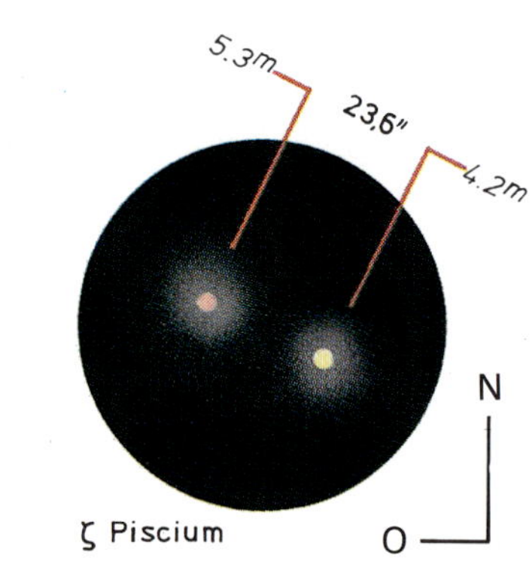

α Piscium — Al Rischa (rechts): ein immer schwerer zu beobachtender Doppelstern wegen des abnehmenden Winkelabstands seiner Komponenten. $4^m,3$ und $5^m,2$, Spektren A2 und A3, Periode etwa 720 Jahre, Durchgang durch das Periastron im Jahre 2060. Entfernung des Doppelsterns etwa 130 Lj.

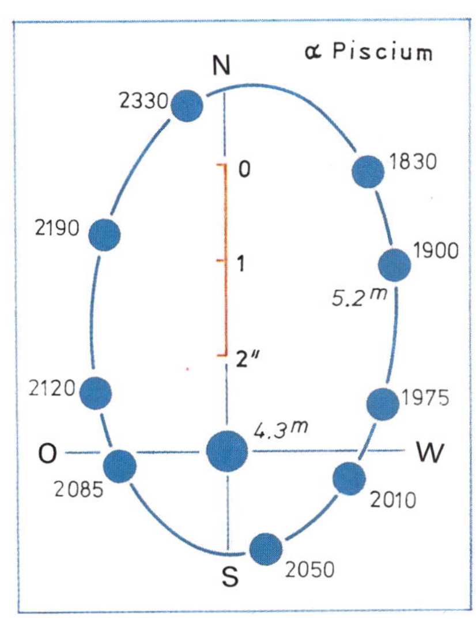

M 74 — NGC 628 (rechts): große Spiralgalaxie des Typs Sc. $11^{\mathrm{m}}\!,0$, Winkeldimensionen 10,6′ × 9,0′. Angaben über die Entfernung bewegen sich bei verschiedenen Autoren und je nach der angewandten Methode zwischen 25 und 42 Millionen Lichtjahren.

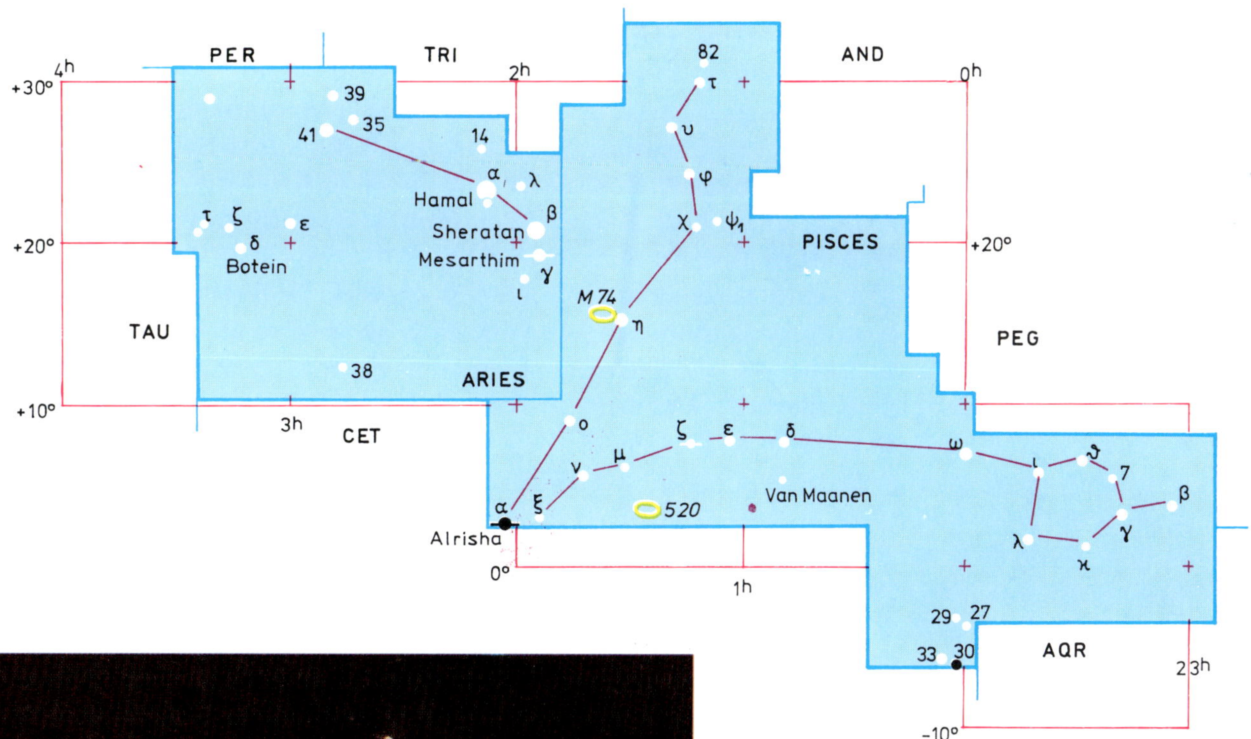

NGC 520 (links): diese ungewöhnlich geformte Galaxie wirft wahrscheinlich Materie aus. $12^{\mathrm{m}}\!,4$, Winkeldimensionen 3,0′ × 0,7′.

AQR

Aquarius

Aquarii — Aqr — Wassermann

CAP

Capricornus

Capricorni — Cap — Steinbock

Steinbock.
P. Apianus, Quadrans, 1532.

NGC 7293 — Helix: der größte und wahrscheinlich auch der nächstgelegene planetarische Nebel. Winkeldimensionen 12′ × 16′ — die Hälfte des scheinbaren Monddurchmessers. Der Nebel schließt wie eine Hülle einen außerordentlich heißen Zentralstern ein — einen Zwerg mit einer Temperatur von über 100 000 K und der Größe $13\overset{\mathrm{m}}{,}0$. Die neuesten Angaben über die Entfernung des Nebels bewegen sich zwischen 160 und 450 Lj. Der wahre Durchmesser ist etwa 1,75 Lj (für eine Entfernung von 450 Lj), die Gesamtmasse des Nebels beträgt ungefähr $^{1}/_{10}$ der Sonnenmasse.

NGC 7009 — Saturnnebel (nebenstehende Seite links unten): heller planetarischer Nebel $8\overset{\mathrm{m}}{,}0$, den Lord Rosse nach charakteristischen Ausläufern an den Seiten der hellen Scheibe so benannte. Winkeldimensionen 30″ × 26″, die hellen Kondensationen an den Enden der Ausläufer sind 44″ voneinander entfernt. Der Zentralstern ist ein blauer Zwerg mit einer Oberflächentemperatur von 55 000 K. Entfernung des Saturnnebels ist etwa 3900 Lj, sein wahrer Durchmesser 0,5 Lj.

R Aquarii (nebenstehende Seite rechts unten): stark veränderlicher, von einem Nebel umhüllter Stern. Er ist ein roter Riese mit einem Durchmesser von 2 bis 4 AE, der seine Helligkeit unregelmäßig von $6\overset{\mathrm{m}}{,}0$ bis $11\overset{\mathrm{m}}{,}0$ bei einer Durchschnittsperiode von 387 Tagen ändert. Temperatur im Maximum 2300 K. Entfernung 850 Lj, wahrscheinlich ein enger Doppelstern. Der Stern verliert Materie von seiner Oberfläche. Er ist in eine Gas- und Staubwolke mit einem scheinbaren Durchmesser von 2′ gehüllt. Der Nebel verändert sich, er expandiert.

M 2 — NGC 7089: heller Kugelsternhaufen, $6\overset{\mathrm{m}}{,}0$, scheinbarer Durchmesser 11′. Entfernung 50 000 Lj, wahrer Durchmesser etwa 150 Lj. Enthält ungefähr 100 000 Sterne.

α Capricorni — Gredi (Detail bei der Karte auf nebenstehender Seite): mit bloßem Auge leicht zu unterscheidender optischer Doppelstern. Die Sterne bilden kein physisches System. Der hellere Stern α2 ist etwa 100 Lj entfernt, der schwächere Stern α1 ungefähr fünfmal so weit.

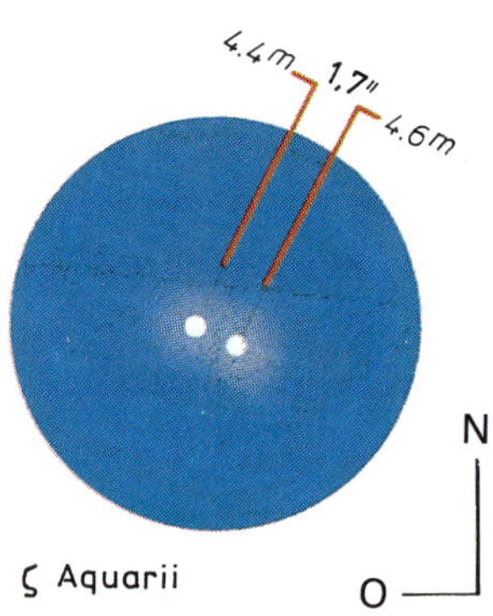

ζ Aquarii: schöner Doppelstern, geeignetes Testobjekt für kleinere Fernrohre. Entfernung 75 Lj, wahre Entfernung der Komponenten 100 AE.

Die hellsten Partien des Nebels **NGC 7293 — Helix** haben das Aussehen zweier Spiralwindungen (links und oben). Das Objekt hat eine sehr kleine Flächenhelligkeit und kann mit einem Fernrohr mit Weitwinkelokular und kleiner Vergrößerung am besten beobachtet werden.

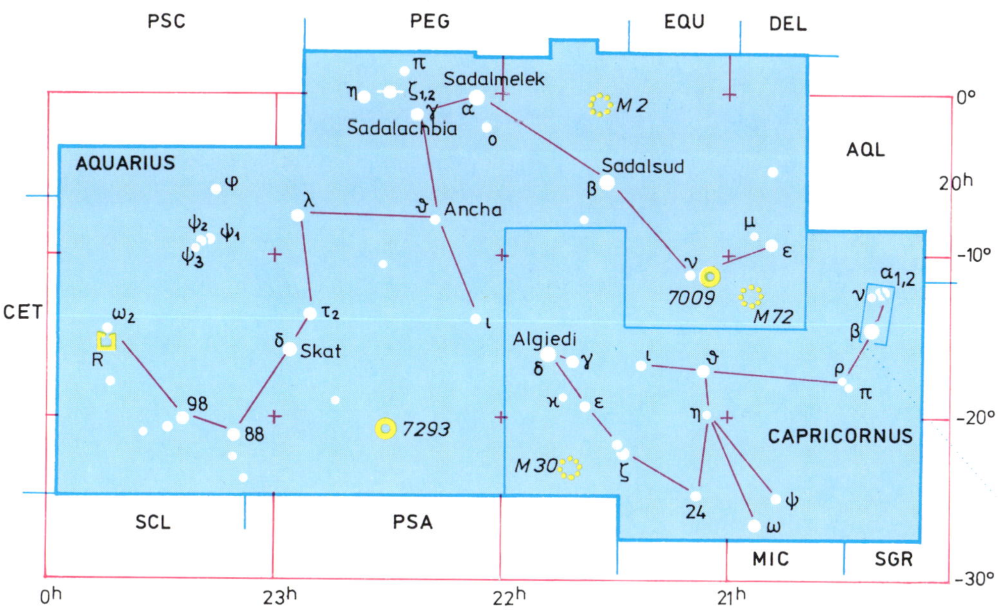

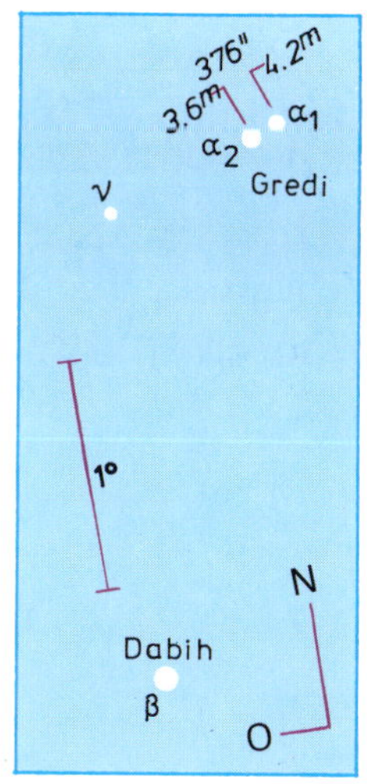

NGC 7009 — Saturn

R Aquarii

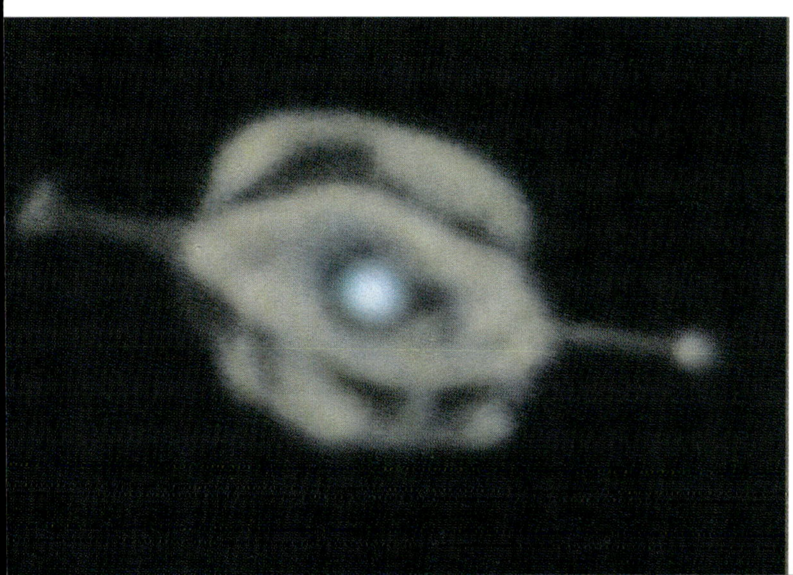

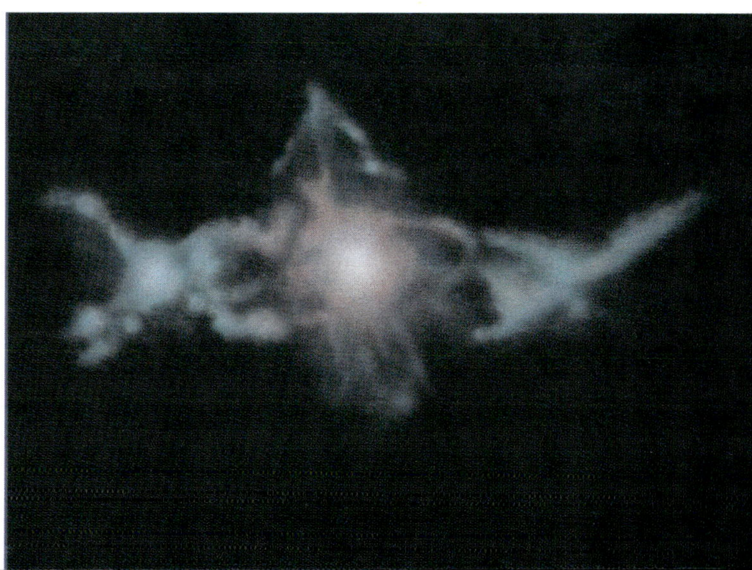

CET Cetus

Ceti — Cet — Walfisch

SCL Sculptor

Sculptoris — Scl — Bildhauer

Cetus (Meeresungeheuer) — Detail. Astronomischer Kodex aus dem 14. Jahrhundert.

NGC 55 (rechts, erste Abb. von oben): flache, unregelmäßige Galaxie von ähnlichem Typ wie die *Große Magellansche Wolke.* Die spindelartige Form hat auf Photographien eine Länge von 30′ bis 50′, Gesamthelligkeit $7\overset{\mathrm{m}}{,}8$. Dieses Mitglied der Galaxiengruppe im Sternbild Sculptor gehört zu den nächstliegenden Galaxien der Lokalen Gruppe. Entfernung nach verschiedenen Autoren zwischen 7,5 und 9,8 Lj. Wahrer Durchmesser etwa 70 000 Lj, Gesamtmasse 46 Milliarden Sonnenmassen.

NGC 253 (rechts, zweite Abb. von oben): sehr helle, große Galaxie des Typs Sc, scheinbare Dimensionen 22′ × 6′, Gesamthelligkeit $7\overset{\mathrm{m}}{,}0$. Neben der Galaxie M 31 ist NGC 253 die wohl am leichtesten beobachtbare Spiralgalaxie. Sie ist das kleinste Mitglied der Galaxiengruppe im Sculptor und eine intensive Radiostrahlungsquelle. Dimensionen und Entfernung mit den Angaben für NGC 55 vergleichbar.

Das Sculptor-System (nebenstehende Seite, rechts unten): Grenzfall einer elliptischen Zwerggalaxie, die an einen diffusen Kugelhaufen mit geringer Konzentrazion erinnert. Scheinbarer Durchmesser 75′, visuell nicht erkennbar, nur photographisch, da die hellsten Sterne nur $18\overset{\mathrm{m}}{,}0$ erreichen. Mitglied der Lokalen Galaxiengruppe. Entfernung 270 000 Lj, wahrer Durchmesser 5500 Lj.

M 77 — NGC 1068 (nebenstehende Seite, links unten): Spiralgalaxie, Typ Sb, $10\overset{\mathrm{m}}{,}0$, Winkeldimensionen 2,5′ × 1,7′. Entfernung über 60 Millionen Lj, Durchmesser etwa 40 000 Lj, Gesamtmasse 100 Milliarden Sonnenmassen. Starke Radiostrahlungsquelle. M 77 gehört zu den *Seyfert-Galaxien* mit aktiven Kernen.

o Ceti — Mira, die „Wunderbare“: hellster und bekanntester langperiodischer veränderlicher Stern, ein Standardobjekt seiner Art. Ändert seine Helligkeit ungefähr zwischen $2\overset{\mathrm{m}}{,}0$ und $10\overset{\mathrm{m}}{,}0$ innerhalb einer Periode von durchschnittlich 331 Tagen. Entfernung 250 Lj, wahrer Durchmesser 230 Sonnendurchmesser, roter Überriese. Temperatur im Maximum 2500 K, im Minimum 1900 K. Mira ist ein Doppelstern, ihr Begleiter ändert seine Helligkeit zwischen $10\overset{\mathrm{m}}{,}0$ und $12\overset{\mathrm{m}}{,}0$.

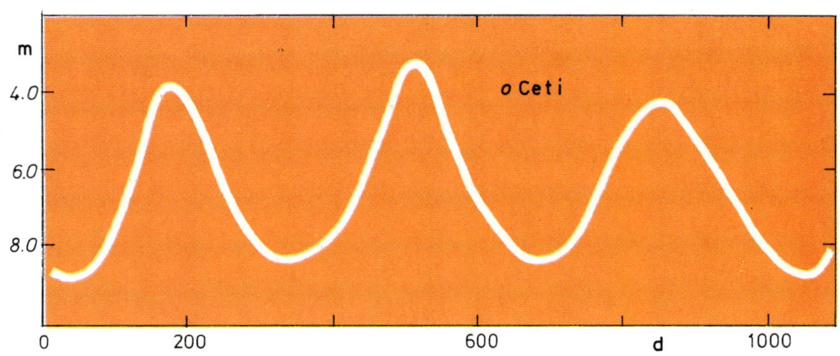

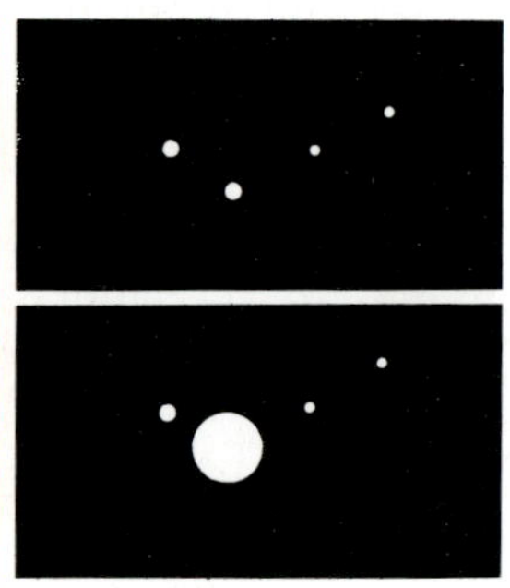

NGC 55

NGC 253

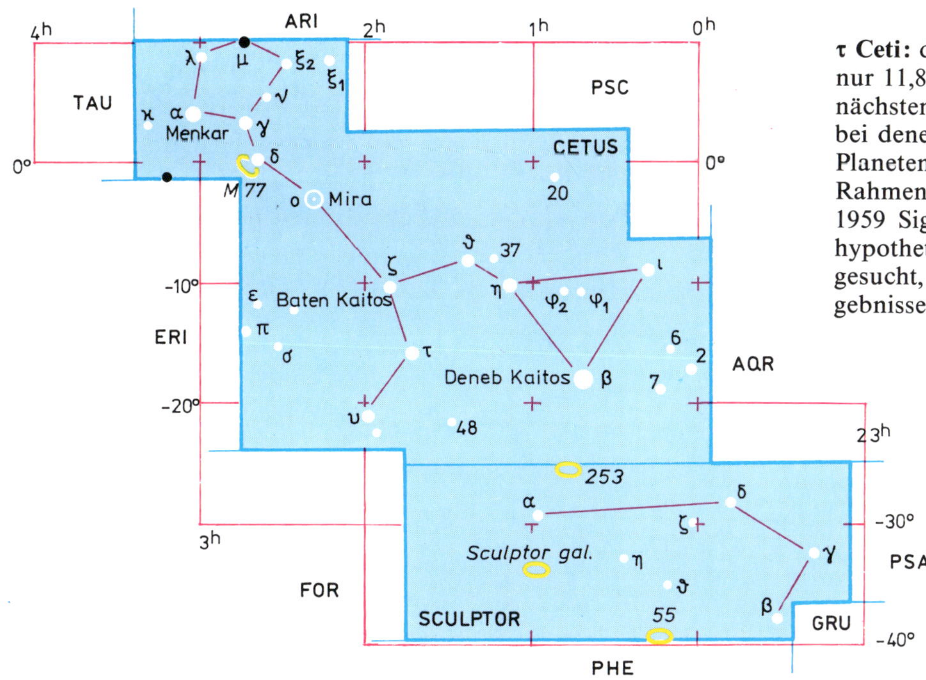

τ Ceti: dieser Stern mit $3^{\mathrm{m}},5$, Spektrum G8, ist nur 11,8 Lichtjahre entfernt. Er gehört zu den nächsten Sternen von ähnlichem Typ wie die, bei denen man am ehesten die Existenz eines Planetensystems voraussetzen könnte. Im Rahmen des OZMA-Programms wurden seit 1959 Signale künstlicher Herkunft von einer hypothetischen Zivilisation im System τ Ceti gesucht, es wurden jedoch keine positiven Ergebnisse registriert.

M 77 — 1068

Sculptor-System

FOR Fornax

Fornacis — For — Chemischer Ofen

Großer Reflektor des Lord Rosse, aufgestellt im Jahre 1845. Objektivdurchmesser 180 cm.

Nebelhaufen im Fornax: kompaktes Galaxiensystem an der Grenze der Sternbilder Fornax und Eridanus. Im Haufen fallen neben vielen schwächeren Objekten 18 helle Galaxien auf. Die ist eine der wenigen Himmelsregionen, wo man mit einem Fernrohr mit Weitwinkelokular visuell eine Nebelgruppe im Blickfeld hat. Details zeigen jedoch erst Photographien. Die Abbildung oben zeigt die Balkenspirale **NGC 1365,** Winkeldimensionen 8,0′ × 3,5′, Länge des Balkens 3′, was einer Spannweite von 45 000 Lj entspricht. Die mittlere Entfernung des Haufens im Fornax beträgt etwa 50 Millionen Lj.

NGC 1398 (nebenstehende Seite links unten): Typ SBb, Beispiel einer anderen Balkenspirale mit sehr engen Spiralarmen. $10^{m}{,}7$, Winkeldimensionen 4,5′ × 3,8′.

Fornax-System (nebenstehende Seite rechts unten): elliptische Zwerggalaxie, Mitglied der Lokalen Galaxiengruppe. Entfernung 630 000 Lj, Winkeldurchmesser 6,5′, wahrer Durchmesser 15 000 Lj, Gesamtleuchtkraft etwa 20 Millionen Sonnen. Das System erinnert äußerlich an einen Kugelhaufen mit geringer Konzentration. Er kann nur mit den größten Fernrohren beobachtet werden; die hellsten Sterne des Systems haben nur $19^{m}{,}0$. Die beiden hellsten Objekte der Abbildung sind Kugelhaufen, die zum System gehören. Zwerggalaxien dieser Art sind im Kosmos offensichtlich eine häufige Erscheinung, sie sind jedoch so lichtschwach, daß man sie außerhalb der Grenzen der Lokalen Gruppe nicht einmal mit den größten Fernrohren wahrnehmen kann. (Siehe auch Sculptor-System, S. 130.)

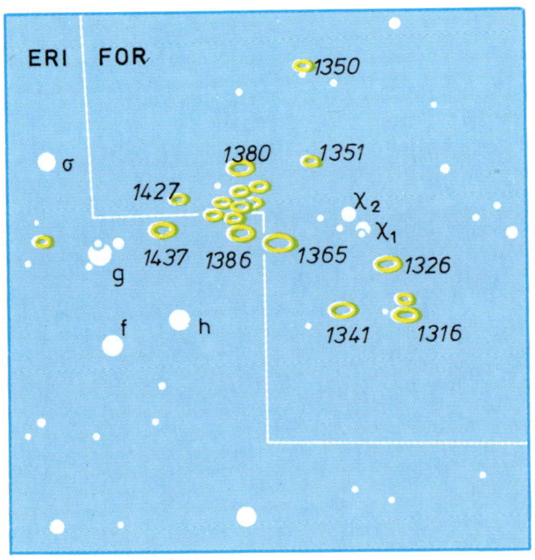

Nebelhaufen im Fornax: die Karte zeigt die Lage der hellsten Mitglieder des Haufens an der Grenze der Sternbilder Fornax und Eridanus.

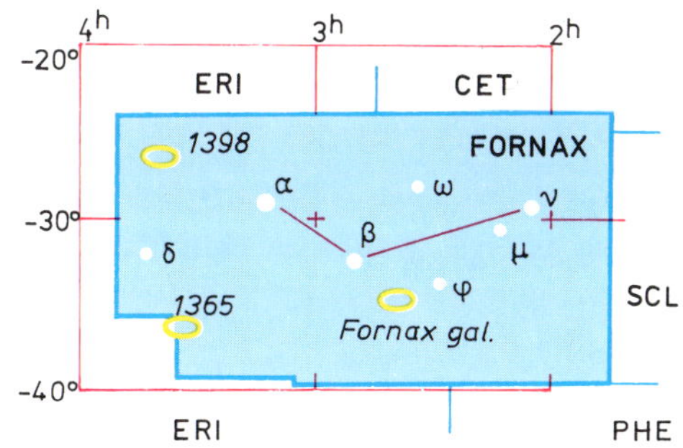

NGC 1365 (links): Galaxie Typ SB, $11{,}^{m}2$. Dritthellstes Mitglied des Nebelhaufens im Fornax. Beispiel für eine Balkenspirale.

NGC 1398

Fornax-System

C Wintersternbilder

Hase. Astronomischer Kodex aus dem 14. Jahrhundert.

Der Winterhimmel ist reich an hellsten Sternen, und deshalb kann sich auch ein Anfänger an ihm leicht orientieren.
Das dominierende Sternbild ist hier *Orion*, dessen hellste Sterne ein markantes Viereck bilden; in seiner Mitte liegen drei auf einer Geraden angeordnete Sterne. Das ganze Sternbild erinnert an das Bild eines Schmetterlings mit ausgebreiteten Flügeln. Nach der ursprünglichen figuralen Vorstellung des Jägers Orion nennt man das Dreigestirn im Zentrum „Gürtel des Orion". Der nördlichste Stern dieses Gürtels liegt genau auf dem Himmelsäquator. Eine Verlängerung des Gürtels nach Norden bringt uns zum orangefarbenen Aldebaran im Sternbild *Taurus* (Stier). Noch weiter auf dieser Verbindungslinie liegt die markante Gruppe der *Plejaden*. Zwischen den Plejaden und der Cassiopeia liegt die Reihe heller Sterne des *Perseus*. Am höchsten unter den Wintersternbildern steigt *Auriga* (Fuhrmann) mit Capella, einem der hellsten Sterne des Himmels.

Die Verbindungslinie der Sterne Rigel und Beteigeuze im Orion weist auf das Sternbild *Gemini* (Zwillinge), das man sich nach dem Sternpaar Castor und Pollux gut merken kann. Die Verbindungslinie der Orion-Gürtelsterne gegen Südosten führt zum Sternbild *Canis Major* (Großer Hund) und zu Sirius, dem hellsten Stern des Nachthimmels. Zwischen Sirius und den Zwillingen findet man das kleine Sternbild *Canis Minor* (Kleiner Hund) mit dem hellen Procyon.
Zur ersten Orientierung ist es gut, die folgenden hellen Sterne zu einem Vieleck zu verbinden: Capella — Aldebaran — Rigel — Sirius — Procyon — Pollux — Castor.
Vom Stern Rigel im Orion kann man die Mäander des Flusses Eridanus, d. h. das Sternbild *Eridanus*, bis zum hellen Achernar verfolgen. Wenn man von Sirius gegen Süden längs des Bandes der Milchstraße weitergeht, findet man die Sternbilder *Vela* (Segel des Schiffs) und *Carina* (Schiffskiel).

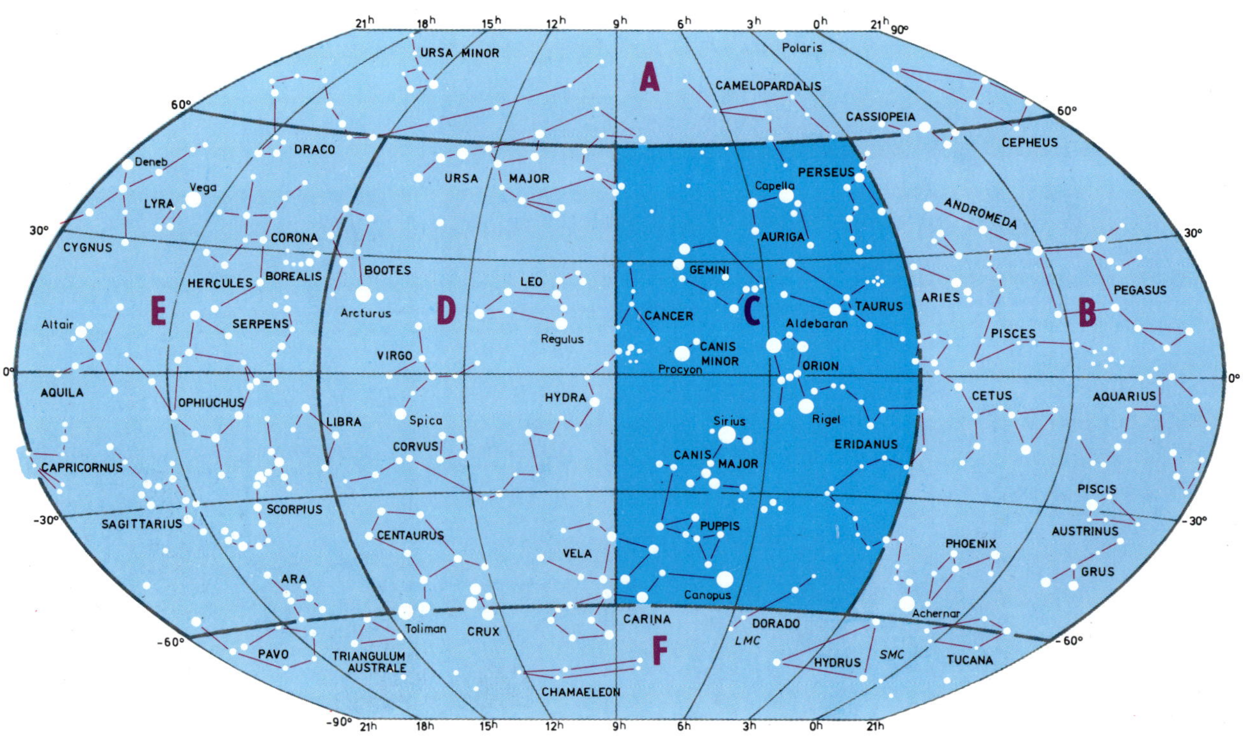

URSA MAJOR
CASSIOPEIA
CAMELOPARDALIS
60°
50°
Capella
40°
LYNX
Castor
Pollux
AURIGA
PERSEUS
30°
M35
ecliptica
Pleiades
Praesepe
20°
Aldebaran
Hyades
GEMINI
ORION
CANCER
ARIES
10°
Betelgeuse
Bellatrix
Procyon
TAURUS
CANIS MINOR
CETUS
9h
8h
7h
6h
5h
4h
3h
M42
HYDRA
MONOCEROS
Rigel
-10°
Sirius
ERIDANUS
-20°
PYXIS
LEPUS
CANIS MAJOR
-30°
PUPPIS
FORNAX
CAELUM
-40°
COLUMBA
VELA
-50°
Canopus
HOROLOGIUM
PICTOR
Achernar
CARINA
RETICULUM
-60°
DORADO
VOLANS
LMC

PER

Perseus

Persei — Per — Perseus

Perseus mit dem Medusenhaupt. Astronomischer Kodex aus dem 14. Jahrhundert.

β Persei — Algol (Dämon der Wüste): der hellste bedeckungsveränderliche Doppelstern. Die schwächere, kühlere Komponente mit einem 3,8mal größeren Durchmesser als die Sonne verdeckt regelmäßig die hellere, heiße Komponente von 3,6fachem Sonnendurchmesser. Die scheinbare Größe von Algol variiert von $2^{m}_{,}1$ bis zu $3^{m}_{,}4$ mit einer Periode von $2^{d}20^{h}48^{m}56^{s}$.

Sternhaufen α Persei: Bewegungshaufen von mehr als 100 Sternen um α Persei. Gut mit Fernglas oder kleinem Fernrohr zu sehen. Entfernung 570 Lj.
Illustrationen auf der nebenstehenden Seite, von oben:

Doppelhaufen χ und h Persei — NGC 884 und 869: klassisches Beispiel für offene Sternhaufen. Auch mit bloßem Auge als Nebelwölkchen sichtbar. Sehr schönes Doppelobjekt für ein Fernrohr mit Weitwinkelokular und kleiner Vergrößerung. Jeder Haufen hat einen scheinbaren Durchmesser von 30′, wahrer Durchmesser circa 70 Lj. Beide Haufen sind sehr jung. NGC 884 ist 8150 Lj entfernt und etwa 11,5 Millionen Jahre alt, NGC 869 ist 7000 Lj entfernt und etwa 6,4 Millionen Jahre alt.

NGC 1275 (Perseus A): eine ungewöhnliche Galaxie, intensive Quelle von Radio- und Röntgenstrahlung. Aus der Galaxie entweicht explosiv mit einer Geschwindigkeit von über 2400 km/s Materie in den Raum (faserförmige Ausläufer auf der Abb.), $13^{m}_{,}0$, Entfernung etwa 300 Millionen Lj.

M 34 — NGC 1039: heller offener Sternhaufen, scheinbarer Durchmesser bis 40′, besteht aus etwa 80 Sternen. Entfernung 1500 Lj, wahrer Durchmesser 17 Lj.
M 76 — NGC 650 (nebenstehende Seite, rechts unten): schwacher planetarischer Nebel, genannt die „Kleine Hantel“. Unregelmäßige Form, Winkelausmaße 140″ × 70″, Zentralstern $16^{m}_{,}5$. Angaben über die Entfernung ungewiß (von 1750 bis 8000 Lj).

NGC 1499 (nebenstehende Seite, links unten): *California-Nebel* — Diffuser Nebel, Winkeldimensionen 145′ × 40′. Visuell nur schwer beobachtbar.

Nova Persei 1901. Zeichnung nach einer Aufnahme aus dem Jahre 1949. Sie zeigt die expandierende Materiewolke, die bei der Novaexplosion in den Raum geschleudert wurde. Am 23. Februar 1901 erreichte die Nova im Maximum $0^{m}_{,}2$. Vor dem Helligkeitsausbruch war es ein Stern mit $13^{m}_{,}0$, im Maximum hatte er die Leuchtkraft von 200 000 Sonnen. Heute schwankt er zwischen $11^{m}_{,}0$ und $14^{m}_{,}0$.

Doppelhaufen χ und „h“ Persei

NGC 1275

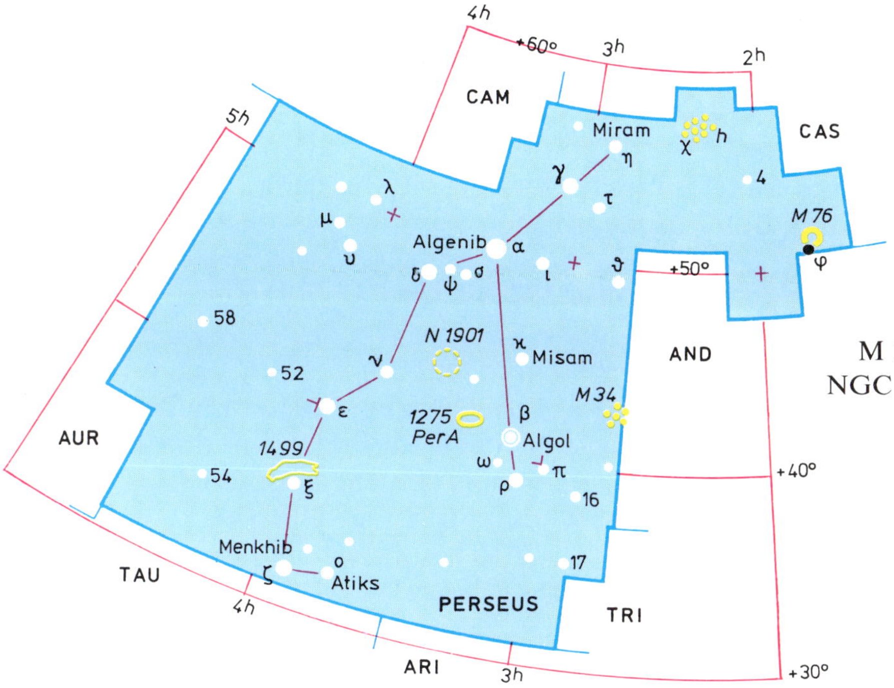

M 34 —
NGC 1039

NGC 1499

rechts unten:
M 76 — NGC 650

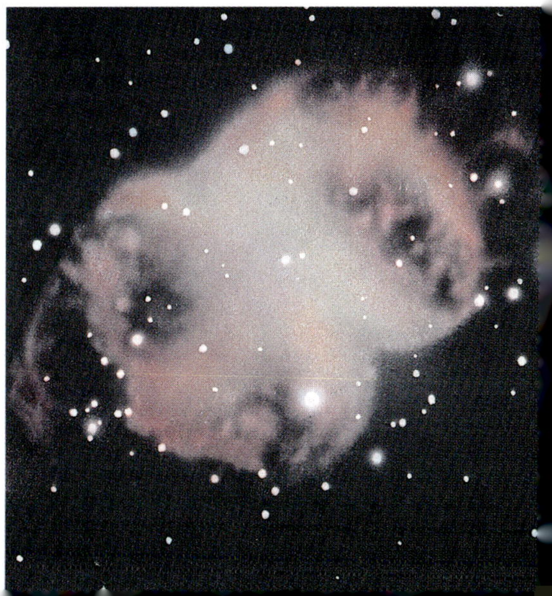

AUR

Auriga

Aurigae — Aur — Fuhrmann

GEM

Gemini

Geminorum — Gem — Zwillinge

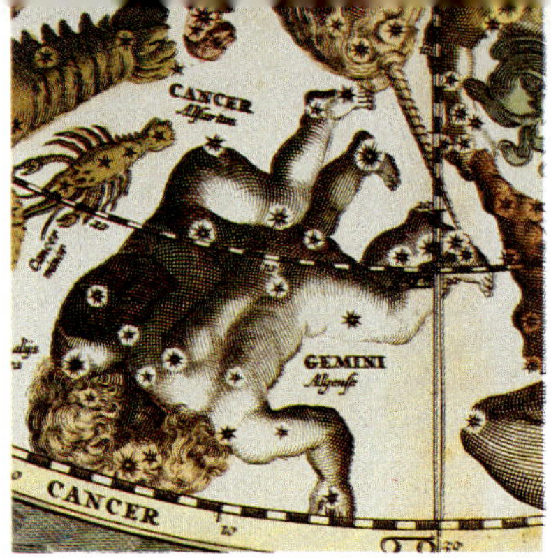

Zwillinge. Cellarius, Harmonia Macrocosmica, 1763.

α Aurigae — Capella: sechsthellster Stern des Himmels, gelblich, $0\overset{m}{,}06$. Entfernung 45 Lj, spektroskopischer Vierfachstern. Die Komponente A hat eine Größe von 13, die Komponente B von 7 Sonnendurchmessern, die beiden weiteren Komponenten sind rote Zwerge.

ε Aurigae: ein ganz besonderer Bedeckungsveränderlicher, $3\overset{m}{,}0$ bis $3\overset{m}{,}8$. Entfernung 3300 Lj. Die helle Komponente ist ein Überriese mit 180fachem Sonnendurchmesser. Die Eigenschaften der zweiten, bedeckenden Komponente sind nicht genau bekannt.
Drei helle offene Sternhaufen im Fuhrmann:

M 36 — NGC 1960: enthält etwa 60 Sterne mit 9^m bis 14^m, Entfernung 4100 Lj.

M 37 — NGC 2099 (nebenstehende Seite, rechts oben): reichster Sternhaufen im Fuhrmann, ein schönes Beobachtungsobjekt auch für kleine Fernrohre. Enthält etwa 150 Sterne mit 9^m bis $12\overset{m}{,}5$. Entfernung 4600 Lj, Durchmesser 25 Lj, Alter über 200 Millionen Jahre.

M 38 — NGC 1912: unregelmäßige Gruppe von etwa 100 Sternen mit geringer Konzentration. Entfernung 4200 Lj, Durchmesser etwa 25 Lj.

M 35 — NGC 2168: heller, großer Sternhaufen, scheinbarer Durchmesser über 0,5°, an der Grenze der Sichtbarkeit mit bloßem Auge. Enthält etwa 120 Sterne, 8^m, manche helle Sterne sind bogenförmig angeordnet. Entfernung 2200 Lj, Durchmesser 30 Lj, Gesamtleuchtkraft 2500fache Sonnenleuchtkraft.

NGC 2392 (nebenstehende Seite, rechts unten): ein „Eskimo“ oder „Clown“ genannter planetarischer Nebel. Rings um einen Zentralstern, 10^m, verläuft ein heller innerer Ring mit 19″ × 15″, den ein dunkler Zwischenraum von einem äußeren Ring mit einem scheinbaren Durchmesser von 40″ abgrenzt. Entfernungsschätzungen von 1400 bis 3600 Lj.

α Geminorum — Castor: Sechsfachsternsystem; mit einem Fernrohr sind die Komponenten A, B und C zu unterscheiden, jede ist ein spektroskopischer Doppelstern. Unten ist ein Modell des Systems angedeutet. Die Komponenten C sind rote Zwerge. Entfernung des Castor 45 Lj.

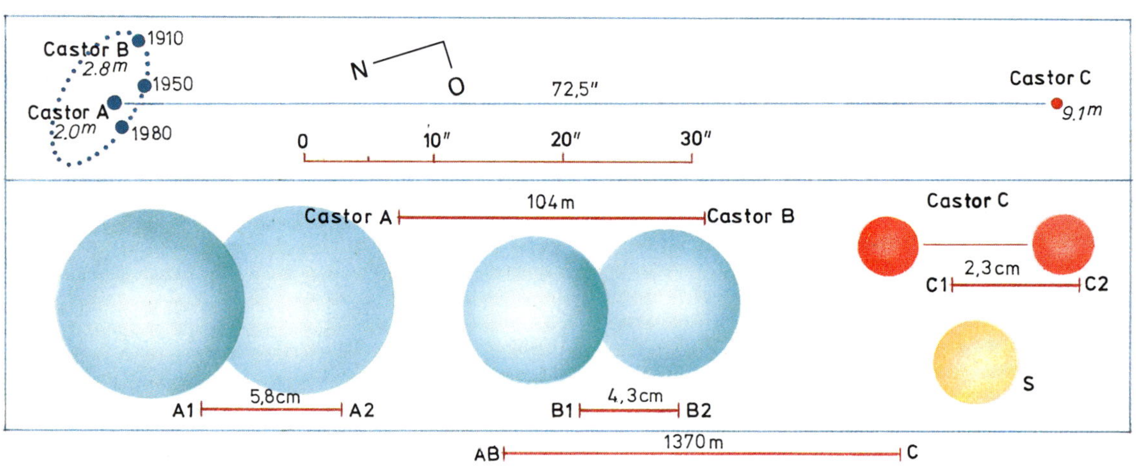

IC 405 (oben): ein Staub- und Gasnebel, beleuchtet vom Stern AE Aurigae. Entfernung 1600 Lj, Durchmesser des Nebels 9 Lj. Es handelt sich um ein zufälliges Zusammentreffen eines sich rasch fortbewegenden Sterns mit einer Wolke interstellarer Materie.

M 37 — NGC 2099

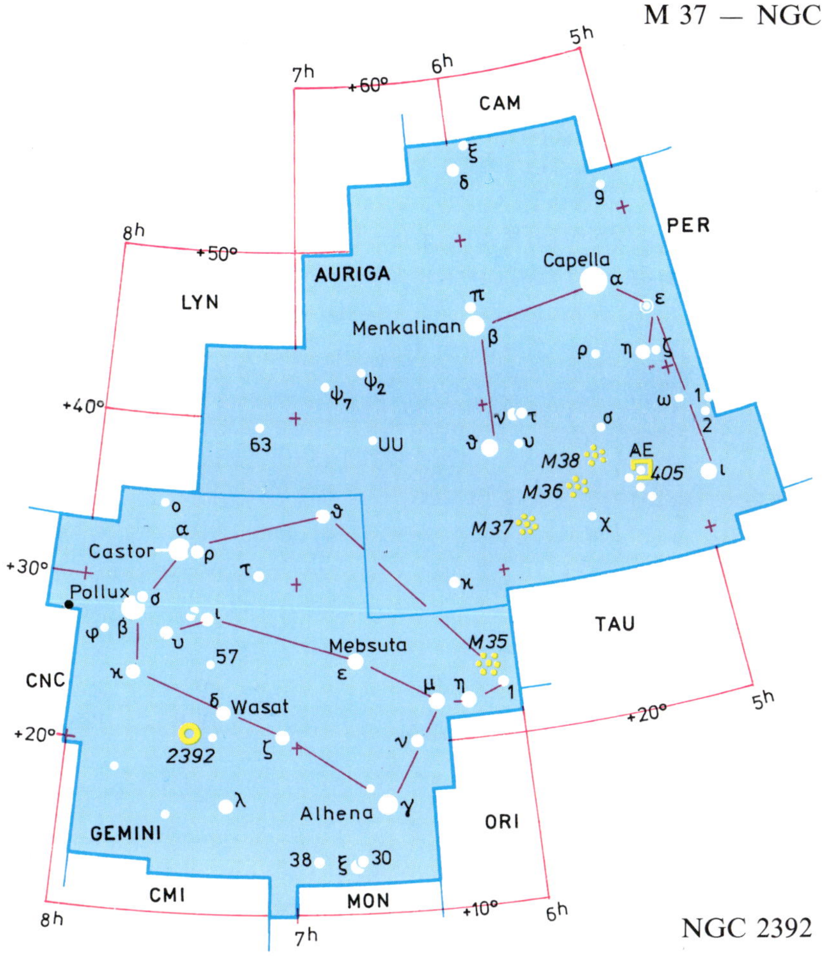

Sternhaufen in den Zwillingen (unten): In der Mitte der Abbildung ist der markante und helle Sternhaufen M 35, in der linken oberen Ecke ist der reiche, aber sehr schwache offene Sternhaufen NGC 2158 zu sehen.

NGC 2392

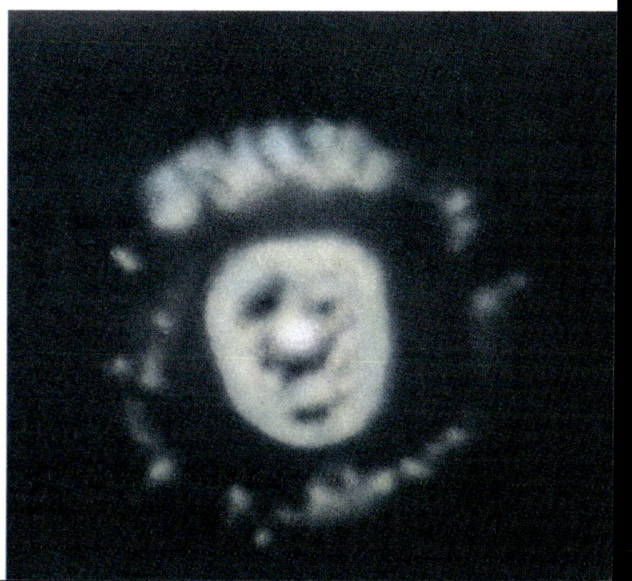

CNC

Cancer

Cancri — Cnc — Krebs

LYN

Lynx

Lyncis — Lyn — Luchs

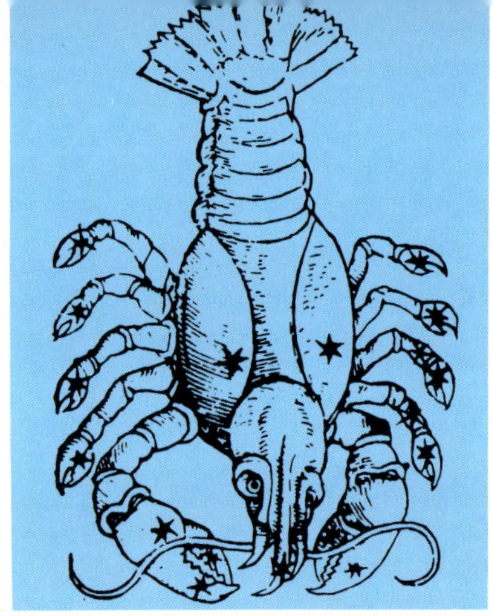

Krebs. P. Apianus, Quadrans, 1532.

M 44 — NGC 2632 — Praesepe „Krippe" (rechts oben): großer und heller offener Sternhaufen, auch mit bloßem Auge als nebliges Wölkchen sichtbar. Sehr schönes Objekt für Beobachtungen mit Fernglas und kleinem Fernrohr. Winkeldurchmesser mehr als 1°. Der Haufen enthält etwa 200 Sterne von $6^{m}_{.}3$ bis 14^{m}; 80 Sterne sind heller als 10^{m}. Die Entfernung des Haufens beträgt 525 Lj, Gesamtdurchmesser etwa 40 Lj. Das Alter wird auf 400 Millionen Jahre geschätzt, wie die Hyaden im Sternbild Stier (S. 142).

M 67 — NGC 2682: reicher offener Sternhaufen, scheinbarer Durchmesser etwa 15′. Enthält über 500 Sterne von 10^{m} bis 16^{m}. Entfernung 2500 Lj. Einer der ältesten bekannten offenen Sternhaufen; etwa 10 Milliarden Jahre alt.

NGC 2419 (nebenstehende Seite, unten): entferntester kugelförmiger Sternhaufen unserer Galaxie, manchmal auch „Intergalaktischer Wanderer" genannt. Die Zeichnung zeigt die Lage des Objekts, das 210 000 Lj vom Zentrum der Galaxie und 182 000 Lj von der Sonne entfernt ist. Der wahre Durchmesser des Haufens ist 380 Lj, Leuchtkraft 175 000 Sonnen. Fast alle kugelförmigen Sternhaufen, die bekannt sind, liegen um das Zentrum der Galaxie in einer Kugelwolke mit einem Halbmesser von 65 000 Lj (Scheibchen auf der Zeichnung).

ζ Cancri: bemerkenswerter Mehrfachstern. Die Komponenten A und B bilden einen Doppelstern mit einer Periode von 59,6 Jahren. Die Komponente C scheint ebenfalls ein Doppelstern zu sein und umkreist das Paar A/B mit einer Periode von 1150 Jahren. Entfernung des Systems 70 Lj.

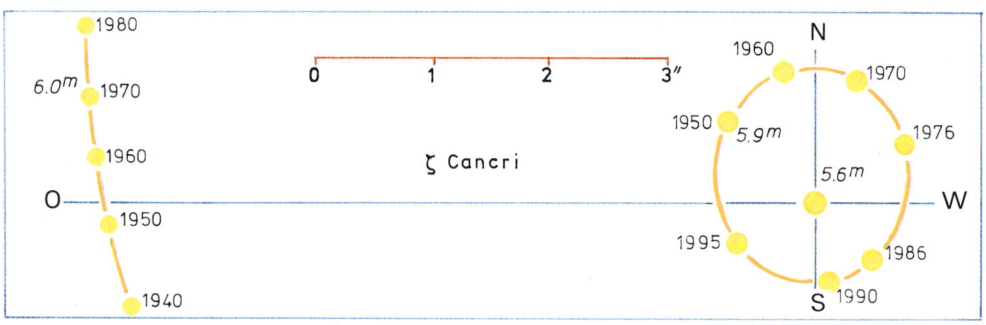

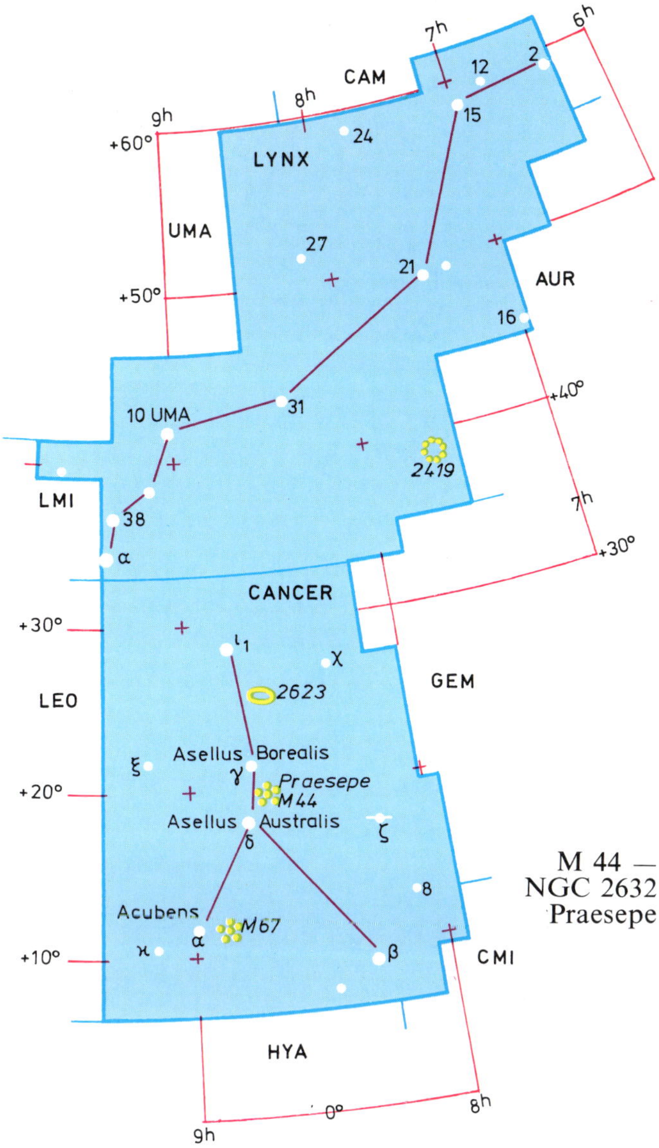

NGC 2623 im Krebs (rechts) — eine ungewöhnliche Galaxie mit langen Fasern. Sie erinnert an eine ähnliche Galaxie NGC 4038 im Raben (S. 168).

M 44 — NGC 2632 Praesepe

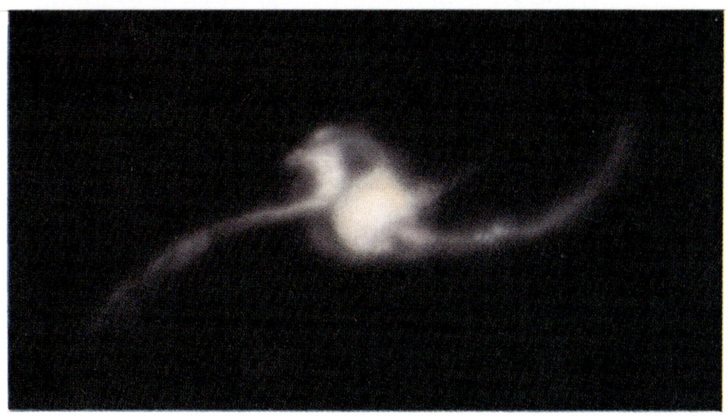

2419

NGC 2419

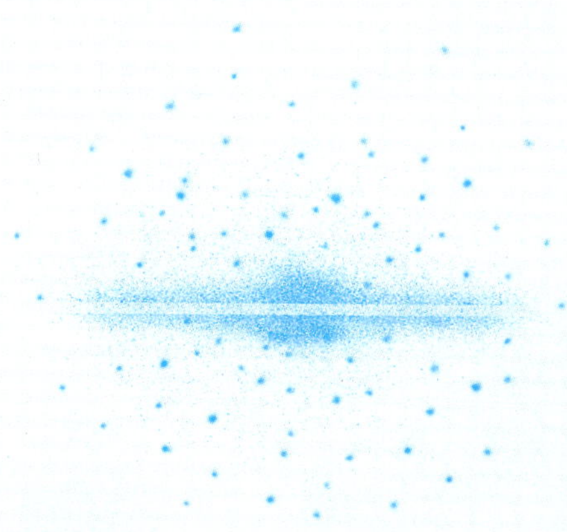

TAU

Taurus

Tauri — Tau — Stier

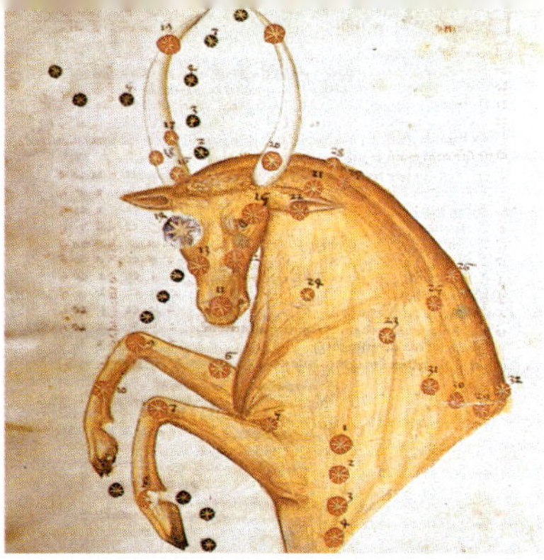

Stier (Detail).
Astronomischer Kodex
aus dem 14. Jahrhundert.

α Tauri — Aldebaran: heller, auffallend orangefarbener (Spektrum K5) Stern im „Auge des Stiers", $0\overset{m}{,}86$. Orangefarbener Riese mit einer Oberflächentemperatur von etwa 3400 K und einem Durchmesser von 40 Sonnendurchmessern. Entfernung 68 Lj.

λ Tauri: heller Bedeckungsveränderlicher, dessen Helligkeitsvariation, $3\overset{m}{,}3$ bis $4\overset{m}{,}2$ in einer Periode von 3,95 Tagen, auch mit bloßem Auge verfolgt werden kann. Die hellere Komponente vom Spektraltyp B wird teilweise vom schwächeren Begleiter (Typ A) verdeckt. Die Entfernung der Komponenten voneinander beträgt etwa 14 Millionen Kilometer, die Entfernung des Doppelsterns 400 Lj.

Hyaden: markanter offener Sternhaufen mit Dreieckskontur, der den „Kopf des Stiers" bildet. Man kann ihn am besten mit einem Fernglas beobachten. Die Dreieckgruppe der Hyaden mit einem scheinbaren Durchmesser von 3,5° hat einen wahren Durchmesser von etwa 8 Lj. Sie liegt in einer mittleren Entfernung von 135 Lj und ist der Kern eines viel größeren Haufens mit einem Durchmesser von etwa 80 Lj, dessen Sterne am Himmel in einem Umkreis von etwa 25° verstreut sind. Alle Sterne dieses Haufens bewegen sich gemeinsam im Raum auf parallelen Bahnen; deshalb spricht man von einem Bewegungshaufen. In 50 Millionen Jahren wird der Haufen bereits so weit entfernt sein, daß er nur noch mit Fernrohren zu sehen ist; er wird dann einen scheinbaren Durchmesser von 20′ haben. Aus Beobachtungen der Geschwindigkeit dieser Sterngruppen kann man relativ genau auf die Entfernung der Hyaden schließen und die so gefundene Beziehung bei der Entfernungsbestimmung anderer, weit weg liegender Sterngruppen anwenden.

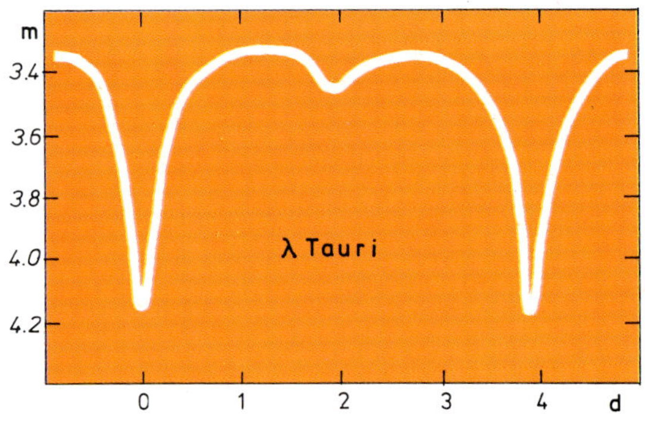

Die Lichtkurve des Bedeckungsveränderlichen λ Tauri zeigt ununterbrochene Helligkeitsvariationen, wie es bei Doppelsternen des Typs β Lyrae der Fall ist. Gut ersichtlich ist das sekundäre Minimum, das bei einer teilweisen Bedeckung des Begleiters durch die hellere Komponente eintritt.

Der orangefarbene *Aldebaran* ist eine Zierde der Hyaden (rechts), ohne jedoch Mitglied dieses Sternhaufens zu sein, denn er liegt etwa in der halben Entfernung zwischen dem Zentrum der Hyaden und der Sonne.

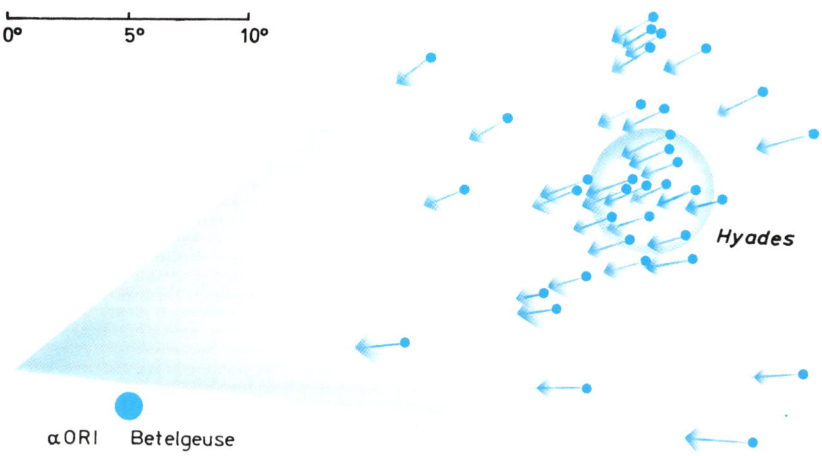

Die Bahnen der zur Bewegungsgruppe im Stier gehörenden Sterne scheinen infolge der Perspektive am Himmel unweit des Sterns Beteigeuze im Orion zusammenzulaufen. Die Länge der Pfeile entspricht ungefähr den Standortveränderungen in 60 000 Jahren.

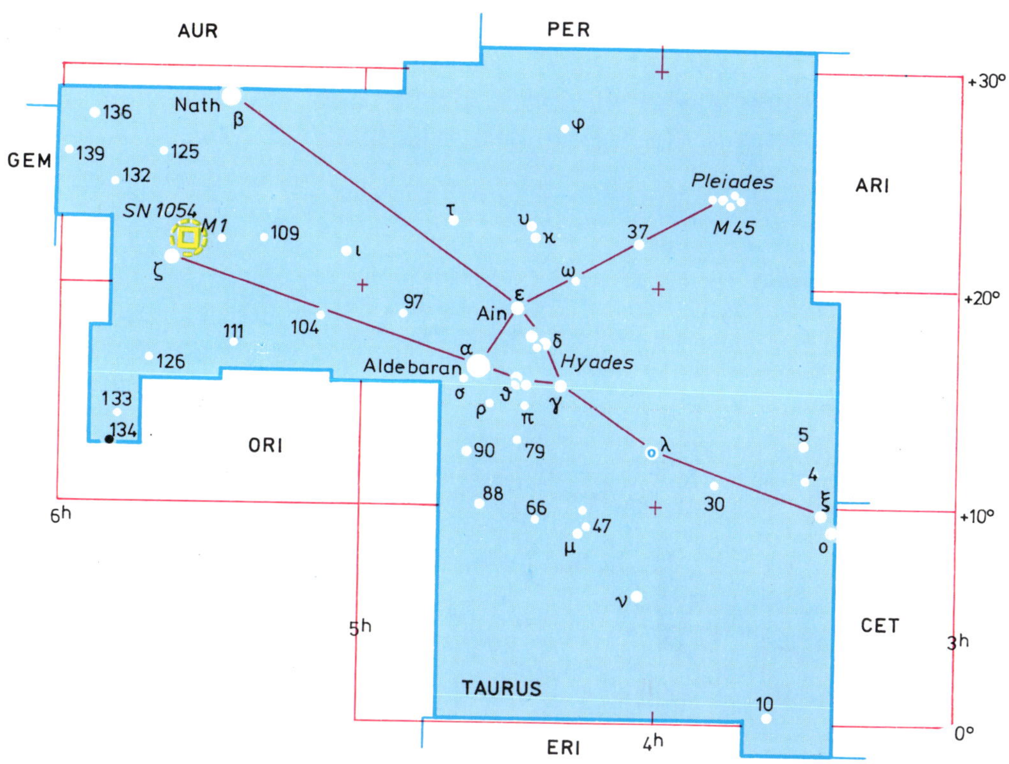

TAU

Der Sternhaufen Plejaden im Stier

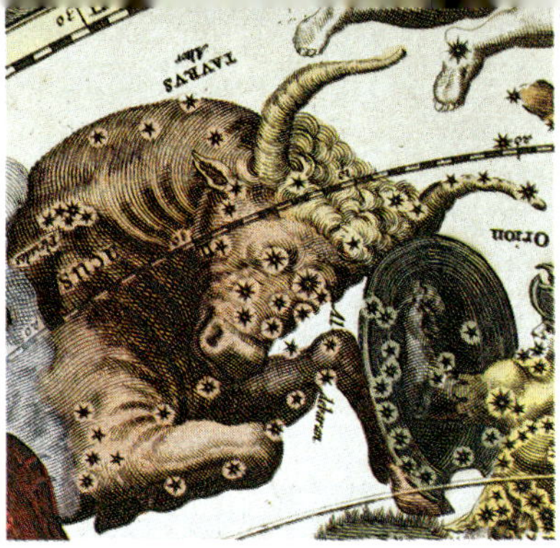

Stier (Detail). Cellarius, Harmonia Macrocosmica, 1763.

M 45 — Plejaden: bekanntester offener Haufen und eines der beliebtesten Objekte für Amateurbeobachtungen überhaupt. Mit bloßem Auge kann man sechs oder acht Sterne bei guter Sicht sehen; ein erfahrener Beobachter kann jedoch bei ausgezeichneten Beobachtungsbedingungen neun bis elf und auch mehr Sterne unterscheiden. Ein gutes Fernglas oder ein Fernrohr mit einem größeren Sehfeld zeigt uns die Plejaden als eine wunderschöne Gruppe von vielen Dutzend Sternen, und auf Photographien kann man Hunderte von Sternen unterscheiden, wenn auch nur etwa 250 wirkliche Mitglieder dieses Sternhaufens bekannt sind.

Die neun hellsten Sterne haben eigene Namen; diese Gruppe nimmt im Raum eine Region mit einem Durchmesser von etwa sieben Lichtjahren ein. Der ganze Haufen ist jedoch viel größer, und seine Mitglieder findet man in Entfernungen bis zu 20 Lj vom Zentrum. Die Entfernung der Plejaden beträgt 410 Lj, d. h. etwa das Dreifache der Entfernung der Hyaden. Ähnlich wie die Hyaden sind auch die Plejaden ein Bewegungshaufen. Seine Sterne fliegen mit einer Geschwindigkeit von 40 km/s durch den Raum, es wird jedoch eine Zeit von mehr als 30 000 Jahren vergehen, bevor die Plejaden ihren Standort am Himmel um einen scheinbaren Monddurchmesser geändert haben werden.

Der hellste Stern der Plejaden, *Alcyone*, ist ein Riese der Spektralklasse B, er ist etwa 10mal so groß wie die Sonne, und seine Leuchtkraft übersteigt die der Sonne um das Tausendfache. Auch die übrigen hellen Sterne der Plejaden sind heiße B-Sterne. Alle rotieren schnell, insbesondere der Stern *Pleione*, der sich hundertmal rascher um seine Achse dreht als die Sonne.

Die Schönheit der Plejaden wird verstärkt durch den silbrigen Schleier eines diffusen Nebels, der den ganzen Haufen umhüllt und der von den hellsten Sternen zum Leuchten gebracht wird. Der Nebel erhält sein Licht aus dem an Staub- und größeren Partikeln gestreuten Licht der Sterne — ein typisches Beispiel für einen Reflexionsnebel.

Bei idealen Bedingungen sind die Nebel in den Plejaden auch visuell zu beobachten. Auf Photographien tritt ihre Faserstruktur zutage; das Detail rechts unten zeigt das Aussehen eines Nebels um den Stern *Merope*.

Karte der Plejaden. Die Länge der Pfeile entspricht den Standortveränderungen durch Eigenbewegung in 20 000 Jahren. Die Plejaden sind ein Beispiel für Bewegungssternhaufen.

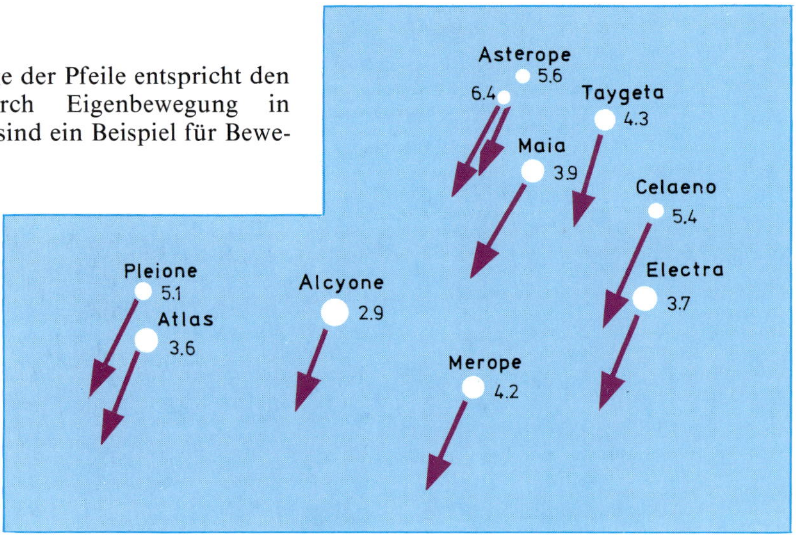

Der Krebsnebel im Stier

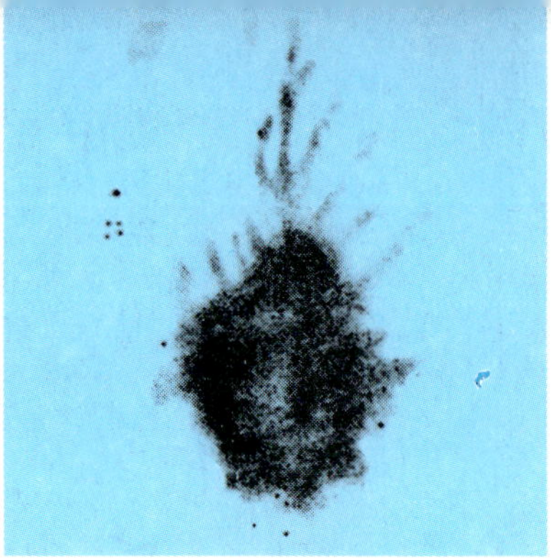

Der Krebsnebel nach Beobachtungen von W. Herschel.

M 1 — NGC 1952 — Krebsnebel: der bekannteste Rest einer Supernova und eines der beachtenswertesten kosmischen Objekte überhaupt. Der Supernovaausbruch wurde in chinesischen Chroniken verzeichnet. Ihnen zufolge erschien im Juli 1054 n. Chr. ein Gaststern in der Nähe des Sterns ζ Tauri. Einige Wochen lang war er auch bei Tageslicht so hell wie die Venus, dann wurde er schwächer, und nach anderthalb Jahren konnte man ihn nicht mehr sehen. Aus seiner Entfernung von M 1 (6500 Lj) kann man ableiten, daß die Supernova im Maximum wie 400 Millionen Sonnen gestrahlt haben mußte. Die gigantische Explosion fegte einen wesentlichen Teil des Sterns in alle Richtungen auseinander, wodurch ein Nebel entstand, der heute einen Durchmesser von fast 10 Lichtjahren hat und auch weiterhin expandiert.

Der Nebel M 1 ist auch mit kleinen Fernrohren als ein langgezogenes Wölkchen mit einer Größe von 5′ × 3′ zu sehen. 1844 beobachtete Lord Rosse zum erstenmal die vom Nebel ausgehenden feinen Filamente, die an die Füße eines Krebses erinnern — daher auch der Name „Krebsnebel". Auf modernen Photographien tritt deutlich eine zweifache Struktur des Nebels M 1 zutage; in rotem Licht wird die Faserstruktur sichtbar, die kompliziert im Raum angeordnet ist. Das System der Fasern ist von einer durchsichtigen, formlosen Wolke durchdrungen und umgeben, die in blauem Licht hervortritt.

Der Krebsnebel ist eine intensive Quelle von Radio- und Röntgenstrahlung. Der interessanteste Rest des ehemaligen himmlischen Feuerwerks ist jedoch das kontrahierte Überbleibsel des ursprünglichen Sterns, ein *Neutronenstern*, mit einem Durchmesser von etwa 10 km und der unvorstellbaren Dichte von ungefähr einer Million Tonnen pro cm^3. Er hat eine sehr hohe Temperatur und ein starkes Magnetfeld. Der Neutronenstern rotiert mit einer Geschwindigkeit von 30 Umdrehungen in der Sekunde und tritt nach außen als *Pulsar* in Erscheinung, der Energie in genau alle 0,03309 Sekunden aufeinanderfolgenden Pulsen ausstrahlt. Dabei emittiert er im Bereich der Röntgenstrahlung 100mal mehr Energie als im optischen und 10 000mal mehr als im Radiobereich.

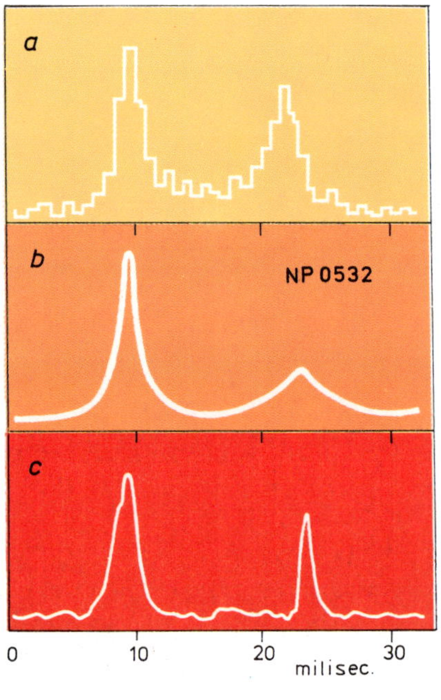

Der Pulsar im Krebsnebel hat dieselbe Periode im Bereich der Röntgenstrahlung (a), im optischen Bereich (b) und im Bereich der Radiostrahlung (c). Die Formen der Pulse sind jedoch unterschiedlich.

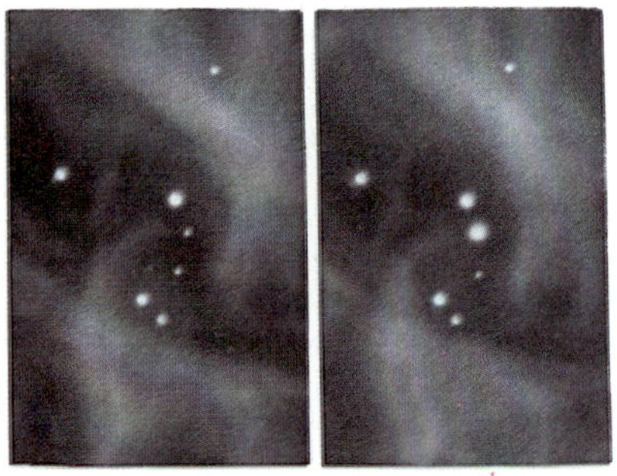

Variation des Pulsars im Visuellen. Links ist er im Minimum, rechts erreicht er seine größte Helligkeit.

Der Krebsnebel besitzt eine komplizierte räumliche Faserstruktur. Sein innerer Teil expandiert mit einer Geschwindigkeit von etwa 700 km/s, die Teile der äußeren faserartigen Hülle entfernen sich vom Zentrum mit einer Geschwindigkeit von 1800 km/s. Die Pfeile auf der Abbildung unten stellen die voraussichtliche Expansion des Nebels in weiteren 250 Jahren dar.

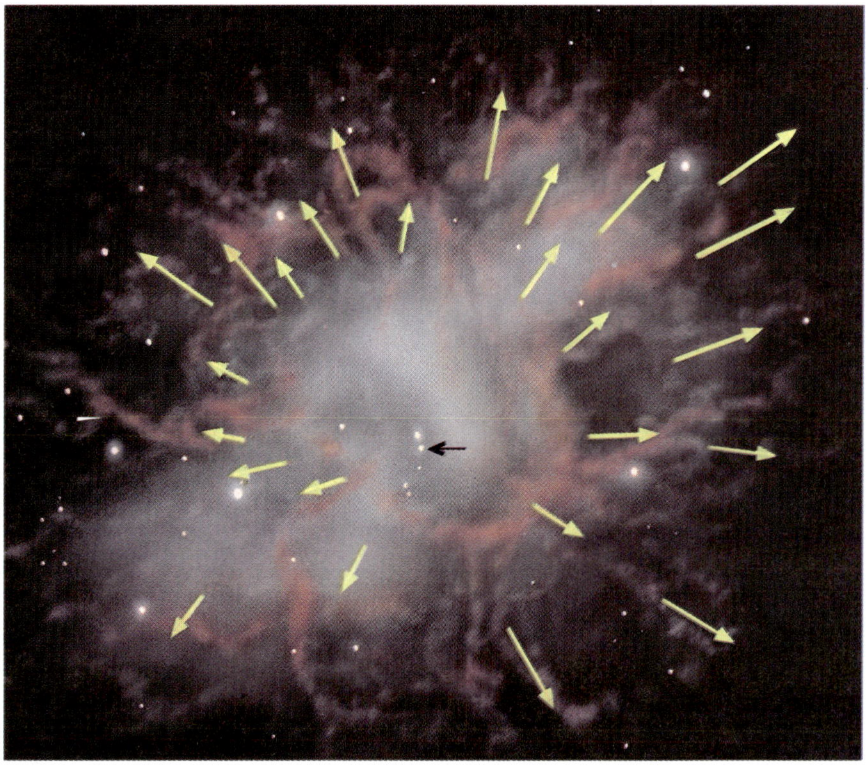

Orion

Orionis — Ori — Orion

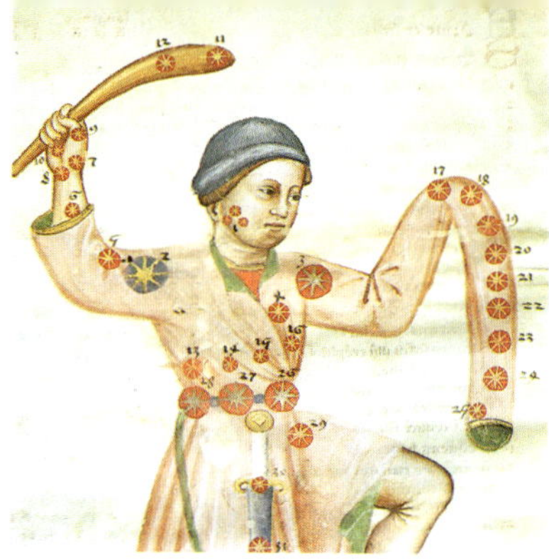

Orion (Detail). Astronomischer Kodex aus dem 14. Jahrhundert.

α Orionis — Beteigeuze: unregelmäßig pulsierender roter Überriese, Spektralklasse M, Lichtvariation von $0\overset{m}{,}2$ im Maximum bis $1\overset{m}{,}2$ im Minimum. Oberflächentemperatur 3100 K, bis 14 000fache Sonnenleuchtkraft im Maximum. Farbe nach orange übergehend, was mit bloßem Auge gut zu sehen ist. Entfernung 520 Lj. Einer der größten bekannten Sterne. Sein Durchmesser ändert sich von 500 bis zu 920 Sonnendurchmessern. Bei 20 Sonnenmassen ist die Dichte des Sterns kleiner als ein Zehntausendstel der Luftdichte.

β Orionis — Rigel: weißer Überriese, im Mittel 50mal größer als die Sonne, siebthellster Stern mit $0\overset{m}{,}14$. Die Entfernung wird auf 540 bis 900 Lj geschätzt. Rigel hat 57 000fache Sonnenleuchtkraft; er ist einer der leuchtkräftigsten Sterne überhaupt; absolute Größe; —7,1. Sein Begleiter mit $6\overset{m}{,}7$ ist 9″ im Positionswinkel 202° entfernt.

ζ Orionis — Alnitak: Dreifachstern. Zwei nahe Komponenten $1\overset{m}{,}9$ und $5\overset{m}{,}5$ mit einer Distanz von 2,6″. Die dritte Komponente 10^{m} hat einen Abstand von 57,6″ von der Komponente A (Positionswinkel 10°). Entfernung des Dreifachsterns etwa 1600 Lj.

Nebelkomplex bei ζ Orionis (nebenstehende Seite links oben):

NGC 2024: heller, stark gegliederter, diffuser Nebel, den von Nord nach Süd ein dunkler Streifen in zwei Teile trennt.

IC 434: ausgedehnter, schwach leuchtender Nebel, am Ostende scharf umgrenzt und sich gegen Westen allmählich abschwächend. Im Hintergrund dieses Nebels tritt der *Dunkelnebel* B 33 hervor.

B 33 — „Pferdekopf“: bekanntester Dunkelnebel, der wahrscheinlich ein Bestandteil einer größeren Wolke interstellarer Materie ist. Er begrenzt den Ostrand des leuchtenden Nebels IC 434 und absorbiert das Licht entfernter Sterne; dies ist auch der Grund der unterschiedlichen Anzahl von sichtbaren Sternen zu beiden Seiten von IC 434. Die Entfernung des Pferdekopfnebels wird auf 1200 bis 1600 Lj geschätzt.

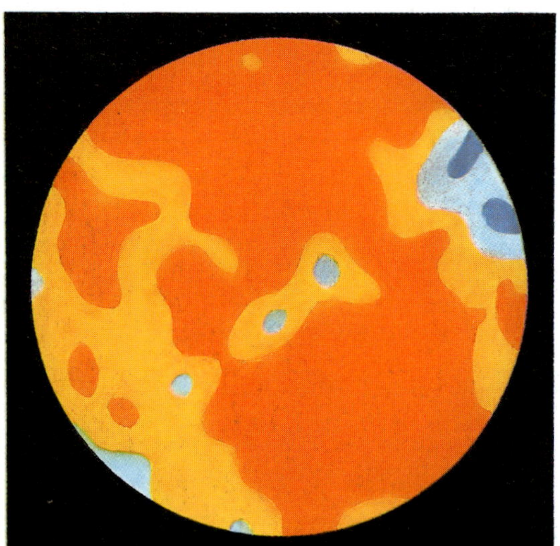

Kein Stern ist, auch nicht mit den größten Fernrohren, als Scheibe sichtbar. *Beteigeuze* war der erste Stern, bei dem es im Jahr 1975 mit Hilfe von modernen Techniken der Bildverarbeitung gelang, ihn als kleine Scheibe mit verschieden hellen, d. h. kühleren und wärmeren Regionen sichtbar zu machen.

Nebelkomplex bei ζ Orionis

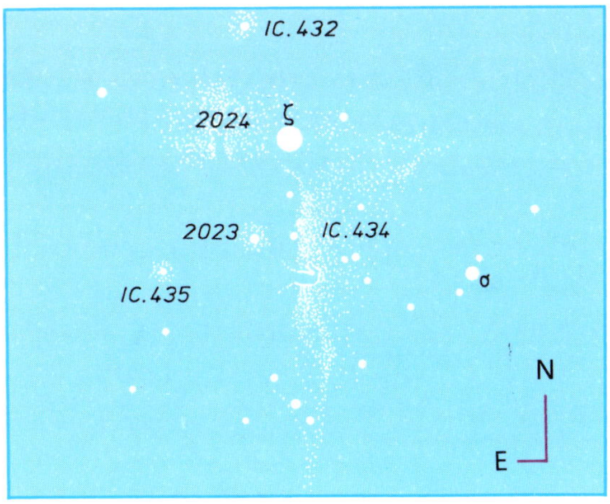

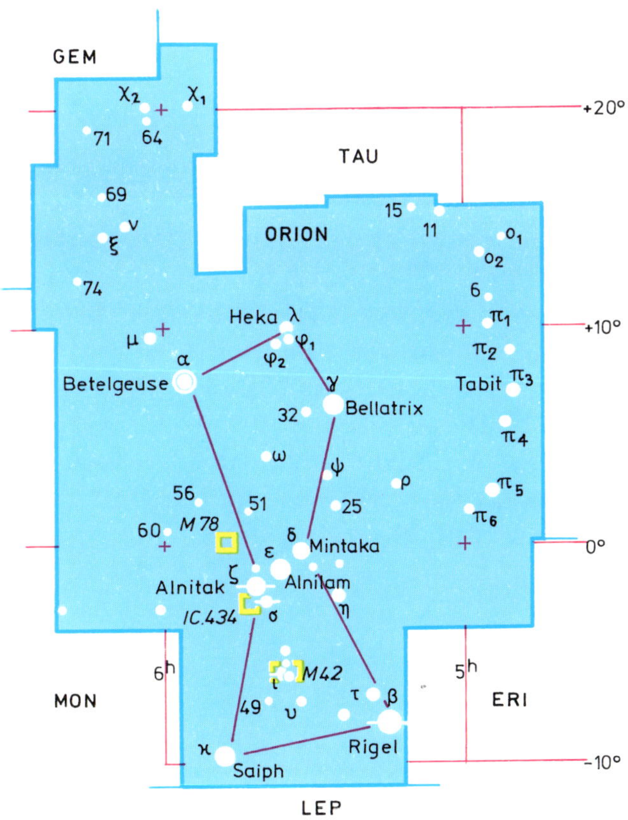

Eine Wolke dunkler interstellarer Materie, Staub und Gas, projiziert sich auf einen entfernteren leuchtenden Nebel und bietet sich unseren Blicken als kurioses Bild einer Schachfigur, des „Rössels“, in der Ausdehnung eines Lichtjahrs dar.

Der Große Orionnebel

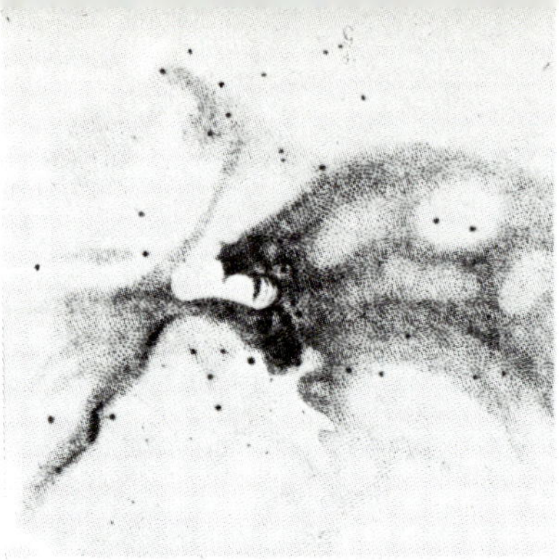

Der Große Orionnebel. F. Arago, Populäre Astronomie, 1856.

M 42 — NGC 1976 — Großer Orionnebel: der bekannteste und bei Amateurastronomen beliebteste und auch am häufigsten photographierte diffuse Nebel. Er verdient es mit Recht, in Superlativen beschrieben zu werden. Gut sichtbar mit Fernglas. In größeren Fernrohren sehr eindrucksvoll mit vielen deutlichen Details. Wunderschön auf Photographien, vor allem auf Farb-Photos. Er war der erste Nebel, den es zu photographieren gelang (Henry Draper, 1880).
Der große Orionnebel ist ein riesiger Komplex von interstellarem Gas und Staub. Seine Entfernung wird mit 1300 bis 1900 Lj angegeben, sein Durchmesser beträgt etwa 30 Lj. Die Ursache seiner sichtbaren Strahlung ist die Strahlung der Sterne in seinem Inneren, vor allem die ultraviolette Strahlung der sehr heißen Komponenten des Mehrfachsterns ϑ Orionis (Trapez) und weiterer heißer Sterne. Das Gas des Nebels, vor allem Wasserstoff, wird durch die Sternstrahlung ionisiert, und durch die Rekombination der ionisierten Atome entsteht eine Emission auch im Bereich des sichtbaren Lichts. An der Strahlung des Nebels M 42 hat jedoch auch das an Staubpartikeln des Nebels reflektierte Licht von Sternen seinen Anteil. Der Orionnebel wird zutreffend als eine „Kinderstube" für Sterne bezeichnet, seine Gesamtmasse würde genügen, um etwa 10 000 Sterne vom Typ unserer Sonne zu bilden. Die „ältere" Generation der Nachkommen von M 42 repräsentiert das *Trapez*, der Kern einer expandierenden Gruppe heißer, weniger als eine Million Jahre alter Sterne. Die jüngere Generation bilden Sterne, die bisher noch im Urnebel (Staub- und Gaswolke) verborgen sind und nur durch ihre Infrarotstrahlung beobachtet werden können. Sie sind jünger als 100 000 Jahre und bilden den Kern der sogenannten Molekülwolke des Orion, die unmittelbar hinter dem Nebel M 42 liegt.

Auf der nebenstehenden Seite ist oben der bläuliche Nebel **NGC 1977** abgebildet, in der Mitte der kleine Nebel **M 43**, der durch einen dunklen Streifen vom hellsten, zentralen Teil des mächtigen Nebels M 42 getrennt ist. Der helle Stern unten ist **ι Orionis**. Die feinen Farbnuancen sind bei visueller Beobachtung nicht feststellbar, sie zeigen sich nur auf Photographien.

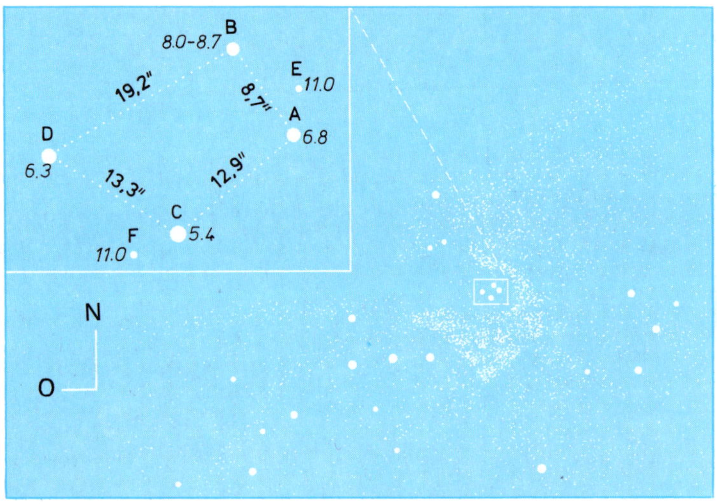

Der Mehrfachstern **ϑ Orionis** im Zentrum des hellsten Teils des Nebels M 42. Auf der Karte links sind die scheinbaren Sternhelligkeiten und die Winkelentfernungen der Komponenten angeführt. Die hellsten Komponenten A, B, C und D bilden ein Viereck—Trapez — ein sehr beliebtes Objekt auch für Amateurbeobachtungen.

CMI

Canis Minor

Canis Minoris — CMi — Kleiner Hund

MON

Monoceros

Monocerotis — Mon — Einhorn

Kleiner Hund.
P. Apianus, Quadrans, 1532.

α Canis Minoris — Prokyon: achthellster Stern am Himmel, $0^{m}{,}35$, einer der nahesten Sterne, Entfernung 11,3 Lj, Spektrum F5, 2,3 Sonnendurchmesser, Oberflächentemperatur 7000 K, 6fache Sonnenleuchtkraft. Sein Begleiter Prokyon B ist ein weißer Zwerg, $10^{m}{,}8$. Sein Durchmesser ist nur das Doppelte des Erddurchmessers, seine Masse beträgt jedoch 65 % der Sonnenmasse und seine Dichte 140 kg/cm^3! Prokyon B kann nur mit großen Fernrohren beobachtet werden.

NGC 2237 und 2244: der diffuse **„Rosetten-Nebel"** NGC 2237 umgibt den offenen Sternhaufen NGC 2244. Er ist visuell nur schwer beobachtbar, dafür ist der zentrale Sternhaufen schon mit einem Fernglas zu unterscheiden. Der Sternhaufen besteht aus heißen Sternen der Spektralklassen O und B und hängt physikalisch mit dem Nebel zusammen; es ist möglich, daß die intensive Strahlung dieser jungen Sterne die zentrale Region des Nebels von Gasen „gesäubert" hat und die Ursache für das heutige Aussehen des Rosetten-Nebels ist. Auf Photographien gehört er zu den schönsten Gebilden dieser Art. Sein unregelmäßiger Ring hat einen Durchmesser von 80′, und der wahre Durchmesser beträgt 55 Lj; Entfernung etwa 2600 Lj, die Masse wird auf 11 000 Sonnenmassen geschätzt. Auf den Hintergrund des leuchtenden Nebels projizieren sich als dunkle Stellen Wolken interstellarer Materie, die die Strahlung stark absorbieren. Besonders hervorzuheben sind hier die kleinen, als *Globulen* bekannten kugelförmigen Teile, deren Durchmesser nur wenige Bogensekunden betragen (Detail rechts oben). Ihre wahren Durchmesser werden auf 1000 bis 200 000 AE geschätzt, ihre Masse auf 0,1 bis 70 Sonnenmassen. Man nimmt an, daß durch die Kontraktion solcher Globulen Sterne in ihrer Urphase entstehen.

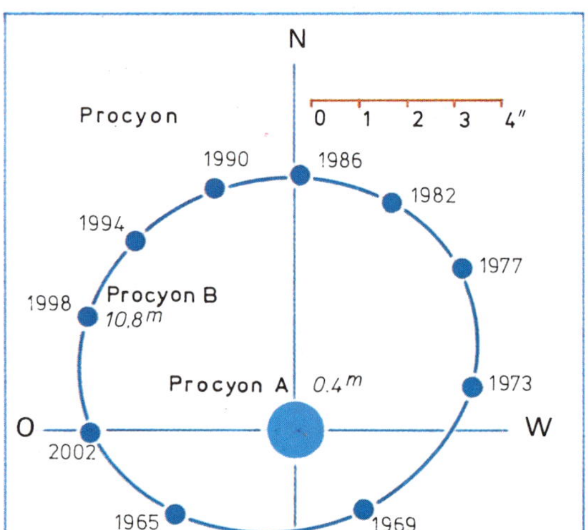

Links: Scheinbare Bahn des Doppelsterns Prokyon.

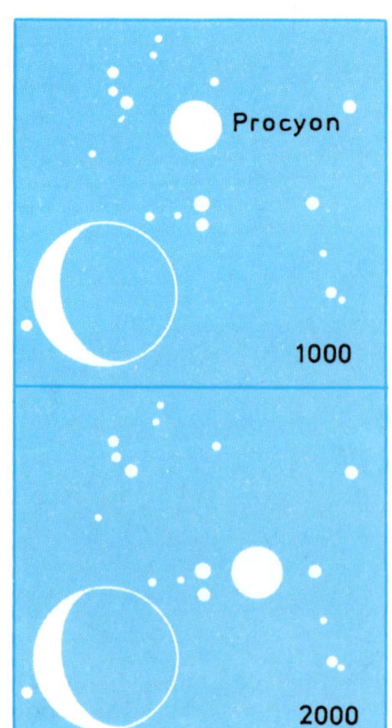

Rechts: Die Eigenbewegung von Prokyon in 1000 Jahren verglichen mit dem scheinbaren Durchmesser des Mondes (0,5°). In einem Jahr rückt Prokyon um 1,25″ weiter.

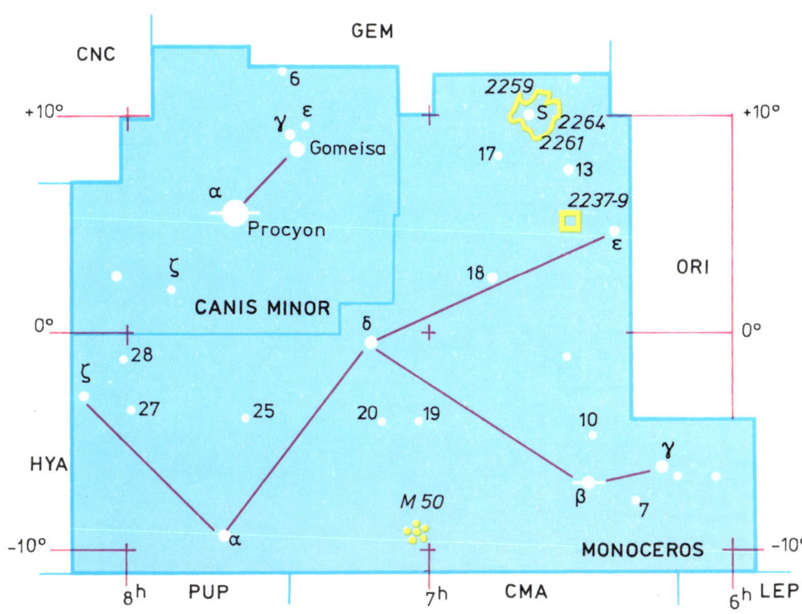

Das nicht sehr markante Sternbild *Einhorn*, das durch die Nachbarschaft des majestätischen Orion in den Schatten gestellt wird, verbirgt zwei der schönsten Nebel des Firmaments: den *Rosettennebel* (oben) und den *Konus* (siehe die folgende Doppelseite).

MON

Sternhaufen und Nebel im Einhorn

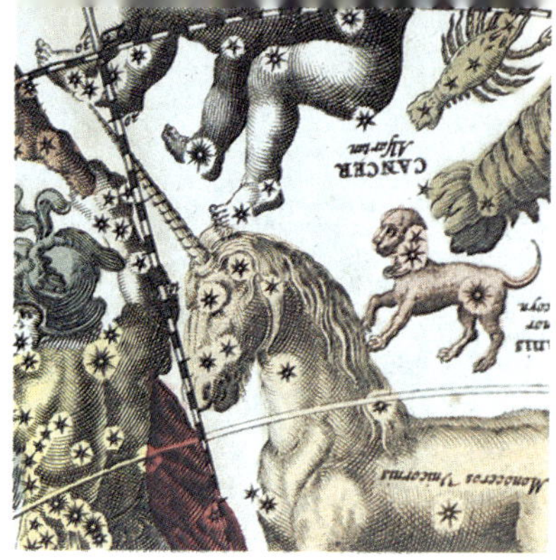

Einhorn. Cellarius, Harmonia Macrocosmica 1763.

NGC 2264: ein mit einem diffusen Nebel verbundener offener Sternhaufen. Der ausgedehnte, manchmal Weihnachtsbaum genannte Sternhaufen — seine Form ruft diese Vorstellung hervor — (nebenstehende Seite links oben) hat eine Ausdehnung von 26′ (fast ein scheinbarer Monddurchmesser), der wahre Durchmesser beträgt 20 Lj. Der Haufen hat etwa 150 Mitglieder und ist 2600 Lj entfernt. Das hellste Mitglied ist der Stern *S Monocerotis* (nebenstehende Seite links, oben und unten), ein sehr heißer Riese der Spektralklasse O mit einer Leuchtkraft von 8500 Sonnen. Eine Analyse der physikalischen Parameter der Sterne von NGC 2264 ergibt ein außerordentlich niedriges Alter dieser Gruppe, die meisten Mitglieder sind nur ein bis zwei Millionen Jahre alt.

Die Wiege der Sterne dieses Sternhaufens scheint der ausgedehnte Nebel zu sein, in den der Haufen eingehüllt ist. Der Nebel ist zu schwach für eine visuelle Beobachtung, auf Photographien treten jedoch seine Ausdehnung und zahlreiche Details hervor, wie die des bemerkenswerten *Konus-Dunkelnebels* (rechts oben). Dieses eigenartige Objekt hebt sich wie ein dunkler Kegel (Höhe 6 Lj) scharf vom leuchtenden Nebel ab.

NGC 2261: der „Hubblesche" veränderliche Nebel; ein ungewöhnlicher Gasnebel, der den noch ungewöhnlicheren veränderlichen Stern *R Monocerotis* umgibt. Das Aussehen des an einen Kometenschweif erinnernden Nebels ändert sich in seinen Details sehr rasch und unregelmäßig, manchmal sogar von Tag zu Tag. Das Objekt R Mon ist im südlichen Ausläufer des Nebels verborgen, es ändert seine scheinbare Helligkeit von etwa 10^m bis 12^m und ist eine intensive Quelle infraroter Strahlung. Es ist möglich, daß wir hier einen Stern in statu nascendi beobachten, der bislang noch von zirkumstellarem Staub umgeben ist, der die Strahlung des Sterns absorbiert, sich erwärmt und zur Quelle der Infrarotstrahlung wird.

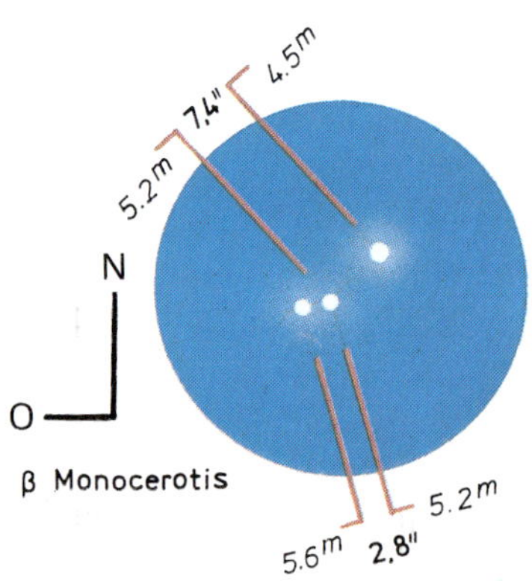

β Monocerotis: ein sehr schöner Dreifachstern, gut sichtbar mit einem kleinen Fernrohr. Alle drei Komponenten sind ungefähr gleich hell. Entfernung zwischen 150 und 200 Lj.

Der Sternhaufen NGC 2264 mit seinem Nebel

Der Konus-Dunkelnebel

Unten: Die Veränderungen im Aussehen des Hubbleschen Nebels werden nicht durch Massenbewegung im Nebel, sondern durch Variationen in der Beleuchtung hervorgerufen, d. h. durch sich bewegende Schatten von dunklen Massen, die den leuchtenden Stern umgeben. Der Durchmesser des Nebels beträgt etwa ein Lichtjahr.

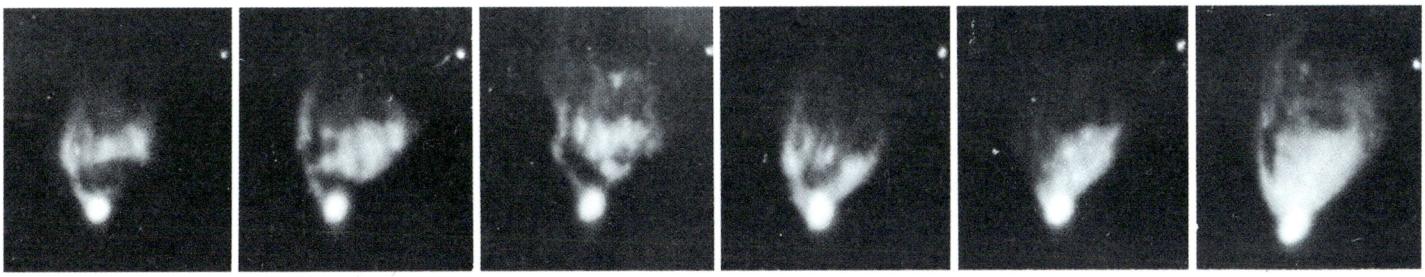

27. 4. 1919 — 19. 12. 1919 — 9. 10. 1920 — 29. 12. 1921 — 24. 10. 1922 — 26. 10. 1933

ERI

Eridanus

Eridani — Eri — Eridanus

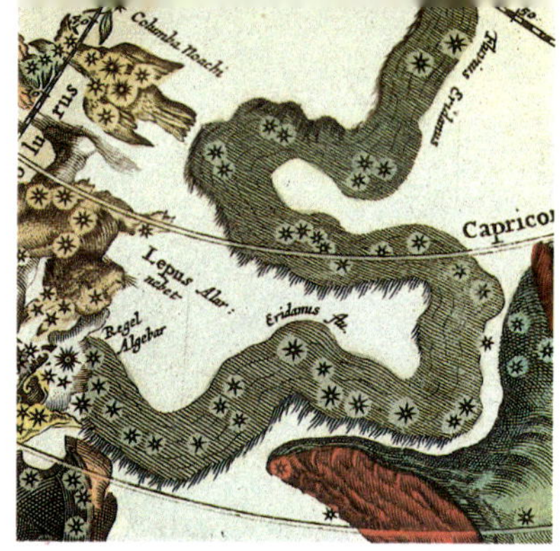

Der Fluß Eridanus (Detail).
Cellarius, Harmonia Macrocosmica,
1763.

α Eridani — Achernar: der neunthellste Stern des Himmels, $0^{m}{,}53$. Sehr heißer blauer Überriese mit einer Oberflächentemperatur von 14 000 K und der 650fachen Sonnenleuchtkraft, Entfernung 120 Lj.

ε Eridani: der unauffällige Stern $3^{m}{,}7$ gehört zu den nächsten Nachbarn unserer Sonne, er ist nur 10,8 Lj entfernt. In Dimension, Masse, Spektraltyp und Leuchtkraft ähnelt er der Sonne und wurde deshalb 1959 als einer der Ziele des OZMA-Projekts ausgewählt — der Suche nach Signalen vermuteter fremder Zivilisationen. Alle ähnlichen Versuche sind jedoch bislang erfolglos geblieben.

o_2 Eridani (40 Eridani): außerordentlich interessanter Dreifachstern (Abb. unten). Dank der kleinen Entfernung des Systems (16 Lj) hat man hier die seltene Gelegenheit, auch mit einem kleinen Fernrohr einen weißen Zwerg (Komponente B) zu beobachten. Er war der erste Stern seiner Art, dessen Natur richtig erkannt wurde (1910). Sein Durchmesser ist etwas mehr als zwei Erddurchmesser, aber seine Masse entspricht etwa der Hälfte der Masse unserer Sonne, seine Dichte beträgt fast 100 kg/cm³. Die Anziehungskraft an der Oberfläche dieses Sterns ist 37 000mal größer als auf der Erde. Interessant ist auch die Komponente C, ein roter Zwerg mit einer ungewöhnlich kleinen Masse (nur 0,2 Sonnenmassen) und 0,0008 Sonnenleuchtkraft. Das System bewegt sich sehr schnell, 4,08″ pro Jahr.

NGC 1300: eine typische Balkenspiral-Galaxie, Typ SBb. Scheinbare Helligkeit $11^{m}{,}3$, Winkeldimensionen 6,0′ × 3,2′, sehr helles Zentrum.

NGC 1232: Galaxie des Typs Sc mit zahlreichen Spiralarmen, $10^{m}{,}7$, Winkeldimensionen 7,0′ × 6,0′.

Der Dreifachstern o_2 Eridani. Relative Größe der Komponenten A, B, C und der Sonne (links), scheinbare Bahn der Komponenten B und C (Mitte) und Bild des Dreifachsterns im Fernrohr (rechts).

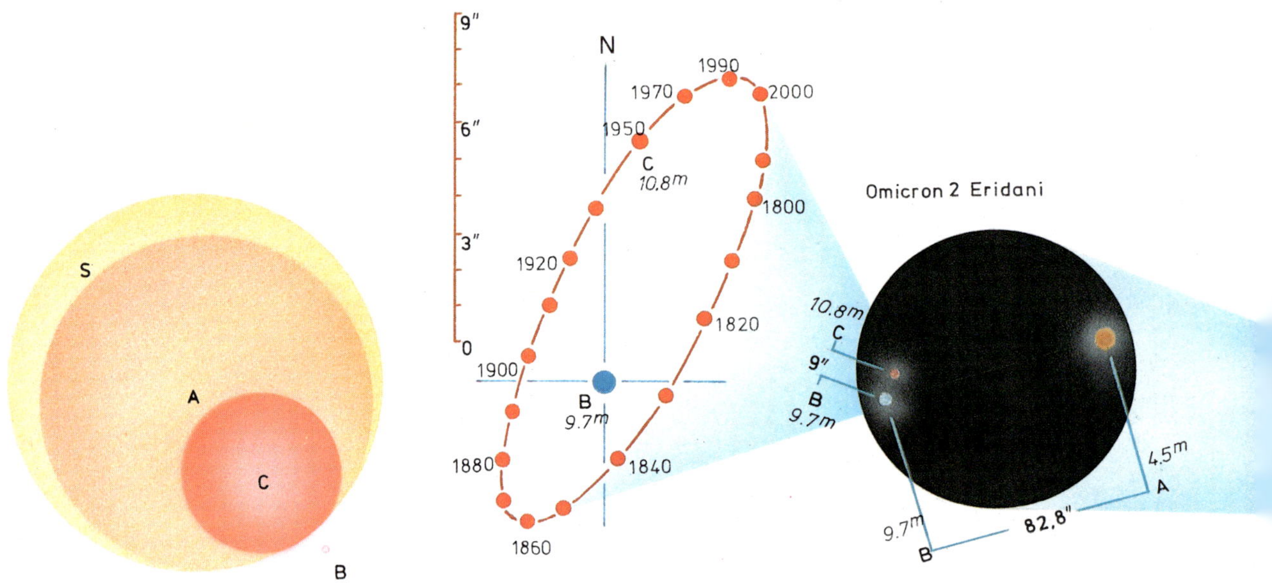

Die Galaxie NGC 1300

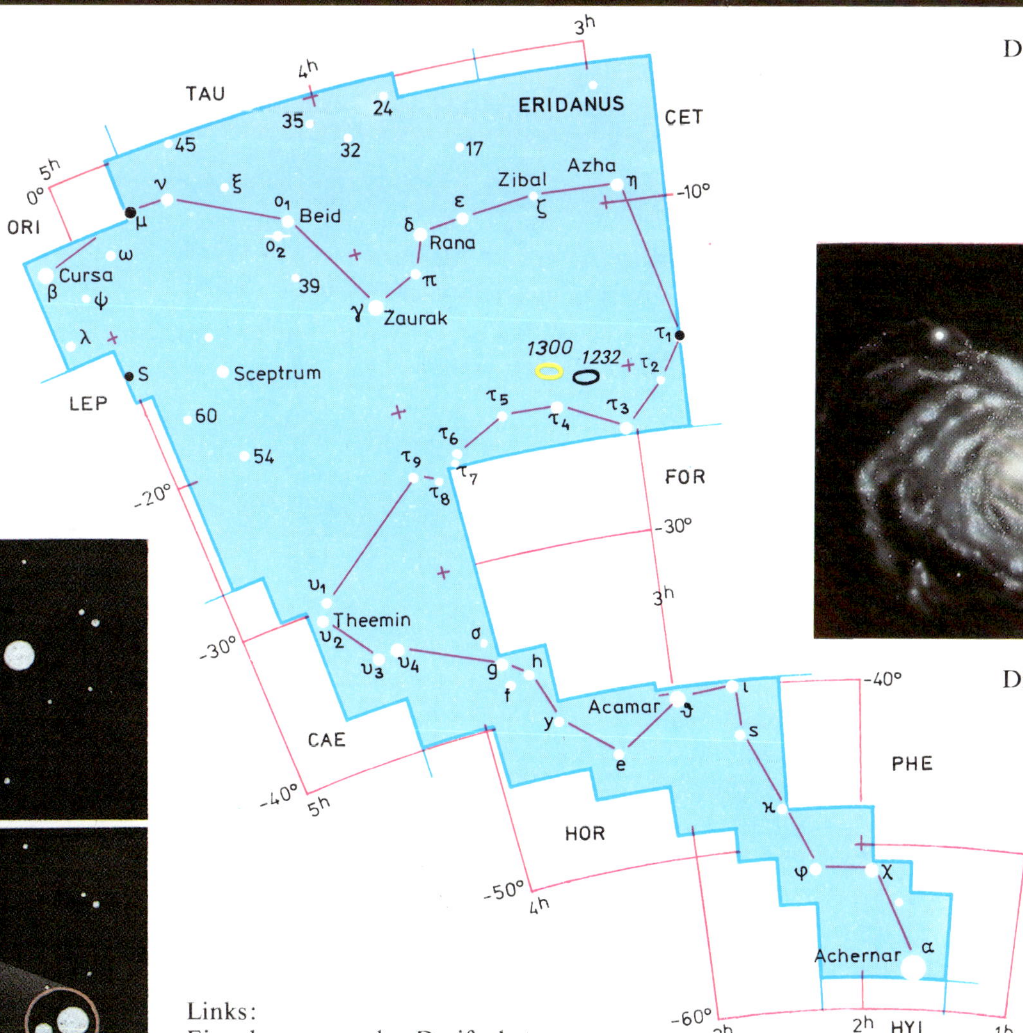

Die Galaxie NGC 1232

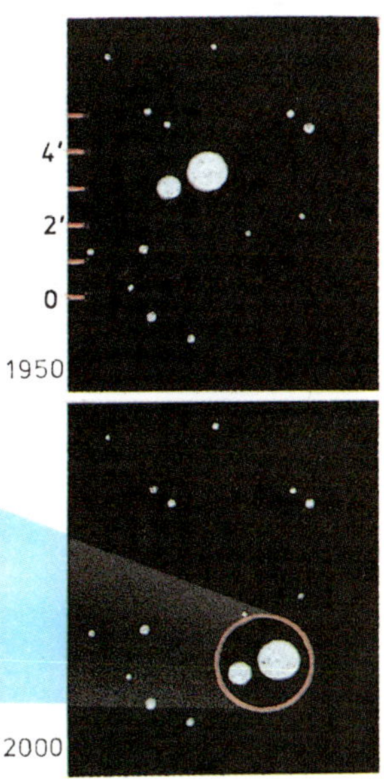

Links:
Eigenbewegung des Dreifachsterns o_2 Eridani in 50 Jahren, von 1950 bis zum Jahr 2000.

CMA
Canis Major
Canis majoris — CMa — Großer Hund

PUP
Puppis
Puppis — Pup — Achterschiff

Großer Hund (Detail). Astronomischer Kodex aus dem 14. Jahrhundert.

α Canis Majoris — Sirius: hellster Stern am Himmel und Schmuck der Winternächte, $-1^{m}{,}4$, strahlend weiß, schimmert manchmal durch Szintillation in allen Regenbogenfarben. Entfernung 8,7 Lj — fünftnächster Stern. Spektraltyp A1, 1,8 Sonnendurchmesser, Oberflächentemperatur 10 000 K, 23fache Sonnenleuchtkraft.
Berühmt ist sein Begleiter — **Sirius B**, der bekannteste weiße Zwerg. Seine Existenz hat F. W. Bessel bereits 1834 bis 44 nach beobachteten Unregelmäßigkeiten in den Bewegungen von Sirius A vorausgesagt. Sirius B wurde 1862 von A. G. Clark entdeckt, aber erst 1915 erkannte man die Eigenschaften dieses ungewöhnlichen Sterns; seine Masse gleicht der der Sonne, sein Durchmesser beträgt jedoch nur etwa 30 000 km und seine Dichte ist ca. 130 kg/cm^3. Die scheinbare Helligkeit von Sirius B ist $8^{m}{,}65$, er wird jedoch von Sirius A überstrahlt und ist daher nur mit einem größeren Fernrohr sichtbar.
L_2 Puppis: langperiodischer veränderlicher Stern, ändert seine Helligkeit von 3^m bis 6^m in einer Periode von 141 Tagen. Roter Riese der Klasse M5, Entfernung etwa 200 Lj. Ursache der Lichtvariation sind Pulsationen des Sterns.
NGC 2362: eine sehr schöne Gruppe von etwa 50 Sternen $7^{m}{,}5$ bis 13^m, die rings um den Stern τ CMa in einem Umkreis von 6′ liegen. Helligkeit 4^m, Entfernung 4600 Lj. Den Haufen bilden zum Großteil Überriesen des Typs O und B mit beträchtlichen Leuchtkräften. Einer der jüngsten Sternhaufen, Alter etwa eine Million Jahre.
M 41 — NGC 2287: sehr heller offener Haufen, mit bloßem Auge sichtbar und schon mit kleinem Fernrohr aufzulösen. Enthält ungefähr 100 Sterne, 7^m bis 13^m. Scheinbarer Durchmesser 30′, wahrer Durchmesser etwa 20 Lj, Entfernung 2350 Lj.
NGC 2477: der reichste unter den zahlreichen Haufen im Sternbild des Achterschiffs. 300 Sterne im Umkreis von 20′. Entfernung wird sehr unterschiedlich geschätzt; von 3000 bis 9000 Lj.

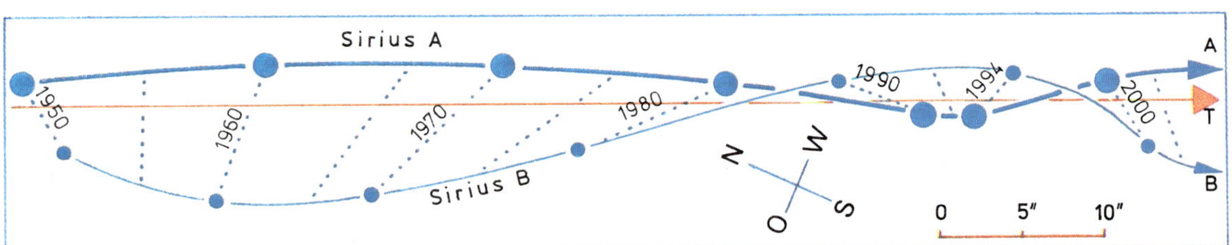

Oben: Scheinbare Eigenbewegung von Sirius A/B. Der Schwerpunkt des Systems (T) bewegt sich auf einer Geraden.

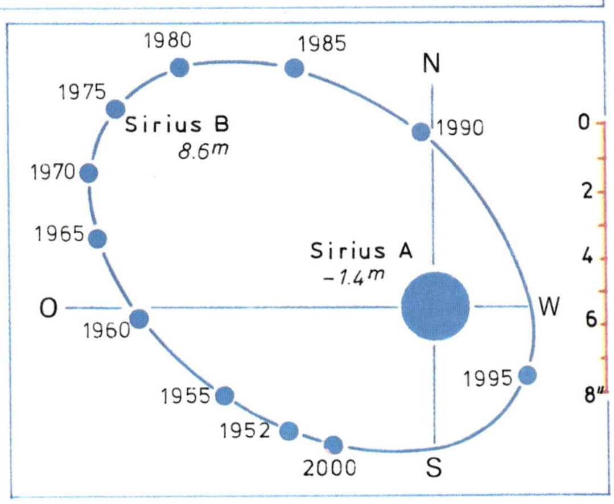

Rechts: Scheinbare Bahn des Doppelsternsystems Sirius A/B. Die Entfernung der Komponenten ändert sich von 3″ bis 11,5″ in einer Periode von 49,98 Jahren.

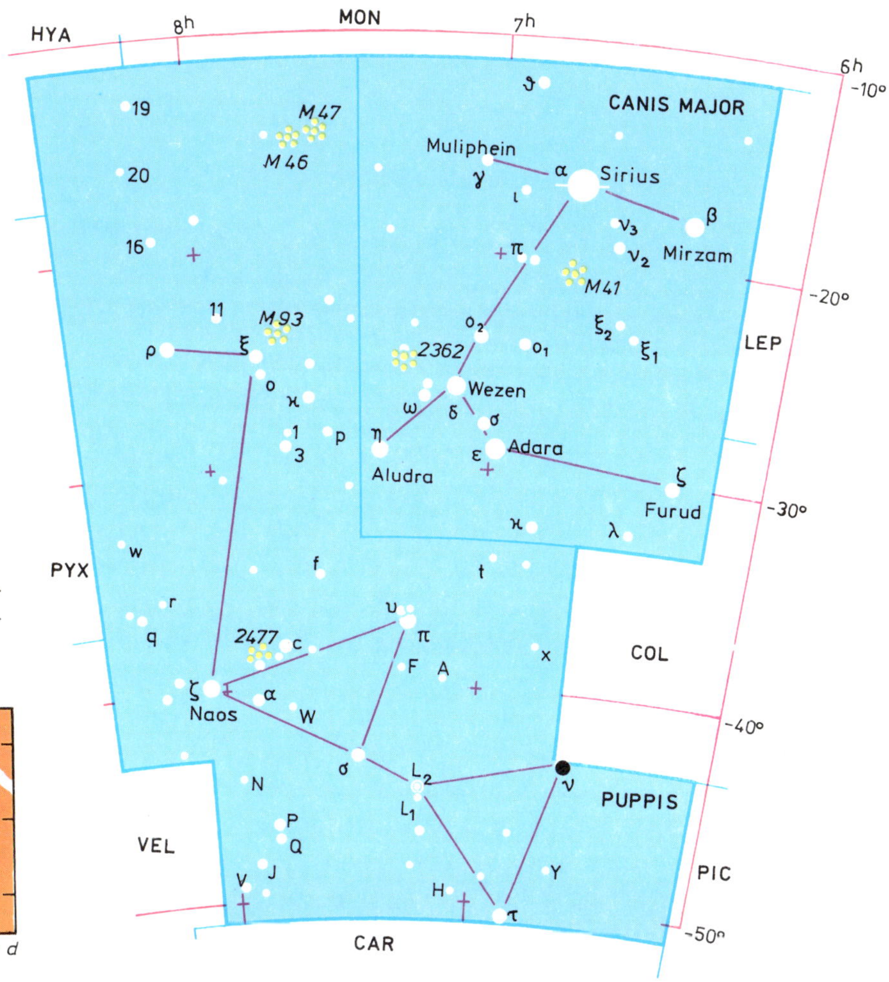

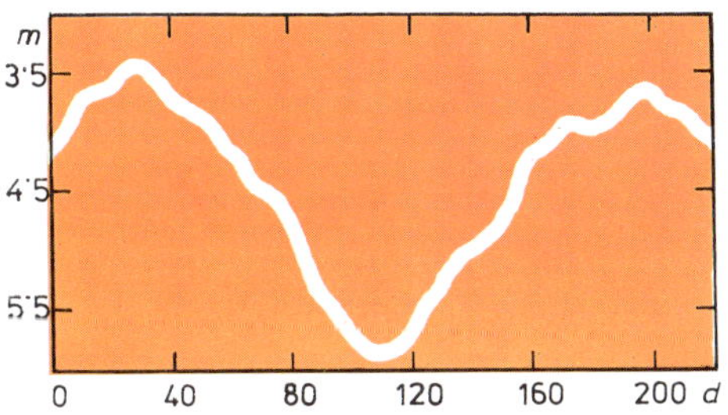

Lichtkurve, die den Verlauf der Helligkeitsänderungen des veränderlichen Sterns L_2 Puppis zeigt.

Die schönsten offenen Sternhaufen in den Sternbildern CMa und Pup: links NGC 2362, in der Mitte M 41, rechts NGC 2477.

D Frühlingssternbilder

Himmel unter dem Horizont.
P. Apianus, Cosmographica, 1535.

Dieser Teil des Himmels ist verhältnismäßig arm an hellen Sternen, aber reich an Galaxien und Nebelhaufen. Die Abbildung auf S. 12 deutet an, daß die auf der galaktischen Ebene senkrechte Richtung zum Sternbild *Coma Berenices* (Haar der Berenike) zielt. In dieser Himmelsregion, weitab von der Milchstraße, öffnen sich sogenannte galaktische Fenster, die uns den Ausblick in die entferntesten Weiten des Weltalls ermöglichen.
Am nördlichen Himmel gehen wir bei unserer Orientierung vom Großen Wagen, den wohl bekannten sieben Sternen des *Ursa Major* (Großer Bär) aus. Die Verbindungslinie der Sterne Dubhe und Merak weist gegen Süden zum Sternbild *Leo* (Löwe). Wenn man die Deichsel des Großen Wagens (den Schwanz des Großen Bären) in einem Bogen zum Äquator verlängert, findet man in dieser Richtung den orangefarbenen Arktur im Sternbild *Bootes* (Bärenhüter). Wenn man der Linie über den Äquator gegen Süden folgt, kommt man zu dem hellen Stern Spica im Sternbild *Virgo* (Jungfrau). Das Dreigestirn Regulus, Arktus und Spica bilden das *Frühlingsdreieck*, nach dem man sich gut orientieren kann. Unter dem gesamten Dreieck erstreckt sich das sehr lange Sternbild *Hydra* (Nördliche Wasserschlange). Der „Kopf" der Schlange liegt schon unter dem Sternbild *Cancer* (Krebs) (siehe Karte auf S. 169).

Südlich der Hydra zieht sich ein schöner Abschnitt der Milchstraße entlang mit den bekannten südlichen Sternbildern *Crux* (Kreuz des Südens) und *Centaurus* (Zentaur). Um diese Sternbilder zu sehen, muß man nicht unbedingt auf die südliche Halbkugel reisen. Das Kreuz des Südens ist bereits vom Wendekreis des Krebses — dem Deklinationskreis +23,5° nördlicher Breite — dicht über dem Horizont sichtbar. Ohne weite Reise kann man dieses Sternbild jedoch leicht am künstlichen Firmament des nächstgelegenen Planetariums studieren.

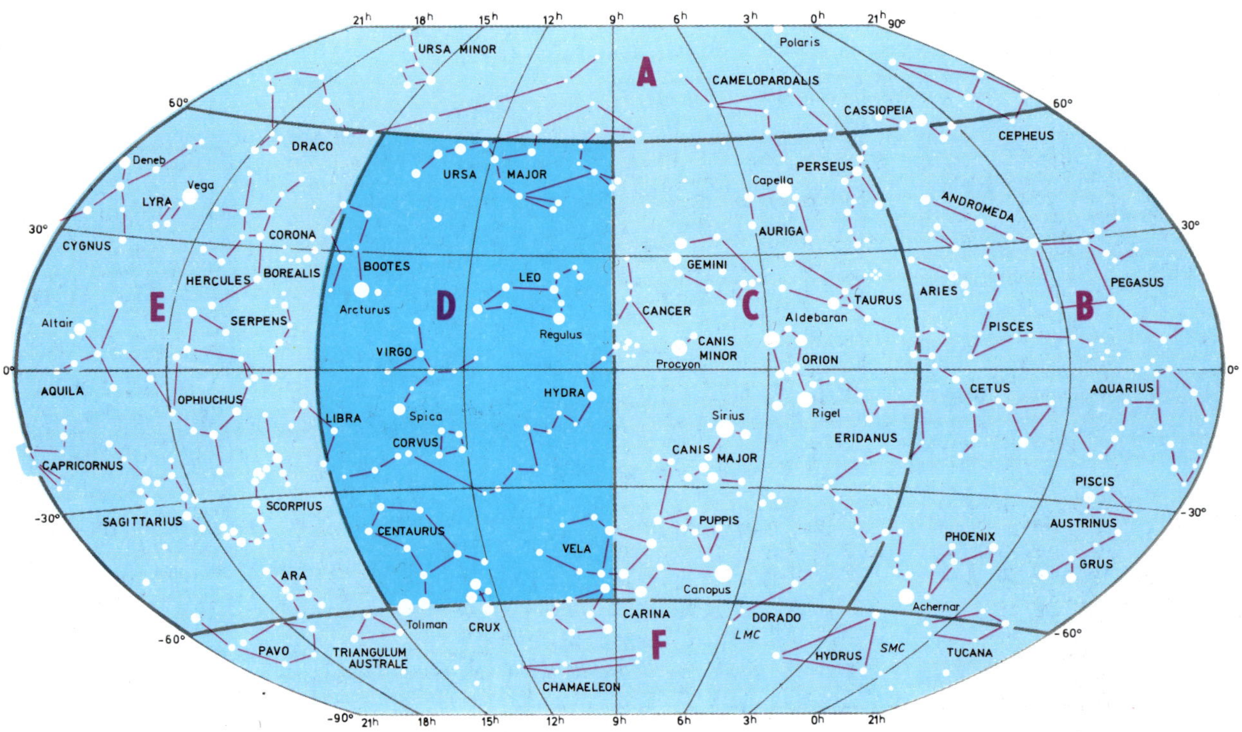

DRACO
LYNX
Dubhe
Merak
Alcor
Mizar
URSA MAJOR
CANES VENATICI
CANCER
LEO MINOR
Arcturus
COMA BERENICES
Denebola
Vindemiatrix
Regulus
BOOTES
LEO
15h
14h
13h
12h
11h
10h
9h
60°
50°
40°
30°
20°
10°
-10°
-20°
-30°
-40°
-50°
-60°
Alfard
ecliptica
Spica
VIRGO
SEXTANS
CORVUS
CRATER
LIBRA
HYDRA
HYDRA
CENTAURUS
PYXIS
ANTLIA
Omega
Centauri
LUPUS
VELA
CRUX
CIRCINUS
CARINA
NORMA
Agena
Toliman
Acrux

BOO
Bootes
Bootis — Boo — Bärenhüter

COM
Coma Berenices
Comae Berenices — Com — Haar der Berenike

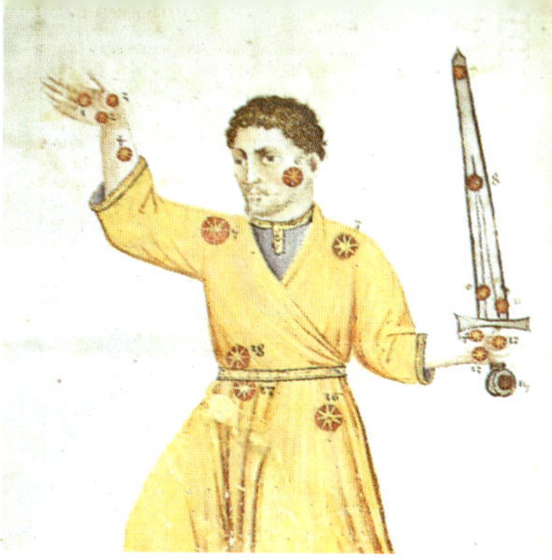

Bootes. Astronomischer Kodex aus dem 14. Jahrhundert.

α Bootis — Arcturus: Vierthellster Stern des Himmels, $-0{,}^{m}06$. Orangefarbener Riese, Spektrum K2, 115fache Sonnenleuchtkraft, 25facher Sonnendurchmesser, Entfernung 37 Lj.

M 64 — NGC 4826 (nebenstehende Seite links oben): Spiralnebel vom Typ Sa oder Sb mit außerordentlich markanten dunklen Staubwolken in der Nähe des zentralen Kerns. Scheinbare Ausdehnung $7{,}5' \times 3{,}5'$; mit einem kleinen Fernrohr als nebliges Sternchen 8^{m} sichtbar. Entfernung nach verschiedenen Quellen: 20 bis 25 Millionen Lj.

NGC 4565 (rechts unten): typisches Beispiel für einen großen Spiralnebel, den man von der Seite sieht. Entlang dem galaktischen Äquator auffallend dunkle Staubwolken, die das Licht der Sterne absorbieren, die um die hell leuchtende und verbreiterte zentrale Verdichtung Spiralen bilden. Winkeldurchmesser des Objekts 15′, scheinbare Helligkeit $10{,}^{m}5$, Entfernung um 20 Millionen Lj, wahrer Durchmesser etwa 90 000 Lj.

Der Galaxienhaufen im Haar der Berenike, deren zentralen Teil die Abbildung auf der nebenstehenden Seite rechts oben zeigt, enthält mehr als 1000 Galaxien und ist etwa 400 Millionen Lj entfernt. Am Himmel hat dieses riesige System einen Winkeldurchmesser von über 3°; dem entspricht ein wahrer Durchmesser von etwa 20 Millionen Lj.

Die riesige elliptische Galaxie **NGC 4889** ist das hellste Objekt in der Nähe des Haufenzentrums, sie hat jedoch nur eine scheinbare Helligkeit von 13^{m}. Der Haufen entfernt sich von uns mit einer Geschwindigkeit von etwa 6800 km/s.

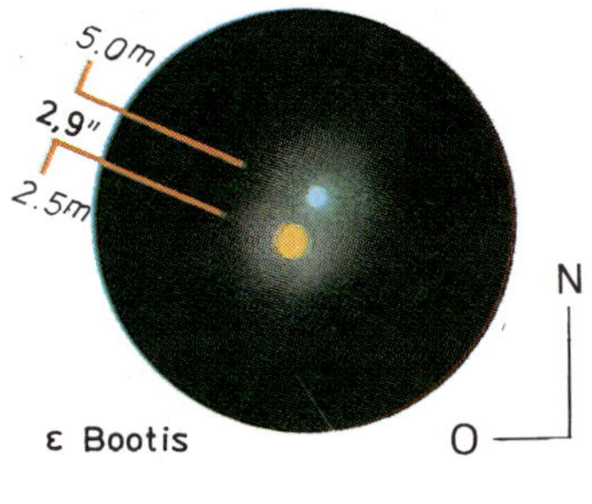

ε Bootis — Izar (oben): Einer der schönsten Doppelsterne mit markanten Farbkontrasten. Die hellere Komponente ist gelb-orangefarben und hat eine Leuchtkraft von etwa 500 Sonnen, die schwächere Komponente ist bläulich bis grünlich. Entfernung nach verschiedenen Messungen 200 bis 300 Lj.

Unten: Die Galaxie NGC 4565, die man von der Seite sieht. Deutlich zu erkennen sind die dunklen Wolken aus interstellarem Staub und Gas entlang der Mittelebene der Galaxie.

M 64 — NGC 4826

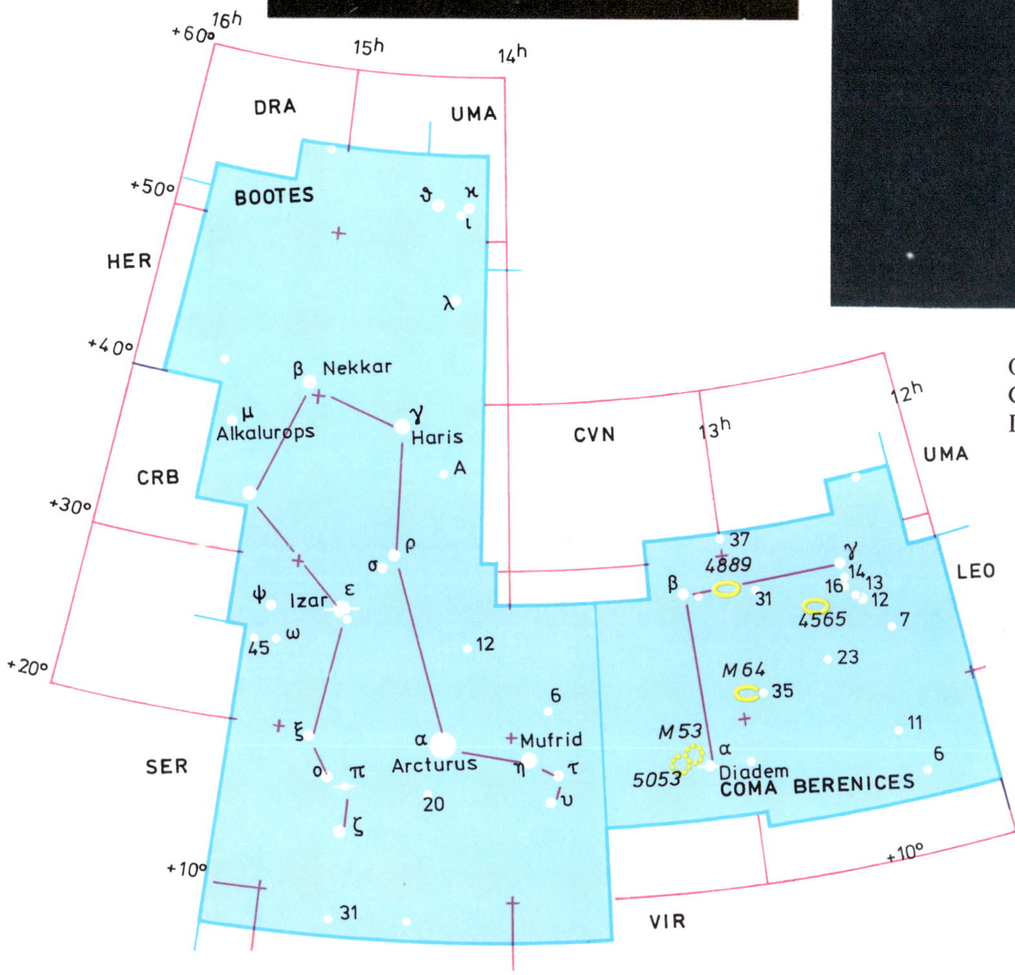

Oben:
Galaxienhaufen in der Coma Berenices.
Die hellste Galaxie ist NGC 4889.

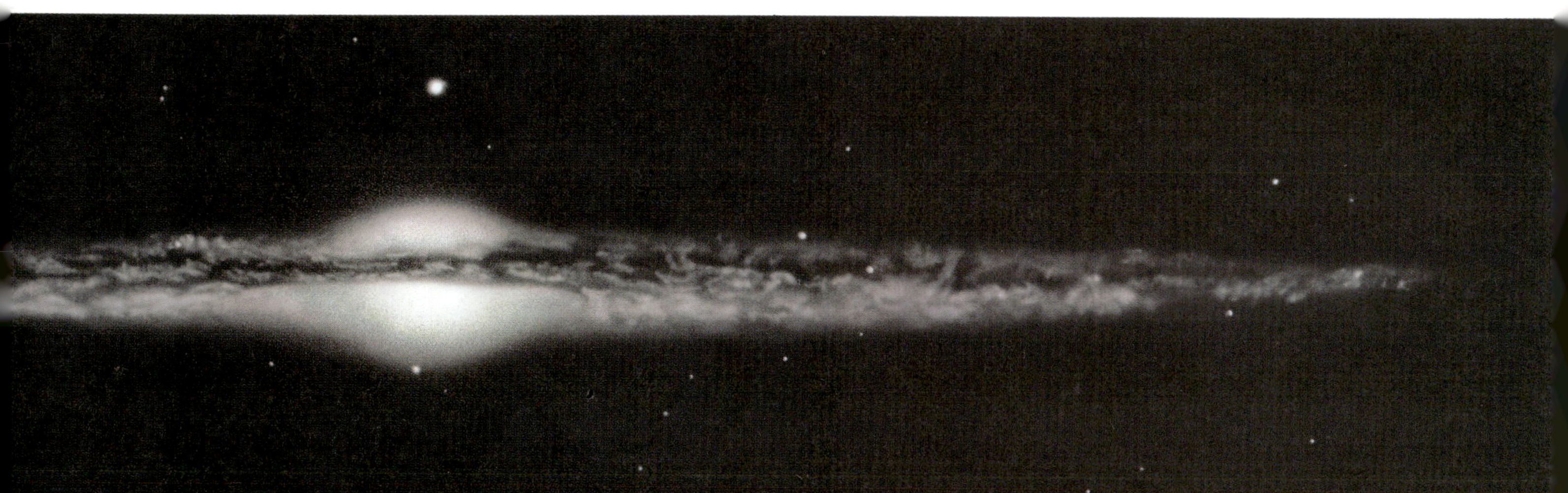

LEO

Leo

Leonis — Leo — Löwe

SEX

Sextans

Sextantis — Sex — Sextant

Löwe (Detail). Astronomischer Kodex aus dem 14. Jahrhundert.

α Leonis — Regulus: einer der hellsten Sterne am Frühlingshimmel, $1^m,4$, Entfernung 85 Lj, Oberflächentemperatur 13 000 K. Der Stern ist 5mal größer und 160mal leuchtkräftiger als die Sonne. Er liegt 0,5° von der Ekliptik entfernt, und deshalb kann man in seiner Nähe manchmal den Mond und helle Planeten sehen.

M 65 und M 66—NGC 3623 und NGC 3627: ein Paar heller Galaxien, die man im Gesichtsfeld eines Fernrohrs mit kleiner Vergrößerung sehen kann. Beide Galaxien haben etwa 10^m, scheinbarer Druchmesser etwa 8′; am Himmel sind sie 21′ voneinander entfernt. Die wahre Entfernung des Nebelpaars wird auf 29 Millionen Lj geschätzt, das ergibt einen wahren Durchmesser von 60 000 Lj für M 65 und etwa 50 000 Lj für M 66. Die Entfernung zwischen den beiden Galaxien beträgt circa 180 000 Lj.

M 95 und M 96—NGC 3351 und NGC 3368: dieses Galaxienpaar liegt etwa 9° östlich von Regulus. Die hellere der beiden — M 96, Typ Sb, $10^m,2$ — hat die scheinbaren Dimensionen 6,0′ × 4,0′. Schwächer ist M 95, eine Galaxie vom Typ SBb (Balkenspirale), deren Balken ihr die Form des griechischen Buchstabens Θ (Theta) verleiht; scheinbare Dimensionen 4,0′ × 3,0′. Es scheint, daß beide Galaxien Mitglieder derselben Galaxiengruppe sind wie die unweit davor stehenden M 65 und M 66; sie haben daher auch ungefähr die gleiche Entfernung von uns, etwa 29 Millionen Lj.

NGC 3115: sehr helle Galaxie, 10^m, spindelförmig, scheinbare Dimensionen 4,0′ × 1,0′. Die Galaxie gehört zu den stark abgeflachten elliptischen Galaxien des Typs E7, es könnte jedoch auch der von der Seite beobachtete Typ S0 sein. Ein dunkler Staubstreifen ist nicht feststellbar. Entfernung nach Schätzungen etwa 21 bis 25 Millionen Lj, wahrer Durchmesser an die 30 000 Lj.

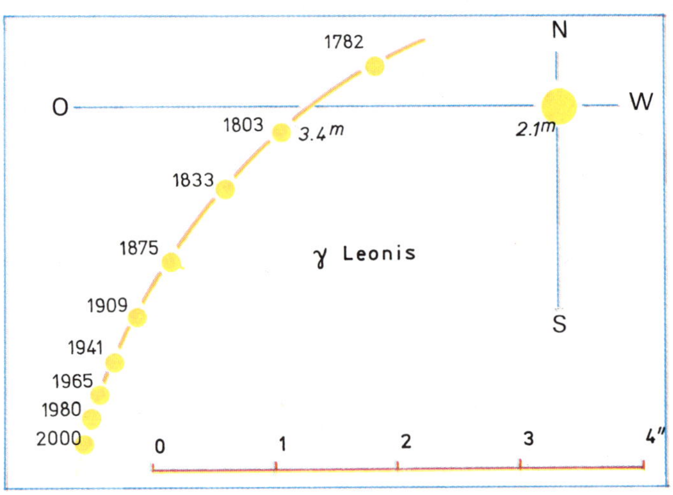

Scheinbare Bahn des Doppelsterns **γ Leonis — Algieba**. Komponenten $2^m,1$ und $3^m,4$, gelb, Periode nicht genau bekannt; sie dürfte zwischen 400 und 700 Jahren liegen. Entfernung etwa 90 Lj. Schönes Beobachtungsobjekt für größere Fernrohre.

NGC 3115: helle, spindelförmige Galaxie im Sternbild Sextant.

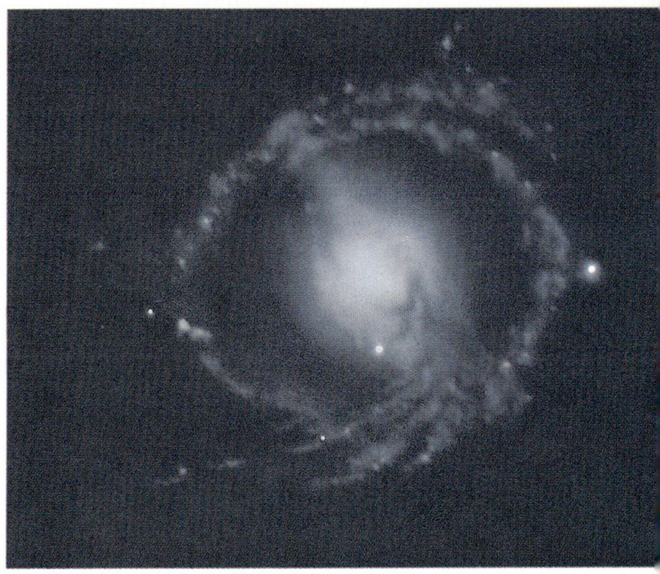

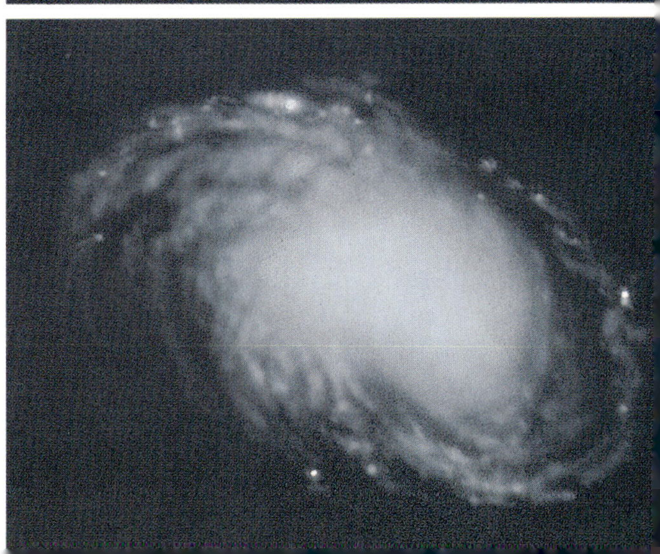

Helle Spiralnebel im Löwen (rechts, von oben):

M 65 — NGC 3623: Galaxie Typ Sb mit hellem Kern

M 66 — NGC 3627: Galaxie Typ Sb mit breiten Spiralarmen

M 95 — NGC 3351: Balkenspirale

M 96 — NGC 3368: Galaxie Typ Sa

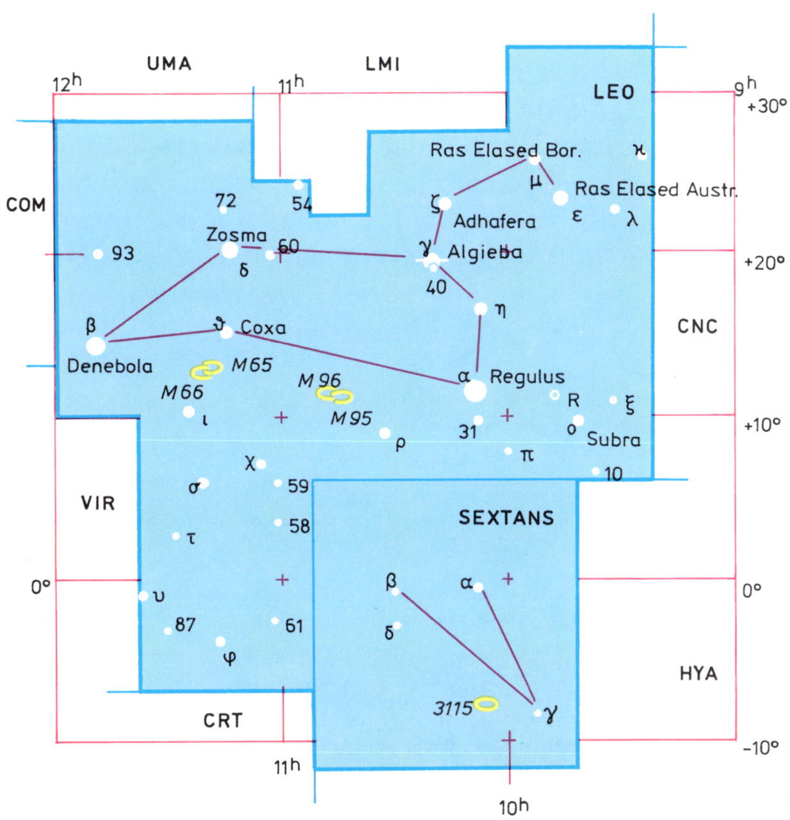

Virgo

Virginis — Vir — Jungfrau

Jungfrau (Detail). Astronomischer Kodex aus dem 14. Jahrhundert.

α Virginis — Spica: Stern 1. Größe, genau $1^{m},00$, achtfacher Sonnendurchmesser, 2300-fache Sonnenleuchtkraft. Spektrum B1, Entfernung 275 Lj. Der Name Spica bedeutet die Ähre, welche die Jungfrau auf figuralen Darstellungen des Sternbilds in der Hand hält.

Galaxienhaufen in der Jungfrau: auf der Abbildung der nebenstehenden Seite links oben ist der mittlere Teil dieses, etwa 3000 Mitglieder enthaltenden Haufens dargestellt. Es ist der nächste große Galaxienhaufen, so daß einige Dutzend der hellsten Galaxien des Haufens mit Amateurfernrohren beobachtet werden können; z. B. die elliptischen Galaxien M 84 und M 86, die unsere Abbildung zeigt. Der Haufen ist über 40 Millionen Lj entfernt.

M 87 — NGC 4486: eines der größten Mitglieder des Nebelhaufens in der Jungfrau. Helle elliptische Galaxie des Typs E1, $9^{m},7$, scheinbarer Durchmesser 3′. Eine der massereichsten und leuchtkräftigsten Galaxien, die wir kennen; ihre Masse beträgt etwa 800 Milliarden Sonnenmassen. Gleichzeitig ist sie auch eine der stärksten Quellen von Radiostrahlung, die mit „Virgo A", oder der Nummer 3C 274 (Cambridge Catalogue of Radio Sources) bezeichnet wird. Die starke Radiostrahlung und auch eine starke Röntgenstrahlung hängen mit der hellen, 4000 Lj langen Ausströmung aus dem Kern der Galaxie zusammen. Aus dem Kern schießt ein durch ein starkes Magnetfeld beschleunigter Strom von Elektronen hervor, die hohe Geschwindigkeiten erreichen; dadurch entsteht eine *Synchotronstrahlung* von großer Energie. Die Ursache dieser Prozesse könnte z. B. ein supermassives *Schwarzes Loch* im Kern der Galaxie sein.

M 104 — NGC 4594: die bekannte *Sombrero-Galaxie* ist eines der anschaulichsten Beispiele für das Vorhandensein eines dunklen Bands interstellarer Materie in der Äquatorebene einer Galaxie. M 104 ist eine Spiralgalaxie vom Typ Sa oder Sb, die man von der Seite beobachtet. Sie ist etwa 40 Millionen Lj entfernt und hat einen Durchmesser von mehr als 100 000 Lj. Die Rotverschiebung im Spektrum läßt erkennen, daß sich M 104 mit einer Geschwindigkeit von 1100 km/s von uns entfernt.

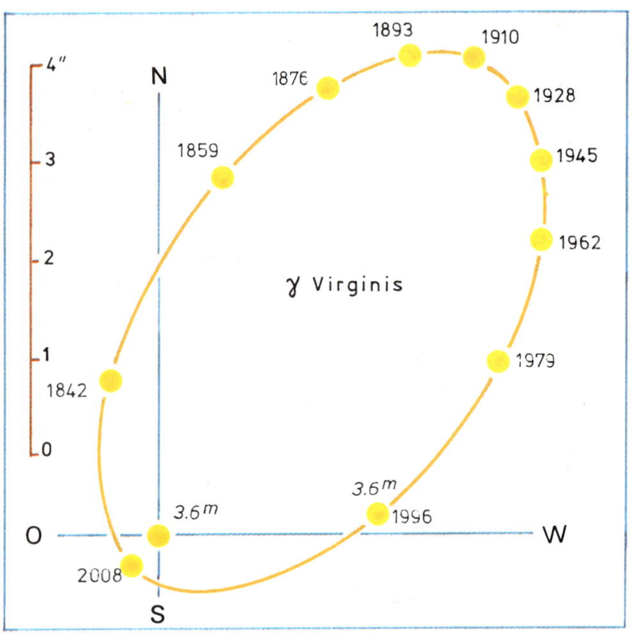

γ Virginis — Porrima: beide Komponenten dieses sehr schönen visuellen Doppelsterns sind gleich hell: $3^{m},65$. Die Umlaufszeit beträgt 171 Jahre, im Periastron nähern sich die Komponenten einander bis auf 3 AE, die größte Entfernung zwischen ihnen beträgt 70 AE. Der Doppelstern ist von uns 32 Lj entfernt.

Oben: Elliptische Galaxie M 87 mit Materie-Ausströmung aus dem Kern. Quelle der Radiostrahlung „Virgo A".

Galaxienhaufen in der Jungfrau

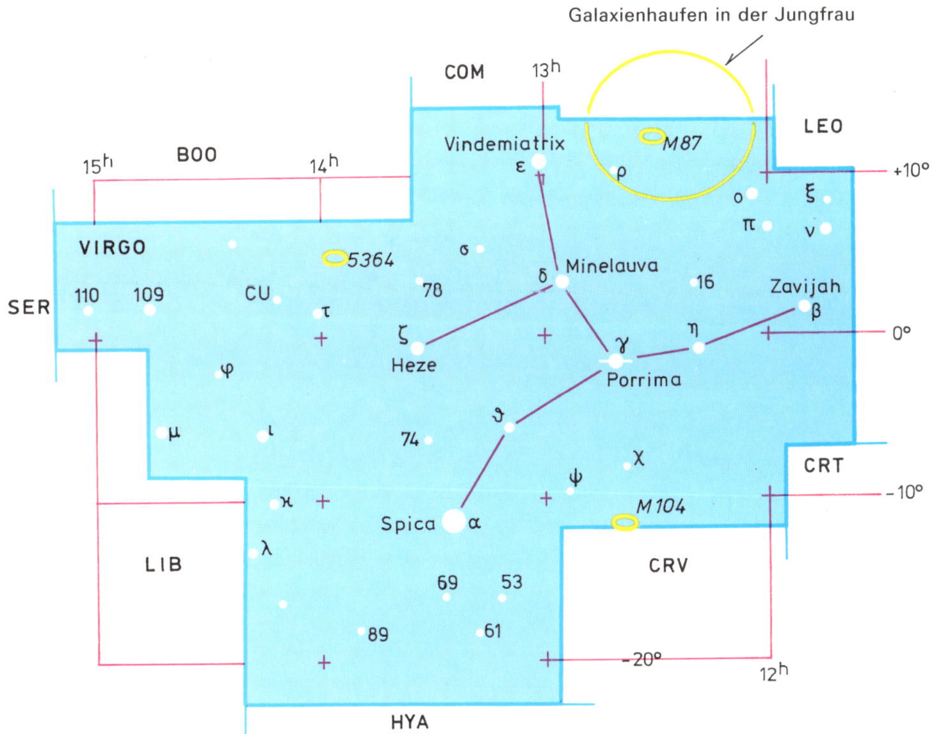

NGC 5364 in der Jungfrau, ein gutes Beispiel für eine Galaxie des Typs Sb.

M 104, die *Sombrero* genannte Galaxie

CRV

Corvus

Corvi — Crv — Rabe

HYA

Hydra

Hydrae — Hya — Wasserschlange

Rabe. Astronomischer Kodex aus dem 14. Jahrhundert.

Die *Hydra* ist das längste Sternbild am Himmel und nimmt auch die größte Fläche ein. Der Kopf dieses Ungetüms erhebt sich über den Äquator bis zum Sternbild Krebs, und sein schlangenartiger Körper windet sich am südlichen Himmel bis zum Sternbild Waage.

α Hydrae — Alphard: scheinbare Helligkeit 2^m, der hellste Stern in der Wasserschlange. Er ist 95 Lj. entfernt und besitzt die 110fache Sonnenleuchtkraft.

M 48 — NGC 2548: nicht sehr heller, aber ausgedehnter Sternhaufen; kann gut mit einem Fernglas beobachtet werden. Scheinbarer Durchmesser etwa 42′, demnach größer als die Scheibe des Vollmondes. Entfernung etwa 1700 Lj, wahrer Durchmesser mehr als 20 Lj.

NGC 3242: planetarischer Nebel, dessen langgezogener innerer Ring die Form eines Auges und die scheinbaren Dimensionen 26″ × 16″ hat. Die äußere und schwächere Hülle hat einen Durchmesser von 40″. Der Zentralstern, 11^m, ist sehr heiß, Oberflächentemperatur 60 000 K. Wie bei den meisten planetarischen Nebeln bestehen bei der Schätzung der Entfernung bei verschiedenen Autoren beträchtliche Unterschiede; sie reichen von 1900 bis 3300 Lj. Wahrer Durchmesser wahrscheinlich mehr als 0,5 Lj.

NGC 4038/39 — „Rattenschwanz“-Galaxie: Ein sehr eigenartiges Galaxienpaar, das durch gegenseitige Gravitationswirkung diese besondere Konfiguration bildet (nebenstehende Seite rechts oben). Vielleicht haben wir die Folgeerscheinung eines Zusammenstoßes zweier Galaxien vor uns, offensichtlich ist jedoch, daß sich die beiden Galaxien so stark einander genähert haben, daß eine große Anzahl von Sternen und interstellarer Materie aus ihren ursprünglichen Bahnen geworfen und in den intergalaktischen Raum geschleudert wurde. So konnten auch die ungewöhnlich langen, gekrümmten Filamente entstehen, die von dem Paar nach Norden und Süden ausgehen. Das Objekt ist etwa 90 Millionen Lj entfernt, sein wahrer Durchmesser beträgt etwa 100 000 Lj. Ein ähnliches Objekt gibt es auch im Sternbild Krebs (s. S. 141).

Der „Kopf der Hydra“ ist kein Sternhaufen, sondern eine zufällige Gruppe von sechs Sternen, die in sehr unterschiedlichen Entfernungen von 100 bis 400 Lj im Raum verteilt sind. Der nördlichste dieser Sterne, **ε Hydrae**, ist ein Mehrfachsystem mit fünf Komponenten.

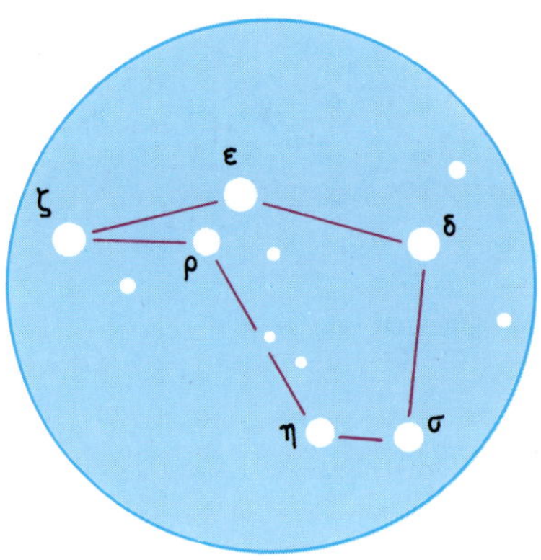

Der helle planetarische Nebel NGC 3242

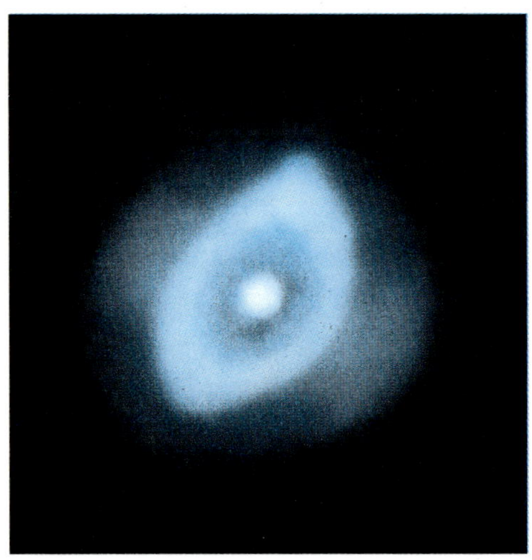

Rechts: Beispiel für die Wechselwirkung zweier Galaxien. Auf kurz belichteten Photographien sehen die beiden sich berührenden Galaxien wie Ketten nebliger Sterne aus (Detail auf dem kleinen Bild). Nach längerer Belichtung zeigen sich auch die schwächeren Partien der Galaxien, vor allem die langen, gekrümmten „Schweife“, die weit in den intergalaktischen Raum auslaufen.

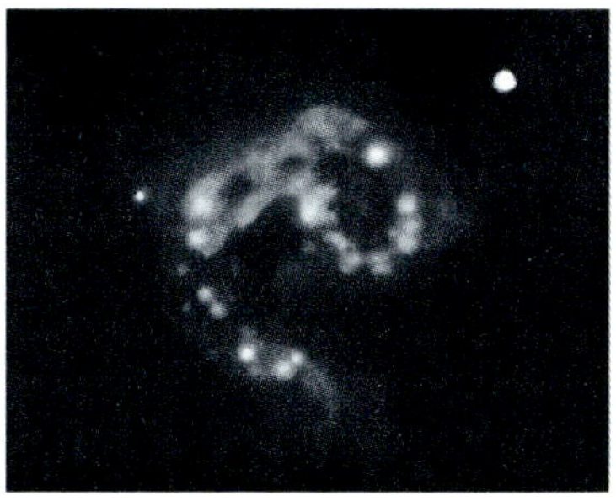

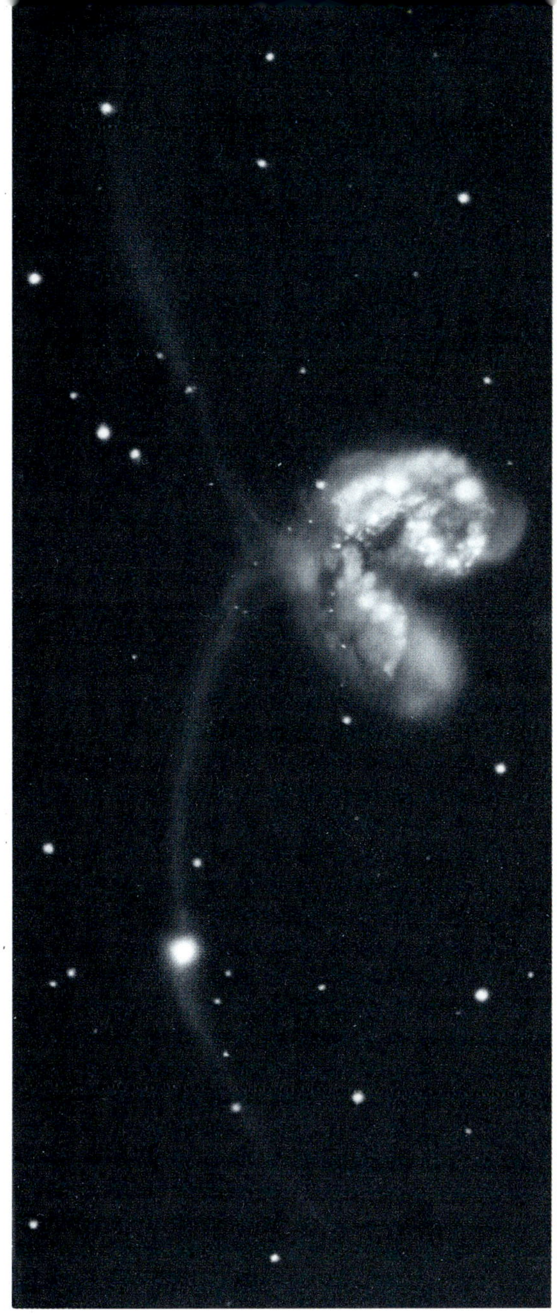

Der offene Sternhaufen M 48 — NGC 2548

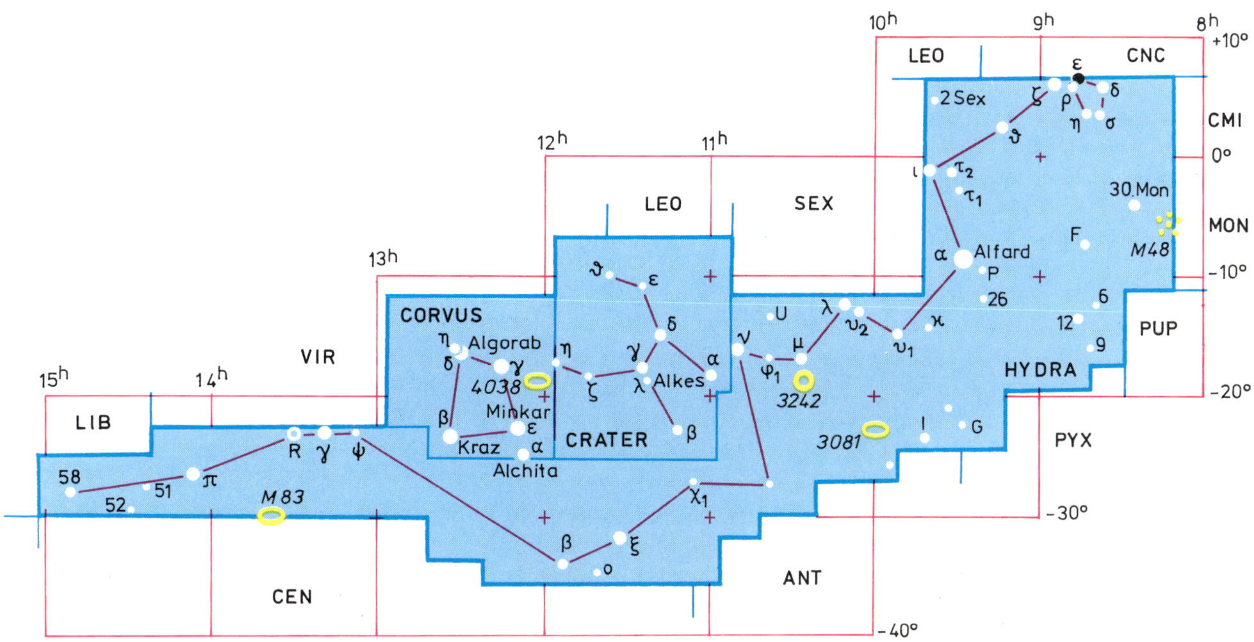

Die Galaxie M 83 in der Hydra

Kopf der Hydra. Astronomischer Kodex aus dem 14. Jahrhundert.

M 83 — NGC 5236: eine der hellsten und schönsten Galaxien des südlichen Himmels. Ihre mächtigen, elegant gekrümmten Spiralarme erwecken den Eindruck einer dynamischen Wirbelbewegung der Sternwolken um das Zentrum dieser Sterneninsel.

Am Himmel erscheint M 83 als ein nebliges Objekt 8^m mit Winkeldimensionen $10' \times 8'$. Wahrer Durchmesser etwa 35 000 Lj, ein Drittel des Durchmessers unserer Galaxie. Entfernung etwa 12 Millionen Lj.

Die Galaxie M 83 gehört zu den Balkenspiralen vom Typ SBa. Etwa ein Drittel aller bekannten Galaxien hat einen solchen Querbalken; darunter ist eine gerade, meist spindelförmige Anhäufung von Sternen und interstellarer Materie zu verstehen, die von zwei entgegengesetzten Stellen der zentralen Verdichtung der Galaxie nach beiden Seiten ausläuft. An die Enden des Balkens knüpfen die Haupt-Spiralarme an. Warum viele Galaxien diesen Balken haben, wissen wir nicht.

Die Orangefärbung des Balkens und der zentralen Teile von M 83 zeugt vom Übergewicht älterer, kühlerer und daher „röterer" Sterne. Demgegenüber herrscht in den Spiralarmen die blaue Farbe jüngerer, heißer und sehr massereicher Sterne vor, die vor kurzem entstanden sind und eine rasche Entwicklung durchmachen. Durch ihre rote bis rosa Farbe machen große Wolken aus ionisiertem interstellarem Wasserstoff auf sich aufmerksam — Wiegen neuer Sterne, die hier in zahlreichen Gruppen entstehen.

Die Spiralstruktur von M 83 wird noch markanter durch die starke Gliederung aus dunklen Streifen und Wolken von interstellarem Staub und Gas, die man bis zum hell leuchtenden Kern der Galaxie verfolgen kann. Diese dunklen Streifen sind keineswegs „leer", sie bestehen aus einer großen Menge nicht leuchtender interstellarer Materie, die die Strahlung entfernterer Sterne absorbiert; außerdem stehen dort auch viele schwache, wenig leuchtkräftige Sterne.

Auf der ganzen Fläche des Bildes sind verschiedene helle Sterne zu sehen, die zu unserer Galaxie gehören; zwischen ihnen schauen wir in die Weiten des Weltraums hinaus und sind bemüht, die stürmischen Entwicklungsprozesse kennenzulernen, die diese wunderschöne Sterneninsel im Maßstab einer ganzen Galaxie demonstriert.

Lage und Lichtkurve des langperiodischen pulsierenden veränderlichen Sterns **R Hydrae**. Im Maximum erreicht er manchmal 4^m und kann dann gut mit bloßem Auge gesehen werden; im Minimum ist er etwa 250mal schwächer, und man kann ihn nur mit dem Fernrohr beobachten. Periode nicht ganz 400 Tage. Entfernung etwa 325 Lj.

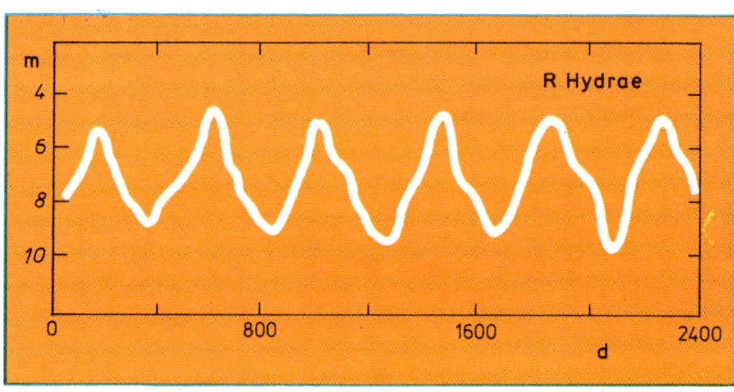

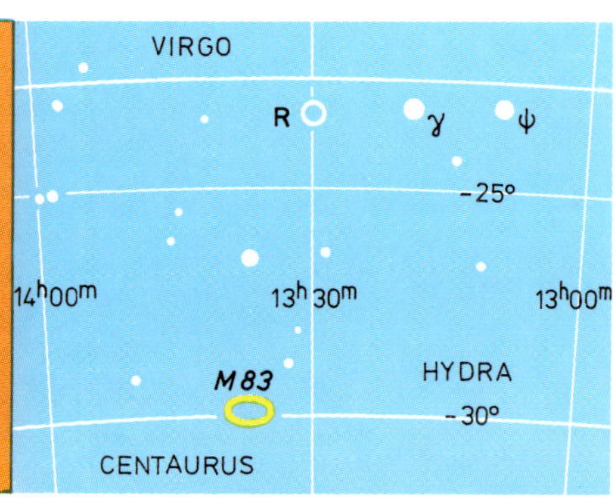

E Sommersternbilder

Schwan.
P. Apianus, Quadrans, 1532.

Das silbrige Band der Milchstraße ist ein verläßlicher Anhaltspunkt beim Auffinden von Sternbildern in diesem Teil des Himmels. Die Milchstraße durchläuft auch das wichtigste Orientierungszeichen, das *Sommerdreieck*, das die hellen Sterne Wega, Deneb und Atair bilden. Die blauweiße Wega im Sternbild *Lyra* (Leier) gehört zu den hellsten Sternen am Himmel. Deneb liegt am Schwanzende des *Cygnus* (Schwan), der mit ausgebreiteten Flügeln entlang der Milchstraße gegen Süden fliegt. Atair im Sternbild *Aquila* (Adler) wird zu beiden Seiten von schwächeren Sternen begleitet; ihre Gruppierung erinnert entfernt an den Gürtel des Orion. Nördlich von Atair stehen zwei der kleinsten Sternbilder: *Sagitta* (Pfeil) und *Delphinus* (Delphin).
Westlich von der Wega findet man das ausgedehnte, aber nicht sehr markante Sternbild *Hercules* (Herkules), dessen schwache Sterne in der Form eines umgekehrten „K“ angeordnet sind. Zwischen Herkules und dem Bärenhüter (siehe Frühlingssternbilder, S. 160) liegt die sehr schöne *Corona Borealis* (Nördliche Krone) mit dem hellen Stern Gemma. Unterhalb der Krone liegt *Serpens Caput* (der Schlangenkopf). *Ophiuchus* (Schlangenträger) hält sie in seinen Händen. Das Sternbild *Serpens Cauda* (Schlangenschwanz) zieht sich bis zum Adler hin und dringt zwischen zwei Armen der Milchstraße vor.
Von den *zodiakalen* (Tierkreis-) Sternbildern erkennt man hier am leichtesten *Scorpius* (Skorpion) mit dem rötlich gefärbten Stern Antares. Westlich vom Skorpion liegt das Sternbild *Libra* (Waage). Östlich vom Skorpion, in den hellsten Partien der Milchstraße, findet man *Sagittarius* (Schütze). Hinter ihm folgt auf der Ekliptik *Capricornus* (Steinbock).
Südlich vom Schützen bildet das Sternbild *Corona Australis* (Südliche Krone) einen regelmäßigen Bogen schwacher Sterne. Südlich vom Skorpion erkennt man deutlich das Sternbild *Ara* (Altar), das an die einfache Zeichnung eines Lehnstuhls erinnert.

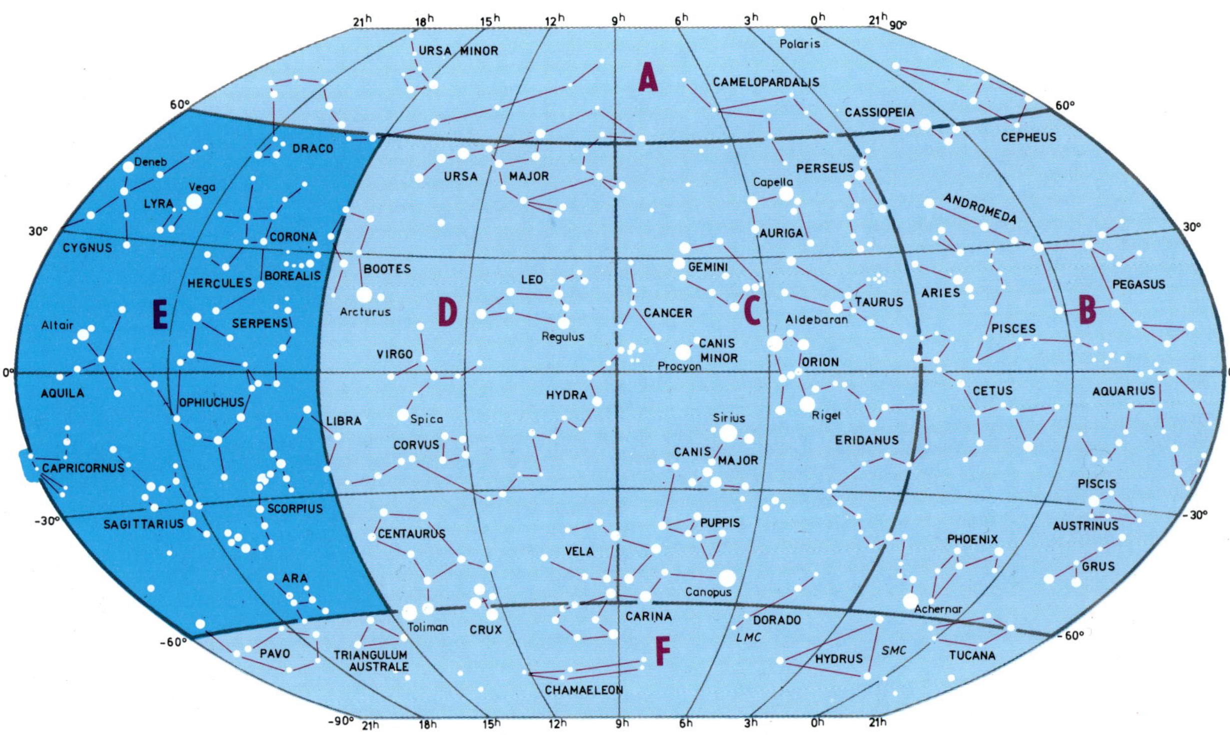

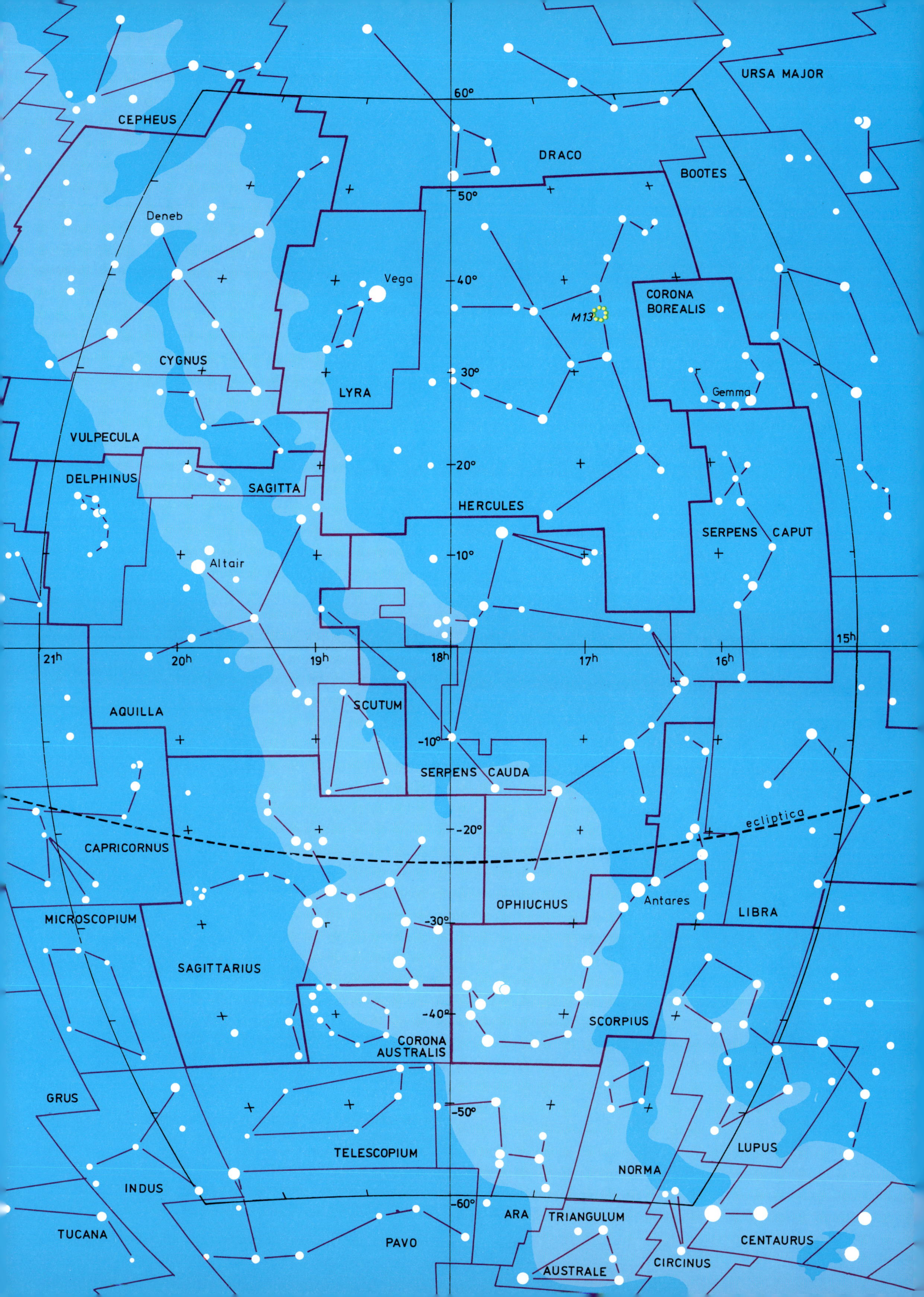
URSA MAJOR
60°
CEPHEUS
DRACO
BOOTES
50°
Deneb
Vega
40°
CORONA
BOREALIS
M13
CYGNUS
30°
LYRA
Gemma
VULPECULA
20°
DELPHINUS
SAGITTA
HERCULES
SERPENS
CAPUT
Altair
10°
15h
21h
20h
19h
18h
17h
16h
AQUILLA
SCUTUM
-10°
SERPENS
CAUDA
ecliptica
-20°
CAPRICORNUS
OPHIUCHUS
Antares
LIBRA
MICROSCOPIUM
-30°
SAGITTARIUS
-40°
SCORPIUS
CORONA
AUSTRALIS
GRUS
-50°
LUPUS
TELESCOPIUM
NORMA
INDUS
-60°
ARA
TRIANGULUM
AUSTRALE
TUCANA
PAVO
CIRCINUS
CENTAURUS

Corona Borealis

Coronae Borealis — CrB
— Nördliche Krone

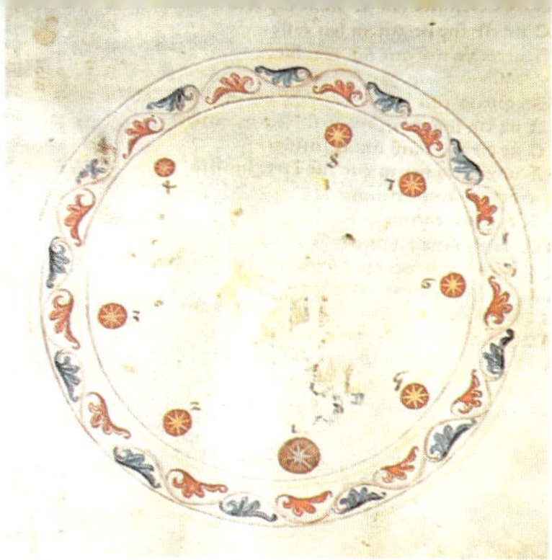

Nördliche Krone. Astronomischer Kodex aus dem 14. Jahrhundert.

Galaxienhaufen im Sternbild Nördliche Krone: die Galaxien können als die Bausteine des Kosmos angesehen werden. Sie sind nicht isoliert und unabhängig von ihrer Umgebung, sondern bilden höhere Systeme mit Dutzenden, Hunderten und Tausenden von Mitgliedern, die durch die Gravitationskraft zusammengehalten werden. Solche Systeme nennt man Galaxienhaufen. Ein Beispiel für eine sehr entfernte und reiche Formation dieser Art ist der Galaxienhaufen im sehr kleinen, aber markanten Sternbild der Nördlichen Krone.

Auf einem kleinen Himmelsareal, das die Mondscheibe verdecken könnte, sind hier mehr als 400 Galaxien konzentriert. Einen Teil dieses Haufens zeigt die Abbildung rechts, und man wird sich auch mit viel Vorstellungskraft nur schwer bewußt, um welche Dimensionen es sich hier handelt. Die runden Scheibchen mit fast scharf begrenztem Rand sind Sterne unserer Galaxie, zwischen denen wir in die Weiten des Weltalls blicken, von wo das Licht mehr als eine Milliarde Jahre braucht, um zu uns zu gelangen. Die kleinen nebligen Spindeln und Ovale, die über die Abbildung verstreut sind, stellen Galaxien dar. Diese sind so weit und so schwach, daß man sie nur mit großen Fernrohren photographieren kann; die hellsten Galaxien des Haufens haben eine scheinbare Helligkeit von etwa $16^m{,}5$.

Die einzelnen Galaxien bewegen sich im Haufen auf komplizierten Bahnen. Dabei können sie sich gegenseitig nähern und mit ihrer Gravitationskraft auf einander einwirken; es kann sogar zu Zusammenstößen, zu Veränderungen ihrer Struktur, oder zu „Kannibalismus“ kommen, wenn die massereichere Galaxis die weniger massereiche verschlingt.

In einer Entfernung von 1 bis 1,3 Tausend Millionen Lichtjahren wurde anhand der Rotverschiebung die Geschwindigkeit der sich entfernenden Galaxien von etwa 21 000 km/s ermittelt, was ungefähr 1/14 der Lichtgeschwindigkeit ist. Der Haufen „hält“ dabei „zusammen“ und entfernt sich als Ganzes, das selbst nicht expandiert.

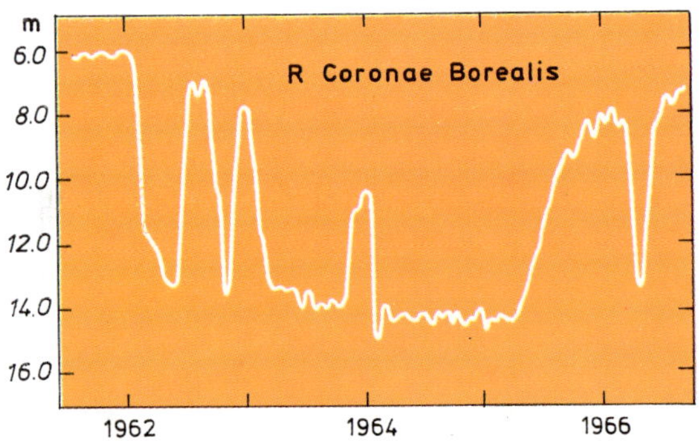

Der veränderliche Stern **R Coronae Borealis** ändert seine Helligkeit völlig unregelmäßig von 6^m bis 15^m. Die Abbildung zeigt seine Lichtkurve aus der Zeit eines lang andauernden Minimums in den sechziger Jahren. In der Atmosphäre des Sterns wurde spektroskopisch 67 % Kohlenstoff festgestellt. R CrB wird deshalb als „rauchender Stern“ angesehen, der sich zeitweise in „Ruß“-Wolken hüllt, die sein Licht absorbieren. Wenn sich die Kohlenstoffwolken verflüchtigen, leuchtet der Stern wieder mit ungeschwächtem Licht und erreicht sein Maximum von 6^m.

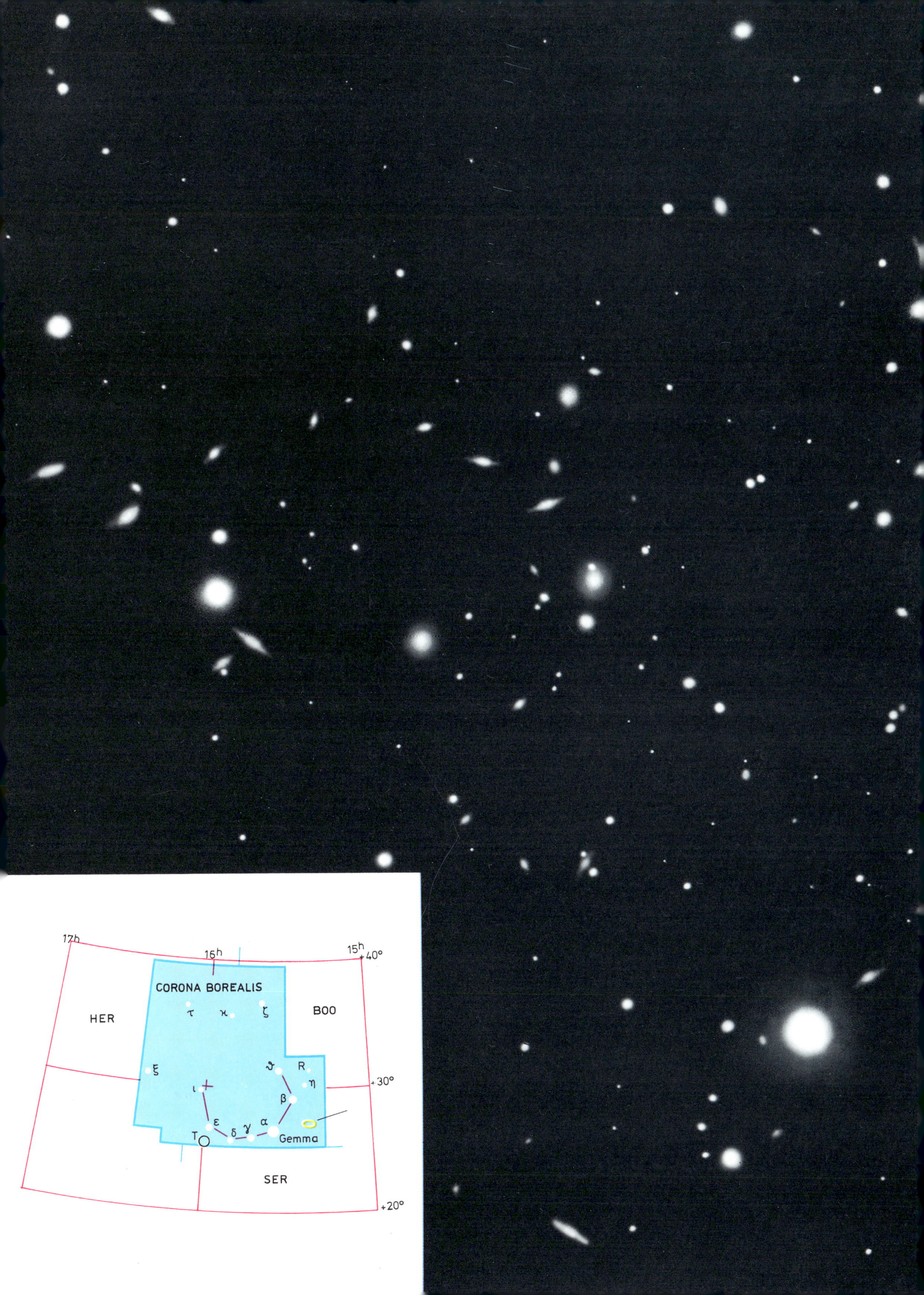

17h
16h
15h
+40°
CORONA BOREALIS
HER
BOO
τ
κ
ζ
ξ
ϑ
R
η
+30°
ι
β
ε
δ
γ
α
T
Gemma
SER
+20°

Hercules

Herculis — Her — Herkules

Lyra

Lyrae — Lyr — Leier

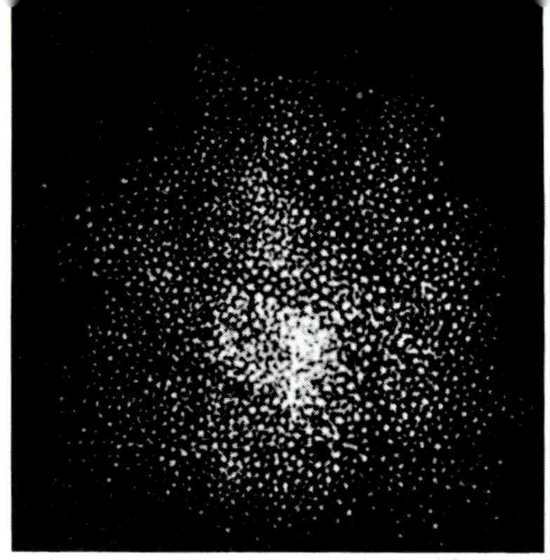

Kugelförmiger Sternhaufen M 13.
Littrow, Himmelsatlas, 1854.

α Lyrae — Wega: hellster Stern des Sommerdreiecks (siehe Seite 168), fünfthellster Stern am Himmel, $0\overset{m}{,}04$, Entfernung ungefähr 27 Lj, 3,2mal größer als die Sonne, d. h. etwa 4,5 Millionen km. 58fache Sonnenleuchtkraft, Oberflächentemperatur 9200 K, Spektrum A0, blauweiße Farbe. 1983 stellten die Infrarot-Detektoren des Satelliten IRAS einen Staubring um Wega fest, der den Beginn eines sich bildenden Planetensystems anzeigen könnte.

ε Lyrae: eines der bekanntesten Mehrfachsysteme — zweifacher Doppelstern. Ein gutes Auge unterscheidet auch ohne Fernrohr die beiden, etwa 3,5′ voneinander getrennten Komponenten ε_1 und ε_2. Mit dem Fernrohr stellt man dann fest, daß beide Komponenten enge Doppelsterne sind (Abb. unten). Das ganze System ist etwa 180 Lj von uns entfernt, die wahre Distanz der Komponenten ε_1 von ε_2 beträgt fast 13 000 AE, und ihre gegenseitige Umlaufbewegung ist so langsam, daß man sie nicht feststellen kann. Die Entfernung der Komponenten in beiden engen Doppelsternen bewegt sich im Durchschnitt um 160 AE.

M 13 — NGC 6205 (rechts oben): der bekannteste kugelförmige Sternhaufen des nördlichen Himmels. Er ist als Nebelwölkchen mit bloßem Auge sichtbar und gehört zu den beliebtesten Fernrohr-Beobachtungsobjekten. Gesamthelligkeit $5\overset{m}{,}7$, scheinbarer Durchmesser 23′ (in einem kleinen Fernrohr nur 10′). Wahrer Durchmesser etwa 160 Lj, neuere Entfernungsbestimmungen schwanken zwischen 21 000 und 25 000 Lj. Der Sternhaufen enthält etwa eine Million Sterne und sein Alter wird auf zehn Milliarden Jahre geschätzt.

M 92 — NGC 6341 (keine Abb.): heller, leicht zu beobachtender Kugelhaufen. Gesamthelligkeit $6\overset{m}{,}5$, scheinbarer Durchmesser 8′, Entfernung 35 000 Lj.

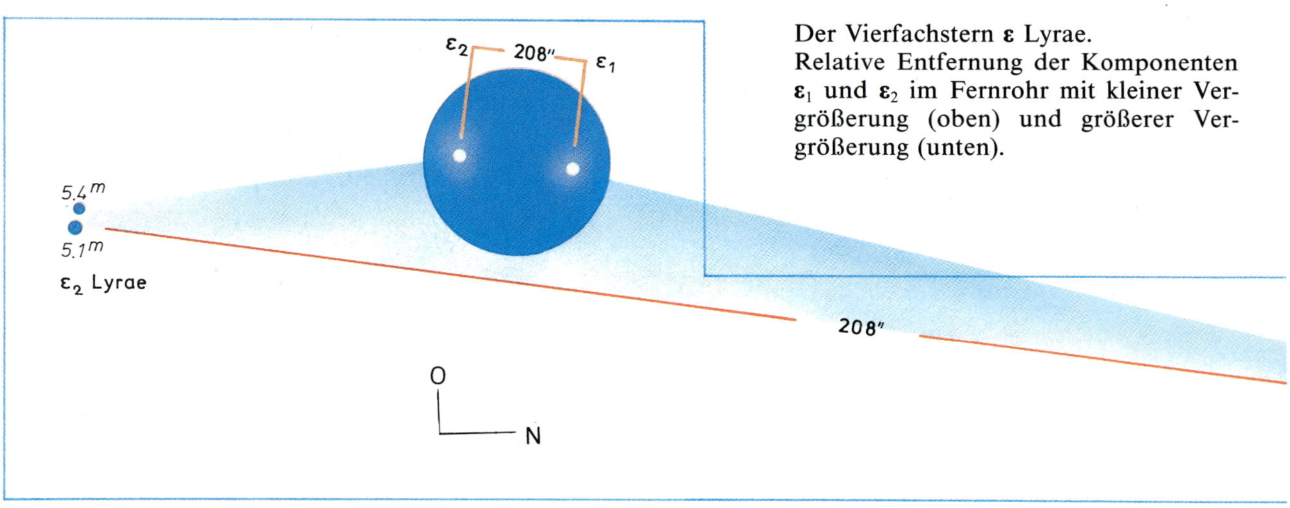

Der Vierfachstern ε Lyrae.
Relative Entfernung der Komponenten ε_1 und ε_2 im Fernrohr mit kleiner Vergrößerung (oben) und größerer Vergrößerung (unten).

Der kugelförmige Sternhaufen M 13. Die sehr kompakte Häufung der Sterne ist nur scheinbar. In Wirklichkeit kommt im Haufen nur ein Stern auf ein Kubiklichtjahr. Auch im Zentrum des Haufens sind die Entfernungen benachbarter Sterne größer als hundert Milliarden Sterndurchmesser.

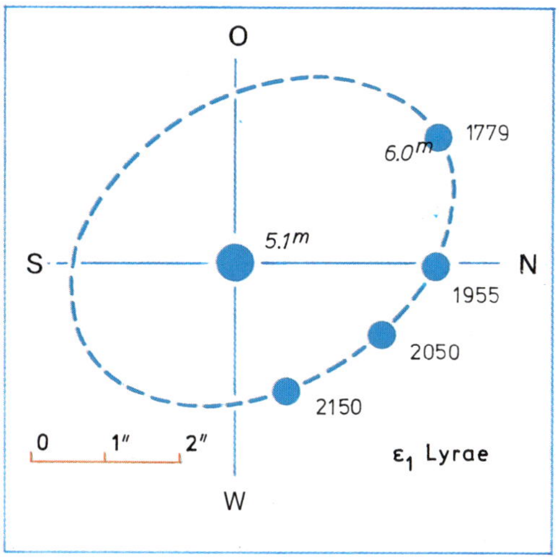

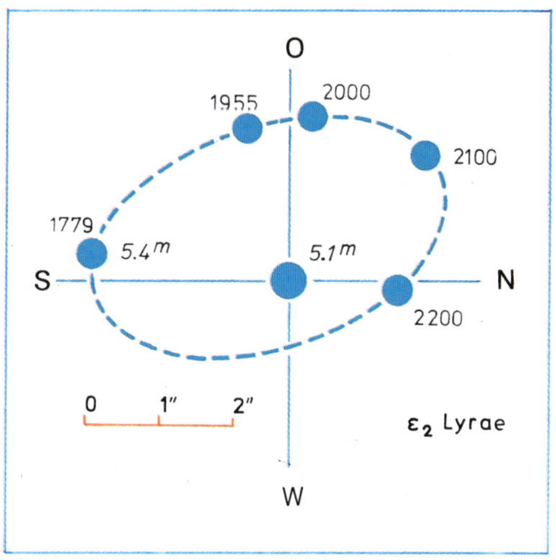

Oben:
Scheinbare Bahnen der Komponenten der Doppelsterne ε_1 und ε_2.

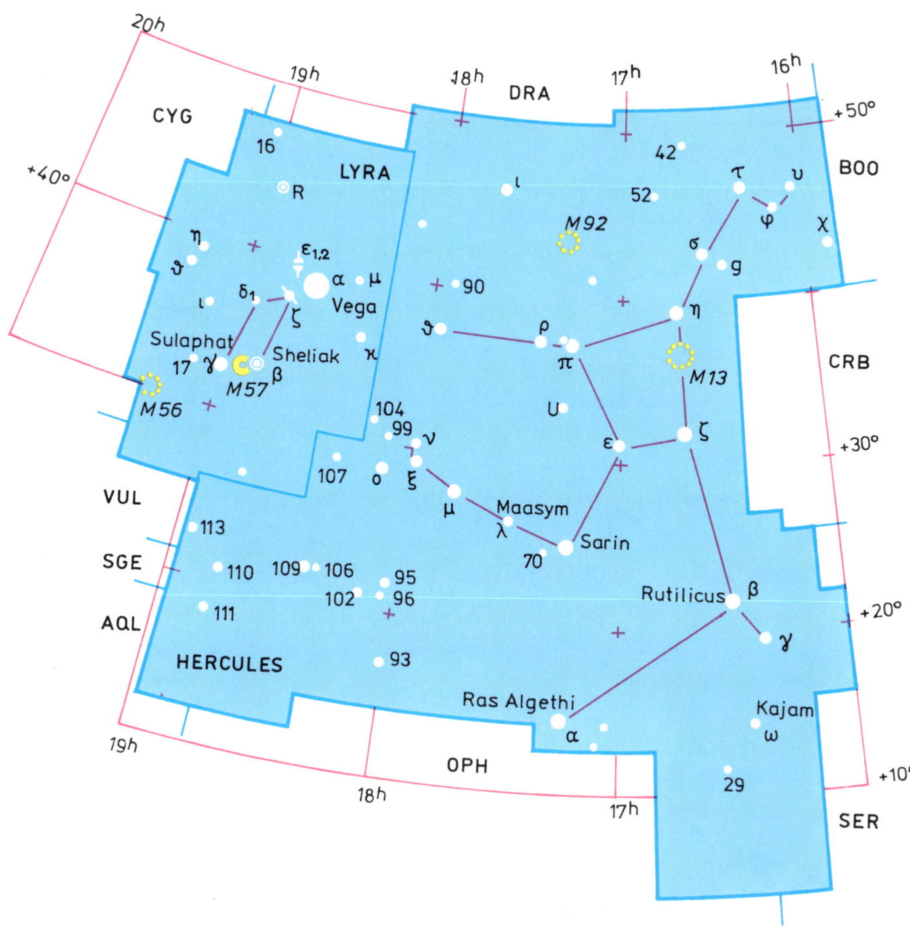

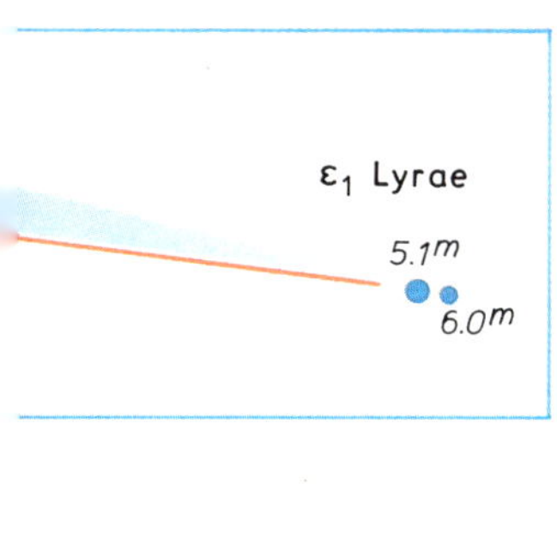

LYR

Ringnebel in der Leier

Lyra.
P. Apianus, Quadrans, 1532.

β Lyrae — Sheliak: markanter bedeckungsveränderlicher Doppelstern, Hauptrepräsentant der wichtigen Gruppe der Bedekkungsveränderlichen Typ β Lyrae. Bei diesem Typ haben die beiden Sterne die Form eines Rotationsellipsoids und sind ungleich groß. Die Lichtkurve ist abgerundet, sie erinnert annähernd an eine Sinuskurve. β Lyrae hat im Maximum die Helligkeit $3\overset{m}{,}4$, im Minimum $3\overset{m}{,}8$ bis $4\overset{m}{,}1$, Periode 12,9 Tage. Die Helligkeitsänderungen kann man leicht auch mit bloßem Auge oder mit dem Fernglas durch Vergleich mit dem nahen Stern γ Lyrae mit $3\overset{m}{,}25$ verfolgen; alle 13 Tage sinkt die scheinbare Sterngröße von β Lyrae auf die Hälfte der Helligkeit von γ Lyrae. Wenn auch β Lyrae vielleicht außer der Sonne der am genauesten erkundete Stern ist, so gelang es bisher doch noch nicht, eine Reihe von Besonderheiten seines Spektrums zufriedenstellend zu klären. Beide Sterne sind durch die gegenseitige Gravitationswirkung und ihre rasche Rotation stark abgeplattet und stehen so nahe beieinander, daß sich ihre Atmosphären gegenseitig durchdringen; dadurch kommt es zu einem Materiestrom vom massereicheren zum weniger massereichen Stern. Ein Teil des Gases entweicht dabei in einer Spirale in den umliegenden Raum. Die Entfernung des Doppelsterns beträgt etwa 860 Lj.

M 57 — NGC 6720: Ringnebel in der Leier, wohl der bekannteste planetarische Nebel, 9^m, Winkeldimensionen etwa 80″ × 60″, wahrer Durchmesser etwa 0,5 Lj, Entfernung wahrscheinlich zwischen 1300 und 1500 Lj. Den Nebel kann man sich als eine Art Gasblase vorstellen, es ist möglich, daß er die Form eines Torus (wie ein Autoreifen) hat. Im Zentrum des Nebels ist ein kleiner Stern von etwa 16^m, der visuell nur mit großen Fernrohren beobachtet werden kann, ein sehr heißer blauer Zwerg mit einer Oberflächentemperatur von etwa 100 000 K. Die intensive ultraviolette Strahlung des Sterns wird vom Nebel absorbiert und dann wieder im sichtbaren Bereich des Spektrums ausgestrahlt. Über die Natur der planetarischen Nebel s. S. 12 und 225.

Modell des Doppelsterns β Lyrae. Als Vergleichsmaßstab dient die Sonnenscheibe „S“.

S

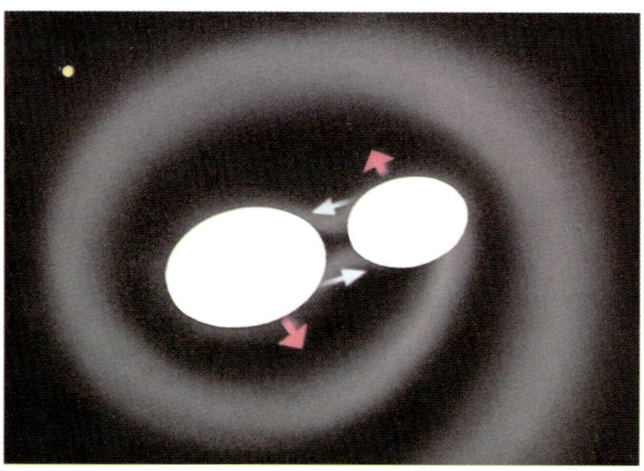

Lichtkurve des Sterns β Lyrae

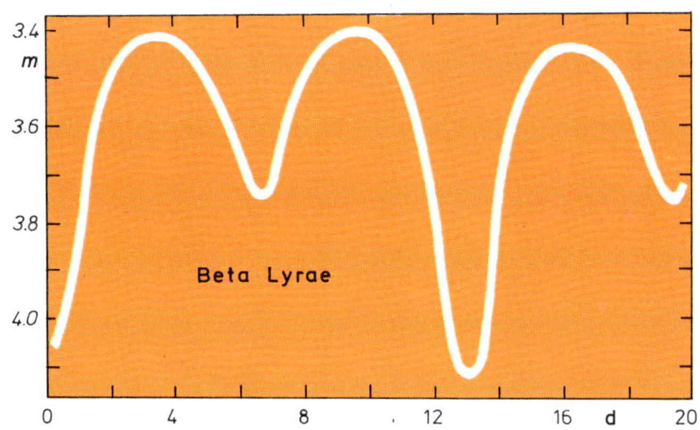

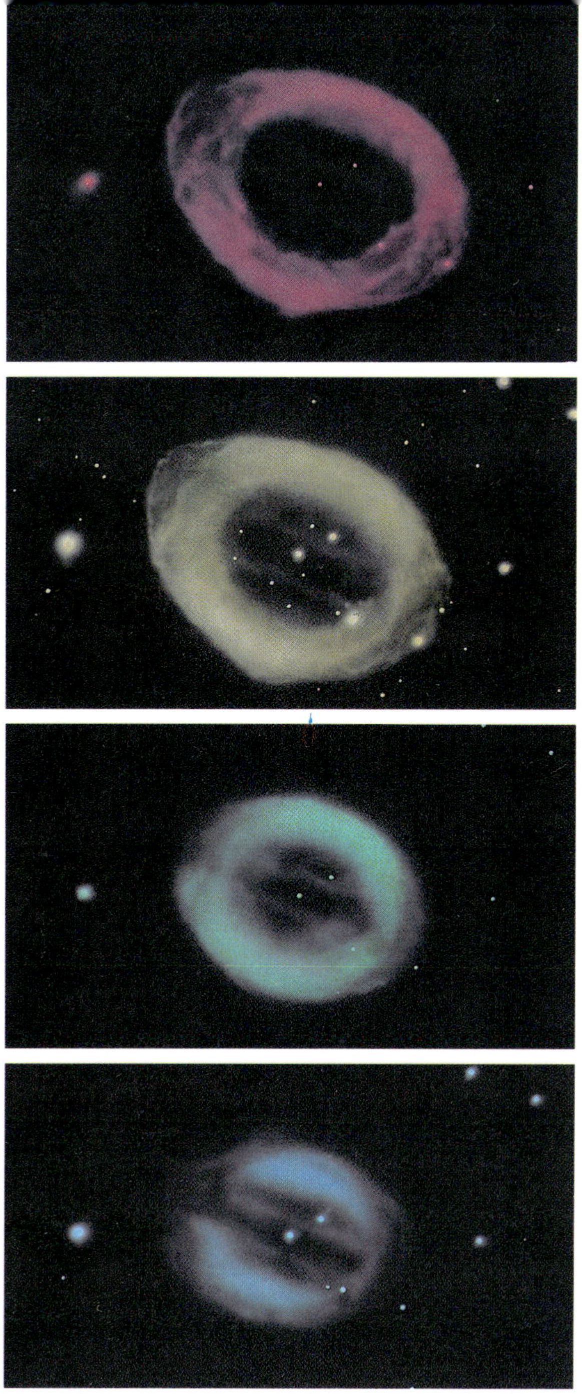

Links von oben: M 57 photographiert in rotem, gelbem, grünem und blauem Licht.

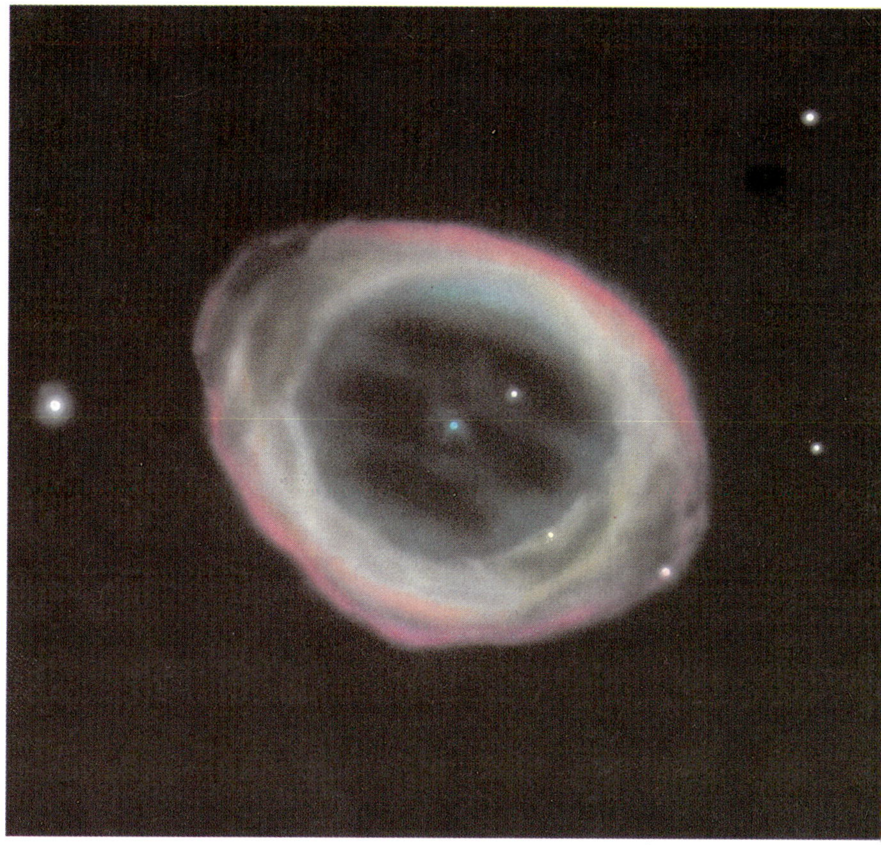

Die feinen Farbnuancen des Ringnebels kann man nur photographisch festhalten. Bei visueller Beobachtung sieht man nur einen schwachen blaugrünen Farbschimmer.

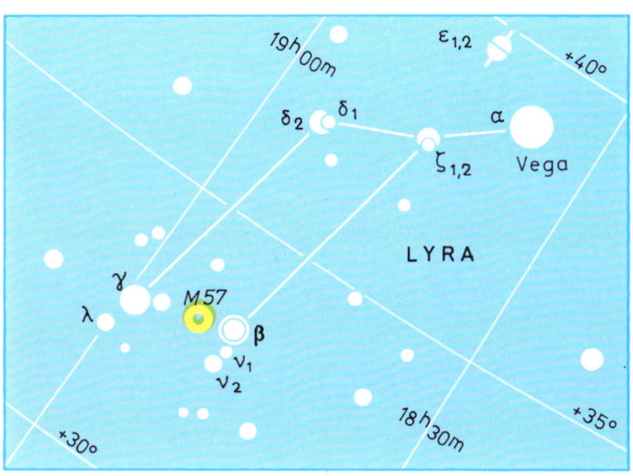

Links: Karte des Sternbilds Lyra mit der Lage der beschriebenen Objekte.

CYG

Cygnus

Cygni — Cyg — Schwan

VUL

Vulpecula

Vulpeculae — Vul — Fuchs

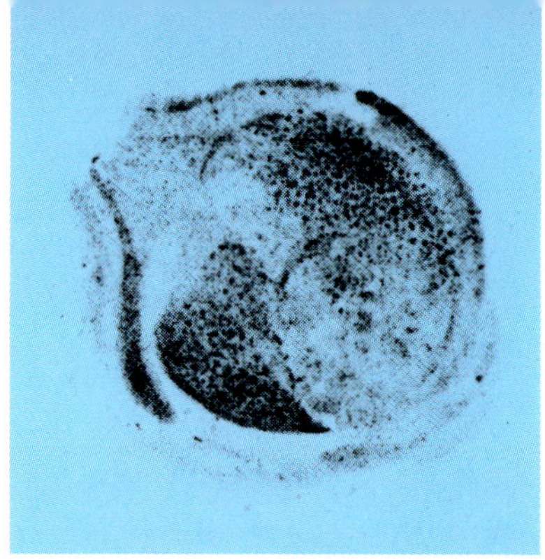

Der Hantel-Nebel nach Lord Rosse, 1840.

α Cygni — Deneb: Heller Stern „am Schwanz des Schwans“, eine der Ecken des Sommerdreiecks (s. S. 172), $1\overset{m}{,}3$, Entfernung etwa 1600 Lj. Deneb gehört zu den größten und leuchtkräftigsten Überriesen, Durchmesser ungefähr 60facher Sonnendurchmesser, etwa 25 Sonnenmassen und 60 000 fache Sonnenleuchtkraft (!), Spektrum A2, Oberflächentemperatur 9700 K.

Cygnus X-1: eine der stärksten und schon sehr früh entdeckten (1962) Röntgenquellen in der Galaxie. Im optischen Bereich wurde als Quelle ein Doppelstern 9^m identifiziert, dessen eine Komponente unsichtbar ist und eine Masse von etwa sechs Sonnenmassen hat; es ist mehr als wahrscheinlich, daß es sich um ein *Schwarzes Loch* handelt, um das eine heiße Plasmascheibe rotiert, was nach außen als Röntgenemission in Erscheinung tritt.

M 27 — NGC 6853 (nebenstehende Seite rechts oben): heller planetarischer, „Hantel“ genannter Nebel. Kann gut mit einem kleinen Fernrohr beobachtet werden. Nebelhaftes Objekt 8^m, scheinbare Dimensionen etwa $8' \times 5'$. Gehört zu den nächsten planetarischen Nebeln, Entfernung nach verschiedenen Autoren zwischen 490 und 980 Lj. Der Zentralstern $13\overset{m}{,}5$ ist ein außerordentlich heißer Zwerg mit einer Oberflächentemperatur von etwa 85 000 K. Der Nebel expandiert mit einer Geschwindigkeit von 27 km/s, woraus sich sein Alter auf etwa 48 000 Jahre festlegen läßt.

β Cygni — Albireo: einer der schönsten farbigen Doppelsterne für Beobachtungen mit einem kleinen Fernrohr. Entfernung 410 Lj.

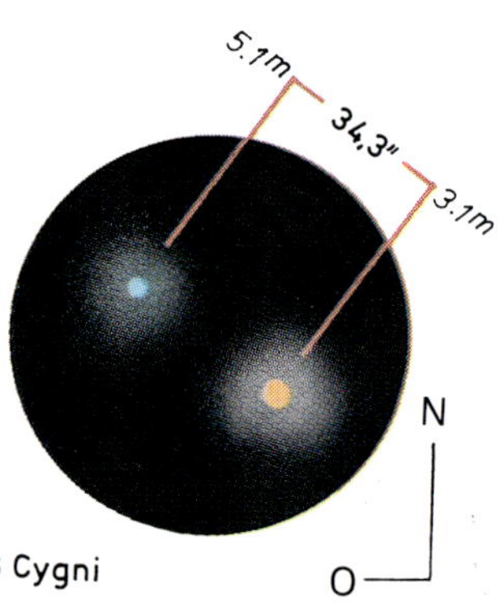

Lichtkurve des langperiodischen veränderlichen Sterns **χ Cygni** mit einer Periode von 407 Tagen. Um die Zeit des Maximums ist er oft auch mit bloßem Auge zu sehen.

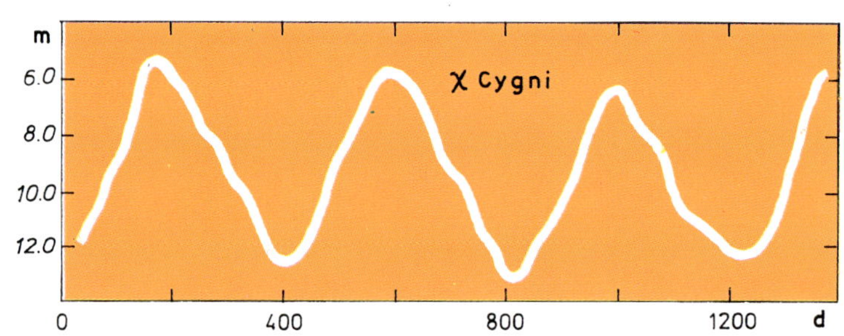

Oben:
Offener Sternhaufen **M 39 — NGC 7092** im Schwan. Enthält etwa 30 Sterne, scheinbarer Durchmesser 0,5°, Entfernung etwa 800 Lj.

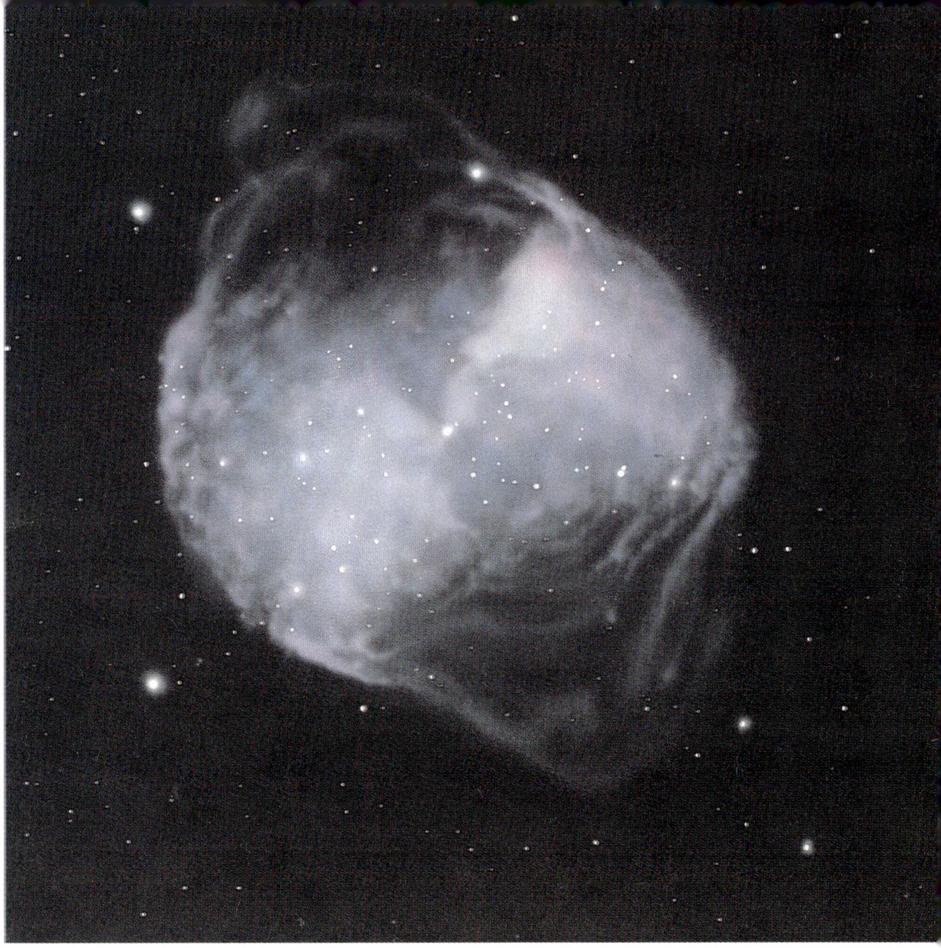

M 27 — NGC 6853

Oben:
Offener Sternhaufen **C 399** im Fuchs, geringe Verdichtung. Kann gut mit Fernglas beobachtet werden.
Die Sterne 5^m bis 7^m bilden die Form eines Kleiderbügels.

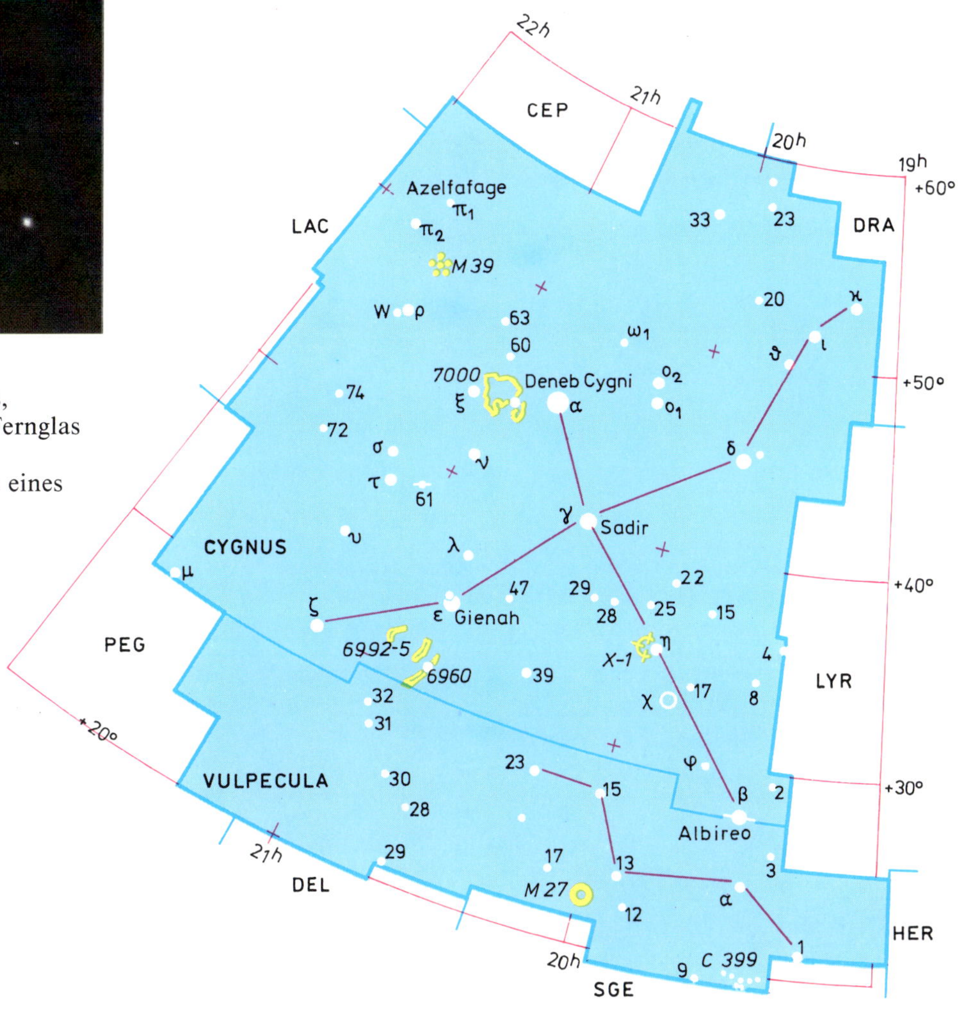

CYG

Nebel im Schwan

Cygnus. Astronomischer Kodex aus dem 14. Jahrhundert.

NGC 7000 — diffuser Nordamerika-Nebel (rechts oben): bei Beobachtung mit bloßem Auge oder mit Fernglas findet man den Nebel als helleres Wölkchen mit einem Durchmesser von 1,5° in der Milchstraße, etwa 3° östlich des Sterns Deneb. Auf Photographien erkennt man die überraschende Ähnlichkeit mit dem Umriß des nordamerikanischen Kontinents. Westlich von der „Bucht von Mexiko" ist der kleine, „Pelikan" genannte Nebel **IC 5067**. Der Nebel NGC 7000 ist etwa 1600 Lj entfernt und hat einen Durchmesser von 45 Lj. Die Hauptstrahlungsquelle dieses Nebels ist neben weiteren, schwächeren Sternen, offensichtlich Deneb, der ebenso weit von uns entfernt ist.

NGC 6960 und NGC 6992 — Schleiernebel: Ein besonders schöner Nebelkomplex, dessen sehr feine Struktur nur auf gut aufgelösten Photographien zu sehen ist. Auf der nebenstehenden Seite links unten ist NGC 6992 als heller kleiner Bogen im linken Teil der Abbildung zu sehen, NGC 6960 liegt am rechten Rand beim hellen Stern 52 Cygni. Die Struktur des Nebels NGC 6992 ist im Detail auf der Abbildung rechts unten gut zu sehen. Es scheint, daß der ganze Komplex Bestandteil einer expandierenden Wolke mit einem scheinbaren Durchmesser von 2,6° ist, was einem wahren Durchmesser von 70 Lj entspricht. Die Entfernung wird auf 1500 Lj geschätzt. Die Schleiernebel sind offensichtlich Reste eines Supernovaausbruchs, der etwa vor 30 000 bis 40 000 Jahren stattgefunden hat. Ein eventueller stellarer Überrest, d. h. die Quelle der Strahlung der Schleiernebel, konnte bisher nicht verläßlich identifiziert werden.

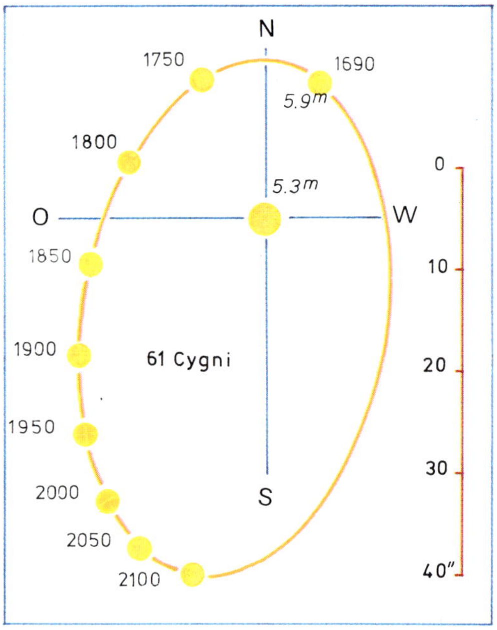

Scheinbare Bahn des Doppelsterns **61 Cygni**. Die Entfernung der Komponenten voneinander ändert sich mit einer Periode von 653 Tagen von 11" bis zu 34". Ein historisch bemerkenswertes Objekt: er war der erste Stern, bei dem es gelang, die *trigonometrische Parallaxe* zu messen und damit zum erstenmal die Entfernung eines Fixsterns von der Sonne zu bestimmen (F. W. Bessel 1838). 61 Cygni ist 11,1 Lj entfernt. Zum System gehört noch ein weiteres, unsichtbares Objekt mit einer Masse von nur 0,008 Sonnen, d. h. etwa das Achtfache der Jupitermasse. Es könnte ein planetenährnlicher Körper sein.

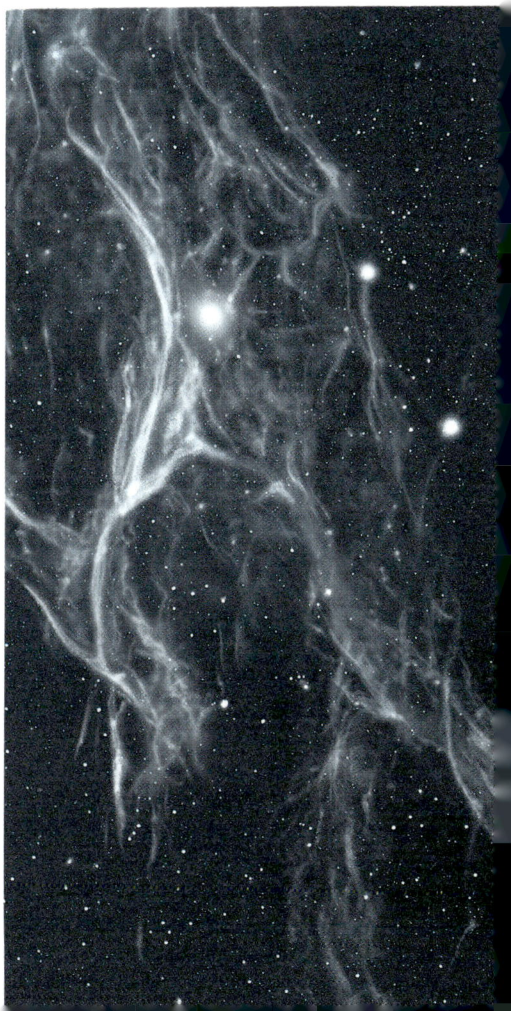

Ophiuchus

Ophiuchi — Oph — Schlangenträger

Schlangenträger. Astronomischer Kodex aus dem 14. Jahrhundert.

Barnards Stern, auch Pfeilstern: das helle Sternchen $9^{m}{,}5$ ist sehr bekannt. Es hat die größte bekannte Eigenbewegung, nämlich 10,29″ pro Jahr. Das bedeutet, daß sich der Stern gegen den Hintergrund entfernterer Sterne in etwa 175 Jahren um einen Monddurchmesser verschiebt. Er ist nach α Centauri der uns zweitnächste Stern. Entfernung 6,0 Lj. Barnards Stern ist ein *roter Zwerg*, Spektrum M5, 1/2500 Sonnenleuchtkraft, Durchmesser etwa 225 000 km. Der Stern bewegt sich im Raum mit einer Geschwindigkeit von 165 km/s. Periodische Veränderungen seiner Bahn zeugen von der Existenz mindestens eines sehr kleinen Begleiters — vielleicht eines Planeten.

M 10 — NGC 6254 (nebenstehende Seite links unten): heller kugelförmiger Sternhaufen, gut sichtbar mit einem Fernglas, 7^{m}, scheinbarer Durchmesser etwa 12′. Entfernungsschätzungen bewegen sich zwischen 16 000 und 22 000 Lj. Etwa 3,5° nordwestlich von M 10 liegt ein weiterer heller kugelförmiger Sternhaufen: M 12.

Die stellaren Wolken und dunklen Nebel im Südteil des Schlangenträgers gehören zu den schönsten Partien der Milchstraße. In der Nachbarschaft des Sterns ϑ Ophiuchi sieht man schon mit bloßem Auge eine ausgedehnte, etwa 7° lange und 2° breite dunkle Wolke in der Form einer Pfeife; die wahre Größe der Pfeife beträgt einige hundert Lichtjahre. Wenn man diese Region und die benachbarte Partie der Milchstraße im Schützen beobachtet, blickt man in die Richtung des Zentrums unserer Galaxie.

Scheinbare Bahn des Doppelsterns **70 Ophiuchi**. Komponenten $4^{m}{,}2$ und $5^{m}{,}9$, ihre Entfernung ändert sich mit einer Periode von 87,85 Jahren von 1,7″ bis 6,7″, Entfernung 16,5 Lj.

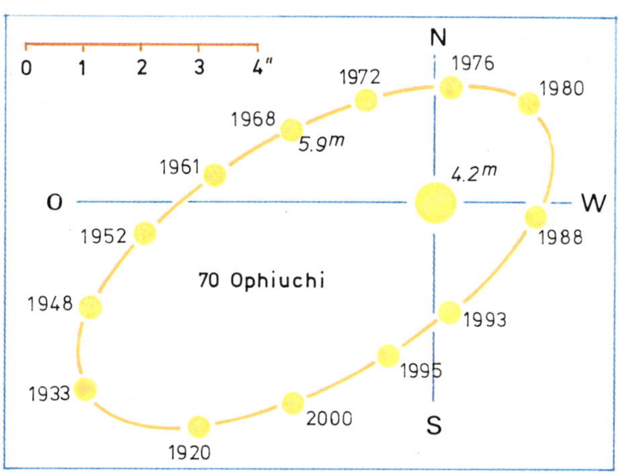

Eigenbewegung von Barnards Stern im Zeitabschnitt 1900 bis 2020

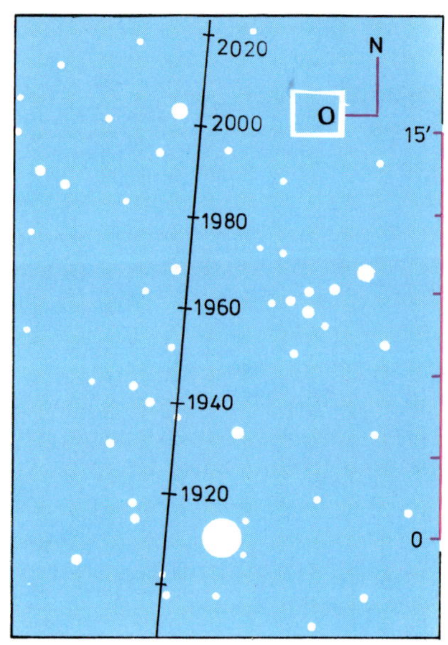

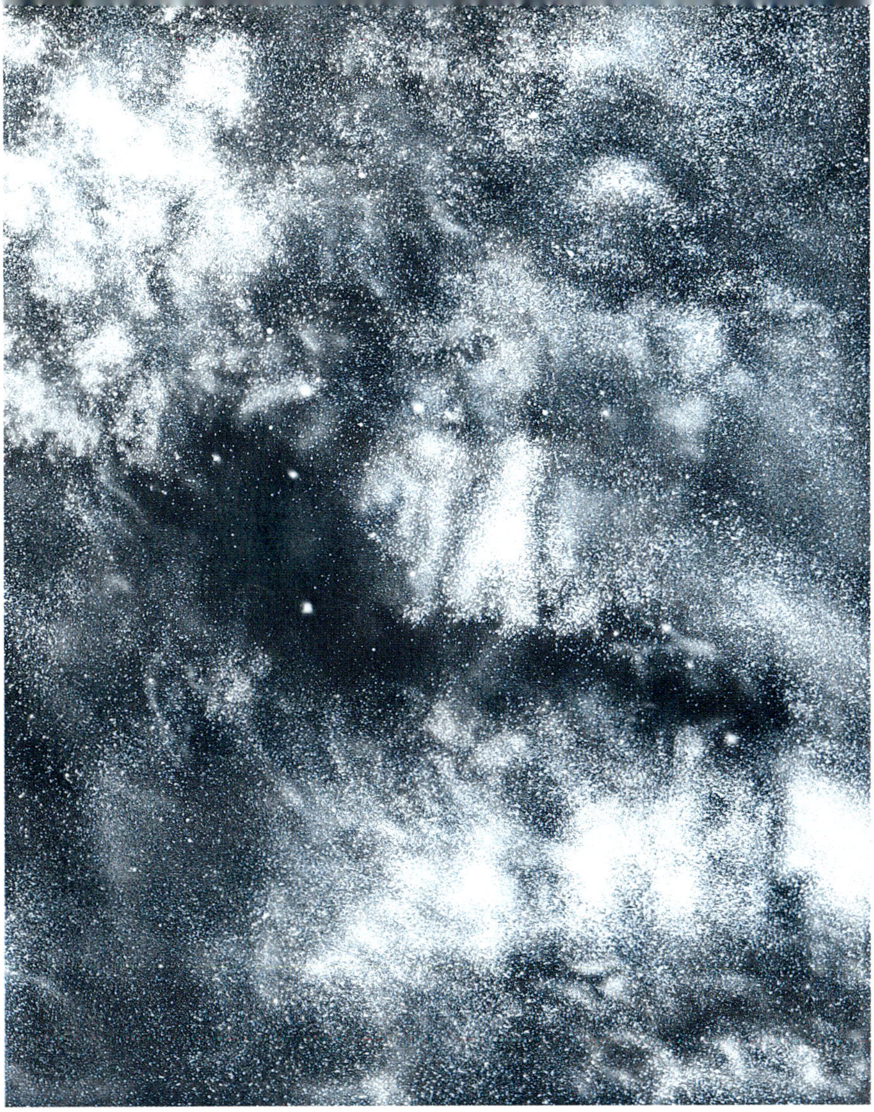

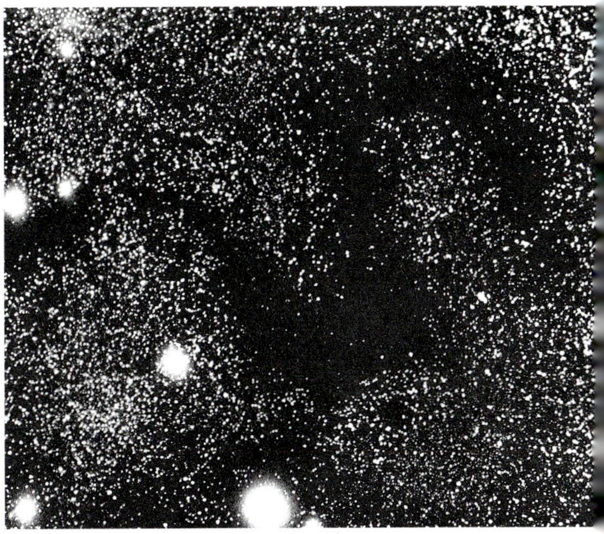

Dunkle Nebel im Schlangenträger. Links ist der große „Pfeifen“-Nebel. In seiner Nachbarschaft findet man den kleinen Barnards S-Nebel (Abb. oben).

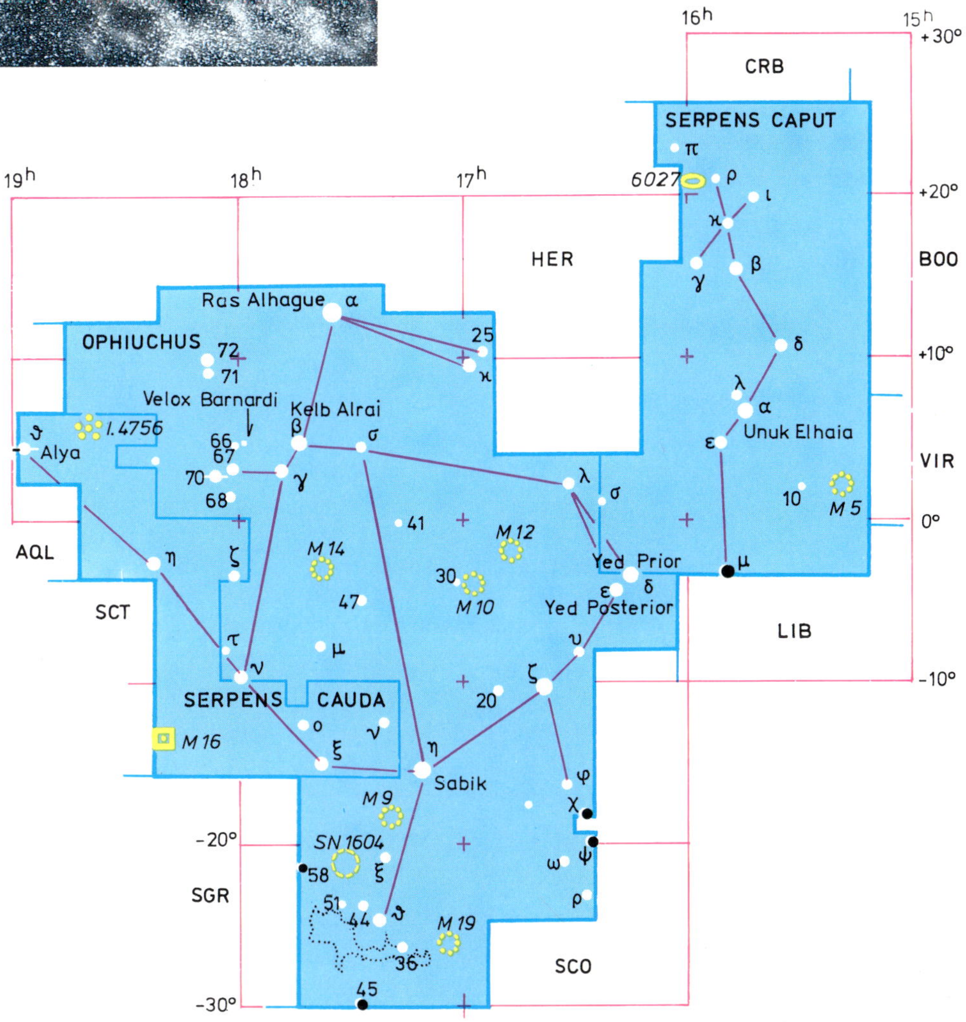

M 10 — NGC 6254

SER

Serpens

Serpentis — Ser — Schlange

Schlangenkopf. Astronomischer Kodex aus dem 14. Jahrhundert.

Das Sternbild der Schlange hat zwei Teile (siehe Karte auf Seite 185): den Schlangenkopf (Serpens Caput) und den Schlangenschwanz (Serpens Cauda).

M 16 — NGC 6611 (rechts oben): ausgedehnter offener Sternhaufen mit einem diffusen Nebel, eines der schönsten Objekte seiner Art. In der Literatur wird er oft als *Adlernebel* angeführt. R. BURNHAM hat für ihn die romantische Bezeichnung „Sternkönigin“ geprägt, und zwar nach der dunklen Silhouette in der Mitte des Nebels, die die Vorstellung einer auf einem Thron sitzenden Königin erweckt. Der Sternhaufen besteht zum Großteil aus heißen Riesen von großer Leuchtkraft, Spektralklasse O und B. Das durchschnittliche Alter des Sternhaufens wird auf 800 000 Jahre geschätzt, aber der Prozeß der Bildung neuer Sterne im Inneren des Nebels hält auch heute noch an. Der leuchtende Nebel ist ein H-II-Gebiet von ionisiertem Wasserstoff; im Vordergrund sind Regionen kühler und dunkler interstellarer Materie sichtbar, die kuriose Bilder darstellen. Die Masse des Nebels beträgt etwa 12 500 Sonnenmassen. Die Entfernungsbestimmung von M 16 ist sehr schwierig, Schätzungen bewegen sich zwischen 4200 und 11 000 Lj; das Mittel liegt bei 8000 Lj. Diesem Mittel entspricht ein wahrer Durchmesser des Nebels von etwa 70 Lj. Auf Photographien, die mit leistungsfähigen Fernrohren aufgenommen wurden, nimmt der Nebel M 16 eine etwa vollmondgroße Fläche ein; er leuchtet jedoch nur schwach und ist visuell auch mit größeren Fernrohren nur schwer zu beobachten.

ϑ Serpentis: einer der schönsten Doppelsterne für kleine Fernrohre. Entfernung 130 Lj.

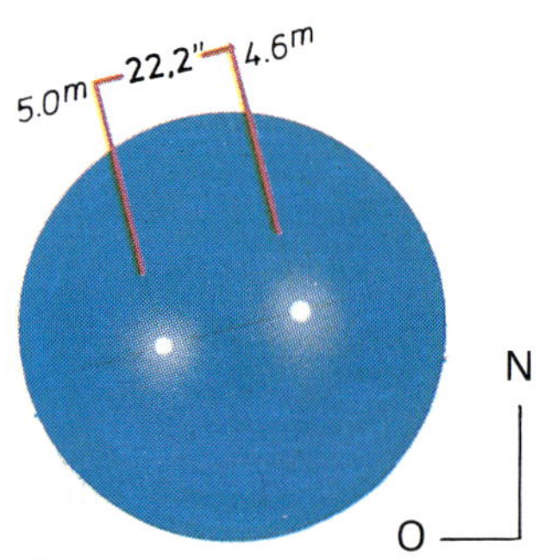

M 5 — NGC 5904: heller, markanter kugelförmiger Sternhaufen. Entfernung etwa 27 000 Lj, enthält mehr als eine halbe Million Sterne.

Offener Sternhaufen M 16 (oben): in den Nebel mit der gleichen Bezeichnung eingehüllt.

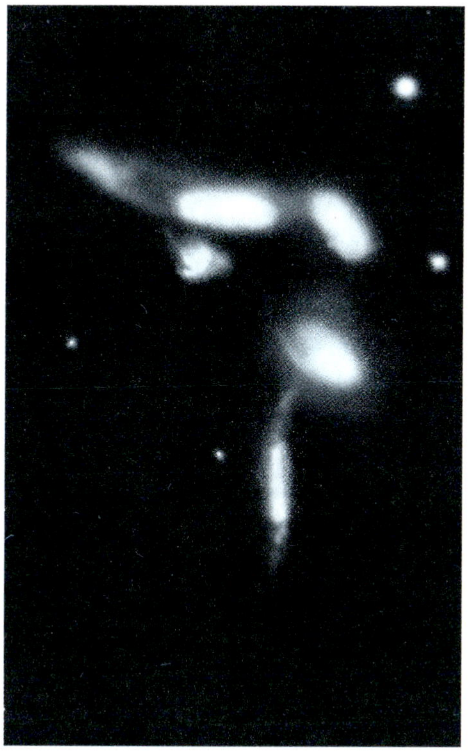

NGC 6027:
eine ungewöhnliche Galaxiengruppe in der Schlange.

AQL Aquila

Aquilae — Aql — Adler

DEL Delphinus

Delphini — Del — Delphin

SCT Scutum

Scuti — Sct — Schild

SGE Sagitta

Sagittae — Sge — Pfeil

Adler.
P. Apianus, Quadrans, 1532.

Das Sternbild Adler mit dem hellen Atair ist von einer Gruppe von Sternbildern umgeben, die zu den kleinsten am Himmel gehören: Delphin, Pfeil und Schild.

α Aquilae — Atair: südliche Ecke des Sommerdreiecks, $0^m{,}77$, Spektrum A7, Entfernung 16 Lj. Durchmesser 1,5mal größer als die Sonne, neunfache Sonnenleuchtkraft. Der Stern rotiert außergewöhnlich schnell; er dreht sich einmal in nur 6,5 Stunden um seine Achse und hat daher offensichtlich die Form eines stark abgeplatteten Ellipsoids.

M 11 — NGC 6705: einer der schönsten und reichsten offenen Sternhaufen. Er scheint am Nordrand der Sternwolke im Sternbild Schild, das zur Milchstraße gehört, zu liegen; in Wirklichkeit ist er viel näher. Den Sternhaufen kann man mit dem Fernglas als Nebelwölkchen sehen, in seine einzelnen Sterne löst ihn jedoch nur ein größeres Fernrohr auf. Der scheinbare Durchmesser beträgt 12′. M 11 enthält etwa 500 Sterne, die heller sind als 14^m, und viele schwächere. Der Sternhaufen besitzt etwa 2900 Sonnenmassen und die Gesamtleuchtkraft von etwa 10 000 Sonnen. Entfernung 5500 Lj.

M 71 — NGC 6838: ungewöhnlicher Sternhaufen im Sternbild Pfeil, der Merkmale sowohl offener als auch kugelförmiger Sternhaufen aufweist. Entfernung wahrscheinlich 18 000 Lj, scheinbarer Durchmesser 6′, wahrer Durchmesser etwa 30 Lj.

γ Delphini. Schöner Doppelstern für Beobachtungen mit kleinen Fernrohren. Entfernung etwa 100 Lj.

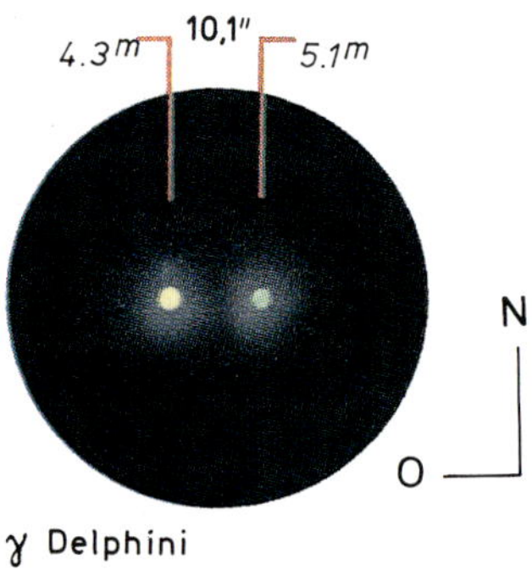

Lichtkurve des veränderlichen Sterns η **Aquilae.** Er ist ein *Cepheide*, der seine Helligkeit von $4^m{,}5$ bis $3^m{,}7$ mit einer Periode von 7,2 Tagen ändert. Entfernung 1300 Lj.

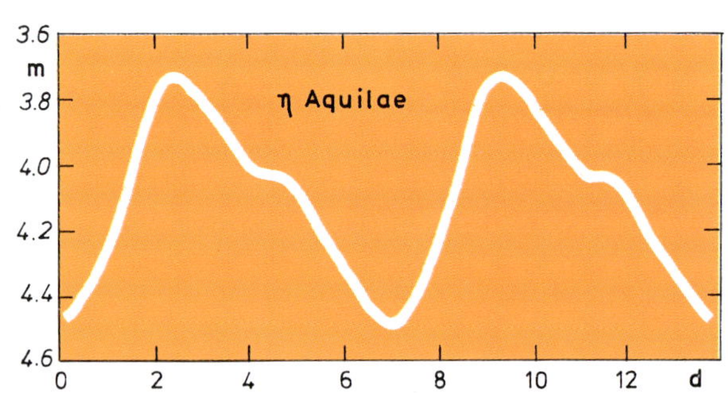

Oben von links:
Der offene Sternhaufen **NGC 6709** im Adler,
der planetarische Nebel **NGC 6781** im Adler,
die Galaxie **NGC 6814**, Typ Sb, im Adler,
der Sternhaufen **M 71 — NGC 6838** im Pfeil.

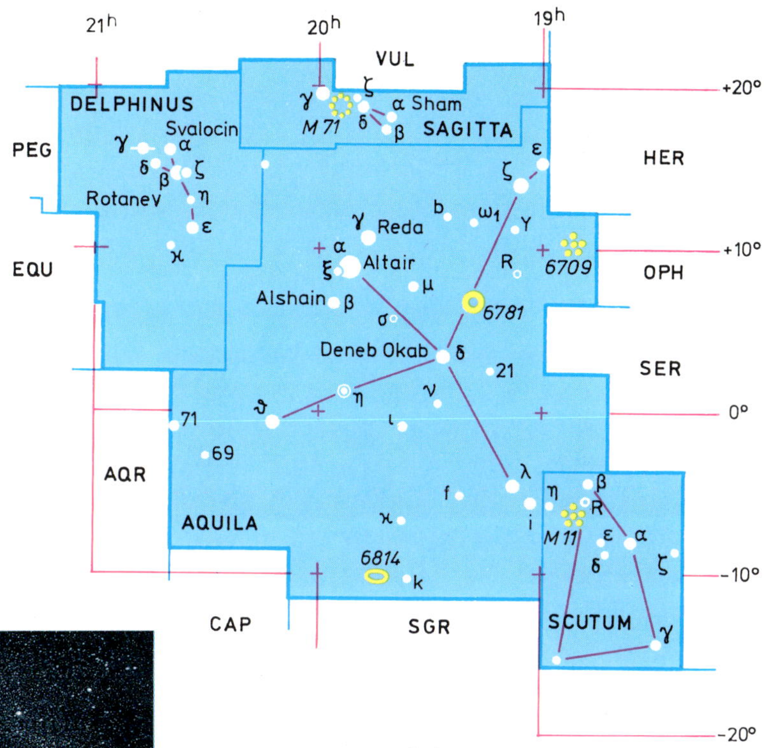

Sternwolke im Schild

Der offene Sternhaufen M 11

LIB

Libra

Librae — Lib — Waage

SCO

Scorpius

Scorpii — Sco — Skorpion

Skorpion (Detail). Astronomischer Kodex aus dem 14. Jahrhundert.

α Scorpii — Antares: $0^{m}{,}92$, roter Überriese, Spektralklasse M1. Durchmesser etwa 950 Millionen km, das sind etwa 700 Sonnendurchmesser. Entfernung 170 Lj, Leuchtkraft 9000 Sonnen, Oberflächentemperatur 3100 K. Antares ist ein veränderlicher Stern, unregelmäßige Helligkeitsschwankungen von $0^{m}{,}89$ bis $1^{m}{,}06$, und zugleich Doppelstern; sein Begleiter, $6^{m}{,}5$, ist 3,0″ entfernt. Antares ist in einen Nebel mit einem Durchmesser von etwa 5 Lj eingehüllt.

ν Scorpii: ein schönes Beispiel für ein Vierfachsystem, das an das bekannte System ε Lyrae (s. S. 176) erinnert. In einem kleinen Fernrohr sieht man es als Doppelstern, mit einer größeren Apparatur unterscheidet man leicht die Komponenten C und D, während die Unterscheidung von A und B schwieriger ist. Entfernung des Systems: 400 Lj.

M 6 — NGC 6405 (nebenstehende Seite, links unten): einer der schönsten offenen Sternhaufen zur Beobachtung mit kleinen Fernrohren. Scheinbarer Durchmesser 25′, enthält etwa 50 Sterne von 7^{m} bis 10^{m}. Wahrer Durchmesser etwa 20 Lj, Entfernung etwa 1300 Lj. In der Nachbarschaft liegt ein weiterer reicher Sternhaufen **M 7 — NGC 6475**, der auch mit einem Fernglas zu unterscheiden ist; er hat einen scheinbaren Durchmesser von über 30′ und ist etwa 800 Lj entfernt.

M 4 — NGC 6121. Gehört zu den hellsten, größten und nächsten kugelförmigen Sternhaufen, leicht sichtbar auch mit einem Fernglas. Entfernung 6000 bis 7000 Lj.

Scorpius X-1. Stärkste Röntgenstrahlungsquelle am Himmel. Das Objekt ist ein enger Doppelstern, eine Komponente ist offensichtlich ein rasch rotierender Neutronenstern. Die Röntgenstrahlung entsteht bei dem Überströmen von Masse (extrem erhitztem Plasma) vom normalen Stern zur Neutronenkomponente.

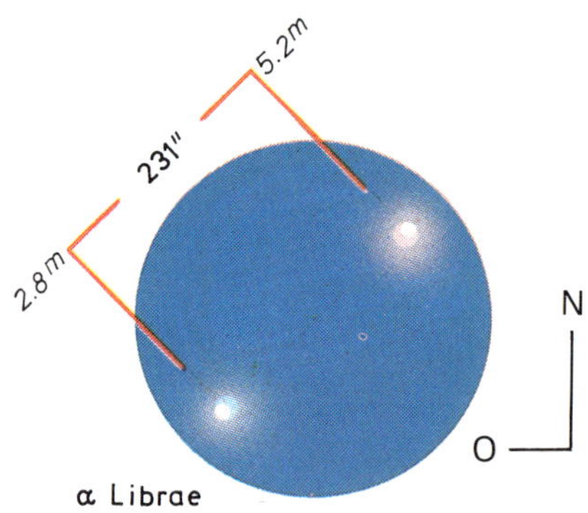

α Librae — Zuben el Genubi (links): Doppelstern für Fernglasbeobachtung. Entfernung 65 Lj. Die hellere Komponente ist ein spektroskopischer Doppelstern.

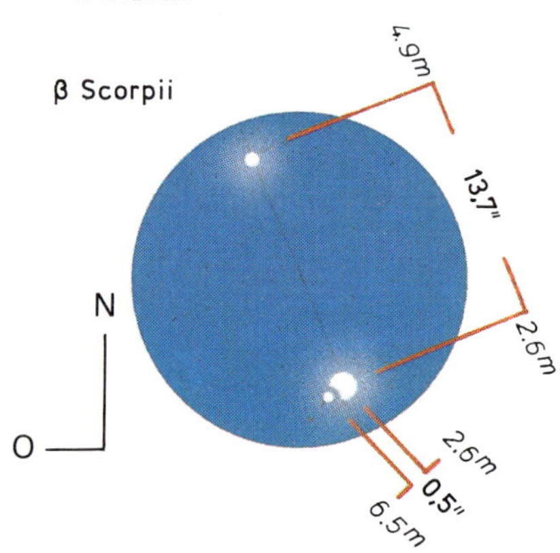

β Scorpii — Akrab (links): Fünffachsystem. Die Komponenten A und C bilden einen sehr hübschen Doppelstern für ein kleines Fernrohr. Die Komponente B kann man nur mit einem großen Fernrohr sehen. Die Komponenten A und C sind spektroskopische Doppelsterne. Entfernung des Systems etwa 600 Lj.

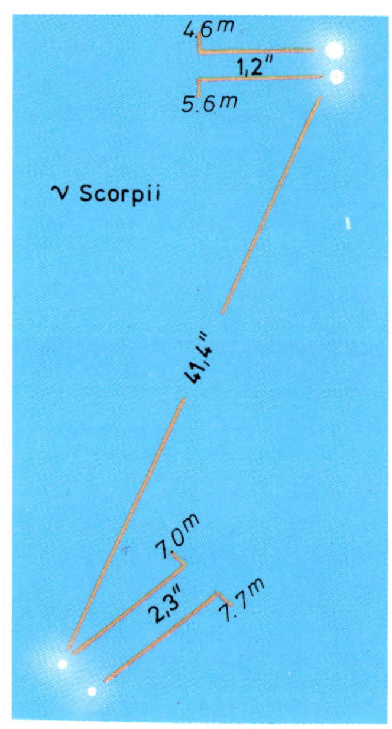

Rechts: Der Vierfachstern ν Scorpii

NGC 6231 (oben): sehr schöner offener Sternhaufen im Skorpion. Scheinbarer Durchmesser der zentralen Gruppe 15′, ′wahrer Durchmesser 8 Lj, Entfernung 5700 Lj.

Oben: Umgebung des Sterns Antares mit zahlreichen dunklen Wolken. Der kugelförmige Sternhaufen rechts von Antares ist M 4, der helle Stern am rechten Rand der Abbildung ist σ Scorpii. Der bläuliche Nebel oben umhüllt den Doppelstern ρ Ophiuchi.

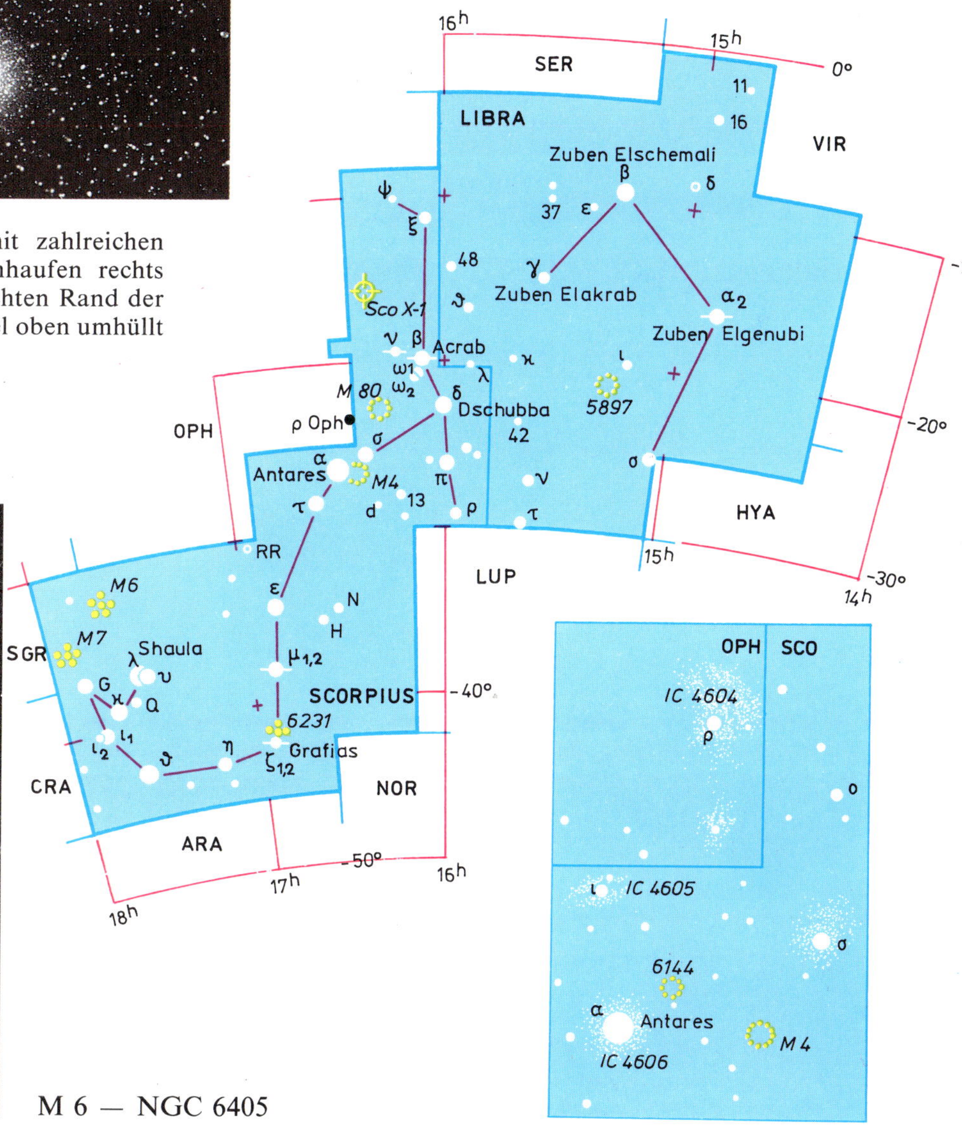

M 6 — NGC 6405

SGR

Sagittarius

Sagittarii — Sgr — Schütze

Schütze (Detail). Astronomischer Kodex aus dem 14. Jahrhundert.

Wenn wir zum Sternbild Schütze schauen, blicken wir genau zum Zentrum unserer Galaxie, das etwa 30 000 Lichtjahre entfernt hinter Sternwolken und interstellarer Materie verborgen ist. Man kann jedoch den Kern der Galaxie z. B. im Bereich der infraroten oder der Radiostrahlung beobachten (Abb. unten). Der Kern der Galaxie ist eine starke Radiostrahlungsquelle, die mit **Sagittarius A** bezeichnet wird. Im Sternbild des Schützen gibt es zahlreiche Sternhaufen und Nebel, die zu den schönsten Objekten ihrer Art gehören.

M 24: Sternwolke in der Milchstraße, kann mit bloßem Auge beobachtet werden. Scheinbare Größe etwa 2° × 1°. Etwa 3° gegen Osten findet man den hellen offenen Sternhaufen **M 25 — IC 4725**. Ein weiterer, sehr schöner offener Sternhaufen, **M 23 — NGC 6494**, befindet sich etwa 5,5° westlich von M 24.

M 22 — NGC 6656. Einer der hellsten kugelförmigen Sternhaufen am ganzen Himmel; übertrifft den bekannten Haufen M 13 im Herkules. Der scheinbare Durchmesser von M 22 ist 18′, der wahre Durchmesser des zentralen hellsten Teils etwa 50 Lj, Entfernung etwa 9600 Lj — einer der nächsten kugelförmigen Sternhaufen.

NGC 6822 — Barnards Galaxie: Unregelmäßige Zwerggalaxie, entdeckt 1884 von E. E. Barnard. Winkeldimensionen 20′ × 11′. Mitglied der Lokalen Galaxiengruppe, Entfernung circa 1,7 Millionen Lj, wahre Dimensionen etwa 10 000 × 5000 Lj.

Radiobild eines Galaxiekerns im Bereich $\lambda = 3{,}75$ cm (links) und Detail des Kerns, wie er im Bereich $\lambda = 6$ cm (rechts) erscheint. Im Kern ist eine Masse von etwa 10 Millionen Sonnenmassen konzentriert.

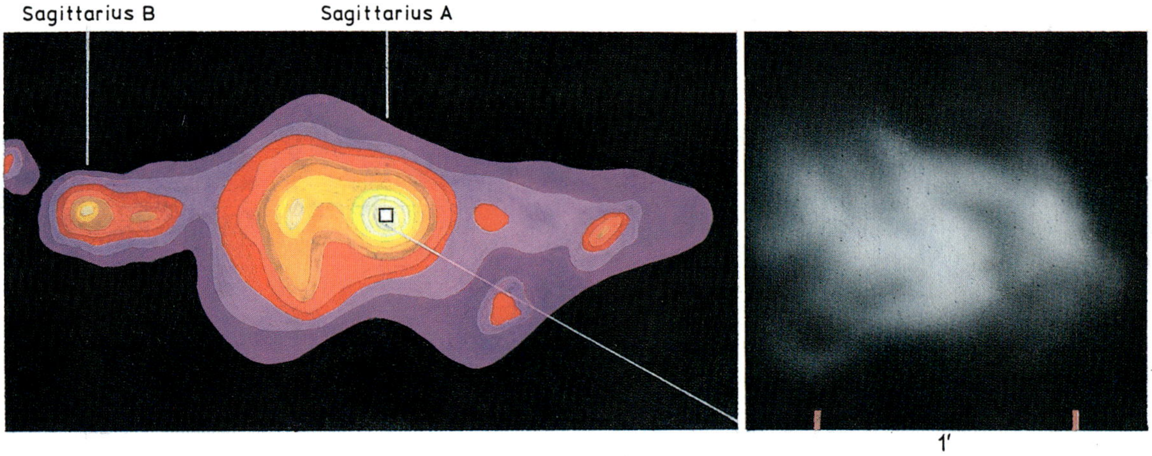

M 17 — NGC 6618: Diffuser Nebel im Schützen, den man als *Omega* (oder Schwan) bezeichnet. Scheinbare Dimensionen 45′ × 35′, wahrer Durchmesser etwa 40 Lj, Entfernung etwa 5700 Lj.

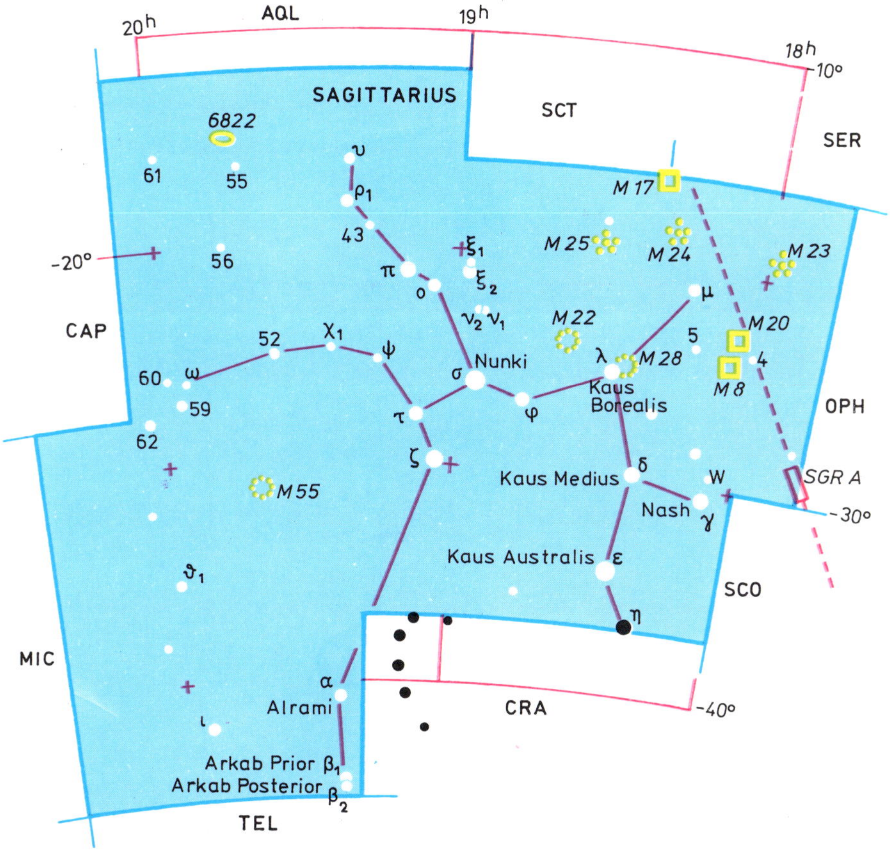

Das Rechteck SGR A auf der nebenstehenden Karte zeigt das Zentrum unserer Galaxie an und entspricht dem Format des Radiobilds auf der nebenstehenden Seite links unten.

Unten, von links:
M 24 — Sternwolke in der Milchstraße,
M 22 — kugelförmiger Sternhaufen,
NGC 6822 — unregelmäßige Galaxie

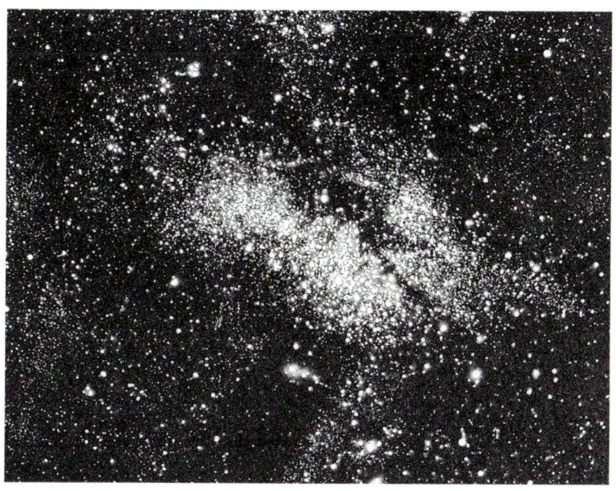

SGR

Nebel im Schützen

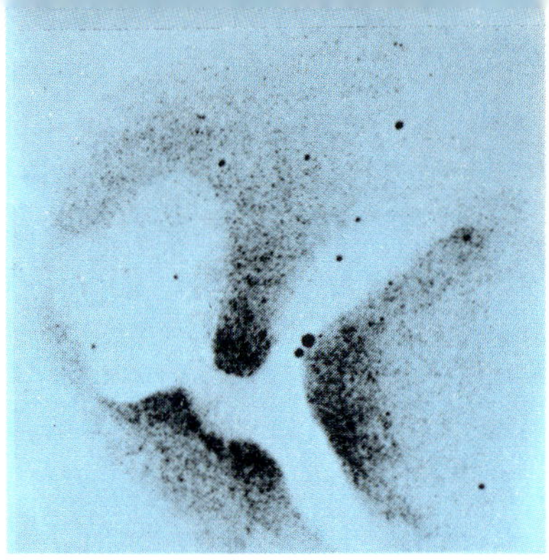

Der Trifidnebel.
Littrow, Himmelsatlas, 1854.

M 8 — NGC 6523 (rechts unten): der diffuse *Lagunen-Nebel* ist ein sehr helles, mit einem Fernglas gut sichtbares Objekt. Im Fernrohr und vor allem auf Photographien sieht man die sehr komplizierte Struktur dieser H-II-Region. Der Nebel umhüllt den nur wenig kompakten Sternhaufen **NGC 6530**, der gänzlich aus sehr heißen und jungen Sternen der Spektraltypen O und B besteht. Beide Gebilde hängen eng zusammen, der Nebel ist ein Gebiet, in dem neue Sterne entstehen. Das bestätigt auch das Vorkommen kleiner sphärischer Dunkelnebel, der *Globulen*, die man als schwarze Stellen vor dem Hintergrund der leuchtenden Materie sieht (siehe auch Rosettennebel auf S. 153). Das hellste Details des Nebels ist eine etwa 30″ große Struktur, die nach ihrer Form Sanduhr genannt wird. Die wahren Dimensionen von M 8 übersteigen wahrscheinlich 100 Lj, der Nebel ist mehr als 5000 Lj entfernt.

M 20 — NGC 6514 (rechts oben): der nach der charakteristischen Gliederung der hellsten Partie durch drei dunkle Streifen benannte diffuse *Trifidnebel* ist schwächer und visuell schwerer zu beobachten als der benachbarte Lagunennebel. Photographien des Trifidnebels gehören zu den schönsten und am häufigsten publizierten Abbildungen von kosmischen Objekten. Im zentralen Teil des Nebels, wo die dunklen Streifen ihren Ausgang nehmen, steht ein Sechsfachstern, dessen hellste Komponente, 7^m, ein heißer Riese der Klasse O7, wohl die Hauptquelle des Leuchtens ist. Die rote Farbe ist charakteristisch für leuchtende Wasserstoffwolken. Die blauen Partien stammen von Staubpartikeln, die das Licht junger und sehr heißer Sterne reflektieren. Nach manchen Entfernungsschätzungen ist M 20 ungefähr ebenso weit entfernt wie M 8; andere, häufigere Schätzungen verlegen den Trifidnebel in eine viel größere Entfernung als den Lagunennebel.

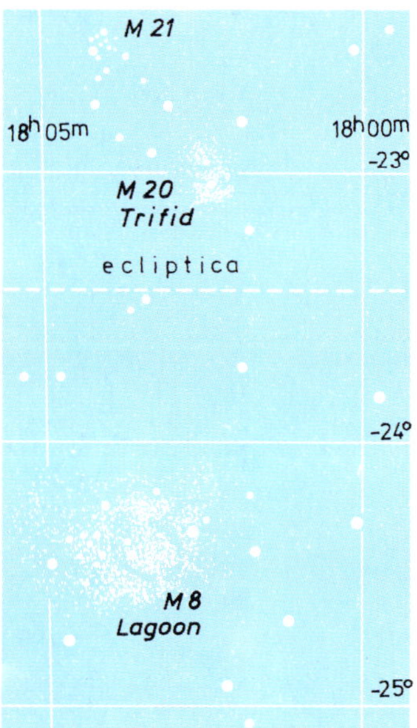

Die diffusen Nebel M 8 und M 20 im Sternbild des Schützen liegen in der Nähe der Ekliptik (gestrichelte Linie auf der Karte), so daß man in ihrer Nachbarschaft manchmal Planeten oder den Mond beobachten kann. Man vergleiche die Winkeldimensionen mit der Mondscheibe, die einen scheinbaren Durchmesser von 30′ hat.

Sternbilder in der Umgebung des südlichen Himmelspols

Das Schiff Argo. Cellarius, Harmonia Macrocosmica, 1763.

In dieser Region orientiert man sich ein wenig schwerer als in der Umgebung des nördlichen Himmelspols. Hier bestehen die Sternbilder zum Großteil aus schwachen Sternen und sind am Himmel nicht sehr markant.

Am einfachsten ist die Orientierung im Band der Milchstraße, wo man von *Crux* (Kreuz des Südens) ausgehen kann. In seiner Nähe findet man in der Milchstraße eine auffallend dunkle Stelle, die *Kohlensack* heißt. Zum Kreuz des Südens zielt die Verbindungslinie der beiden hellsten Sterne des *Centaurus* (Zentaur). Diese Linie hilft uns, eindeutig das Kreuz des Südens vom sogenannten „falschen Kreuz“ an der Grenze der Sternbilder *Vela* (Segel des Schiffs) und *Carina* (Schiffskiel) zu unterscheiden.

In der unmittelbaren Nähe des Südpols gibt es keinen hellen Stern, der die Lage des Pols so auffallend kennzeichnen würde, wie der Polarstern den Nordpol. Man findet hier nur das nicht markante Sternbild *Octans* (Oktant), und die Aufgabe des Polarsterns hat hier der schwache Stern 5^m, σ *Octantis.* Die Lage des Pols kann man annähernd mit Hilfe des Sternbilds Crux bestimmen, dessen längerer Arm zum Pol zielt, oder mit Hilfe der *Magellanschen Wolken*, die mit dem Pol ein ungefähr gleichseitiges Dreieck bilden. Beide Magellanschen Wolken, die kleine — *SMC* — Small Magellanic Cloud und die große — *LMC* — Large Magellanic Cloud, sind auch bei Mondlicht noch gut zu sehen.

Eine geeignete Orientierungsachse am südlichen Himmel ist die Verbindungslinie dreier sehr hellen Sterne: Canopus — Achernar — Fomalhaut. Entlang dieser Linie muß man versuchen, die weiteren, weniger markanten Sternbilder *Pictor* (Maler), *Dorado* (Schwertfisch), *Reticulum* (Netz), *Horologium* (Pendeluhr) und *Phoenix* (Phönix) zu finden.

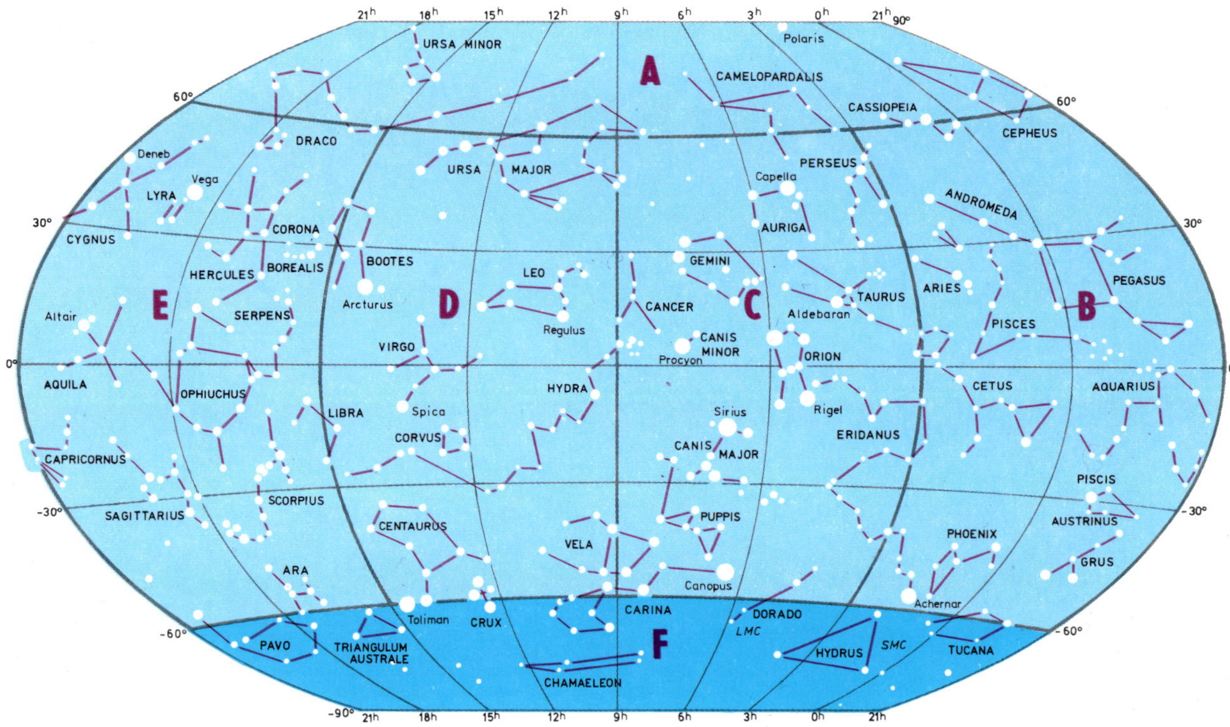

CENTAURUS
ANTLIA
VELA
PYXIS
Omega Centauri
CRUX
LUPUS
Toliman
MUSCA
NORMA
CIRCINUS
TRIANGULUM AUSTRALE
APUS
CHAMAELEON
CARINA
PUPPIS
VOLANS
Canopus
ARA
OCTANS
MENSA
LMC
DORADO
PICTOR
HYDRUS
TELESCOPIUM
PAVO
INDUS
SMC
RETICULUM
HOROLOGIUM
TUCANA
Achernar
ERIDANUS
MICROSCOPIUM
PHOENIX
GRUS
PISCIS AUSTRINUS
Fomalhaut
5m 4m 3m 2m 1m 0m

CRU

Crux

Crucis — Cru — Kreuz des Südens

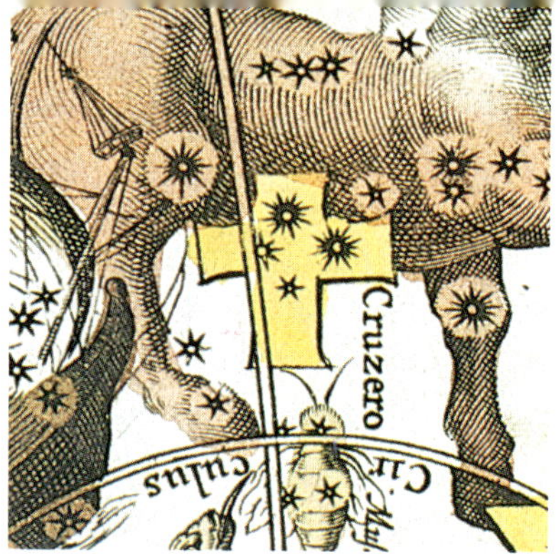

Kreuz des Südens. Cellarius, Harmonia Macrocosmica, 1763.

NGC 4755 (rechts oben): der offene, „Schatzkästchen" genannte Sternhaufen ist ein wunderschönes Objekt, eines der reichsten Gebilde dieser Art. Im Umkreis von 10′ befinden sich etwa 50 hellste Sterne des Haufens von 6^m bis 10^m. Es sind zum Großteil Überriesen mit einer großen Leuchtkraft; der hellste Stern des Haufens hat die Spektralklasse B9 und die 80 000fache Sonnenleuchtkraft. Das Vorkommen von Sternen dieser Art zeugt von der „Jugend" des Sternhaufens, er ist nur wenige Millionen Jahre alt. Angaben über die Entfernung des Haufens sind sehr unterschiedlich, eine neuere Schätzung gibt 7700 Lj an. Der Durchmesser des Sternhaufens beträgt etwa 50 Lj.

Der Dunkelnebel „Kohlensack": wahrscheinlich der bekannteste, leicht mit bloßem Auge sichtbare Dunkelnebel; er scheint eine „leere Stelle" in der Milchstraße in der unmittelbaren Nachbarschaft vom Kreuz des Südens zu sein. Der dunkle Nebel sticht eben hier so gut hervor, weil in diesem Teil der Milchstraße, um das Kreuz des Südens und des Zentauren, die Sternwolken besonders hell und reich sind (rechts unten). Die Winkeldimensionen des Kohlensacks sind 7° × 5°, sein wahrer Durchmesser mehr als 60 Lj, die Entfernung wird auf 500 bis 600 Lj geschätzt.

α Crucis — Acrux: Einer der schönsten Doppelsterne des Himmels. Entfernung 370 Lj. Die Umlaufbewegung der Komponenten ist sehr langsam, die Periode ist nicht bekannt. Die hellere Komponente ist ein spektroskopischer Doppelstern.

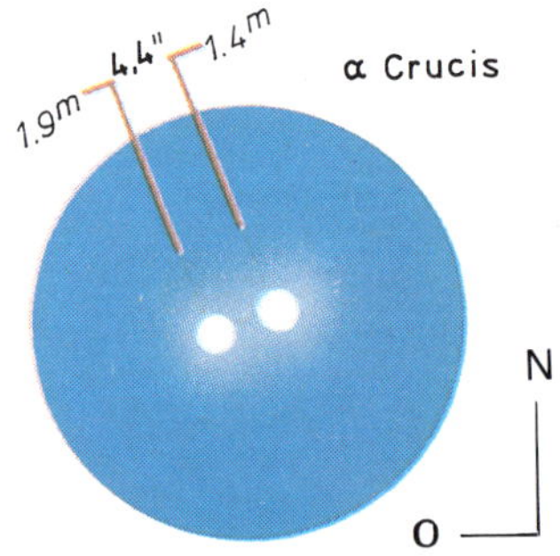

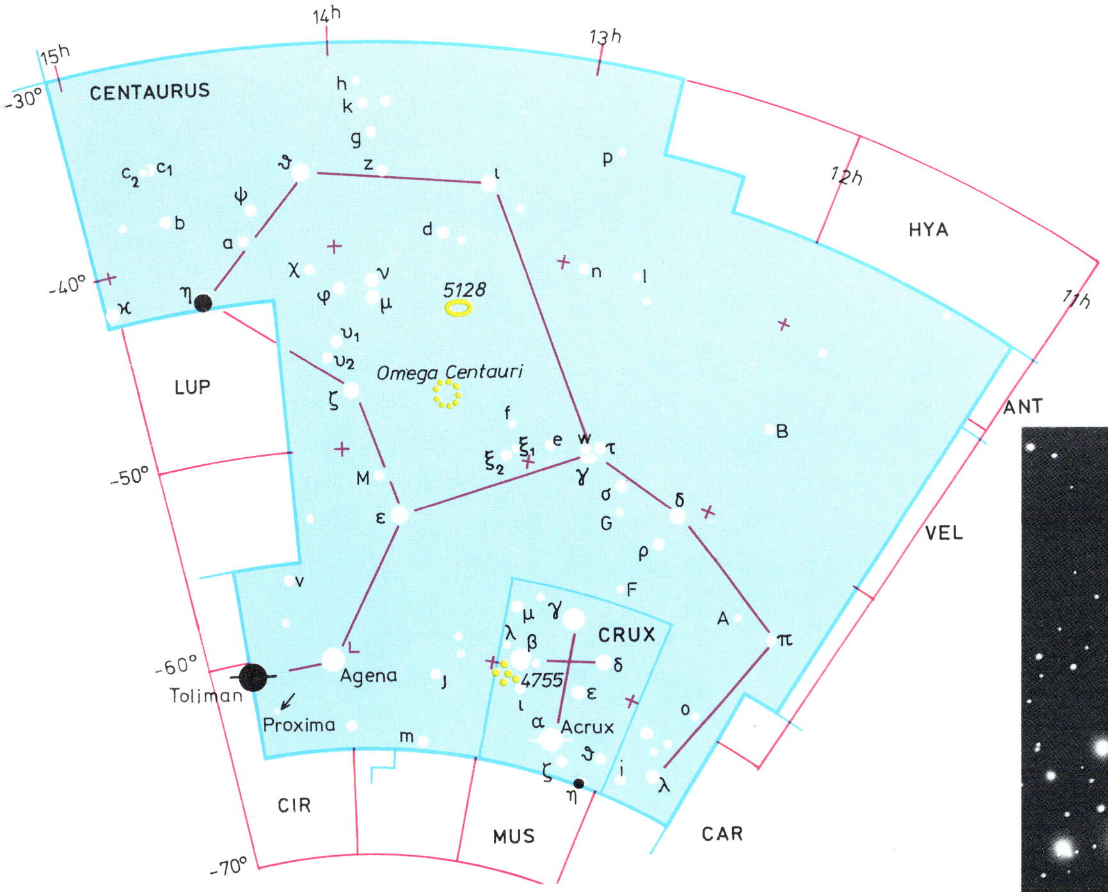

NGC 4755 (rechts): Der „Schatzkästchen“ genannte offene Sternhaufen im Sternbild Kreuz des Südens.

„Kohlensack“ ↑

CEN

Centaurus

Centauri — Cen — Zentaur

Centaurus und Wolf. Astronomischer Kodex aus dem 14. Jahrhundert.

α Centauri: dritthellster Stern des Himmels, $-0^{\mathrm{m}}{,}27$, der unserer Sonne am nächsten liegende Stern. Dreifachstern: die hellen Komponenten A ($-0^{\mathrm{m}}{,}04$) und B ($1^{\mathrm{m}}{,}17$) bilden einen sehr hübschen Doppelstern (Abb. unten). Die dritte Komponente ist ein roter Zwerg, $10^{\mathrm{m}}{,}7$, 2° von dem hellen Paar entfernt. Er heißt **Proxima Centauri** (der Nächste im Centaurus), weil er uns unter den drei Komponenten am nächsten liegt: 4,28 Lj, das sind etwa 270 000 AE.

ω Centauri — NGC 5139 (nebenstehende Seite, unten): der hellste und größte kugelförmige Sternhaufen am Himmel. Man kann ihn mit bloßem Auge als einen nebligen, sternartigen Fleck, 4^{m}, sehen (eben deshalb hat ihn Bayer im 17. Jahrhundert als Stern mit dem Buchstaben Omega bezeichnet). Gehört zu den nächstgelegenen kugelförmigen Sternhaufen, Entfernung etwa 17 000 Lj. Visuell ist der Sternhaufen am Himmel ebenso groß wie der Mond. Der wahre Durchmesser des dichtesten zentralen Teils ist etwa 100 Lj. Im Zentrum des Sternhaufens ist die Sterndichte etwa 25 000mal größer als in der Umgebung der Sonne, so daß dort die durchschnittliche Entfernung zwischen den Sternen nur etwa ein Zehntel Lichtjahr beträgt.

NGC 5128 — Centaurus A (nebenstehende Seite oben): eine Galaxie mit riesigen Ausmaßen, eine außerordentlich starke Quelle von Strahlungsenergie im optischen, Radio-, Röntgen- und Infrarot-Bereich. Enthält dreimal so viel Sterne wie unsere Galaxie, Entfernung etwa 12 Millionen Lj. Dieses Objekt entstand wahrscheinlich durch die Verschmelzung zweier Galaxien nach ihrem Zusammenstoß. Die große, aus alten Sternen zusammengesetzte elliptische Galaxie wird von einem dunklen Staubring, der wahrscheinlich der Überrest der zweiten, jüngeren Galaxie ist, in zwei Teile geteilt. Im Staubring strahlt eine große Anzahl junger, blauer Sterne, die vielleicht als Folge der erwähnten Kollision entstanden sind.

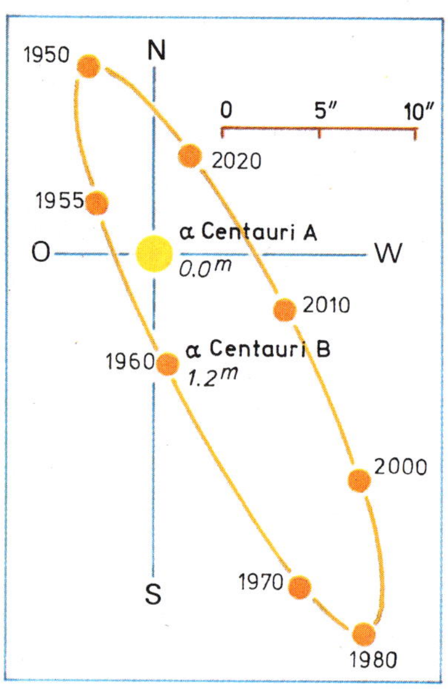

Links: Scheinbare Bahn der beiden hellsten Komponenten A und B des Dreifachsterns α Centauri. Die Entfernung der Komponenten ändert sich von 2″ bis zu 22″ in einer Periode von 80 Jahren.

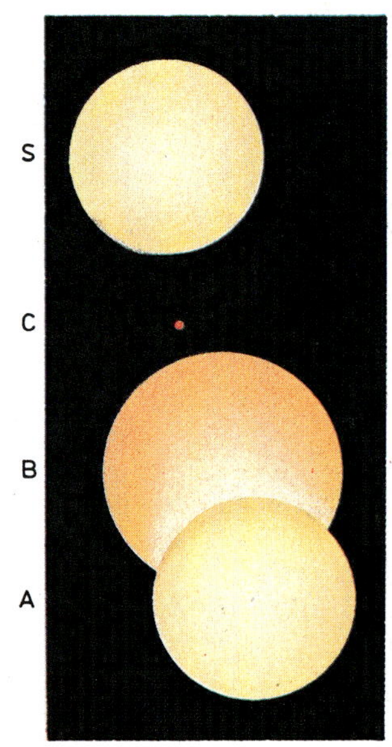

Rechts: Vergleich der Größe der Komponenten A, B, C des α Centauri mit der Sonne.

CAR
Carina
Carinae — Car — Schiffskiel

VEL
Vela
Velorum — Vel — Segel des Schiffs

Das Schiff Argo (Detail). Astronomischer Kodex aus dem 14. Jahrhundert.

α Carinae — Canopus: zweithellster Stern am Himmel, $-0^{m}\!.72$. Entfernung etwa 100 bis 120 Lj, 30mal größer als die Sonne, 1400fache Sonnenleuchtkraft. Canopus dient als *Navigationsstern* für die meisten interplanetaren Sonden: die beträchtliche Entfernung dieses Sterns von der Ekliptik schließt aus, daß ihn der Orientierungssensor der Sonde mit einem hellen Planeten verwechseln könnte.

NGC 2516: markanter, heller, auch mit bloßem Auge sichtbarer offener Sternhaufen. Mit dem Fernrohr sieht man mehr als 100 Sterne in einem Umkreis von 1°. Wahrer Durchmesser etwa 20 Lj, Entfernung 1200 Lj.

NGC 3532: einer der reichsten offenen Sternhaufen am Himmel. Er hat eine langgezogene Form und große Winkeldimensionen: $60' \times 30'$. Enthält etwa 400 Sterne, davon 130 Sterne bis zu 12^{m}. Wahrer Durchmesser 25 Lj, Entfernung 1300 Lj.

NGC 3132: planetarischer Nebel mit sehr hellem Zentralstern 10^{m}. Der Stern hat einen Begleiter 16^{m}, der 1,65″ von ihm entfernt ist, einen Zwerg mit einer außerordentlich hohen Oberflächentemperatur von 100 000 K, der das Leuchten des Nebels verursacht. Der wahre Durchmesser des Nebels ist 0,5 Lj, die Entfernung 2000 bis 2800 Lj.

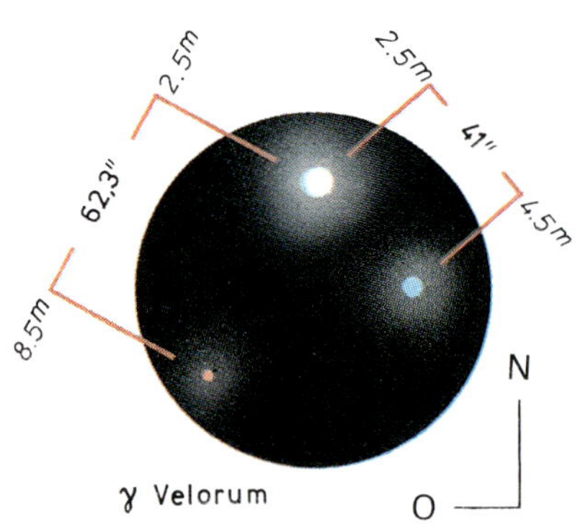

γ Velorum: Mehrfachsystem, in dem ein heller Doppelstern mit den Komponenten $2^{m}\!.5$ und $4^{m}\!.5$ auffällt, der auch mit Fernglas getrennt werden kann. Die Hauptkomponente ist ein typisches Beispiel für einen *Wolf-Rayet-Stern*, d. h. einen außerordentlich leuchtstarken und heißen Riesen mit einer Oberflächentemperatur von über 50 000 K und einer rasch expandierenden Atmosphäre. Entfernung um 800 Lj.

Der planetarische Nebel NGC 3132 an der Grenze der Sternbilder Vela und Antlia. Scheinbare Dimensionen 84″ × 52″.

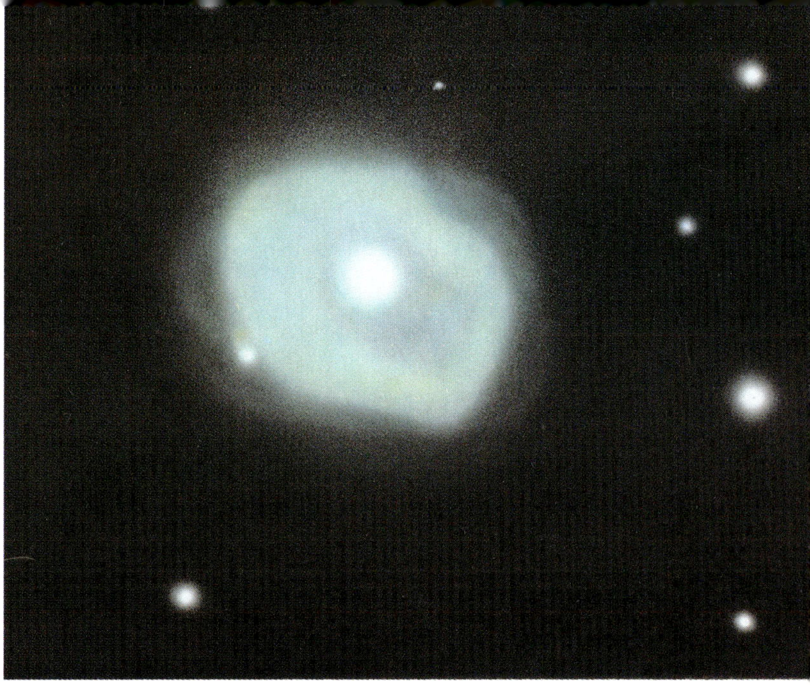

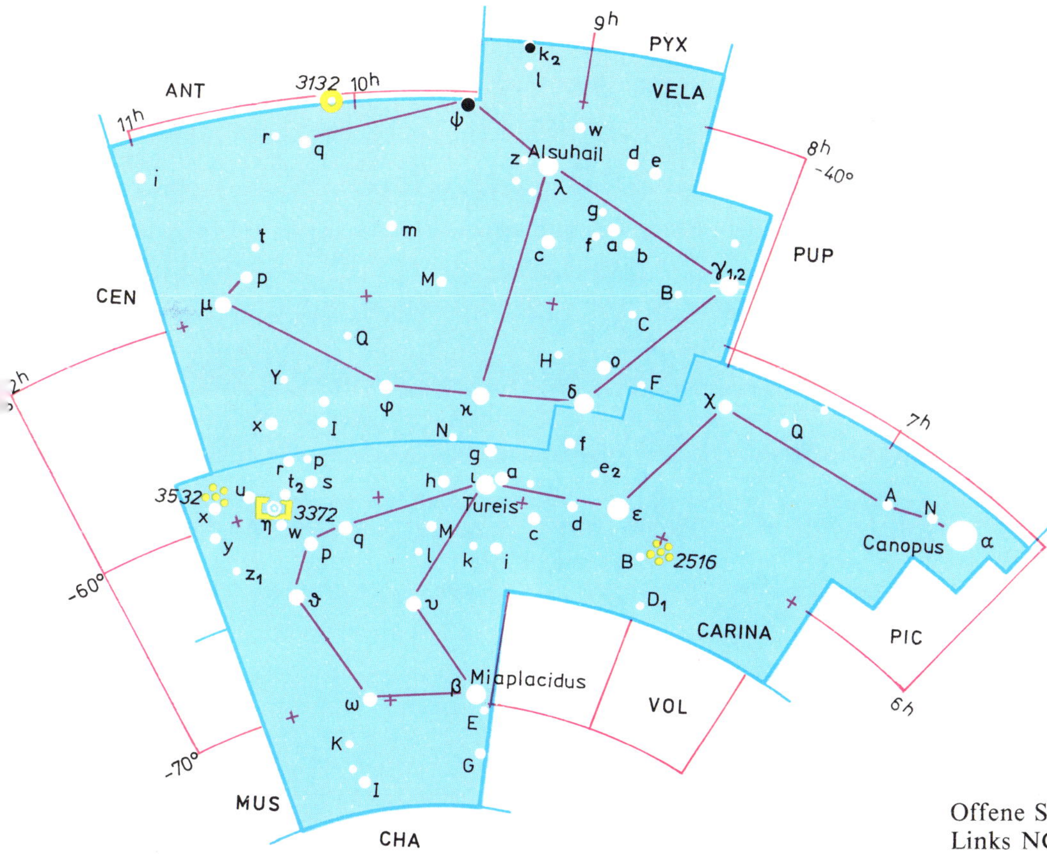

Offene Sternhaufen im Sternbild Carina. Links NGC 2516, rechts NGC 3532.

Großer Nebel bei η Carinae

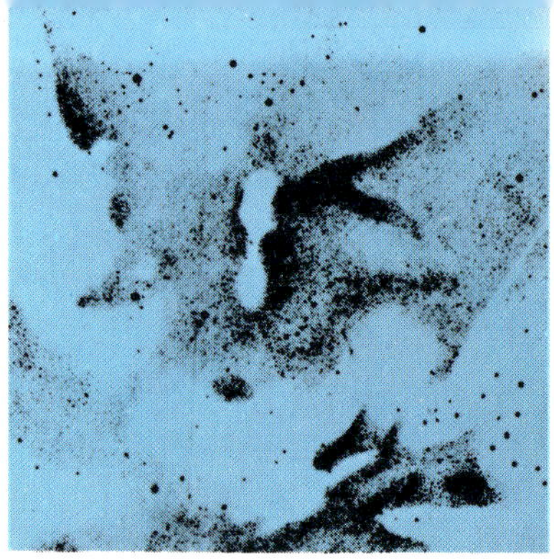

Der Nebel η Carinae nach Herschel.
Littrow, Himmelsatlas, 1854.

η Carinae: unregelmäßiger, einer Nova ähnlicher, veränderlicher Stern und ein bemerkenswertes Objekt. Seine Helligkeitsunterschiede waren bereits seit der zweiten Hälfte des 17. Jahrhunderts verfolgt. Damals war er ein Stern 4^m. Seine Helligkeit schwankte unregelmäßig, erreichte 2^m im Jahr 1730, und blieb dann bis zum Jahre 1820 in den Grenzen von 2^m bis 4^m, von da an stieg die Helligkeit systematisch, wie aus der Lichtkurve (unten) ersichtlich ist. Das Maximum von $-0\overset{m}{,}8$ erreichte η Carinae im April 1843; damals war er der zweithellste Stern am Himmel. Es folgte ein Rückgang der Helligkeit bis unter die Grenze der Sichtbarkeit mit bloßem Auge, und im 20. Jahrhundert bewegt sich die scheinbare Sterngröße bei 7^m bis 8^m. Rings um den Stern liegt eine expandierende Gashülle mit einem scheinbaren Durchmesser von etwa 20″, die sich wohl vom Stern nach seinem Helligkeitsausbruch im Jahre 1843 abgetrennt hat. Die Entfernung von η Carinae beträgt fast 3900 Lj, und das bedeutet, daß im Jahre 1843 die Leuchtkraft des Sterns die der Sonne um mehr als das Millionfache übertroffen hat; augenblicklich hat er eine Leuchtkraft von mehr als 1000 Sonnen.

NGC 3372: der Große Nebel bei η Carinae, eine ausgedehnte leuchtende H-II-Region, nimmt am Himmel eine Fläche von mehr als ein Quadratgrad ein. Er hat eine komplizierte Struktur, Streifen dunkler Materie teilen ihn in mehrere keilförmige Formationen. In der hellsten Partie des Nebels gibt es eine kleine dunkle Struktur, die an die Form eines Schlüssellochs erinnert; nach ihr wird der Nebel manchmal auch *Schlüsselloch-Nebel* genannt. An dieser Stelle findet man auch den Stern η Carinae.

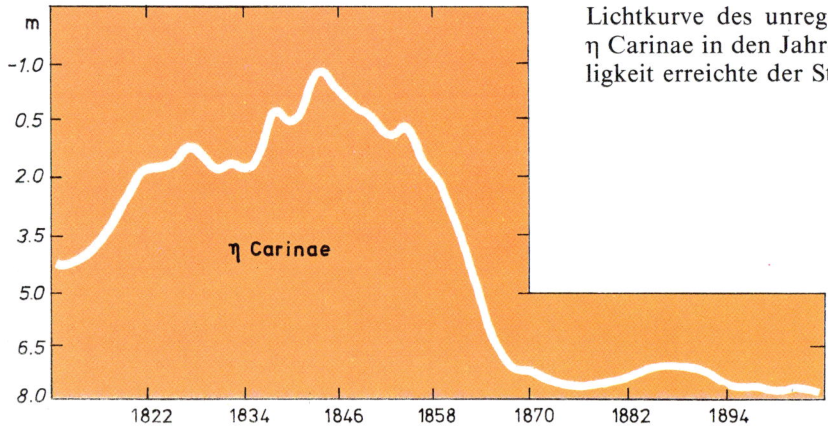

Lichtkurve des unregelmäßigen veränderlichen Sterns η Carinae in den Jahren 1810 bis 1906. Die größte Helligkeit erreichte der Stern im Jahre 1843.

DOR

Dorado

Doradus — Dor — Schwertfisch

MEN

Mensa

Mensae — Men — Tafelberg

PIC

Pictor

Pictoris — Pic — Maler

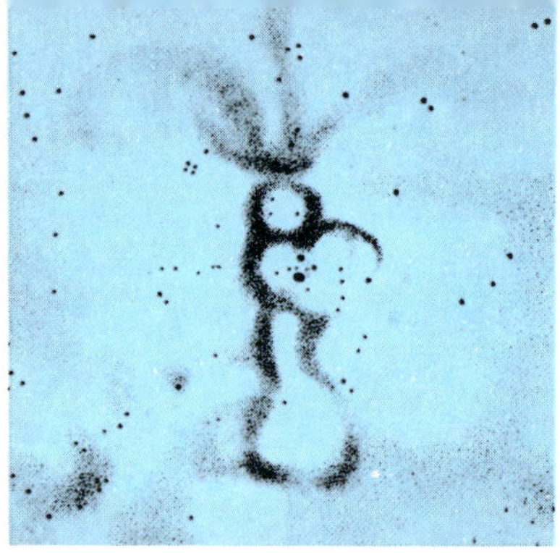

Nebel in der Großen Magellanschen Wolke. Littrow, Himmelsatlas, 1854.

Die Magellanschen Wolken: zwei Nebelwölkchen, die wie Bruchstücke der Milchstraße aussehen und mit dem südlichen Himmelspol ein ungefähr gleichseitiges Dreieck bilden. Es sind die auffälligsten Objekte in den oben angeführten undeutlichen Sternbildern. Sie wurden zum erstenmal eingehend von dem portugiesischen Seefahrer Fernão de Magalhães (Fernando de Magellanes) am Anfang des 16. Jahrhunderts beschrieben. Erst in den zwanziger Jahren des 20. Jahrhunderts erkannten die Astronomen, daß die Magellanschen Wolken nahe, unregelmäßige kleine Galaxien sind, die wie Satelliten unsere Galaxie begleiten.

Die Große Magellansche Wolke hat einen Durchmesser von etwa 26 000 Lj und ist 170 000 Lj entfernt. Die Kleine Magellansche Wolke hat einen Durchmesser von 16 000 Lj und eine Entfernung von etwa 205 000 Lj. Bei einer — in der Welt der Galaxien — so kleinen Distanz, die nur etwa ein Zehntel des Abstands der Galaxie M 31 in der Andromeda beträgt, kann man in den Magellanschen Wolken einzelne Sterne beobachten, und zwar nicht nur Riesen, sondern auch Sterne, die kleiner sind als unsere Sonne. So ist es leichter als in unserer Galaxie möglich, die Leuchtkraft einzelner Sterne verschiedener Typen direkt miteinander zu vergleichen, da sie praktisch alle gleich weit von uns entfernt sind. Es entfällt daher die arbeitsaufwendige Entfernungsbestimmung der einzelnen Sterne, die „bei uns zu Hause“ in der Milchstraße unumgänglich ist, um sie auf eine einheitliche Entfernung zu standardisieren und ihre Leuchtkräfte zu ermitteln.

Der Vergleich der Leuchtkräfte der Sterne in den Magellanschen Wolken führte z. B. zu der überaus wichtigen Entdeckung der Beziehung zwischen der Periode der Helligkeitsschwankung und der Leuchtkraft einer Art von Veränderlichen — der *Cepheiden.* Cepheiden beobachtet man auch in entfernteren Galaxien, und sie dienen uns als verläßliche Leuchtfeuer bekannter Intensität, aus der sich leicht die Entfernung berechnen läßt.

Der bläuliche Glanz der Magellanschen Wolken verrät die Anwesenheit einer großen Anzahl junger, heißer Sterne, und zwar sehr leuchtkräftiger Riesen.

Beide Magellansche Wolken (rechts) kann man leicht mit einem Blick erfassen. Sie sind am Himmel 20° voneinander entfernt und nehmen gemeinsam eine etwa gleich große Himmelsfläche ein, wie das bekannte Siebengestirn des Großen Wagens. Links in der Abbildung ist die Kleine Magellansche Wolke mit einem scheinbaren Durchmesser von 2,5° dargestellt — das sind fünf scheinbare Monddurchmesser. Auf der rechten Seite dann die Große Magellansche Wolke mit einem Durchmesser von 6°. Für das Auge unsichtbar ist die gemeinsame Gashülle (Wasserstoff), die beide Galaxien umgibt und verbindet.

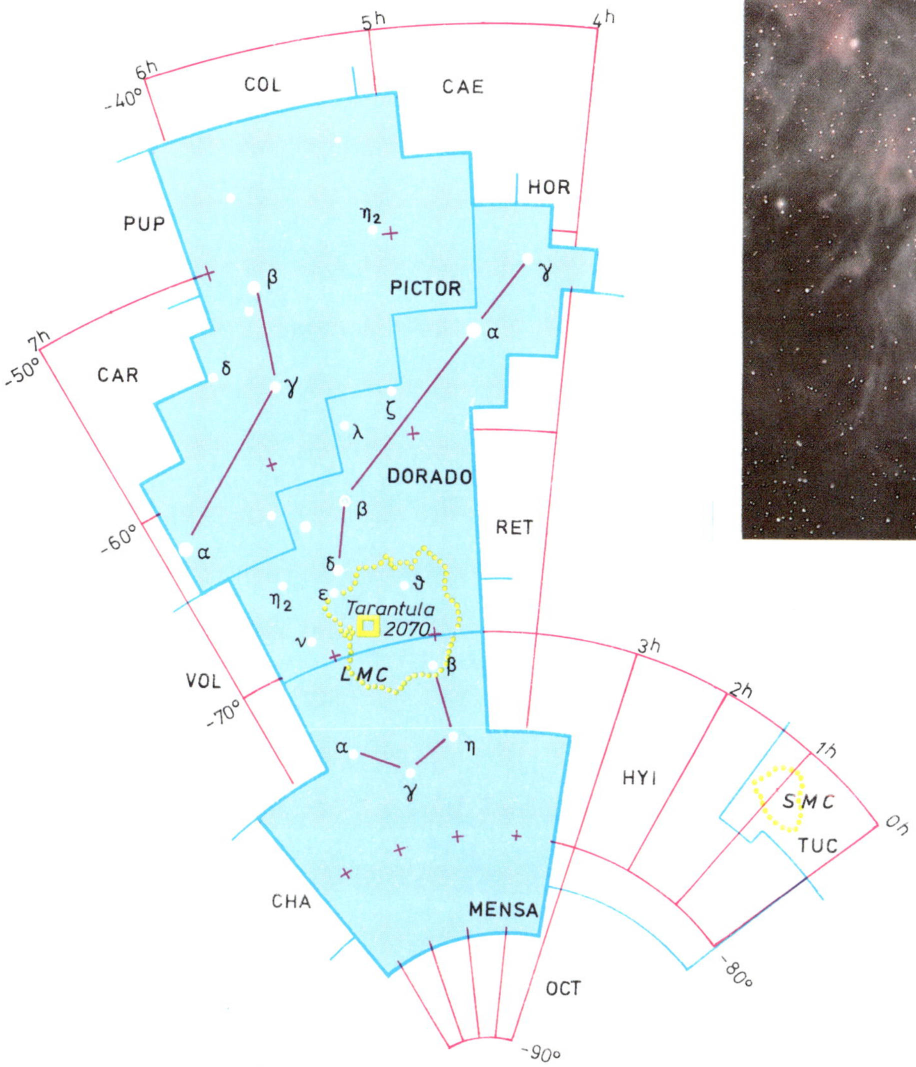

Oben: Der riesige diffuse **Tarantelnebel** in der Großen Magellanschen Wolke ist das größte Objekt seiner Art, das wir im Weltall kennen. Wenn er an der Stelle des bekannten Großen Orionnebels wäre, würde er dreimal heller leuchten als die Venus und das ganze Sternbild des Orion verdecken. (Mehr über den Tarantelnebel auf der nächsten Seite).

Die Große Magellansche Wolke

Dorado. Cellarius, Harmonia Macrocosmica, 1763.

Wenn wir aus den Weiten des Weltraums zu unserer Galaxie blicken könnten, würden wir in ihrer Nähe drei kleine Satelliten sehen — die Magellanschen Wolken. Etwas ähnliches kennen wir bei der Großen Galaxie in der Andromeda, wo man ebenfalls kleine Satellitengalaxien beobachten kann.

Die Große Magellansche Wolke im Sternbild Dorado ist von uns 170 000 Lj entfernt, sie hat einen Durchmesser von etwa 26 000 Lj und eine Masse von etwa 10 Milliarden Sonnenmassen, d. h. ein Dreißigstel der Masse unserer Galaxie. Auf Karten und in der Literatur wird sie mit **LMC** (Large Magellanic Cloud) bezeichnet. Ursprünglich wurde die Große Magellansche Wolke in die Gruppe der irregulären Galaxien eingereiht. Später wurden Anzeichen einer Spiralstruktur entdeckt und eine gewisse Verwandtschaft mit Balkenspiralen, d. h. mit dem Typ SB. Dieser „Balken" ist der auffallendste Teil der LMC und hat das Aussehen einer hellen länglichen Sternwolke, die etwa 20 000 Lj lang ist. Entlang dem Balken gibt es eine große Anzahl von rötlichen Nebeln aus ionisiertem Wasserstoff, den heiße junge Sterne zum Leuchten bringen. Es sind Regionen, in denen auch jetzt noch Sterne entstehen.

In der LMC gibt es viele sehr helle Überriesen, die eine Leuchtkraft bis zum ein Millionfachen der Sonne erreichen. Als hellster Übergigant wurde lange der besondere Veränderliche *S Doradus* angesehen. In den letzten Jahren ist jedoch seine Helligkeit zurückgegangen, und den Leuchtkraftrekord hält nun der Stern *HD 33579*, der eine Masse von 50 bis 100 Sonnenmassen hat und etwa 4000mal so groß ist wie die Sonne.

Alle Rekorde bricht der gigantische diffuse Nebel NGC 2070, der *Tarantelnebel.* Man kann ihn auch mit bloßem Auge als das hellste Objekt der LMC sehen; er liegt ein wenig seitwärts vom „Balken" (siehe auch die Abb. auf Seite 207). Dieser größte bekannte diffuse Nebel hat einen Durchmesser von etwa 800 Lj, einschließlich der äußeren Ausläufer sogar von mehr als 1700 Lj. Die Gesamtmasse des Nebels überschreitet wahrscheinlich 400 000 Sonnenmassen. Im Zentrum des Tarantelnebels ist die Quelle seines Leuchtens verborgen, das faszinierende *Objekt R 136*, das drei Komponenten hat. Die hellste Komponente, die man mit *R 136a* bezeichnet, hat einen Durchmesser von 3 Lj und scheint ein einziger „Superstern" von ganz außergewöhnlichen Dimensionen zu sein; er hat eine Oberflächentemperatur von 60 000 K, eine Leuchtkraft vom 30millionenfachen der Sonne, und eine Gesamtmasse von 2500 bis 4400 Sonnenmassen. Das Monstrum wäre 10 bis 20mal massereicher als der bislang bekannte massereichste Stern.

Supernova 1987 A, entdeckt im Februar 1987 in LMC, in Nachbarschaft des Tarantelnebels (vgl. Abb. auf nebenstehender Seite). Es war die erste, mit bloßem Auge sichtbare Supernova seit 1604, der Entdeckung des Kepler-Sterns. Es war das erste Objekt dieser Art, ausreichend hell, um mit allen Typen moderner astronomischer Geräte und erstmalig auch mit Neutrinos-Detektoren beobachtet werden zu können (Neutrinos sind Elementarteilchen, die bei Gravitationsstürzen des Sternenkerns frei werden und im Endstadium ihrer Entwicklung zu einer Supernova werden). Durch diese Beobachtungen wurde die Astrophysik um neue Erkenntnisse bereichert.

TUC

Tucana

Tucanae — Tuc — Tukan

SMC

Die Kleine Magellansche Wolke

Tukan. Cellarius, Harmonia Macrocosmica, 1763.

Die Kleine Magellansche Wolke, SMC (Small Magellanic Cloud), ähnelt stark einer irregulären Galaxie mit einem Durchmesser von 16 000 Lj und einer Masse von etwa zwei Milliarden Sonnenmassen. Sie liegt in einer Entfernung von 205 000 Lj und begleitet gemeinsam mit der Großen Magellanschen Wolke (S. 208) als Satellit unsere Galaxie. Einen beträchtlichen Teil zur Masse der SMC tragen interstellare Wasserstoffwolken bei, das grundlegende Material für den Bau von Sternen, der hier in großem Maßstab vor sich geht. Ein Beweis dafür ist die große Anzahl von jungen, heißen Sternen — blauen Riesen —, die der SMC ein bläuliches Aussehen verleihen.
Im Jahr 1984 stellten australische Radioastronomen fest, daß das Bild der SMC in Wirklichkeit durch zwei separate Galaxien entsteht, die im Raum hintereinander liegen, so daß man sie als ein einziges Objekt sieht. Die entferntere Galaxis wurde *Magellansche Miniwolke* (MMC — Mini Magellanic Cloud) genannt; sie liegt etwa 32 000 Lj hinter der SMC. Beide „Wolken" (SMC und MMC) entfernen sich voneinander mit einer Geschwindigkeit von etwa 40 km/s, und eben diese unterschiedlichen Geschwindigkeiten der Objekte verrieten den „Januskopf" der Kleinen Magellanschen Wolke.

NGC 104 — 47 Tucanae: sehr heller kugelförmiger Sternhaufen, sichtbar mit bloßem Auge als nebliges Sternchen $4^{m}\!\!,5$ etwa 2,5° westlich der SMC. Unter den schönsten und reichsten kugelförmigen Sternhaufen steht NGC 104 an zweiter Stelle hinter ω Centauri (S. 200). Zum attraktiven Aussehen des Sternhaufens trägt die markante zentrale Verdichtung bei, in der die Sterne scheinbar besonders nahe beieinander stehen.
Zur visuellen Auflösung braucht man ein größeres Fernrohr, denn die hellsten Sterne haben eine scheinbare Sterngröße von nur $11^{m}\!\!,5$.
Die Entfernung des Haufens NGC 104 wird nach unterschiedlichen Messungen mit 15 000 bis 20 000 Lj angegeben. Der wahre Durchmesser des Haufens beträgt mehr als 200 Lj.

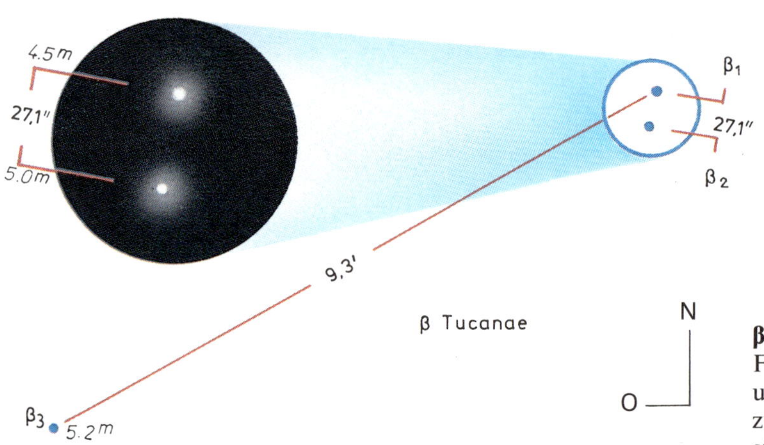

β Tucanae — ein Sechsfachsystem. Mit einem kleinen Fernrohr sieht man den hübschen Doppelstern β_1/β_2, und in einer Entfernung von 10′ ist die Komponente β_3 zu finden. Alle drei Komponenten sind enge Doppelsterne.

Oben: In der Kleinen Magellanschen Wolke kann man ähnliche Objekte beobachten wie im System unserer Milchstraße: einzelne Sterne, unter denen sehr leuchtkräftige blaue Riesen auffallen; man sieht hier offene und kugelförmige Sternhaufen und rötliche Wölkchen diffuser Nebel.

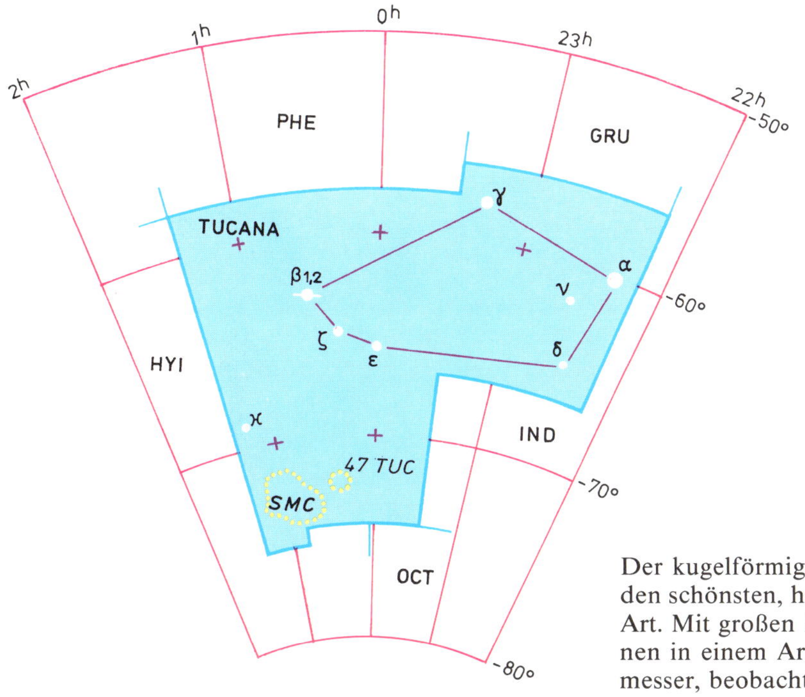

Der kugelförmige Sternhaufen NGC 104 — 47 Tucanae gehört zu den schönsten, hellsten und am nächsten gelegenen Objekten seiner Art. Mit großen Fernrohren kann man hier Zehntausende von Sternen in einem Areal, das größer ist als der scheinbare Monddurchmesser, beobachten.

ARA

Ara

Arae — Ara — Altar

OCT

Octans

Octantis — Oct — Oktant

PAV

Pavo

Pavonis — Pav — Pfau

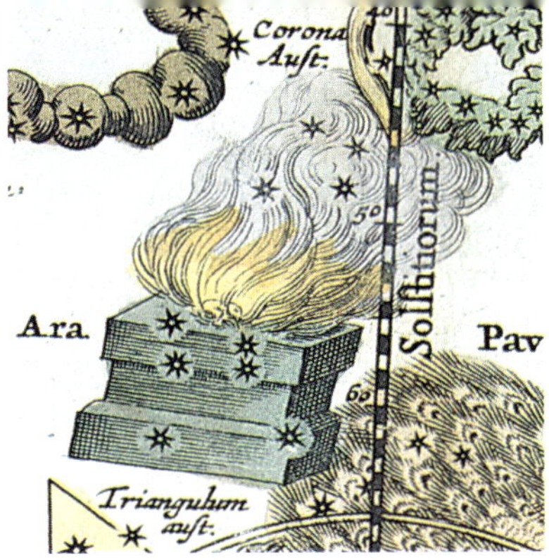

Ara. Cellarius, Harmonia Macrocosmica, 1763.

NGC 6397 (rechts oben): Kugelsternhaufen im Sternbild Altar, der als das nächste Objekt dieser Art angesehen wird. Entfernung etwa 8200 Lj, scheinbarer Durchmesser 20′, etwa zwei Drittel des Mondscheibendurchmessers. Die hellsten Sterne des Haufens haben eine scheinbare Sterngröße von 10^{m} bis 12^{m}; es sind rote Zwerge, etwa 500mal leuchtkräftiger als die Sonne.

NGC 6752 (Nebenstehende Seite links unten): der Kugelsternhaufen im Sternbild Pfau gehört zu den hellsten und größten Sternhaufen am Himmel. Seine scheinbare Helligkeit ist $7\overset{m}{,}2$, und auf Photographien hat er einen Winkeldurchmesser von 42′, d. h. einen größeren Durchmesser als die Mondscheibe. Der Haufen hat eine Gesamtleuchtkraft von fast 100 000 Sonnen, er ist etwa 20 000 Lj entfernt.

NGC 6188 (rechts unten): diffuser Nebel im Sternbild Altar, durchwoben von dunklen Nebeln, durch die er ein abstraktes Bild mit einer beträchtlichen dramatischen Spannkraft darstellt. Der Nebel schließt den offenen Haufen **NGC 6193** ein, dessen heiße Sternriesen die Wolken aus interstellarem Wasserstoff zum Leuchten bringen. Die interessanteste Partie dieses Komplexes ist der leuchtende Saum aus dunklen Staubwolken, die entfernt an den bekannten „Pferdekopf“ im Orion erinnern. Hier wird die Absorption von Sternlicht in interstellaren Staubwolken sehr anschaulich dokumentiert.

Man sieht, daß auf der einen Seite der leuchtenden Grenze wesentlich mehr Sterne sind, als auf der anderen (in der unteren Hälfte der Abbildung), wo nur vereinzelt Sterne zu finden sind. Eben dadurch wird die sonst unsichtbare — da nicht von sich-aus leuchtende — Staubwolke sichtbar, die als undurchsichtige Kulisse die Sterne im Hintergrund verdeckt, und uns nur die Vordergrundsterne zwischen dem Dunkelnebel und uns beobachten läßt.

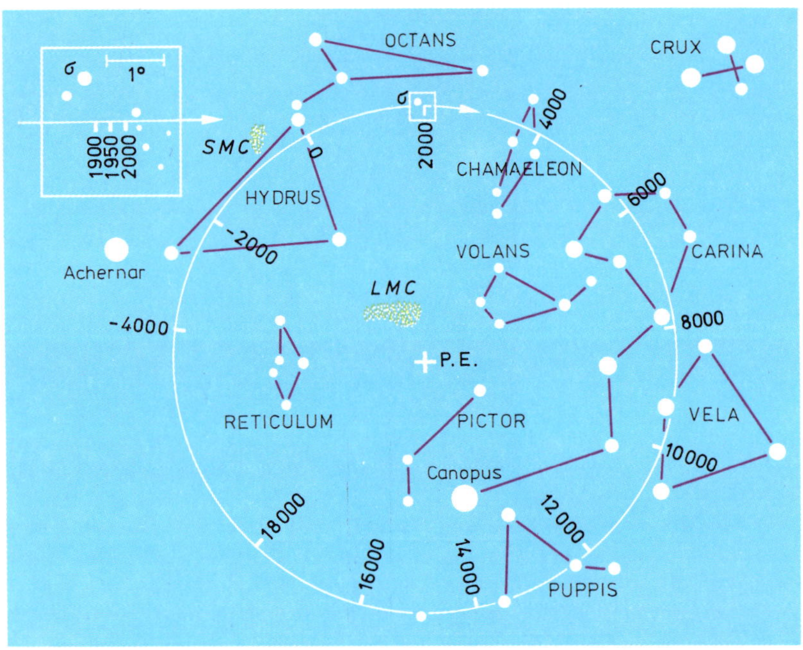

Wegen der Präzession der Erdachse bewegen sich die Himmelspole zwischen den Sternen. Die Abbildung veranschaulicht die Bahn des Südpols in einem *platonischen Jahr* (25 800 Jahre). Derzeit erfüllt der kleine Stern σ Octantis, $5\overset{m}{,}5$, der ungefähr 1° vom Himmelssüdpol entfernt ist, die Aufgabe des „Polarsterns“ am südlichen Himmel.

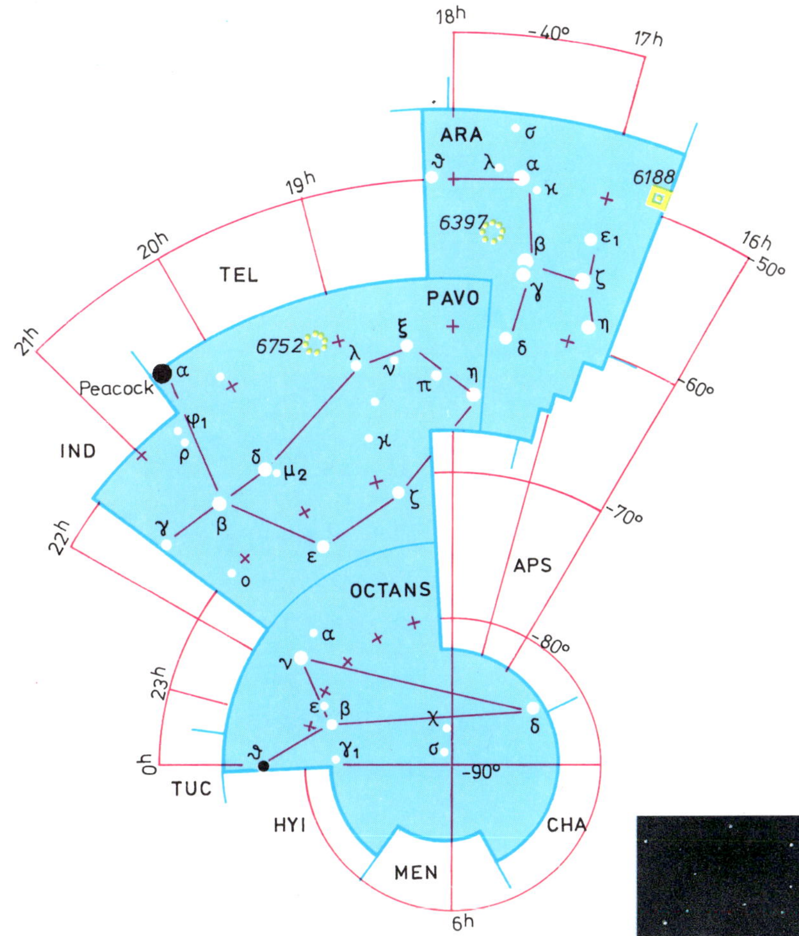

NGC 6397 — kugelförmiger Sternhaufen im Sternbild Altar. Wahrscheinlich der am nächsten liegende Kugelsternhaufen.

Rechts: NGC 6188 — ein großartiger Komplex leuchtender und dunkler Materie im Sternbild Altar. Die Silhouetten der dunklen Staub- und Gaswolken lassen uns den Umfang und die Vielfältigkeit der Materie ahnen, die den scheinbar leeren interstellaren Raum füllt.

Unten: NGC 6752 — Kugelhaufen im Sternbild Pfau, einer der reichsten Sternhaufen am Himmel.

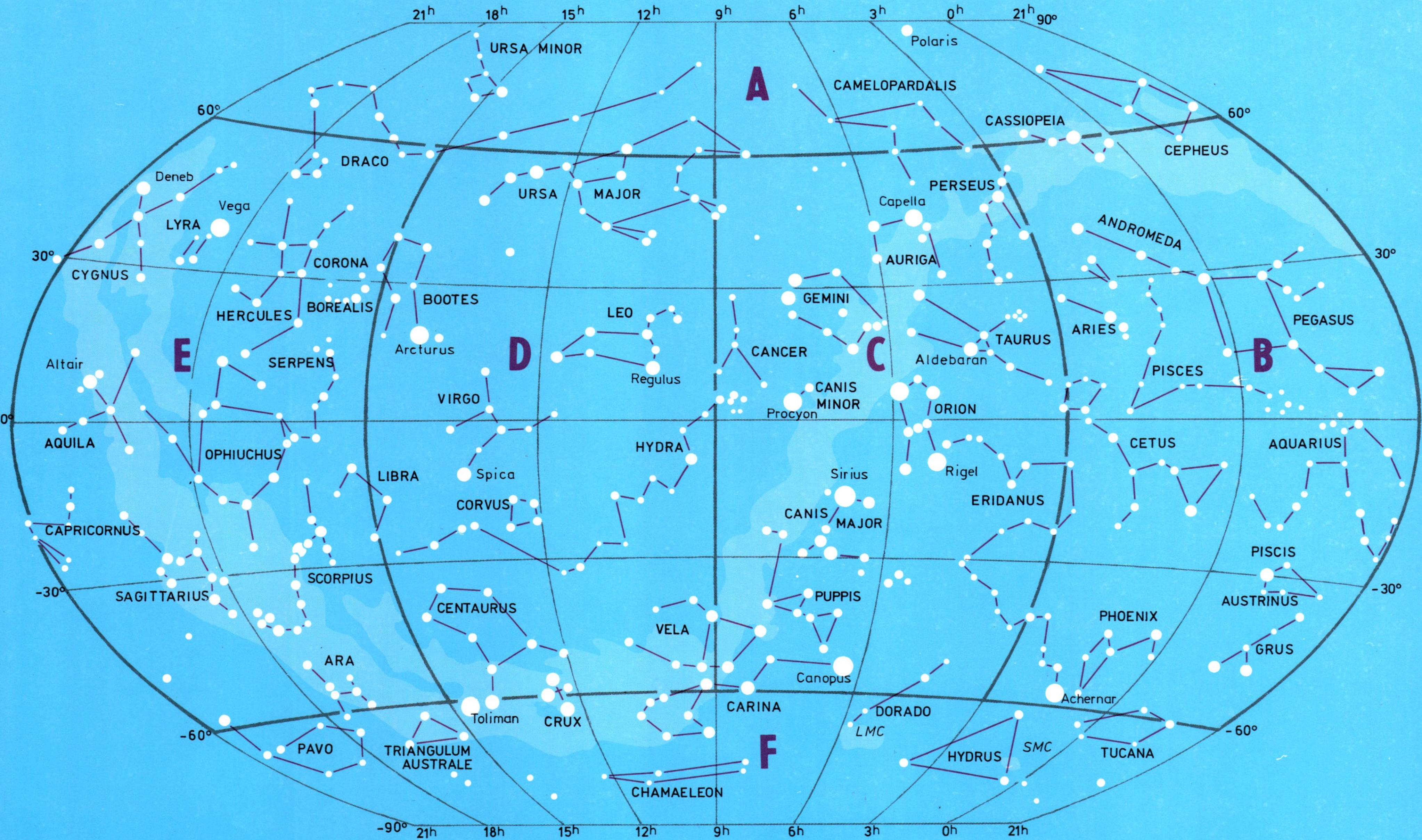

21h
18h
15h
12h
9h
6h
3h
0h
21h
90°
Polaris
URSA MINOR
A
CAMELOPARDALIS
CASSIOPEIA
CEPHEUS
60°
DRACO
URSA
MAJOR
PERSEUS
Capella
Deneb
LYRA
Vega
AURIGA
ANDROMEDA
30°
CYGNUS
CORONA
BOREALIS
BOOTES
LEO
GEMINI
PEGASUS
HERCULES
ARIES
TAURUS
Arcturus
CANCER
E
Altair
SERPENS
D
Regulus
C
Aldebaran
B
PISCES
VIRGO
CANIS
MINOR
Procyon
ORION
0°
AQUILA
OPHIUCHUS
HYDRA
CETUS
AQUARIUS
Spica
LIBRA
Rigel
Sirius
CORVUS
ERIDANUS
CANIS
MAJOR
CAPRICORNUS
PISCIS
SCORPIUS
-30°
SAGITTARIUS
PUPPIS
AUSTRINUS
CENTAURUS
PHOENIX
VELA
GRUS
ARA
Canopus
CARINA
Achernar
Toliman
CRUX
DORADO
LMC
-60°
PAVO
TRIANGULUM
AUSTRALE
F
HYDRUS
SMC
TUCANA
CHAMAELEON
-90°

Verzeichnis der Sternbilder

Die halbfett gedruckten Ziffern bezeichnen die Seiten, auf denen eine detaillierte Karte und eine Beschreibung des Sternbilds zu finden sind.

Name (lat.)	Genitiv	Abkürzung	Name (dtsch.)	Seite
Andromeda	Andromedae	And	Andromeda	118, **120**
Antlia	Antliae	Ant	Luftpumpe	161
Apus	Apodis	Aps	Paradiesvogel	197
Aquarius	Aquarii	Aqr	Wassermann	118, **128**
Aquila	Aquilae	Aql	Adler	172, **188**
Ara	Arae	Ara	Altar	172, 196, **212**
Aries	Arietis	Ari	Widder	118, **126**
Auriga	Aurigae	Aur	Fuhrmann	134, **138**
Bootes	Bootis	Boo	Bärenhüter	160, **162**
Caelum	Caeli	Cae	Grabstichel	135
Camelopardalis	Camelopardalis	Cam	Giraffe	106, **108**
Cancer	Cancri	Cnc	Krebs	134, **140**
Canes Venatici	Canum Venaticorum	CVn	Jagdhunde	106, **116**
Canis Major	Canis Majoris	CMa	Großer Hund	134, **158**
Canis Minor	Canis Minoris	CMi	Kleiner Hund	134, **152**
Capricornus	Capricorni	Cap	Steinbock	119, 172, **128**
Carina	Carinae	Car	Schiffskiel	134, 196, **202**
Cassiopeia	Cassiopeiae	Cas	Kassiopeia	106, **110**
Centaurus	Centauri	Cen	Zentaur	160, 196, **200**
Cepheus	Cephei	Cep	Cepheus	106, **110**
Cetus	Ceti	Cet	Walfisch	118, **130**
Chameleon	Chameleontis	Cha	Chamäleon	196
Circinus	Circini	Cir	Zirkel	197
Columba	Columbae	Col	Taube	135
Coma Berenices	Comae Berenices	Com	Haar der Berenike	160, **162**
Corona Australis	Coronae Australis	CrA	Südliche Krone	172
Corona Borealis	Coronae Borealis	CrB	Nördliche Krone	172, **174**
Corvus	Corvi	Crv	Rabe	160, **168**
Crater	Crateris	Crt	Becher	160
Crux	Crucis	Cru	Kreuz des Südens	160, 196, **198**
Cygnus	Cygni	Cyg	Schwan	172, **180**
Delphinus	Delphini	Del	Delphin	172, **188**
Dorado	Doradus	Dor	Schwertfisch	196, **206**
Draco	Draconis	Dra	Drache	106, **108**
Equuleus	Equulei	Equ	Kleines Pferd (Füller)	119
Eridanus	Eridani	Eri	Eridanus	134, **156**
Fornax	Fornacis	For	Chemischer Ofen	118, **132**
Gemini	Geminorum	Gem	Zwillinge	**134, 138**
Grus	Gruis	Gru	Kranich	118, **197**
Hercules	Herculis	Her	Herkules	172, **176**
Horologium	Horologii	Hor	Pendeluhr	196
Hydra	Hydrae	Hya	Nördliche Wasserschlange	160, **168**
Hydrus	Hydri	Hyi	Kleine Wasserschlange	196
Indus	Indi	Ind	Inder	119, **197**
Lacerta	Lacertae	Lac	Eidechse	119
Leo	Leonis	Leo	Löwe	160, **164**
Leo minor	Leonis Minoris	LMi	Kleiner Löwe	161
Lepus	Leporis	Lep	Hase	135
Libra	Librae	Lib	Waage	172, 190
Lupus	Lupi	Lup	Wolf	173
Lynx	Lyncis	Lyn	Luchs	135, **140**
Lyra	Lyrae	Lyr	Leier	172, **176**
Mensa	Mensae	Men	Tafelberg	197, **206**
Microscopium	Microscopii	Mic	Mikroskop	173, **197**
Monoceros	Monocerotis	Mon	Einhorn	134, **152**
Musca	Muscae	Mus	Fliege	197
Norma	Normae	Nor	Winkelmaß	197
Octans	Octantis	Oct	Oktant	196, **212**
Ophiuchus	Ophiuchi	Oph	Schlangenträger	172, **184**
Orion	Orionis	Ori	Orion	134, **148**
Pavo	Pavonis	Pav	Pfau	196, **208**
Pegasus	Pegasi	Peg	Pegasus	118, **124**
Perseus	Persei	Per	Perseus	134, **136**
Phoenix	Phoenicis	Phe	Phönix	118, 196
Pictor	Pictoris	Pic	Maler	196, **206**
Pisces	Piscium	Psc	Fische	118, **126**
Piscis Austrinus	Piscis Austrini	PsA	Südlicher Fisch	118, 197
Puppis	Puppis	Pup	Achterschiff	134, **158**
Pyxis	Pyxidis	Pyx	Schiffskompaß	135, 161
Reticulum	Reticuli	Ret	Netz	135, 196
Sagitta	Sagittae	Sge	Pfeil	172, **188**
Sagittarius	Sagittarii	Sgr	Schütze	172, **192**
Scorpius	Scorpii	Sco	Skorpion	172, **190**
Sculptor	Sculptoris	Scl	Bildhauer	118, **130**
Scutum	Scuti	Sct	Schild	172, **188**
Serpens	Serpentis	Ser	Schlange	172, **186**
Sextans	Sextantis	Sex	Sextant	161, **164**
Taurus	Tauri	Tau	Stier	134, **142**
Telescopium	Telescopii	Tel	Teleskop	173, 197
Triangulum	Trianguli	Tri	Dreieck	118, **120**
Triangulum Australe	Trianguli Australis	TrA	Südliches Dreieck	196
Tucana	Tucanae	Tuc	Tukan	196, **210**
Ursa Major	Ursae Majoris	UMa	Großer Bär	106, **112**
Ursa Minor	Ursae Minoris	UMi	Kleiner Bär	106, **108**
Vela	Velorum	Vel	Segel des Schiffs	134, 196, **202**
Virgo	Virginis	Vir	Jungfrau	160, **166**
Volans	Volantis	Vol	Fliegender Fisch	197
Vulpecula	Vulpeculae	Vul	Fuchs	173, **180**

Suche nach kosmischen Objekten und ihre Beobachtung

Der wißbegierige Naturfreund und -beobachter begnügt sich meist nicht mit bildlichen Darstellungen; er wünscht vielmehr, so viel wie nur möglich mit eigenen Augen zu sehen. Die einfachsten astronomischen Beobachtungen macht man zufällig, wenn man mit offenen Augen durch die Natur wandert. Man bewundert die rötliche Scheibe der untergehenden Sonne, man bemerkt die dunklen Flecken auf der silbrigen Mondscheibe. Wir stehen ergriffen vor dem Lichtmeer der Sterne, die wir in einer klaren, mondlosen Nacht irgendwo weit fort von der Stadt erblicken können. Durch Zufall sehen wir auch eine Sternschnuppe — einen Meteor — aufblitzen.

Wenn man jedoch „unter" dem Nachthimmel steht und zum ersten Mal ein bestimmtes Objekt finden möchte, ist das nicht ganz einfach. Wo oder womit soll man beginnen? Wonach soll man sich orientieren? Zuerst muß man den Eindruck überwinden, daß der Sternenhimmel ein völliges Chaos sei. Schon längst vor Beginn unserer Zeitrechnung haben die Menschen in die Sternenwelt eine gewisse Ordnung zu bringen versucht.

Die Phantasie unserer Vorfahren hat in den Gruppen heller Sterne Bilder sagenhafter Wesen, Tiere und Dinge gesehen. So entstanden die Sternbilder. Ihre heutige Festlegung ist das Ergebnis einer mehrtausendjährigen Entwicklung, die erst 1930 ihren vorläufigen Abschluß fand. Damals teilte die Internationale Astronomische Union den ganzen Himmel in 88 Sternbilder ein und legte ihre Grenzen fest, die entlang den himmlischen „Breitenkreisen und Meridianen" verlaufen. Sternbilder sind daher nicht nur aus Sternen zusammengesetzte Figuren, sondern eher gewisse territoriale Bereiche am Himmel, und nur ihre manchmal verwinkelten Grenzen und ihre teilweise exotischen Namen erinnern an ihren Ursprung.

Mit den Grenzen der Sternbilder kann man sich auf Sternkarten zurechtfinden, man braucht sie sich jedoch nicht zu merken. Für unsere Orientierung am Himmel wird es vorteilhafter sein, sich die *alignements*, gedachte Verbindungslinien heller Sterne in den Sternbildern, zu merken. Anstatt komplizierter mythologischer Figuren erhalten wir auf diese Weise einfache Bildkonturen, Dreiecke, Vielecke, Buchstaben usw., die man sich gut merken kann, und eben diese sucht man dann nach einer Sternkarte am Himmel auf. Man beginnt dabei meist mit der Figur des Großen Wagens, der bekanntesten Konstellation der nördlichen Hemisphäre. Mit einer Himmelskarte ausgerüstet, stoßen wir dann vom Großen Wagen in verschiedene Richtungen vor, zuerst zaghaft in die nächste Umgebung, wo wir den Polarstern und den Kleinen Wagen finden, und dann weiter über den Polarstern zum Sternbild der Kassiopeia usw., von bekannten Objekten zu unbekannten.

Schwierigkeiten bereiten dem Anfänger die ständigen Veränderungen der Sichtbarkeit der Sterne, die durch die scheinbare tägliche Umdrehung des Himmels entstehen. Die Sternbilder gehen auf und unter, und der Neuling dreht seine Karte ratlos hin und her und sucht, wo und welche Sternbilder eben über dem Horizont stehen. Dieses Problem löst am besten eine drehbare Karte des Sternenhimmels, oder auch eine Serie von Karten, die die Anordnung der Sternbilder über dem Horizont für bestimmte Tage und Stunden zeigen. Es gibt eine ganze Reihe ähnlicher Hilfsmittel; bei der richtigen Auswahl berät jedes Observatorium oder Planetarium den Anfänger. Der Projektor eines Planetariums wirft ein getreues Abbild des Sternenhimmels auf die Leinwand, und der Leuchtzeigestab des Lehrers führt den Blick des Zuschauers verläßlich von Sternbild zu Sternbild.

Schrittweise bauen wir dann im Verlauf des Jahres ein Netz von Orientierungspunkten über den ganzen Himmel auf. Neben der erwähnten Dreiergruppe Großer Wagen — Polarstern — Kassiopeia kann man die folgenden Gruppierungen benützen:

Das Frühlingsdreieck: Regulus — Arcturus — Spica (s. S. 160), das Sommerdreieck: Wega — Deneb — Atair (s. S. 172), das Pegasusviereck (s. S. 118) und das Wintervieleck um das Sternbild Orion (s. S. 134).

Wenn wir den südlichen Himmel beobachten wollen, beginnen wir am besten mit dem Kreuz des Südens und den Magellanschen Wolken.

Sobald man einmal mit den Sternbildern und hellen Sternen bekanntgeworden ist, wird der Himmel zu einem offenen Buch, in dem man ebenso gut lesen kann, wie in einer uns vertrauten Landschaft. Dann folgt der nächste Schritt: wir suchen in den Sternbildern bestimmte kosmische Objekte. Welche? Für den Anfang die interessantesten und hellsten nach dem Verzeichnis auf S. 219 dieses Buches.

Ohne Karten werden wir in den meisten Fällen nicht auskommen. Ein Vergleich der Karte mit dem Himmel wird nicht schwierig sein, wenn man am Himmel bereits einige Stützpunkte, d. h. helle Sterne und Sternbilder, kennt. Die gesuchten Objekte sucht man dann entlang zweckmäßig gewählter Verbindungslinien zwischen Sternen. Wir wollen z. B. versuchen, den Kugelhaufen M 13 im Sternbild Herkules zu finden. Da Herkules nicht sehr markant ist, behelfen wir uns mit dem benachbarten Frühlingsdreieck, insbesondere mit der hell leuchtenden Wega, die in der unmittelbaren Nachbarschaft des Herkules liegt (siehe Karten auf Seite 173 oder Seite 177). Die Mitte des Herkules wird von einem Viereck gebildet, bestehend aus den Sternen π, ε, ζ und η. Der gesuchte Sternhaufen liegt auf der Verbindungslinie der Sterne ζ und η, etwa im ersten Drittel dieser Linie, näher zum Stern η. Bei idealen Beobachtungsbedingungen kann man den Sternhaufen auch mit bloßem Auge als ein sehr schwaches nebliges Sternchen sehen. Es ist jedoch besser, ein Fernglas zu benützen, mit dem M 13 deutlich als Nebelwölkchen zu sehen ist; in einem größeren Fernrohr erscheinen auch einzelne Sterne aufgelöst.

Schwieriger wird es, wenn das Objekt so klein und lichtschwach ist, daß man es weder mit bloßem Auge noch mit einem Fernglas, sondern nur mit einem

Fernrohr wahrnehmen kann. Dann muß man zu einem detaillierteren Atlas des Sternenhimmels greifen (siehe das Verzeichnis empfohlener Literatur auf Seite 227), das auch schwächere Sterne enthält. Wir richten dann das Fernrohr auf den nächsten hellen Stern, der mit bloßem Auge zu sehen ist, und von ihm „springen“ wir von Stern zu Stern bis zum gesuchten Objekt. Springen können wir jedoch nur schrittweise, um die Karte mit dem Himmel vergleichen zu können, — im Gesichtsfeld eines astronomischen Fernrohrs sieht man meist nur ein kleines Stückchen Himmel, das gerade eben die Scheibe des Mondes verdecken könnte. Es gibt allerdings auch andere Methoden, um ein Objekt zu finden: wenn das Fernrohr parallaktisch auf ein Stativ mit geteilten Kreisen montiert ist, kann man ein Objekt rasch und genau mit Hilfe seiner Koordinaten einstellen; aber das ist bereits ein Kapitel für Fortgeschrittene.
Bis jetzt haben wir über das Aufsuchen von Objekten im weit entfernten Kosmos gesprochen. Anders ist es mit Objekten unseres Sonnensystems. Diese würden wir vergebens auf astronomischen Karten suchen, weil sie ja ständig ihren Standort zwischen den Fixsternen ändern. Es werden uns vor allem die Planeten interessieren, ihre Bahnen zwischen den Sternen, ihr gegenseitiges Zusammentreffen, *Konjunktion*, und auch das Erscheinungsbild im Fernrohr. Fünf Planeten kann man mit bloßem Auge sehen, die übrigen drei — Uranus, Neptun, Pluto — nur mit einem Fernrohr. Man findet sie, bis auf Pluto, immer in der Nähe der Ekliptik, und wenn man die Sternbilder des Tierkreises kennt, fällt sofort jeder Planet auf, der im Sternbild sozusagen „überzählig“ ist und das Aussehen verändert. Nach der bekannten Helligkeit und Färbung stellen wir dann leicht fest, um welchen Planeten es sich handelt. Jeden Zweifel beseitigt ein astronomisches Jahrbuch, in dem man die äquatorialen Koordinaten — *Rektaszension* und *Deklination* — der Planeten für ein gegebenes Datum findet; auf einer Karte kann man dann die jeweilige Position des Planeten leicht finden. In den Jahrbüchern sind auch Auffindungskarten für Uranus und Neptun abgedruckt. Pluto kann nur mit großen Fernrohren beobachtet werden.
Für den Anfänger ist es wichtig, sich an Schätzungen der scheinbaren Dimensionen von Himmelsobjekten in Winkelmaßen zu gewöhnen. Meter, Fuß, Zoll oder andere Längenmaße sind hier sinnlos. Ein gutes Winkelmaß stellt die Mondscheibe dar, deren scheinbarer Durchmesser ungefähr 0,5° (ein halbes Grad), oder 30′ (30 Bogenminuten) beträgt. Wir können uns auch weitere Standard-Winkel einprägen, die man am Nachthimmel ständig vor Augen hat, z. B. die Entfernung bestimmter Sternpaare im Großen Wagen (Abb. 5). Das aus den Sternen α, β und γ gebildete Dreieck vermittelt eine gute Vorstellung von Entfernungen, die in der Größenordnung von Graden liegen. Den Gradmaßstab findet man auch auf allen Karten dieses Buches, in die ein Koordinatennetz zu je 10° mit Parallelkreisen (Linien gleicher Deklination) eingezeichnet ist. Eine Vorstellung von Entfernungen, die in Bogenminuten gemessen werden, gibt das Sternpaar Alkor — Mizar (Winkelabstand 11′, d. h. etwa ein Drittel des scheinbaren Monddurchmessers). Die Sterne Alkor und Mizar kann man bei normalem Sehvermögen problemlos unterscheiden. Wenn man mit einem Fernrohr arbei-

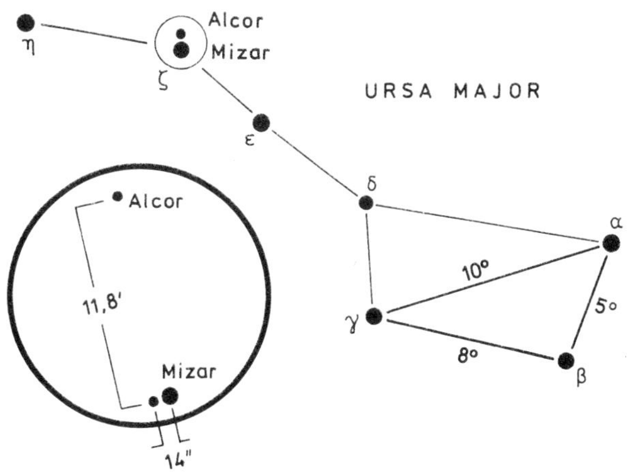

Abb. 5 — **Winkelentfernungen am Himmel**

tet, kann Mizar auch als Maß für Bogensekunden dienen, denn er ist ein Doppelstern, dessen Komponenten 14,5″ voneinander entfernt sind. In Bogensekunden gibt man gewöhnlich die Winkelabstände der Doppelsternkomponenten und auch die scheinbaren Durchmesser der Planetenscheiben an.
Ein sehr gutes Auge ist imstande, unter idealen Bedingungen Sterne der scheinbaren Helligkeit 5^m und 6^m zu sehen und Sternpaare zu trennen, die einige Bogenminuten voneinander entfernt sind. Wenn man schwächere Objekte beobachten und mehr Details sehen will, muß man ein Fernglas benützen.
Was für ein Fernglas sollte man wählen? Es wird sicher nicht falsch sein, mit einem guten Fernglas mittlerer Größe zu beginnen, etwa mit einem Glas 7 × 50 (siebenfache Vergrößerung, Objektivdurchmesser 50 mm). So ein Fernglas ist übrigens auch für andere Beobachtungen geeignet. Man kann damit die Krater des Mondes, die Jupitermonde, manche Doppelsterne, Sternhaufen und Nebel sehen (siehe Verzeichnis auf Seite 219f.). Einen wunderschönen Anblick ermöglicht und das Fernglas, wenn wir in Richtung zum Zentrum der Milchstraße blicken, wo man den großen Lagunennebel M 8, den reichen offenen Sternhaufen M 7 und weitere Objekte unterscheiden kann. Ein Fernglas ist auch bei der Beobachtung einer Mondfinsternis, bei der Verfolgung hellerer Kometen, bei der Beobachtung des Planeten Merkur und überall dort von Nutzen, wo ein großes Gesichtsfeld erforderlich ist.
Während der Beobachtungen sollte das Fernglas fest, z. B. auf dem Fensterrahmen, einem Zaun, Baumstamm u. ä., aufgestützt werden. Noch besser ist es, ein Photostativ zu benützen, um das Fernglas während der Beobachtungen gar nicht zu berühren. Nur so kann man die optischen Qualitäten des Fernglases voll ausnützen, insbesondere seine Trennfähigkeit. Vergleichen Sie selbst z. B. den Blick auf den Mond durch ein frei in den Händen gehaltenes Fernglas mit dem Bild durch dasselbe Fernglas, das aufgestützt oder auf einem Stativ befestigt ist.
Wenn man mehr, besser und auch mehr Details sehen will, kommt man nicht umhin, ein Fernrohr zu benützen. Die Auswahl am Markt ist sehr groß, und die Preisunterschiede sind beträchtlich, weshalb einem Anfänger zu raten wäre, sich an einen Fachmann, der bereits Erfahrungen in der Beobachtungs-

technik hat, zu wenden. Jedenfalls sollten wir uns vor allem klar darüber sein, was wir von dem anzuschaffenden Fernrohr erwarten und zu welchen Zwecken wir es benützen wollen. Wollen wir uns kosmische Objekte „nur so", zum eigenen Vergnügen und aus Freude am Entdecken der verborgenen Schönheiten des Sternenhimmels ansehen? Oder ist die Astronomie bereits zu einem ernsthaften Steckenpferd geworden und wir beabsichtigen, uns mit systematischen Beobachtungen zu befassen? Es kommt auch der Bau eines Fernrohrs nach dem Motto „do it yourself" in Betracht; in populärwissenschaftlichen, astronomischen Zeitschriften findet man eine Reihe von Beispielen für hervorragende Amateurfernrohre, die mit unverhältnismäßig niedrigeren Kosten angeschafft werden können, als durch den Kauf von Fabrikerzeugnissen gleicher Leistungsfähigkeit.
Gründlichere Informationen über Fernrohrtypen, über *Refraktoren* und *Reflektoren*, ihre optischen Eigenschaften und Zubehör, über die Arbeit mit dem Fernrohr u. ä. finden Interessenten in der weiterführenden Literatur. Hier wollen wir uns lediglich auf einen Rat für denjenigen beschränken, der sich sein erstes „Familienfernrohr" für Beobachtungen aus Neugier, mehr zum Vergnügen, anschaffen will. Für einen solchen Zweck eignet sich ein kleines Linsenfernrohr — ein Refraktor mit einem Objektivdurchmesser von 5 bis 7 cm. Die Brennweiten solcher Objektive liegen zwischen 50 und 100 cm und gestatten eine 50- bis 100fache Vergrößerung je nach dem benutzten Okular (die Vergrößerung eines Fernrohrs berechnet man, indem man die Brennweite des Objektivs durch die Brennweite des Okulars dividiert). Bei einer so großen Vergrößerung macht sich auch die kleinste Schwingung oder Vibration des Fernrohrs störend bemerkbar, und deshalb muß es ausreichend stabil montiert sein. Ein kleiner Refraktor ist leicht, gut transportabel, er ist auch ein guter Gesellschafter für den Urlaub. Er wird uns auch schwächere Objekte im Weltraum zeigen, als die im Verzeichnis auf der nächsten Seite angeführten. Die schwächste Sterngröße, die man mit dem gegebenen Fernrohr noch sehen kann, läßt sich durch die Beobachtung von schwachen Sternen in der Umgebung des Polarsterns feststellen (siehe Karte auf Seite 108).
Die Trennschärfe eines Fernrohrs kann man selbst praktisch durch die Beobachtung von Doppelsternen mit nahen Komponenten feststellen. Theoretisch sollte ein gutes Objektiv mit einem Durchmesser von D mm zwei Sterne auseinanderhalten, die voneinander $r'' = 120'' : D$ entfernt sind. So sollte ein Objektiv mit einem Durchmesser von 60 mm eine Trennschärfe von etwa 2″ haben, was genügen würde, um alle vier Komponenten des zweifachen Doppelsterns ε Lyrae (S. 176) zu unterscheiden.
Mit einem solchen Fernrohr kann man unzählige Details auf der Mondoberfläche bei verschiedener Beleuchtung bewundern. Man unterscheidet mit ihm die Phasen der Venus, die Ringe des Saturn, die markantesten Albedo-Formationen auf dem Mars, die Streifen auf dem Jupiter. Sehr interessant sind auch Vergleiche der Sonne mit der ständigen Verschiebung und Anzahl der dunklen Flecken, insbesondere in den Jahren um das Maximum der Sonnenaktivität. Jedoch Vorsicht, ernst gemeinte Warnung! Man darf nie, weder mit dem Fernrohr, noch mit bloßem Auge direkt in die Sonne schauen! Es droht eine Beschädigung des Auges oder der Verlust des Sehvermögens! Ganz ohne Gefahr und bequem kann man jedoch die Sonne in der Projektion beobachten: etwa 30 cm hinter das Okular hält man ein weißes Papier, und nach dem Schatten des Fernrohrs stellt man den Apparat so ein, daß sich ein scharfes Bild der Sonne auf dem Papier zeigt. Auf dieselbe Weise kann man die Sonne auch mit einem Fernglas (Feldstecher) beobachten.
Astronomische Beobachtungen erfordern Geduld und Ausdauer, um schrittweise die nötigen Erfahrungen zu gewinnen. Ein ungeübtes Auge wird nur wenig sehen, auch wenn es durch ein großes und teures Fernrohr blickt. Erst nach vielen Abenden praktischer Beobachtungen ist der Anfänger imstande, die Möglichkeiten eines Fernrohrs voll auszunützen und auch sehr feine Details zu erkennen. Man versuche immer wieder bis in die kleinsten Details ein bestimmtes Objekt nachzuzeichnen: einen Krater des Monds, die Streifen auf der Jupiterscheibe, den Nebel M 42 im Orion. Das ist eine sehr gute Übung, bei der wir uns gewisse Details einprägen, die unserer Aufmerksamkeit entgangen wären.
Die modernen technischen Einrichtungen, die heute den wissenschaftlichen Instituten zur Verfügung stehen, gestatten den Astronomen, hocheffektive Methoden der Weltraumforschung anzuwenden. Die visuelle Beobachtung wurde durch viel empfindlichere und genauere Strahlungsdetektoren ersetzt, und der moderne Astronom — nicht nur, daß er nicht mehr durchs Fernrohr schaut — ist sehr oft während der Beobachtungen gar nicht anwesend, weil alles automatisch abläuft. Trotzdem, oder vielleicht eben deshalb, gibt es immer noch Bereiche, in denen der Amateurastronom auch heute nützliche Beobachtungen zu wissenschaftlichen Zwecken durchführen kann. Kontakte mit Observatorien und ähnlichen Institutionen sind für jeden Interessierten von Vorteil; er trifft dort mit Menschen zusammen, die das gleiche Hobby haben, er erhält wertvolle Ratschläge, Impulse und erfährt Neuigkeiten aus dem Fachbereich. Nicht minder nützlich ist es, regelmäßig eine Zeitschrift für Amateurastronomen zu verfolgen.
Jeden Tag und jede Stunde öffnen sich vor uns neue, einzigartige Ausblicke in das Weltall. Man muß nur schauen können ...

Auswahl der interessantesten Objekte des Sternenhimmels

für Beobachtungen mit bloßem Auge, Fernglas und kleinem Fernrohr

Helle Sterne und ihre Färbung

Bezeichnung	*Name*	*scheinbare Helligkeit m*	*Farbe*	*Seite*
α CMa	Sirius	—1,4	weiß	158
α Boo	Arcturus	—0,06	orange	162
α Lyr	Wega	0,04	weiß	176
α Aur	Capella	0,06	gelb	138
α Tau	Aldebaran	0,86	orange	142
α Sco	Antares	0,92	gelbrot	190
α Ori	Beteigeuze	0,2—1,2	gelbrot	148

Veränderliche Sterne und bedeckungsveränderliche Doppelsterne, deren Helligkeitsveränderungen man mit bloßem Auge oder mit Fernglas verfolgen kann

Bezeichnung	*Name*	*Veränderungen der scheinbaren Helligkeit m*[1]*)*	*Periode (Tage)*	*Seite*
δ Cep		3,6—4,3	5,4	110
μ Cep	Granatstern	3,7—5,0	unregelmäßig	110
β Lyr	Sheliak	3,4—4,1	12,9	178
β Per	Algol	2,1—3,4	2,9	136
o Cet	Mira	3,0—9,0	231	130

Doppelsterne und Mehrfachsterne

Bezeichnung	*Name*	*Farbe und scheinbare Sterngröße der Komponenten*	*Helligkeit m*	*Winkelabstand*	*R*[2]*)*	*Seite*
ζ UMa + 80 UMa	Mizar und Alcor	beide weiß	2,4 + 4,0	11,8′	A	112
ζ UMa	Mizar	beide weiß	2,4 + 4,0	14,4″	FR	112
α Cap	Algiedi	beide weiß	3,8 + 4,5	6,4′	A	128
ε Lyr		alle weiß	4,5 + 4,7	3,5′	FG	176
β Cyg	Albireo	orange und blau	3,1 + 5,1	34,3″	FG	180
α Cen	Toliman	beide weiß	0,0 + 1,2	20″	FR	200
α CVn	Cor Caroli	beide weiß	2,9 + 5,6	19,6″	FR	116
ϑ Ori	Trapez	alle weiß	5,4 + 6,8 + 8,0 + 6,3	19″ bis 9″	FR	150
γ And	Alamak	orange und blaugrün	2,1 + 5,1	10″	FR	120
γ Ari	Mesarthim	beide weiß	4,8 + 4,8	7,8″	FR	126
γ Leo	Algieba	orange und gelb	2,1 + 3,4	4,7″	FR	164
α Cru	Acrux	beide weiß	1,4 + 1,9	4,4″	FR	198

Offene Sternhaufen

Bezeichnung	*Name*	*Sternbild*	*Charakteristik*	*Winkelmaße*	*sichtbar mit*[3]*)*	*Seite*
M 45	Plejaden	Taurus	groß, sehr hell	100′	A	144
χ, h	doppelter Sternhaufen	Perseus	sehr hell	35′ + 35′	A	136
M 44	Praesepe	Cancer	Gesamthelle $4{,}^{m}5$	80′	A	140
M 35		Gemini	Gesamthelle $5{,}^{m}5$	30′	FG	138
M 7		Scorpius	50 Sterne 7^{m}—11^{m}	60′	FG	190
NGC 4755	Schatzkästchen	Crux	50 Sterne 6^{m}—10^{m}	10′	FG	198
M 11		Scutum	200 Sterne 11^{m}—14^{m}	12′	FG	188

Kugelförmige Sternhaufen

Bezeichnung	*Sternbild*	*magnitudo m*	*scheinbarer Durchmesser*	*sichtbar mit*[3]*)*	*Seite*
M 13	Herkules	5.7	23′	FG	176
M 5	Serpens	6.2	13′	FG	186
M 15	Pegasus	6.5	12′	FG	124
ω Centauri	Centaurus	4	30′	A	200

Planetarische Nebel

Bezeichnung	*Name*	*Sternbild*	*magnitudo m*	*scheinbarer Durchmesser*	*sichtbar mit*[3])	*Seite*
M 27	Hantelnebel	Vulpecula	8	8′ × 5′	FG	180
M 57	Ringnebel	Lyra	9	80″ × 60″	FR	178
NGC 3132		Vela	8	84″ × 52″	FR	202
Diffuse Nebel						
M 42	Großer Orionnebel	Orion	5	65′	A	150
M 8	Lagunennebel	Sagittarius	5	80′ × 40′	FG	194
M 17	Omeganebel	Sagittarius	6	45′ × 35′	FG	193
M 1	Krebsnebel[4])	Taurus	9	5′ × 3′	FR	146
NGC 2070	Tarantelnebel[5])	Dorado	5	20′	A	207, 208
Galaxien						
M 31	Große Galaxie in der Andromeda	Andromeda	5	160′ × 40′	A	122
M 51	Whirlpool-Galaxie	Canes Venatici	8	10′	FR	116
M 81		Ursa Major	8	18′ × 10′	FR	114
M 83		Hydra	8	10′ × 8′	FR	170
LMC	Große Magellansche Wolke	Dorado	1	6°	A	206, 208
SMC	Kleine Magellansche Wolke	Tucana	1,5	3,5°	A	206, 210

Anmerkungen: [1]) — Daten des Maximums und Minimums findet man in den astronomischen Jahrbüchern; [2]) die Trennung der Komponenten ist möglich mit: A: bloßem Auge, FG: Fernglas, FR: Fernrohr mit Objektivdurchmesser von 5 cm; [3]) — sichtbar mit: A: bloßem Auge, FG: Fernglas, FR: Fernrohr; [4]) — Rest einer Supernova; [5]) — Bestandteil der LMC.

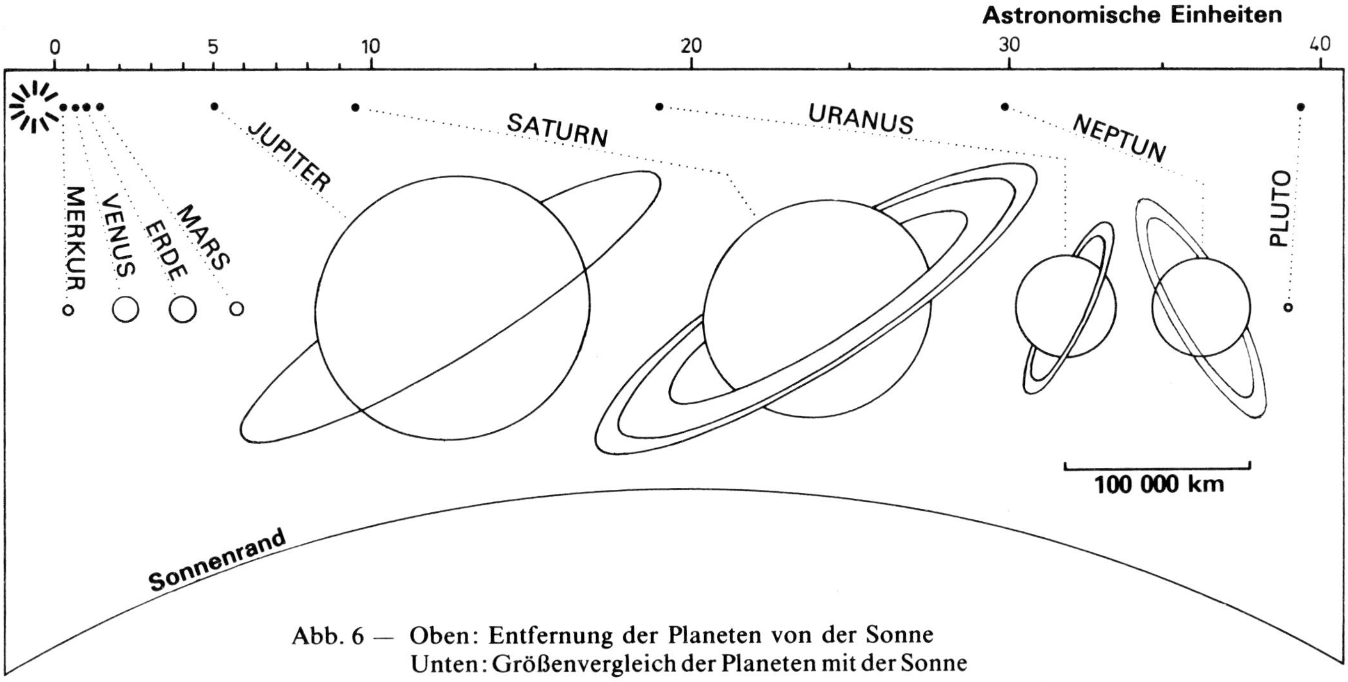

Abb. 6 — Oben: Entfernung der Planeten von der Sonne
Unten: Größenvergleich der Planeten mit der Sonne

Planeten in Zahlen

Name	mittlere Entfernung von der Sonne 10^6 km	A E	Umlaufzeit um die Sonne Jahre	Durchmesser am Äquator km	Durchmesser am Äquator Erde = 1	Rotationszeit am Äquator d = Tage h = Stunden	mittlere Dichte H_2O = 1	Masse Erde = 1
Merkur	57,9	0,39	0,24	4 879	0,38	58,6 d	5,4	0,06
Venus	108,2	0,72	0,62	12 104	0,95	243,0 d	5,2	0,82
Erde	149,6	1,00	1,00	12 756	1,00	23,9 h	5,5	1,00
Mars	227,9	1,52	1,88	6 794	0,53	24,6 h	3,9	0,11
Jupiter	778,3	5,20	11,86	142 984	11,21	9,9 h	1,3	317,89
Saturn	1 429,4	9,55	29,46	120 536	9,45	10,7 h	0,7	95,15
Uranus	2 875,0	19,22	84,01	51 118	4,01	17,2 h	1,2	14,56
Neptun	4 504,3	30,11	164,79	49 528	3,88	16,1 h	1,7	17,24
Pluto	5 900,0	39,45	248,43	2 300	0,18	6,4 d	2,1	0,002

Monde der Planeten in Zahlen

Name	mittlere Entfernung vom Planeten 10^3 km	Umlaufzeit um den Planeten Tage	Durchmesser km	mittlere Dichte H_2O = 1	Magnitudo	Entdecker	Entdeckungsjahr
Erdmond	384,4	27,32	3 476	3,3	—12,7	—	—
Monde des Mars							
Phobos	9,4	0,32	28 × 22 × 18	1,9	11,6	A. Hall	1877
Deimos	23,5	1,26	16 × 12 × 10	2,1	12,7	A. Hall	1877
Monde des Jupiter							
Metis	128,0	0,30	40		17,4	S. Synnott	1979—80
Adrastea	129,0	0,30	24 × 20 × 16		18,9	D. Jewitt, E. Danielson	1979
Amalthea	181,3	0,50	270 × 170 × 150		14,1	E. Barnard	1892
Thebe	221,9	0,68	110 × ? × 90		15,5	S. Synnott	1979—80
Io	421,6	1,77	3 630	3,6	5,0	S. Marius, G. Galilei	1610
Europa	670,9	3,55	3 138	3,0	5,3	S. Marius, G. Galilei	1610
Ganymed	1 070	7,16	5 262	1,9	4,6	S. Marius, G. Galilei	1610
Callisto	1 880	16,69	4 800	1,8	5,6	S. Marius, G. Galilei	1610
Leda	11 094	238,7	10		20,2	C. Kowal	1974
Himalia	11 480	250,6	180		14,8	C. D. Perrine	1904—5
Lysithea	11 720	259,2	20		18,4	S. B. Nicholson	1938
Elara	11 737	259,7	80		16,7	C. D. Perrine	1904—5
Ananke	21 200	631	20		18,9	S. B. Nicholson	1951
Carme	22 600	692	30		19,0	S. B. Nicholson	1938
Pasiphae	23 500	735	40		17,7	P. Melotte	1908
Sinope	23 700	758	30		18,3	S. B. Nicholson	1914
Monde des Saturn							
Atlas	137,7	0,60	38 × ? × 26		18	(Voyager 1)	1980
Prometheus	139,4	0,61	140 × 100 × 74		16,5	(Voyager 1)	1980
Pandora	141,7	0,63	110 × 84 × 66		16	(Voyager 1)	1980
Epimetheus	151,4	0,69	140 × 120 × 100		15,5	A. Dollfus	1966
Janus	151,5	0,69	220 × 190 × 160	1,4	14,5	A. Dollfus	1966
Mimas	185,5	0,94	392	1,2	12,9	W. Herschel	1789
Enceladus	238,0	1,37	500	1,2	11,8	W. Herschel	1789
Tethys	294,7	1,89	1 060		10,3	C. D. Cassini	1684
Telesto	294,7	1,89	? × 24 × 22		19	B. Smith et al.	1980
Calypso	294,7	1,89	30 × 24 × 16		18,5	B. Smith et al.	1980
Dione	377,4	2,74	1 120	1,4	10,4	C. D. Cassini	1684
Helene	377,4	2,74	36 × 32 × 30		18	Voyager	1980
Rhea	527,0	4,52	1 530	1,3	9,7	C. D. Cassini	1672
Titan	1 221,9	15,94	5 150	1,9	8,4	C. Huygens	1655
Hyperion	1 481,1	21,28	350 × 234 × 200		14,2	W. Bond	1848
Japetus	3 561,3	79,33	1 460	1,2	10,2—11,9	C. D. Cassini	1671
Phoebe	12 954	550,4	220		16,5	W. Pickering	1898
Monde des Uranus							
Cordelia	49,8	0,34	50			Voyager 2	1986
Ophelia	53,8	0,38	50			Voyager 2	1986
Bianca	59,2	0,43	50			Voyager 2	1986
Cressida	61,8	0,46	60			Voyager 2	1986
Desdemona	62,7	0,48	60			Voyager 2	1986
Juliet	64,4	0,49	80			Voyager 2	1986
Portia	66,1	0,51	80			Voyager 2	1986
Rosalind	69,9	0,56	60			Voyager 2	1986
Belinda	75,3	0,62	60			Voyager 2	1986
Puck	86,0	0,76	170			Voyager 2	1985
Miranda	129,4	1,41	562	1,3	16,5	G. Kuiper	1948
Ariel	191,0	2,52	1 153	1,6	14,4	W. Lassell	1851
Umbriel	266,3	4,14	1 172	1,4	15,3	W. Lassell	1851
Titania	435,9	8,71	1 580	1,6	14	W. Herschel	1787
Oberon	583,5	13,46	1 524	1,5	14,2	W. Herschel	1787
Monde des Neptun							
Naiad	48,2	0,30	50			(Voyager 2)	1989
Thalassa	50,0	0,31	90			(Voyager 2)	1989
Despina	52,5	0,33	140			(Voyager 2)	1989
Galatea	62,0	0,40	160			(Voyager 2)	1989
Larissa	73,6	0,55	210 × 190			(Voyager 2)	1989
Proteus	117,6	1,12	400			(Voyager 2)	1989
Triton	354,6	5,88	2 720	2,0	13,6	W. Lassell	1846
Nereide	5 510,7	359,4	340	2,0	18,7	G. Kuiper	1949
Mond des Pluto							
Charon	19,6	6,39	1 190	2,1	17	J. Christy	1978

Anmerkung! Die Aufstellung enthält Angaben, die 1990 bekannt sind. Daten über Monde, die nur einmal beobachtet wurden und deren Existenz nicht bestätigt wurde, sind hier nicht angeführt.

Glossar

Absorption (der Strahlung). Aufnahme von Strahlung durch Atome oder Moleküle. Im weitesten Sinne des Wortes jede Schwächung einer Strahlung auf dem Weg von der Strahlungsquelle zum Empfänger.

Äquatorsystem. Ein Koordinatensystem, bei dem die Ebene des Äquators als Fundamentalebene gilt. Die Koordinaten dieses Systems werden durch Rektaszension und Deklination angegeben.

Äquinoktium. Tagundnachtgleiche: sie tritt ein, wenn die Sonne den Himmelsäquator von Süden nach Norden oder ungekehrt überkreuzt. Die Schnittpunkte der Ekliptik mit dem Himmelsäquator werden daher auch Äquinoktialpunkte, bzw. Frühlings- oder Herbstpunkt, genannt. Etwa am 21. März bzw. 23. September ist die Zeit des Frühlings- bzw. Herbstäquinoktiums.

Albedo. Rückstrahlvermögen eines Objekts (einer Oberfläche), Verhältnis des auffallenden Lichtes zur reflektierten Strahlung. Gut spiegelnde Oberflächen haben eine hohe Albedo (Kreide, 0,85; Wolken 0,70), schlecht spiegelnde Oberflächen eine niedrige Albedo (Granit 0,31; der Mond 0,12; Lava 0,04). Bei den Planeten definiert man die sogenannte Bond-(sphärische) Albedo als das Verhältnis der Strahlungsmenge, die von der Kugeloberfläche in alle Richtungen reflektiert wird, zu der in einem parallelen Strahlenbündel auf die Kugel auffallenden Gesamtstrahlungsmenge.

Algol. Bekanntester bedeckungsveränderlicher Doppelstern. Durch die gegenseitige Abdeckung der Komponenten des Doppelsterns variiert die Helligkeit von Algol mit einer Periode von 68,8 Stunden von $2\overset{m}{.}1$ im Maximum zu $3\overset{m}{.}4$ im Minimum.

Alignement. Verbindungslinien zwischen ausgewählten, hellen Sternen eines Sternbilds, dessen Charakteristikum sie darstellen.

Alphabet, griechisches. Mit griechischen Kleinbuchstaben werden helle Sterne in Sternbildern bezeichnet. Diese Praxis führte J. Bayer im Atlas „Uranometria“ 1603 ein.

α Alpha	ι Jota	ρ Rho
β Beta	κ Kappa	σ Sigma
γ Gamma	λ Lambda	τ Tau
δ Delta	μ Mü	υ Ypsilon
ε Epsilon	ν Nü	φ Phi
ζ Zeta	ξ Xi	χ Chi
η Eta	ο Omikron	ψ Psi
ϑ Theta	π Pi	ω Omega

Apastron. Der Punkt auf der Umlaufbahn eines Doppelsternpartners, auf dem dieser am weitesten von seinem Begleiter entfernt ist.

Aphel. Sonnenfernster Punkt einer elliptischen Bahn eines Planeten, Kometen u. ä. um die Sonne.

Apogäum. Erdfernster Punkt einer elliptischen Bahn eines Satelliten um die Erde.

Apollo (Programm). Bemannte Flüge auf und um den Mond in den Jahren 1968 bis 1972. Erste Landung von Menschen auf dem Mond am 20. Juli 1969 — Apollo 11. Direkte Forschungen auf dem Mond, Entnahme von Gesteinsproben, wissenschaftliche Stationen auf dem Mond.

Asteroid, auch Kleinplanet, Planetoid. Kleiner, die Sonne umkreisender Körper, insbesondere im Raum zwischen den Bahnen von Mars und Jupiter. Ein typischer Planetoid hat einen Durchmesser von einigen Dutzend bis Hundert Kilometern. Er ist ein „toter“ Körper, ohne eigene Aktivität.

Astronomische Einheit — AE (englische Abk. AU). Mittlere Entfernung der Erde von der Sonne. 1 AE = 149,6 Mill. km. Sie wird als Maßeinheit für die Entfernungen im Sonnensystem benützt. Ein *Lichtjahr* = 63 240 AE.

Atmosphäre. Gashülle eines Himmelskörpers.

Atomkern. Elektrisch positiv geladener Teil des Atoms, bestehend aus Protonen und Neutronen. Im Atomkern ist fast die gesamte Masse des Atoms konzentriert.

Basalt. Vulkangestein, das aus Lava kristallisierte. Meist sehr dunkel, grauschwarz oder dunkelgrau. Verschiedene Basaltarten sind auf Planeten des Erdtyps und auf dem Mond vertreten.

Big Bang. Der „Urknall“, die große Explosion. Eine bildliche Bezeichnung für den Entstehungsmoment des Universums als eines ungewöhnlich dichten und heißen „Uratoms“. Mit dem Big Bang begann die Ausdehnung des Weltalls.

Bolide. Sehr heller Meteor, heller als die Venus.

Caldera. Großer vulkanischer Krater, entstanden durch Einsinken der Oberfläche in einen durch eine rasche Eruption einer großen Lavamenge gebildeten Hohlraum.

Cepheide. Pulsierender veränderlicher Stern. Ein typischer Vertreter ist der Stern δ Cephei. Cepheidenveränderliche sind helle Überriesen, deren Durchmesser und Temperatur sich regelmäßig in Perioden von 1 bis 60 Tagen ändern. Die Periode ist proportional zur Leuchtkraft eines Cepheiden; deshalb kann man, wenn die Leuchtkraft bekannt ist, die Entfernung des Sterns oder des ganzen Sternsystems (Sternhaufen, Galaxie), dem der Cepheide angehört, berechnen.

Clementine. Künstlicher Mondtrabant (USA). Während der Umlaufszeit vom 19. Februar bis zum 3. Mai 1994 wurden fast 2 Millionen Aufnahmen in verschiedenen spektralen Bereichen angefertigt. Der Mond wurde global geologisch und topographisch kartiert.

Deklination. Analogie zur geographischen Breite. Winkelabstand eines Himmelskörpers vom Himmelsäquator. Man mißt die Deklination an dem Himmelsmeridian (Analogie zum Erdmeridian), auf dem der Himmelskörper liegt und der senkrecht zum Äquator verläuft. Liegt ein Himmelskörper nördlich des Äquators, wird die Deklination positiv, liegt er südlich, negativ angegeben.

Doppelstern. *Bahn eines Doppelsterns* — wenn man die hellere Komponente eines Doppelsterns als feststehend annimmt, und die Positionen der schwächeren Komponenten bezogen auf diesen festen Punkt mißt, d. h. die Positionswinkel und Winkelentfernungen, erhält man die scheinbare Bahn des Doppelsterns. Die Komponenten der Doppelsterne werden mit A, B — bei Mehrfachsternen auch mit C, D usw. — bezeichnet.

Bedeckungsveränderlicher Doppelstern — die Komponenten kann man mit dem Fernrohr nicht trennen, ihr regelmäßig auftretendes gegenseitiges Überdecken verursacht periodische Schwankungen der Helligkeit (siehe z. B. β Persei — Algol).

Farbiger Doppelstern — Unterschiede der Temperatur und Helligkeit der Komponenten rufen im Zusammenhang mit der Physiologie des Sehens Farbkontraste zwischen den Komponenten hervor (siehe z. B. β Cygni — Albireo).

Optischer Doppelstern — zwei Sterne liegen am Himmel scheinbar sehr nahe nebeneinander, bilden jedoch keine physikalische Einheit.

Physischer Doppelstern — System zweier Sterne, die gegenseitig durch die Anziehungskraft aneinander gebunden sind und um einen gemeinsamen Schwerpunkt kreisen.

Spektroskopischer Doppelstern — die beiden sehr nahen Komponenten lassen sich nicht mit einem Fernrohr auseinanderhalten; auf den Doppelstern weist jedoch die Verdoppelung der Spektrallinien hin.

Visueller Doppelstern — die Komponenten sind im Fernrohr getrennt.

Dopplereffekt. Wenn sich eine Strahlungsquelle (Stern, Galaxie u. a.) entfernt, verschieben sich die Spektrallinien gegen das rote (langwellige) Ende des Spektrums. Wenn sich eine Strahlungsquelle nähert, verschieben sich die Spektrallinien im Spektrum der Strahlungsquelle in der Richtung zum violetten (kurzwelligen) Ende. Aus der gemessenen Größe der Verschiebung kann man die Geschwindigkeit der Strahlungsquelle bestimmen — die Radialgeschwindigkeit in km/s.

Durchmesser, scheinbarer (eines Objekts), auch Winkeldurchmesser. Im Winkelmaß ausgedrückter Durchmesser eines Himmelsobjekts. Beispiel: die Mondscheibe hat etwa 30 Bogenminuten (30′).

Eigenbewegung (eines Sterns). Positionsveränderung eines Sterns am Himmel durch seine tatsächliche Bewegung im Raum. Die größte Eigenbewegung hat Barnards Stern mit 10,34″ pro Jahr.

Ekliptik. 1. Scheinbare Sonnenbahn an der Himmelssphäre. Die Sonne durchläuft die Ekliptik in einem Jahr.
2. Bahn der Erde um die Sonne.

Elektron. Stabiles Elementarteilchen, Träger der negativen Ladung. Die Elektronen bilden die äußere Hülle aller Atome.

Erosion (der Planetenoberfläche). Oberflächenzerstörung durch die Einwirkung von Wasser, Wind, Temperatur und weiteren Naturerscheinungen. Auf Himmelskörper ohne Atmosphäre wirkt die erosive Tätigkeit von Mikrometeoriten — kosmische Projektile in der Größe von Hundersteln und Tausendsteln Millimetern — ein.

Expansion des Weltalls. Je größer der Abstand einer Galaxie von uns ist, desto rascher entfernt sie sich von uns. Das bedeutet keineswegs, daß unsere Galaxie der

Mittelpunkt des sich ausdehnenden Weltalls ist, denn die gleiche Erscheinung würde man von jeder anderen Galaxie aus beobachten. Die Expansionsgeschwindigkeit wird durch die *Hubblesche Konstante* angegeben, deren genauen Zahlenwert wir bisher nicht kennen. Er dürfte etwa 55 km/s pro 1 MPc (1 Million Parsec) betragen.

Farbe, monochromatische (Licht). Monochromatisch = einfarbig. Die Farbe des Lichts ist durch die jeweilige Wellenlänge der elektromagnetischen Strahlung definiert.

Fernrohr. Wichtigstes optisches Instrument für astronomische Beobachtungen. Das Objektiv erzeugt ein Abbild des Objekts, das man mit einer starken Lupe (Okular) beobachten kann. Zwei grundlegende Typen: *Refraktor* (Linsenfernrohr) — das Objektiv ist eine Sammellinse oder ein System von Sammellinsen; *Reflektor* (Spiegelfernrohr) — das Objektiv ist ein sphärischer oder parabolischer Hohlspiegel.

Fluoreszenz. Sichtbare Strahlung eines bestimmten Gases als Folge der Anregung durch äußere Strahlung. Fluoreszenz entsteht z. B. in einem planetarischen Nebel durch den Einfall von Ultraviolett-Strahlung des heißen Zentralsterns auf die Gashülle.

Frühlingspunkt. Schnittpunkt der Ekliptik mit dem Äquator, den die Sonne beim Frühlingsäquinoktium überquert. Er dient als Nullpunkt für das System der äquatorialen Koordinaten (Rektaszension, Deklination).

Galaxiengruppe, Lokale. Eine Gruppe von Galaxien, zu der auch unsere Galaxie mit den Magellanschen Wolken, die Galaxie M 31 in der Andromeda, M 33 im Triangulum und eine Reihe weiterer kleinerer Galaxien gehören. Die Lokale Galaxiengruppe hat mindestens 24 Mitglieder und einen wahren Durchmesser von mehr als 6 Millionen Lichtjahren.

Galaxie. 1. Unsere Galaxie — Sternsystem, dessen Teil die Sonne ist. Am Himmel erscheinen die uns umgebenden Teile der Galaxie als Milchstraße.
2. Fremde Galaxien — Sternsysteme, die unserer Galaxie ähneln.

Galileo. Die interplanetare Sonde (USA) wurde im Oktober 1989 auf ihre Bahn gebracht. Sie legte einen Weg von mehr als 38 Milliarden km um die Venus, um die Erde mit dem Mond (2×) und um die beiden Kleinplaneten Gaspra (1991) und Ida (1993) zurück. Im Dezember 1995 wurde eine Atmosphärenkapsel in die Jupiteratmosphär ausgesetzt und die Erforschung des Planeten und seiner Monde eingeleitet.

Gas, interstellares. Gaskomponente der interstellaren Materie, bestehend aus Elektronen, Ionen, Atomen und Molekülen. Etwa 99 % des interstellaren Gases besteht aus Wasserstoff und Helium. Grundformen: H-I-Regionen und H-II-Regionen (H: Hydrogen — Wasserstoff). *H-I-Regionen* enthalten kalte, nicht leuchtende Wolken aus neutralem Wasserstoff. Sie sind nicht sichtbar, senden jedoch Radiostrahlung mit einer Wellenlänge von 21 cm aus und können daher mit Radioteleskopen beobachtet werden. *H-II-Regionen* sind Wolken aus ionisiertem Wasserstoff in der Umgebung sehr heißer Sterne des Typs O und B. Bei genügender Dichte werden sie als helle Nebel sichtbar.

Gezeiten, Gezeitenkräfte. Eine Folge der Gravitationswirkung zweier naher Himmelskörper aufeinander ist u. a. ihre Deformation (Formveränderung), im äußersten Fall auch ein teilweiser oder gänzlicher Zerfall. Beispiele: Ebbe und Flut auf der Erde, vulkanische, durch Gezeitenkräfte des Jupiter hervorgerufene Aktivität auf seinem Mond Io oder Deformationen von Galaxien bei ihrer gegenseitigen Annäherung.

Größenklasse (scheinbare Helligkeit). Maß für die Helligkeit eines Objekts am Himmel (Stern). Die schwächsten, mit bloßem Auge sichtbaren Sterne haben etwa die 6. Größe, die mit 6^m oder 6 mag (von lat. „magnitudo") bezeichnet wird. Sehr helle Sterne haben die Sterngröße 1^m (Spica), noch hellere 0^m (Wega), und die hellsten entsprechend eine negative Sterngröße, z. B. $-1\overset{m}{.}4$ (Sirius). Ein Stern mit einer bestimmten Größe (Helligkeit) ist 2,512mal heller, als ein um eine Größenklasse schwächerer Stern. Demnach ist ein Stern mit 1^m hundertmal heller, als ein Stern mit 6^m ($2{,}512^5 = 100$). Falls nicht anders angeführt, versteht man unter dem Begriff „Größenklasse" immer die scheinbare Größe oder Helligkeit, d. h. die Helligkeit des Objekts, wie sie uns am Himmel erscheint.

Größenklasse, absolute. Um die Leuchtkräfte verschiedener Sterne vergleichen zu können, standardisiert man ihre scheinbare Größe auf einen Wert, der einer einheitlichen Entfernung von 10 Parsec entspricht. Man erhält auf diese Weise die absolute Größe M.
Es gilt: $M = m + 5 \log r$, wobei r die Entfernung in Parsec angibt.

Himmelsachse. Verlängerte Rotationsachse der Erde. Durchschneidet die Himmelssphäre im nördlichen und südlichen Himmelspol.

Himmelsäquator. Projektion des Erdäquators auf die Himmelssphäre. Bezugskreis für das Äquatorsystem (Rektaszension und Deklination), der die Himmelssphäre in eine nördliche und eine südliche Halbkugel teilt. Er hat die Deklination 0°.

Himmelspole. Die Schnittpunkte der Erdachse mit der Himmelssphäre. Der Nordpol hat die Deklination +90°, der Südpol −90°. Um diese Pole führt die Himmelssphäre eine scheinbare Drehung aus.

Himmelssphäre. Scheinbare Kugel mit unendlich großem Radius, in deren Mittelpunkt sich der Beobachter (Erde) befindet. Auf die Himmelssphäre werden alle kosmischen Objekte projiziert.

HR-Diagramm. Hertzsprung-Russell-Diagramm, auch HRD, ein Temperatur-Leuchtkraft- oder Spektrum-Leuchtkraft-Diagramm. Von grundlegender Bedeutung für die Veranschaulichung der Beziehungen zwischen den wichtigsten Eigenschaften der Sterne (s. auch S. 10 und S. 100).

Ionisierung. Umwandlung eines elektrisch neutralen Partikels (Atom, Molekül) in ein Partikel, das Träger einer elektrischen Ladung ist (Ion).

Kataloge, astronomische. Verzeichnisse von kosmischen Objekten mit ihren Koordinaten und Haupteigenschaften. Sehr bekannt sind die Kataloge der nichtstellaren Objekte, nach denen Nebel, Sternhaufen und Galaxien am häufigsten bezeichnet werden. M = Messier-Katalog, NGC = New General Catalogue, IC = Index Catalogue. Beispiel: M 31 = NGC 224 = Große Galaxie in der Andromeda.

Klassifikation der Galaxien. Nach dem Aussehen: elliptische Galaxien (E), Spiralgalaxien (S) und Balkenspiralen (SB). Eine besondere Gruppe zwischen den Typen E und S bildet der Typ S0.
Die einzelnen Typen werden weiter unterteilt nach der Abplattung (E0, E1, E2 ... E7) oder nach der Ausbildung ihrer Spiralarme und ihrem Verhältnis zum zentralen Teil der Galaxie (Sa, Sb, Sc, Sd). Siehe auch Seite 13.

Koordinaten (am Himmel, auf Planeten). Ein Paar sphärischer Koordinaten (Winkel), das die Lage eines Punkts auf der Himmelssphäre, auf einem Planeten oder einem Mond, bestimmt. Die Koordinaten werden im Winkelmaß (°, ′, ″) oder im Zeitmaß des Winkels (h, min, s) angegeben. Sie sind immer Analogien der bekannten geographischen Koordinaten, der Breite und der Länge. Unterschiede: die Definition der Grundebene (z. B. des Äquators), der Grundrichtung (z. B. des Anfangsmeridians) und die Benennung (z. B. auf dem Mars: Areographische Breite und Länge).

Kosmogonie. Wissenschaftszweig, der sich mit den Gesetzmäßigkeiten des Entstehens und der Entwicklung der Himmelskörper befaßt.

Kosmologie. Wissenschaftszweig, der die Gesetzmäßigkeiten des Weltalls als Ganzes untersucht.

Krater. Kreisförmige Vertiefung, meist mit hochgewölbtem Rand (Wall). Häufige Formation auf Himmelskörpern mit fester Oberfläche. Ein *Impakt-* (auch meteoritischer) *Krater* entsteht durch den Aufschlag (Impakt) eines meteoritischen Körpers, gegebenenfalls auch durch Aufschlag von Eruptionssubstanzen (sekundäre Krater). Ein *vulkanischer Krater* ensteht durch vulkanische Tätigkeit, d. h. durch die innere Aktivität des Himmelskörpers.

Leuchtkraft. Energiemenge, die die gesamte Oberfläche eines Sterns (Sternsystems) pro Zeiteinheit (z. B. pro Sekunde) ausstrahlt. Um dies zu veranschaulichen, wird die Leuchtkraft oft auch im Verhältnis zur Leuchtkraft der Sonne = 1 angeführt. Anstelle der Leuchtkraft wird in der Regel die absolute Sterngröße (Sternhelligkeit) angegeben.

Libration (des Mondes). Schwingungen der Mondscheibe, bezogen auf die Erde während der Umlaufbewegung des Mondes. Es ist deshalb möglich, von der Erde aus insgesamt 59 % der Mondoberfläche zu beobachten.

Licht. Sichtbare elektromagnetische Strahlung eines schmalen Wellenlängenbereichs. Im luftleeren Raum verbreitet sie sich geradlinig mit einer Geschwindigkeit von 300 000 km/s.

Lichtjahr (Lj). Einheit der Entfernung, die meist in populärwissenschaftlicher Literatur benützt wird. Ein Lichtjahr ist die Strekke, die das Licht in einem Jahr zurücklegt.

Die Lichtgeschwindigkeit ist 300 000 km/s, es gilt deshalb:
1 Lichtjahr (Lj) = 9 460 000 000 000 km = = 9,46 . 10^{12} km oder 9,5 Billionen km.
1 Lichtjahr (Lj) = 63 240 AE = 0,306 pc.

Lichtkurve. Graphisch dargestellter Verlauf von Helligkeitsschwankungen kosmischer Objekte (z. B. eines veränderlichen Sterns).

Luna. Die Mondsonden und automatischen Flugkörper Luna (UdSSR) untersuchten den Mond in den Jahren 1959 bis 1976:
L 2 — erster Aufschlag eines irdischen Flugkörpers auf dem Mond, 12. 9. 1959.
L 3 — erste Aufnahmen der erdabgewandten Seite des Mondes, 10. 10. 1959.
L 9 — erste weiche Landung auf dem Mond, 3. 2. 1966.
L 10 — erster künstlicher Mondsatellit, 3. 4. 1966.
L 16, L 20, L 24 — automatische Entnahme von Gesteinsproben von der Mondoberfläche mit Rückkehr zur Erde, 1970 bis 76.
L 17 und L 21 — automatisches, ferngesteuertes, fahrbares Laboratorium Lunochod 1 und 2, 1970 und 1973.

Lunar Orbiter. Die künstlichen Mondsatelliten Lunar Orbiter 1 bis 5 (USA) führten in den Jahren 1966/67 eine detaillierte Kartierung fast des ganzen Mondes durch.

Magellan. Der künstliche Venustrabant (USA) trug eine Radar-Apparatur zur globalen Kartierung des Planeten. Vom August 1990 bis zum September 1992 wurden 98 % der Venusoberfläche mit einer durchschnittlichen Unterscheidung von Details bis zu 120 m kartiert.

Magma. Glutflüssiges Gestein unter der Planetenoberfläche. Wenn es durch vulkanische Eruption an die Oberfläche gelangt, wird es *Lava* genannt.

Mariner. Mehrere interplanetare Sonden (USA), die in den Jahren 1962 bis 1964 zur Erforschung der Planeten des Erdtyps ausgesandt wurden:
Mariner 2 — erste erfolgreiche interplanetare Sonde der Geschichte; flog am 14. 12. 1962 an der Venus vorbei.
Mariner 9 — kartierte in den Jahren 1971/72 die ganze Marsoberfläche.
Mariner 10 — detaillierte Untersuchung von Venus und Merkur und Kartierung einer Hälfte der Merkuroberfläche (1974/75).

Mars (Sonde). Die automatischen interplanetaren Sonden Mars (UdSSR) untersuchten in den Jahren 1971 bis 1974 den Planeten Mars:
M 3 — erste Landung auf dem Mars, 2. 12. 1971.
M 6 — erste Messungen in der Marsatmosphäre, 12. 3. 1974.

Messier-Zahl (M). Fortlaufende Nummer von Objekten (Sternhaufen, Nebel, Galaxien) in dem vom französischen Astronomen Ch. Messier (1730—1817) zusammengestellten Katalog. Er enthält 103 helle und mit Amateurfernrohren leicht zu beobachtende Objekte (z. B. M 42 — Großer Orionnebel).

Nebel. Gasförmige oder gas-staub-förmige Materie im interstellaren Raum. *Emissionsnebel* (leuchtender Nebel) — das Gas wird durch die Strahlung heißer, naher Sterne zum Leuchten gebracht. *Planetarischer Nebel* — leuchtende Hülle eines heißen Sterns. Hat Ähnlichkeit mit einer Planetenscheibe, daher auch der Name. *Dunkelnebel* — nicht leuchtende dichte interstellare Materie — zeichnet sich als dunkle Kontur am Hintergrund leuchtender Nebel oder Sternfelder ab. *Reflexionsnebel* — Staubwolken, die das Licht naher Sterne reflektieren.

Nebelhaufen. Großes galaktisches System, bestehend aus Hunderten bis Tausenden von Galaxien. Es sind mehrere hundert Nebelhaufen bekannt. Beispiel: Nebelhaufen im Haar der Berenike (S. 159).

Neutronenstern. Letztes Endstadium eines Sterns mit einer ursprünglichen Masse von 1,4 bis 2,5 Sonnenmassen. Der Stern kollabiert zu einer Kugel mit 10 bis 20 km Durchmesser, die zum Großteil aus freien Neutronen besteht. Die Dichte eines Neutronensterns ist hundertbillionenmal (10^{14}) größer als die des Wassers. Manche rotierenden Neutronensterne treten als **Pulsare** in Erscheinung.

Nova. Stern, der explosiv seine Helligkeit um 7 bis 16 Größenklassen erhöht und dann wieder zur ursprünglichen Helligkeit zurückkehrt. An dieser Erscheinung beteiligen sich alte Sterne (weiße Zwerge), die mit Sternen der Hauptreihe enge Doppelsterne bilden. Den Helligkeitsausbruch einer Nova verursacht die Explosion gasförmiger Materie, die von der zweiten Komponente zum weißen Zwerg strömt.

Parallaxe (jährlich). Die jährliche Parallaxe eines Sterns ist der Winkel, unter dem man von diesem Stern aus den Halbmesser der Erdbahn sehen würde. Der reziproke Wert der Parallaxe π'' ist die Entfernung d in Parsec: $d(pc) = \frac{1}{\pi''}$.

Parsec. Abkürzung pc. Grundeinheit der Entfernung in der Astronomie. Es ist die Entfernung, aus der eine astronomische Einheit (Halbmesser der Erdbahn) unter einem Winkel von einer Bogensekunde sichtbar wird.
1 Parsec = 206 265 astronomische Einheiten = 3,26 Lichtjahre
1000 pc = 1 kpc = 1 Kiloparsec
1 000 000 pc = 1 MPc = 1 Megaparsec.

Periastron. Der Punkt auf der Umlaufbahn eines Doppelsternpartners, auf dem dieser seinem Begleiter am nächsten ist.

Perihel. Der sonnennächste Punkt in der elliptischen Bahn eines Planeten u. ä. um die Sonne.

Phasen (des Mondes, der inneren Planeten). Die Sonne beleuchtet stets eine Halbkugel eines nicht leuchtenden Körpers. Von der Erde aus sieht man in der Regel nur einen Teil der beleuchteten Halbkugel. Der sichtbar beleuchtete Teil des Körpers (Mond, Planet) definiert die Phase. Die Hauptphasen des Mondes: Neumond, erstes Viertel, Vollmond und letztes Viertel.

Photon. Lichtquantum (kleinste, nicht weiter teilbare Energiemenge). Überträgt Energie mit Lichtgeschwindigkeit.

Pioneer, Pioneer-Venus. Die interplanetaren Sonden Pioneer 10 und 11 (USA) führten 1973 bis 1979 die ersten Erkundungen der Planeten Jupiter und Saturn durch. Die Sonden Pioneer-Venus 1 und 2 untersuchten seit 1978 die Venus auf ihrer Oberfläche und von einer Umlaufbahn aus; 1980 entstand die erste Übersichtskarte der Venusoberfläche aufgrund von Radarmessungen.

Planet. Himmelskörper, der nicht selbst leuchtet, sondern nur das Licht eines Zentralsterns reflektiert, den er umkreist.

Planeten, erdähnliche. Merkur, Venus, Erde und Mars. Sie sind klein, haben eine feste Oberfläche aus Gestein und eine hohe mittlere Dichte.

Planeten, jupiterähnliche. Jupiter, Saturn, Uranus, Neptun. Sie sind beträchtlich größer, schwerer, haben eine niedrigere mittlere Dichte als die erdähnlichen Planeten. Vorwiegend gasförmige Körper mit einem kleinen festen Kern.

Plasma. Gasgemisch aus frei beweglichen Elektronen und ionisierten Atomen (Ionen). Ensteht bei hohen Temperaturen. Das Plasma bildet den Großteil der Materie des Weltalls.

Positionswinkel (bei Doppelsternen). Richtung der Verbindungslinie der helleren Komponente eines Doppelsterns mit der lichtschwächeren Komponente, gemessen gegen die Nordrichtung. Man mißt die Positionswinkel von Norden (0°) über Osten (90°), das heißt gegen den Uhrzeigersinn.

Präzession (der Erdachse). Bewegung der Erdachse auf dem Mantel eines Kegels, dessen Spitze der Erdschwerpunkt ist. Als Folge der Präzession bewegen sich die Himmelspole in einem Zeitabschnitt von etwa 26 000 Jahren um die Pole der Ekliptik. Gleichzeitig verschiebt sich der Frühlingspunkt auf der Ekliptik und es ändern sich Rektaszension und Deklination aller Sterne und Himmelsobjekte. Deshalb muß auf jeder Sternkarte angegeben sein, für welche Lage des Frühlingspunkts oder für welches Äquinoktium (Datum) sie gilt. Alle Sternkarten dieses Buches gelten für das Äquinoktium 2000, d. h. für den Anfang des Jahres 2000.

Pulsar. Schnell pulsierende Quelle von Radio- (optischer, Röntgen-)strahlung. Pulsare sind rasch rotierende Neutronensterne, die schmale Strahlenbündel ähnlich wie ein Leuchtturm aussenden. Wenn der rotierende Strahl die Erde trifft, kann ein ganz kurzer Puls registriert werden. Beispiel: der Pulsar im Krebsnebel (S. 142).

Quasar. Sternähnliches Objekt (Quasi-stellares Objekt). Die außerordentlich große Rotverschiebung im Spektrum zeugt von einer Lage in den entferntesten Regionen des sich ausdehnenden Weltalls. Quasare sind wahrscheinlich besonders intensiv strahlende Kerne junger Galaxien.

Radioastronomie. Fach der Astronomie, das die Radiostrahlung kosmischer Objekte und des kosmischen Raums (Hintergrundstrahlung) untersucht.

Radiostrahlungsquelle (oder Radioquelle). Ein Objekt, das starke Radiostrahlung aussendet (Stern, Planet, Galaxie . . .). Manche Objekte emittieren mehr Energie im Bereich der Radiostrahlung als im optischen Bereich (Licht).

Radioteleskop. Empfangsgerät für Radiostrahlung. Es ist, neben dem Fernrohr, ein wichtiges astronomisches Instrument.

Ranger. Die Mondsonden Ranger 7, 8 und 9 (USA) übertrugen in den Jahren 1964/65 die ersten genaueren Aufnahmen der Mondoberfläche zur Erde, auf denen Details unter einem Meter unterschieden werden konnten.

Regolith. Nicht zusammenhaltende Oberflächenschicht, ein Gemisch von zertrümmertem Gestein, Staub und Bruchstücken, entstanden durch langandauernde Meteoritenaufschläge. Die Regolithschicht auf dem Mond ist 10 bis 100 m tief. Regolith bildet auch die Oberflächen weiterer Himmelskörper ohne Atmosphäre.

Rektaszension. Äquatoriale Koordinate, die gemeinsam mit der Deklination eindeutig die Lage eines Punktes an der Himmelssphäre definiert. Die Rektaszension ist die Analogie der geographischen Länge. Sie wird auf dem Himmelsäquator als Differenz der Großkreise durch den Frühlingspunkt (Nullmeridian) und dem Deklinationskreis des zu bestimmenden Punktes gemessen. Die Rektaszension wird meistens im Zeitmaß von 0 h bis 24 h angegeben.

Riese, Überriese. Stern mit sehr großer Leuchtkraft und einem viel größeren Durchmesser (10 bis 100mal größer als die Sonne).

Rotation, gebundene. Die meisten Monde umkreisen ihre Planeten so, daß eine Mondhalbkugel ständig dem Planeten zugewandt und die andere ständig von ihm abgewandt ist. Die gebundene Rotation ist das Ergebnis der Gezeitenwirkung zwischen Planet und Mond. Auch bei Doppelsternen tritt gebundene Rotation auf.

Rotverschiebung. Verschiebung der Spektrallinien eines strahlenden Himmelskörpers in der Richtung zum roten (langwelligen) Ende des Spektrums; sie wird dadurch verursacht, daß das Objekt sich vom Beobachter entfernt (siehe Dopplereffekt).

Schildvulkan. Vulkan mit sehr breiter Basis und sanft abfallenden Hängen, die durch wiederholte, langdauernde Ausflüsse von Basaltlava aus einer zentralen Quelle nach und nach aufgebaut wurden. Als Beispiel dient der Vulkan „Mauna Loa“ auf Hawaii oder der „Olympus Mons“ auf dem Mars.

Schwarzes Loch. Kollabierter Stern mit einer Masse, die größer ist als zwei Sonnenmassen. Ein „Schwarzes Loch“ ist deshalb schwarz, weil keine Strahlung nach außen dringen kann. Manifestiert sich lediglich durch die Folgeerscheinungen seiner Gravitation.

Sonne (als Maßeinheit). Als gut bekannter Stern mit durchschnittlichen Eigenschaften dient die Sonne als Vergleichsmaßstab. Masse, Leuchtkraft, Durchmesser und Dichte von Sternen werden deshalb oft in Sonnen-Einheiten angegeben, z. B. 30 Sonnendurchmesser = Durchmesser 30mal größer als der der Sonne.

Spektralklassifikation (der Sterne). Ordnung der Sterne nach Spektralklassen (Typen) je nach Vorkommen und Stärke bestimmter Linien in ihrem Spektrum. Die wichtigsten Spektralklassen werden mit den Buchstaben O, B, A, F, G, K und M bezeichnet; in dieser Reihenfolge sinken die Oberflächentemperaturen der Sterne von etwa 30 000 K bis auf 2800 K, und ihre Farbe ändert sich von blau über weiß und gelb bis rot. Jede Klasse hat 10 Unterklassen (z. B. G0, G1 ... bis G9; der letzte Typ ähnelt bereits dem nächsten (Typ K0).

Spektrum (des Lichts). *Kontinuierliches Spektrum*: Farbband, in dem nebeneinander nach Wellenlängen die einzelnen Farbkomponenten des Lichts angeordnet sind: violett, blau, grün, gelb, orange und rot. Das kontinuierliche Spektrum entsteht durch Zerlegung des Lichts in einem Prisma oder durch ein Beugungsgitter. Ein kontinuierliches Spektrum wird durch leuchtende, feste Körper und stark komprimierte Gase erzeugt. Ein *Linienspektrum* kann ein Emissions- oder ein Absorptionsspektrum sein. Das *Emissionsspektrum* besteht aus einzelnen Farblinien, den *Emissionslinien*, die den Wellenlängen entsprechen, in denen ein bestimmtes Gas leuchtet. Das *Absorptionsspektrum* weist dunkle Linien auf dem farbigen, kontinuierlichen Spektrum auf. Es entsteht, wenn eine Strahlung ein transparentes Material durchquert (z. B. ein kühleres Gas in der Atmosphäre eines Sterns), das die Strahlung gewisser Wellenlängen absorbiert. Die *Absorptionslinien* sind „Fingerabdrücke“ chemischer Substanzen des absorbierenden Materials. Jedes chemische Element sendet diejenigen Wellenlängen aus, die es auch selbst absorbiert.

Stern. Himmelskörper, der vor allem infolge thermonuklearer Reaktionen in seinem Inneren eigenes Licht ausstrahlt. Meistens besteht ein Stern aus Plasma, d. h. aus ionisierten Gasen.

Stern, veränderlicher. Stern, dessen Helligkeit variiert. Haupttypen: *Pulsierende Veränderliche*, die periodisch ihren Radius vergrößern und verkleinern, und eruptive Veränderliche, die ihre Helligkeit plötzlich, manchmal sehr stark (Novae, Supernovae) und meist völlig unregelmäßig ändern. Eine besondere Gruppe bilden die *bedekkungsveränderlichen Doppelsterne*, bei denen die Helligkeitsschwankungen durch das periodische Überdecken einer Komponente durch die andere entstehen.

Sternbild. Ein genau umgrenztes Gebiet des Sternhimmels. Im engeren Sinn des Wortes eine Gruppe (heller) Sterne, die eine charakteristische Konfiguration bilden. Die Namen und Grenzen der Sternbilder sind meist auf frühere mythologische Vorstellungen zurückzuführen. Der gesamte Himmel ist in 88 Sternbilder eingeteilt.

Sternhaufen. System von Sternen gemeinsamen Ursprungs, die durch ihre Gravitation aneinander gebunden sind. Ein *offener* (auch galaktischer) *Sternhaufen* hat eine unregelmäßige Form und enthält bis zu einigen Hundert junge Sterne (Alter bis ca. Hundert Millionen Jahre). Ein *kugelförmiger Sternhaufen* (Kugelhaufen) ist regelmäßig sphärisch mit einer zentralen Verdichtung. Er enthält bis zu mehreren Millionen Sterne. Sein Alter beläuft sich bis zu mehr als 10 Milliarden Jahre.

Strahlung, infrarote. Elektromagnetische Wellen mit einer größeren Wellenlänge, als das sichtbare rote Licht.

Strahlung, ultraviolette. Elektromagnetische Wellen mit kürzerer Wellenlänge als das sichtbare violette Licht.

Strahlung, Röntgen-. Elektromagnetische Strahlung mit Wellenlängen von etwa 10 bis 0,001 nm. Quellen von Röntgenstrahlung am Himmel sind z. B. die Sonne, ferner Supernova-Überreste, manche Sternsysteme und die Quasare.

Supernova. Explosion eines Sterns, wobei seine Leuchtstärke bis um das Zehnmilliardenfache steigt. Eine solche Explosion tritt beim Gravitationskollaps eines sehr massereichen Sterns ein. Er kann dabei zu einem Neutronenstern werden (Pulsar), und das abgestoßene Material bildet als Supernova-Überrest eine expandierende Hülle (Nebel), siehe Krebsnebel S. 142.

Surveyor. Die weich gelandeten Mondsonden Surveyor 1, 3, 5, 6 und 7 (USA) erforschten in den Jahren 1966 bis 1968 die Mondoberfläche an verschiedenen Landungsstellen.

Temperatur, absolute. Sie wird vom absoluten Nullpunkt, d. h. von der niedrigsten möglichen Temperatur gemessen und in Kelvin (K) ausgedrückt.
Absoluter Nullpunkt = 0 K = —273,16 °C.
Gefrierpunkt des Wassers = 273,16 K = 0 °C.

Temperaturskala. In der Astronomie wird die Temperatur am häufigsten in Kelvin (K), im gewöhnlichen Leben in Grad Celsius (°C) oder Fahrenheit (°F) angegeben. Die niedrigste mögliche Temperatur ist 0 K = —273,16 °C.

	Celsius	Fahrenheit	Kelvin
Gefrierpunkt des Wassers	0 °C	32 °F	273,16 K
Siedepunkt des Wassers	100 °C	212 °F	373,16 K

Terminator. Grenze von Licht und Schatten, Grenze zwischen Tag und Nacht auf einem Himmelskörper, der selbst nicht leuchtet (Planet, Mond).

Terminologie der Formationen auf Planeten und Monden. Man benützt international gültige lateinische, von der Internationalen Astronomischen Union (I. A. U.) festgelegte Bezeichnungen. Die häufigsten Ausdrücke (in Klammern die Mehrzahl):

Catena (Catenae)	— Kraterkette
Chasma (Chasmata)	— tiefes Tal mit Steilwänden, Großgraben
Dorsum (Dorsa)	— Bergrücken
Fossa (Fossae)	— lange, schmale und seichte Depression
Lacus (Lacus)	— „See“, kleine, glatte, dunkle Region
Mare (Maria)	— „Meer“, große, glatte und dunkle Region
Mons (Montes)	— Berg (Berggruppe)
Palus (Paludes)	— „Moor, Sumpf“, dunkle Region
Patera (Paterae)	— Unregelmäßiger Krater, Depression
Planitia (Planitiae)	— Tiefebene
Planum (Plana)	— großes Plateau, Hochebene
Promontorium (Promontoria)	— Kap
Regio (Regiones)	— größere Region (helle, dunkle ...)
Rima (Rimae)	— Riß, Rille
Rupes (Rupes)	— Furche
Sinus (Sinus)	— Bucht
Tholus (Tholi)	— gewölbte Bergform (Hügel, Kuppe, Dom)

Vallis (Valles) — Tal

Tierkreis (Zodiakus). Band auf der Himmelssphäre entlang der Ekliptik, in dem sich die Sonne, der Mond und die Planeten bewegen. Definiert durch die 12 Tierkreissternbilder.

Tierkreiszeichen. 12 Abschnitte auf der Ekliptik zu je 30°, ausgehend vom Frühlingspunkt. Die Tierkreiszeichen wurden im Altertum eingeführt und nach den Sternbildern, mit denen sie damals übereinstimmten, benannt. Infolge der Präzession der Erdachse sind heute die Zeichen um 30° gegenüber den gleichnamigen Sternbildern verschoben.

♈	Aries Widder	♎	Libra Waage
♉	Taurus Stier	♏	Scorpium Skorpion
♊	Gemini Zwillinge	♐	Sagittarius Schütze
♋	Cancer Krebs	♑	Capricornus Steinbock
♌	Leo Löwe	♒	Aquarius Wassermann
♍	Virgo Jungfrau	♓	Pisces Fische

Vega (Raumsonde). Die interplanetaren Sonden Vega 1 und 2 (UdSSR) wurden im Jahre 1984 zur Erforschung des Planeten Venus und des Halleyschen Kometen auf ihre Bahn gebracht. Vega 1: erste Messungen in der Atmosphäre der Venus von einem Ballon aus im Juni 1985.

Venera. Die automatischen interplanetaren Sonden Venera (UdSSR) erforschen seit dem Jahre 1967 den Planeten Venus.
V 4 — erste direkte Erforschung der Venusatmosphäre, 18. 10. 1967.
V 7 — erste direkte Messungen der Oberfläche der Venus, 15. 12. 1970.
V 9, V 10 — erste Aufnahmen der Venusoberfläche, erster künstlicher Venussatellit, Oktober 1975.

Viking. Die beiden interplanetaren Viking-Sonden (USA) untersuchten in den Jahren 1976 bis 1982 sehr detailliert den Planeten Mars sowohl von ihrer Umlaufbahn aus, als auch mit Hilfe von Landegeräten. Die Viking-Sonden übertrugen mehr als 40 000 Photos zu Erde.

Voyager. Die beiden interplanetaren Sonden Voyager 1 und 2 (USA) untersuchten detailliert den Jupiter und seine Monde (1979) sowie den Saturn mit seinen Ringen und Monden (1980/81). Wichtige Entdekkungen: vulkanische Aktivität auf dem Mond Io, die erste Karte der Monde der großen Planeten. Voyager 2 untersuchte zum ersten Mal das Uranus- (1986) und Neptunsystem (1989). Beide Sonden verlassen jetzt das Sonnensystem.

Wellen, elektromagnetische. Form der Energieausbreitung mit einer Geschwindigkeit von 300 000 km/s im Vakuum. Charakterisiert durch die Wellenlänge. Elektromagnetische Wellen der verschiedensten Wellenlängen bilden das elektromagnetische Spektrum in der Reihenfolge: Gamma-Bereich, Röntgen-Bereich, ultravioletter Bereich, sichtbares Licht, Infrarot-Bereich und Radiobereich.

Winkelmaß. Der Vollkreis ist in 360° (Grad) eingeteilt; jeder Grad hat 60′ (Bogenminuten) und jede Minute 60″ (Bogensekunden). Im Winkelmaß gibt man unter anderem die scheinbaren Dimensionen kosmischer Objekte an, ihre gegenseitige Entfernung an der Himmelssphäre u. a. Ein anschauliches Vergleichsmaß ist der Durchmesser des Mondes, der etwa 0,5° = 30′ beträgt.

Zeichen der Planeten und weiterer Objekte des Sonnensystems. Graphische Symbole, meist astrologischen Ursprungs, die man auch heute noch als Abkürzungen benützt:

☉	Sonne	♃	Jupiter
☾	Mond	♄	Saturn
☿	Merkur	♅	Uranus
♀	Venus	♆	Neptun
	Erde	♇	Pluto
♂	Mars		

Zwerg, roter. Kleiner Stern mit niedriger Temperatur der Spektralklasse M oder K. Sterne der Hauptreihe mit der niedrigsten Leuchtkraft.

Zwerg, weißer. Kollabierter Stern im Endstadium seiner Entwicklung. Besteht aus degeneriertem Gas, d. h. aus Bruchstücken von Atomen, deren Kerne dicht beieinander zu liegen kamen, wodurch die Dichte im Stern außerordentlich anstieg. Weiße Zwerge sind so groß wie Planeten, ihre Masse entspricht jedoch der der Sonne. Ihre Dichte ist daher beträchtlich, bis zu 1000 kg/cm³.

Weiterführende Literatur

Zeitschriften

Sterne und Weltraum. Verlag Sterne und Weltraum, München.
Die Sterne. Barth Verlag, Leipzig.
Astronomy. AstroMedia Corp., Milwaukee, USA.
Sky and Telescope. Sky Publishing Corp., Cambridge, USA.

Jahrbücher

Keller, H.-U.: Das Himmelsjahr. Sonne, Mond und Sterne im Jahreslauf. Franckh'sche Verlagshandlung, Stuttgart.
Ahnert, P.: Kalender für Sternfreunde. Kleines astronomisches Jahrbuch. Barth Verlag, Leipzig.

Karten und Atlanten

Dunlop, S., Tirion, W.: Der Kosmos-Sternatlas. Franckh'sche Verlagshandlung, 1985.
Heermann, H.-J.: Drehbare Kosmos-Sternkarte mit Planetenzeiger. Franckh'sche Verlagshandlung, Stuttgart, 1986.
Hlad, Hovorka, Polechová, Weiselová: Die neuen Kosmos-Himmelskarten. Nördlicher und südlicher Sternenhimmel. Franckh'sche Verlagshandlung, Stuttgart, 1986.
Tirion, W.: Sky Atlas 2000.0. Sky Publishing Corp., Cambridge, USA, 1983.
Wolf, H.: Erdmond, Kosmos-Handkarte, Franckh'sche Verlagshandlung, Stuttgart, 1985.
Wolf, H.: Mars, Kosmos-Handkarte. Franckh'sche Verlagshandlung, Stuttgart, 1985.
Schurig, G.: Himmels-Atlas (Tabulae celestes). Neu herausgegeben von Karl Schaifers. Bibliogr. Institut, Mannheim, 1960.

Bücher

Beneke, E. J.: Was sehe ich am Himmel? Franckh'sche Verlagshandlung, Stuttgart, 1986.
Brandt, R.: Himmelsbeobachtung mit dem Fernglas. Barth Verlag, Leipzig, 1984.
Briggs, G., Taylor, F.: Cambridge Fotoatlas der Planeten. Franckh'sche Verlagshandlung, Stuttgart, 1985.
Burnham, R.: Burnhams Celestial Handbook, Vol. I—III. An Observer's Guide to the Universe beyond the Solar System. Dover Publications, Inc., New York, USA, 1977—78.
Herrmann, J.: Die Kosmos-Himmelskunde. Franckh'sche Verlagshandlung, 1986.
Ridpath, L., Tirion, W.: Der große Kosmos-Himmelsführer. Franckh'sche Verlagshandlung, Stuttgart, 1987.
Ronan, C., Dunlop, S.: Astronomie heute. Franckh'sche Verlagshandlung, 1985.
Ronan, C.: Das Kosmosbuch der Sterne. Eine Einführung in die Astronomie durch Beobachtung und Experiment. Franckh'sche Verlagshandlung, Stuttgart, 1985.
Ronan, C.: Das Kosmosbuch des Weltalls. Vom Sonnensystem bis an die Grenzen des Universums. Franckh'sche Verlagshandlung, Stuttgart, 1985.
Rükl, A.: Welten, Sterne und Planeten, Einführung in die Astronomie. Mosaik Verlag GmbH, München, 1981.
Schaifers, K., Traving, G.: Meyers Handbuch über das Weltall. Bibliogr. Institut, Mannheim, 1984.
Weigert, A., Zimmermann, H.: ABC Astronomie, Dausien, 1979.

REGISTER DER WELTRAUMOBJEKTE

Die halbfett gedruckten Zahlen bezeichnen die Seiten mit Illustrationen.

Sterne
Typ: d . . . interessante Doppel- und Mehrfachsterne
v . . . interessante veränderliche und bedeckungsveränderliche Sterne
G . . . roter Riese, Überriese
R . . . roter Zwerg (eine der Komponenten des Doppel- oder Mehrfachsterns)
W . . . weißer Zwerg (eine der Komponenten des Doppel- oder Mehrfachsterns)

STERNE MIT EIGENEN NAMEN

MIT BUCHSTABEN ODER ZIFFERN BEZEICHNETE STERNE

NOVAE, RESTE VON SUPERNOVAE

OFFENE STERNHAUFEN

Nummer im Katalog NGC oder IC	Nummer im Messier-Katalog, Name	Sternbild	Seite
NGC 869	h Persei	Per	119, 136, **137**
NGC 884	Chí Persei	Per	119, 136, **137**
NGC 1039	M 34	Per	136, **137**
NGC 1912	M 38	Aur	138, 139
NGC 1960	M 36	Aur	138, 139
NGC 2099	M 37	Aur	138, **139**
NGC 2158		Gem	**139**
NGC 2168	M 35	Gem	135, 138, **139**
NGC 2244		Mon	152, 153
NGC 2264	(Weihnachtsbaum)	Mon	154, **155**
NGC 2287	M 41	CMa	158, **159**
NGC 2323	M 50	Mon	153
NGC 2362		CMa	158, **159**
NGC 2422	M 47	Pup	159
NGC 2437	M 46	Pup	159
NGC 2447	M 93	Pup	159
NGC 2477		Pup	158, **159**
NGC 2516		Car	202, **203**
NGC 2548	M 48	Hya	168, **169**
NGC 2632	M 44 Praesepe	Cnc	135, 140, **141**
NGC 2682	M 67	Cnc	140, 141
NGC 3532		Car	202, **203**
IC 4725	M 25	Sgr	192, 193
NGC 4755	(Schatzkästchen)	Cru	198, **199**
IC 4756		Oph	185
NGC 6231		Sco	**191**
NGC 6405	M 6	Sco	**191**
NGC 6475	M 7	Sco	191
NGC 6494	M 23	Sgr	192, 193
NGC 6530		Sgr	194, **195**
NGC 6531	M 21	Sgr	194
NGC 6611	M 16	Ser	185, 186, **187**
NGC 6705	M 11	Sct	188, **189**
NGC 6709		Aql	**189**
NGC 7092	M 39	Cyg	**181**
NGC 7654	M 52	Cas	110, **111**
	α Persei	Per	136, 137
	Hyaden	Tau	135, 142, **143**
	M 24	Sgr	192, **193**
	M 45 Plejaden	Tau	135, **144**, **145**
Collinder 399	(Kleiderbügel)	Vul	**181**

KUGELFÖRMIGE STERNHAUFEN

Nummer im Katalog NGC	Nummer im Messier-Katalog, Name	Sternbild	Seite
NGC 104	47 Tucanae	Tuc	210, **211**
NGC 2419		Lyn	140, **141**
NGC 5199	(Omega Centauri)	Cen	161, 197, 199
			200, **201**
NGC 5272	M 3	CVn	116, **117**
NGC 5897	Sco	Sco	191
NGC 5904	M 5	Ser	185, **186**
NGC 6093	M 80	Sco	191
NGC 6121	M 4	Sco	190, **191**
NGC 6144		Sco	**191**
NGC 6205	M 13	Her	173, 176, **177**
NGC 6218	M 12	Oph	185
NGC 6254	M 10	Oph	184, **185**
NGC 6273	M 19	Oph	185
NGC 6333	M 9	Oph	185
NGC 6341	M 92	Her	176, 177
NGC 6397		Ara	212, **213**
NGC 6402	M 14	Oph	185
NGC 6626	M 28	Sgr	193
NGC 6656	M 22	Sgr	192, **193**
NGC 6752		Pav	212, **213**

Nummer im Katalog NGC	Nummer im Messier-Katalog, Name	Sternbild	Seite
NGC 6779	M 56	Lyr	177
NGC 6809	M 55	Sgr	193
NGC 6838	M 71	Sge	188, **189**
NGC 6981	M 72	Aqr	129
NGC 7078	M 15	Peg	124, 125
NGC 7089	M 2	Aqr	128, 129
NGC 7099	M 30	Cap	129

PLANETARISCHE NEBEL

Nummer im Katalog NGC	Nummer im Messier-Katalog, Name	Sternbild	Seite
NGC 650	M 76	Per	136, **137**
NGC 2392	(Eskimo)	Gem	138, **139**
NGC 3132		Ant, Vel	202, **203**
NGC 3242		Hya	168, **169**
NGC 3587	M 97 (Eulennebel)	UMa	**113**
NGC 6543		Dra	108, **109**
NGC 6720	M 57	Lyr	177, 178, **179**
NGC 6781	(Ringnebel)	Aql	**189**
NGC 6853	M 27 (Hantel)	Vul	180, 181
NGC 7009	(Saturn)	Aqr	128, **129**
NGC 7293	(Helix)	Aqr	128, **129**
NGC 7662		And	120, 121

DIFFUSE UND DUNKELNEBEL

Nummer im Katalog NGC oder IC	Nummer im Messier-Katalog, Name	Sternbild	Seite
IC 405		Aur	**139**
IC 434		Ori	148, **149**
NGC 1499	(California)	Per	136, **137**
NGC 1976	M 42		
	(Großer Orionnebel)	Ori	149, 150, **151**
NGC 1977		Ori	150, **151**
NGC 1982	M 43	Ori	150, **151**
NGC 2023		Ori	149
NGC 2024	(Tarantel)	Dor	**207**, **208**, **209**
NGC 2237	(Rosette)	Mon	152, **153**
NGC 2261	(Hubblescher Nebel)	Mon	153, 154, **155**
NGC 2264	(Konus)	Mon	153, 154, **155**
NGC 3372	(bei Stern η Car)	Car	203, 204, **205**
IC 4604	(bei Stern ρ Ophiuchi)	Oph	**191**
IC 4605		Sco	**191**
IC 4606		Sco	**191**
IC 5067	(Pelikan)	Cyg	182, **183**
NGC 6188		Ara	212, **213**
NGC 6514	M 20 (Trifid)	Sgr	193, 194, **195**
NGC 6523	M 8 (Lagune)	Sgr	193, 194, **195**
NGC 6611	M 16 (Adlernebel)	Ser	185, 186, **187**
	(Sternkönigin)		
NGC 6618	M 17		
	(Omega, Schwan)	Sgr	**193**
NGC 6960	(Schleiernebel)	Cyg	181, 182, **183**
NGC 6992—5	(Schleiernebel)	Cyg	181, 182, **183**
NGC 7000	(Nordamerika)	Cyg	181, 182, **183**
NGC 7635	(Blase)	Cas	110, **111**
B 33	Dunkelnebel		
	(Pferdekopf)	Ori	148, **149**
	dunkle Nebel im		
	Schlangenträger	Oph	**185**
	Dunkelnebel		
	„Kohlensack“	Cen, Cru	197, 198, **199**

GALAXIEN

L ... Mitglied der Lokalen Galaxiengruppe

GALAXIENHAUFEN

RADIOSTRAHLUNGSQUELLEN

RÖNTGENSTRAHLUNGSQUELLEN